The Biology of Lakes and Ponds

湖と池の生物学
生物の適応から群集理論・保全まで

Christer Brönmark & Lars-Anders Hansson／著

占部城太郎／監訳

共立出版

The Biology of Lakes and Ponds second edition

by Christer Brönmark and Lars-Anders Hansson

Ⓒ Christer Brönmark and Lars-Anders Hansson, 1998
Biology of Lakes and Ponds 2e was originally published in English in 2005.
This translation is published by arrangement with Oxford University Press.

訳　者

占部城太郎	第1章, 第2章, 監訳
石川　俊之	第3章
吉田　丈人	第4章
鏡味麻衣子	第5章
岩田　智也	第6章

日本語版への序文

　今あなたが手にしている『湖と池の生物学』は，ヨーロッパや北米で多くの大学生・教員諸氏から水界生態学あるいは陸水学のテキストとして好意的に受け入れられてきました．予期せぬことに，この度，占部城太郎教授の監訳によって本書が日本語で出版されることとなり，これまでにない喜びと名誉を感じています．ヨーロッパと日本は遠く離れているため，湖や池に生息している生物種は異なるかもしれません．しかし，淡水生態系は世界のどこでもよく似た構造を持ち，同じように機能しているはずです．風が吹けば波が立つのが同じであるように，ヨーロッパの湖沼でも日本の湖沼でも，競争や捕食などの生物間相互作用や栄養塩の循環は同じように機能しているはずです．不幸なことに，汚染や富栄養化，酸性化など，湖沼生態系に及ぼしている人間活動の深刻な影響さえ同じかもしれません．私たち著者は，誰でも正しい知識が容易に得られ，淡水生態系の構造や機能について理解を深め，さらにそのような理解を通じて環境問題が少しでも解決されることを願って，本書を執筆しました．日本でも，本書が水界生態学や陸水学を学んでいる学生や，専門家を志している大学院生に役立つことを願っています．もちろん，湖沼の生物や博物誌に興味を持たれているナチュラリストの方々，湖沼の環境保全にかかわっている市民や行政・政策担当者にも役立てばこのうえない喜びです．

2006 年 9 月 1 日

スウェーデン，ルンドにて
Christer Brönmark
Lars-Anders Hansson

まえがき

　子供の頃，近所の池に遊びに行き，生い茂る水草の中にタモ網を入れると，信じられないほどいろいろな生物が捕れて興奮したことはないだろうか？　池や湖で初めて魚を捕ったときの感動，カエルの卵がある日オタマジャクシになったときの奇妙な驚き，その黒くて小さい生物が，水槽にこびりついた藻を芝刈りのように食べ，小さなカエルに変態したときの喜び．暑い夏の日，日が暮れるまで池の周りで遊んだこと，泥のむっとした嫌な臭い，足にまとわりついた水草のぬるぬるした感じ，ヒルの大群が水面下でうようよしているようなゾッとした感覚，得体のしれない化け物が襲いかかってくるような気配．その夏の楽しい思い出は，何か怪しい感覚で彩られているかもしれない．
　私たちの池や湖に対するイメージは，このような子供の頃の経験に由来している．しかし，私たちの体の大部分は水で構成されており，私たち自身は雨，大地，湖，生物からなる回転木馬のような終わりのない水のサイクルの一部である．もし，そのような感覚を持ったとすれば，もはや淡水の世界を理解する一歩を踏み出しているといえるだろう．人間は淡水に生息する植物や動物に魅了され，しばしば生活に利用してきた．淡水生物は人間にとって重要な食物資源の1つであり，淡水そのものは私たちの生活に欠くことができない．それゆえ，淡水生態系を調べ理解することは，ことさら重要なのである．実際，そのような重要性が，科学の1分科として陸水学（英文では Limnology：*limnos* はギリシャ語で湖の意）を発展させてきた．
　古典的な陸水学では，湖沼の物理的・化学的プロセス（湖の類型化や代謝，栄養状態など）に焦点をあて，全体論的なアプローチで研究が行われた．湖沼生態系の形成にあたって，生物的要因と非生物的要因のどちらが重要かという論争も，研究者の間でしばしば起こった．しかし，長い間，水温や栄養塩など

の非生物的要因の方が，湖沼の動態や構造を決める上で重要であると考えられていた．このため，古典的な陸水学では，競争や捕食，複雑な食物連鎖の相互作用といった生物的な要因の重要性はほとんど認識されなかった．しかし，近年，淡水生態系の研究に進化学や生態学の最新理論が適用されるようになってきた．この陸水学の近代化は，湖沼に生息する生物の生理的・形態的・行動的な適応や，淡水生態系の動態を決定づける生物過程に関する研究を飛躍的に推進することとなった．

　世界を見回してみると，淡水生態系の大きさや寿命は驚くほど変化に富んでいる．水体の大きさは，ほんの小さな水溜まりから，北米五大湖やロシア・Bikal湖のような巨大湖まであり，寿命についていえば，雨が降ったときにできるはかない水体もあれば，数百万年前にできて今にいたる湖もある．また，淡水生態系は1年のほとんどが氷で閉ざされている極域から，年中暑い熱帯域まで，世界のいたる所で見ることができる．このように，淡水生態系はそれぞれ大きさや寿命が大きく異なり，取り巻く気候もさまざまである．個々の水生生物が経験してきた環境が生息場所によって大きく異なるなら，さまざまな環境に特殊化したり，さまざまな環境変化に対処したりするため，淡水生物の適応は多様性に満ちたものであろう．確かに，生息場所が異なれば，生物の生活様式や適応の仕方も異なっている．しかし，淡水生物の間には，驚くほど共通の生態学的な特徴がある．

　本書は，このような淡水生態系に共通にみられる生物過程や適応のパターンに焦点をあてている．主にヨーロッパや北米など温帯域の湖や池を話題にするが，北極や南極，熱帯地域の例についても触れる．温帯域を中心に話を進めるのは，著者の経験が主に温帯域にあり，この分野の研究が北半球の温帯域で多く行われているという事実によるところが大きい．本書では，淡水生態系の生物過程やその原理を説明する際，それに最も適した生物を用いている．このため，本書では動物や植物だけでなく微生物も扱っている．伝統的な陸水学の教科書に比べると，本書は大きな生物（魚など）と小さな生物（細菌，鞭毛虫や繊毛虫など）の話題を多く取り上げている．というのは，近年の研究によって，このような大きな生物と小さな生物の双方が，淡水生態系の構造や動態に重要な役割を果たしていることが明らかにされてきたからである．

　本書を企画した際，水界生態学が対象とする生物過程や適応に焦点をあてながら，伝統的に陸水学で重要とされてきた事柄についても紹介したいと考えて

いた．頁数に限度があるため，そのような本を執筆するのは大きなチャレンジであった．しかし，執筆を始めてみると，当初考えていたすべての事柄を本書で紹介するのは無理であるとわかった．そこで本書は，近年の進化生態学と伝統的な陸水学の間にあるニッチを選ぶことにした．このため，本書は伝統的な陸水学の教科書とは大きくかけ離れている．本書の主眼は，物理的・化学的要因，すなわち理化学的要因に対処するための淡水生物のさまざまな適応と，食物網における相互作用や生物過程の重要性を紹介することにある．主観的であるが，本書は著者の経験の抽出物であり，私たち自身が面白いと感じたことと，水界生態学を志す学生にぜひ知っておいて欲しいと思うことを合わせたものである．したがって，本書は水界生態学や陸水学を専攻する大学生を念頭において書かれている．しかし，本書は水界生態学の分野についてさらに知識を深めたいという大学院生や研究者にも役立つだろう．もちろん，ナチュラリストや湖沼そのものを楽しみたいという一般の人にも役立てば，なお幸いである．

　本書の第 1 版は，水界生態学や陸水学の講義テキストとして多方面で利用されてきた．その結果，多くの友人や学生から修正・加筆すべき点や，建設的な意見を得ることができた．そこで，この第 2 版では，内容についていくつか大幅な変更を行った．まず，第 2 章「理化学的環境と生物の適応」を拡張し，湖沼の生物に対する物理的要因や化学的要因の影響に関する議論を補強した．また，第 6 章「生物多様性と環境の変化」も加筆し，生物多様性に対する人為的な環境変化の影響についてさらに深く掘り下げた．科学のフロンティアは常に前進している．このため，第 2 版ではすべての章について見直しを行い，最新の知見や研究成果を盛り込んだ．このような変更は，結果として，本書を 25 ％ほど厚くしてしまった．しかし，そうすることで本書がさらに有益なものとなり，「湖と池の生物学」を学ぶ学生，あるいは湖や池の生物に興味を持っている読者に，ひらめきを与え続けたいと願っている．

　本書は，水界生態学や陸水学の入門的なテキストである．独自に勉強したり深い知識を得たいという読者のために，「さらに学びたい方へ」として参考となる専門書を巻末に付した．また，本書の内容をより理解するため，各章には自身で行う実験観察と考察のための質問を記した．それら実験観察は，本書の豊富なイラストや用語解説とともに，本書が講義だけでなく，個人学習，特に教師が補助的にサポートする課題型学習（problem-based learning）のテキス

トとしても利用できるよう，意図して加えたものである．

　本書は著者ら2人の共同作業により生まれたもので，重要なことも，またさして重要でないことも，ほとんど毎日のように議論しながら執筆を行った．著者2人は本書に同じ責任を持っており，著者の順番は単にアルファベット順によるものにすぎない．とはいえ，本を書くことは執筆者だけでなせるものではない．本書の執筆にあたって，友人や同僚から多くの援助を受けた．Görel Marklund は美しい線画を描き，Marie Svensson と Steffi Doewes はレイアウトを手助けしてくれた．Colin Little, Mikael Svensson, Staffan Ulfstrand, Lars Leonardsson, Gertrud Cronberg, Lars Tranvik, Wilhelm Granéli, Tom Frost, Larry Greenberg, Ralf Carlsson, Stefan Weisner は初期の原稿と第1版に建設的なコメントをしてくれた．ルンド大学生態学科とルンド工科大学環境工学部門で行った陸水学の講義では，多くの受講者が有益なコメントで私たちを励ましてくれた．Oxford University Press の Ian Sherman は，本書第2版の出版にあたって忍耐強い熱意で私たちを支援してくれた．スウェーデン科学評議会はイラストの作成に助成してくれた．Nelson Hairston 親子は，本書5章で紹介している未発表原稿 'Étude' を参照することを快諾してくれた．最後に，日々同じように「生存闘争」し，毎日喜びと楽しみを分かち合ってくれた，私たちの妻 Eva と Ann-Christin，子供たち Victor, Oscar, Emilia, Linn, Sigrid, Yrsa に感謝の意を捧げたい．

2004年6月

Christer Brönmark
Lars-Anders Hansson

目　　次

日本語版への序文 ... *i*
まえがき ... *iii*

1　イントロダクション ... *1*

2　理化学的環境と生物の適応 ... *7*

はじめに ... *7*
浮　遊 ... *8*
　　いかに浮遊するか —— 藻類の適応 ... *8*
水の乱れと流れ ... *10*
　　乱流の効果 ... *12*
湖沼の成因 ... *12*
　　湖盆形態 ... *14*
水　温 ... *15*
　　水温の基礎 ... *16*
　　水温変化に対する適応 ... *21*
　　水温と他の要因との相互効果 ... *27*
光 ... *27*
　　光合成 ... *29*
集水域が関与する水界の非生物的環境要因 ... *32*
　　集水域 ... *32*
水　色 ... *33*
炭　素 ... *34*

	炭素獲得のための適応	35
	独立栄養と従属栄養	37
pH		39
栄養塩		42
	栄養元素の関係を測る ── 生態化学量論	42
	リ　ン	45
	窒　素	46
	微量元素	49
	栄養塩による成長制限とそれに対する適応	50
	生物撹拌	55
酸　素		58
	酸素濃度に影響を及ぼす要因	58
	溶存酸素濃度の時空間的変動	60
	酸素獲得のための形態的適応	61
	植物体内の酸素輸送	64
	貧酸素に対する生理的・行動的適応	66
生息場所の永続性		67
	水溜まり池の特徴	68
	適　応	69
	分散の仕方	72
実験と観察		72

3　湖と池の生物　環境という舞台の主人公　　77

はじめに	77
ウイルス（viruses）	80
原核生物（prokaryotic organisms）	81
細菌（bacteria）	82
真核生物（eukaryotic organisms）	83
菌類（fungi）	83
原生動物（protozoa）	83
アメーバ（amoebae）	83
繊毛虫（ciliates）	84

鞭毛虫（flagellates） *84*
　一次生産者（primary producers） *85*
　　水生植物（macrophytes） *85*
　　藻類（algae） *87*
　後生動物（metazoa）── 分化した細胞をもつ動物 *95*
　　淡水カイメン（freshwater sponges） *95*
　　ヒドロ虫（hydroids） *96*
　　扁形動物（flatworms） *97*
　　環形動物（worms） *97*
　　巻貝（snails） *98*
　　二枚貝（mussels） *99*
　　ワムシ類（rotifers） *101*
　　甲殻類（crustaceans） *103*
　　昆虫（insects） *109*
　　魚類（fish） *117*
　　両生類（amphibians） *119*
　　鳥類（birds） *120*
　実験と観察 *123*

4　生物間相互作用　競争，植食，捕食，寄生，共生　　　*125*

　はじめに *125*
　　ニッチ *126*
　競　争 *127*
　　競争能力 *129*
　　競争の数理モデル *132*
　　湖や沼における競争の相互作用の例 *137*
　捕食と植食 *145*
　　捕食と植食の原則 *146*
　　捕食のサイクル *147*
　　藻食者の摂食モード *148*
　　水生植物に対する植食 *150*
　　捕食者の摂食モード *150*

餌を発見するための適応 ……………………………… *151*
　　　摂食のための形態的適応 ……………………………… *152*
　　　摂餌選択性 ……………………………………………… *153*
　　　消費者の機能的反応 …………………………………… *160*
　　　小型生物による餌の消費速度 ………………………… *162*
　　　被食防衛 ………………………………………………… *164*
　　　　一次的防衛 ……………………………………………… *164*
　　　　二次的防衛 ……………………………………………… *171*
　　　　微小生物の被食防衛 …………………………………… *172*
　　　　恒常的防衛か誘導的防衛か？ ………………………… *175*
　寄　生 ……………………………………………………… *177*
　　　生物表在生物 …………………………………………… *179*
　　　淡水に棲む寄生生物のヒトへの影響 ………………… *180*
　共　生 ……………………………………………………… *181*
　実験と観察 ………………………………………………… *182*

5　食物網動態　　　　　　　　　　　　　　　　*187*

　はじめに …………………………………………………… *187*
　生態系へのアプローチ …………………………………… *188*
　　　理論のはじまり ………………………………………… *189*
　　　実証研究のはじまり …………………………………… *190*
　栄養関係のカスケード …………………………………… *191*
　　　実験による栄養カスケードの検証 …………………… *193*
　　　栄養カスケードの自然実験 …………………………… *195*
　　　ボトムアップ・トップダウン理論 …………………… *195*
　　　理論の発展 ……………………………………………… *196*
　　　ベントスの食物連鎖にみられる複雑な相互作用 …… *201*
　　　行動を介した相互作用 ………………………………… *204*
　２つの安定状態 …………………………………………… *205*
　　　浅い富栄養湖の２つの安定状態 ……………………… *206*
　　　何が安定状態を変えるのか？ ………………………… *208*
　　　器（うつわ）の中のビー玉モデル …………………… *209*

- 微生物 ·········· 210
  - 微生物ループ ·········· 210
  - 微生物の相互関係 ·········· 212
  - 栄養塩の回帰 ·········· 213
- 食物連鎖における相互関係の強さ ·········· 214
  - 栄養段階は存在するか？ ·········· 215
  - 捕食者の特性と複数種による捕食 ·········· 217
  - 雑　食 ·········· 220
  - サイズ構造のある個体群と成長に伴うニッチシフト ·········· 221
  - 他生性物質の流入と食物連鎖の結合 ·········· 223
  - 捕食者に対する適応的防衛 ·········· 225
  - 空間の複雑性 ·········· 227
- 遷　移 ·········· 229
  - 遷移を駆動する要因 ·········· 229
  - 遷移を駆動する要因の相対的な強さ ·········· 231
- 生物による理化学的環境の改変 ·········· 232
  - 水温に及ぼす生物の影響 ·········· 233
  - 大気からの炭素流入と生物間相互作用 ·········· 234
- 実験と観察 ·········· 235

6　生物多様性と環境の変化　　237

- はじめに ·········· 237
- 湖沼の生物多様性 ·········· 239
  - 多様性の定義 ·········· 239
  - 生物多様性の指標 ·········· 240
  - 湖沼における生物多様性の決定要因 ·········· 241
  - 生物多様性のパターン ·········· 246
  - 生物多様性と生産力 ·········· 246
  - 湖沼生態系の復元目標 ·········· 252
- 古陸水学による湖沼環境史の解明 ·········· 252
- 富栄養化 ·········· 255
  - 富栄養化の進行過程 ·········· 255

湖沼生態系の修復 ·· 257
　酸性化 ··· 259
　　　淡水生態系への酸性雨の影響 ····································· 260
　　　酸性化対策 ·· 263
　汚　染 ··· 265
　　　重金属 ··· 265
　　　有機塩素化合物 ··· 266
　　　内分泌攪乱化学物質 ·· 267
　地球気候変動 ··· 268
　　　温度上昇 ··· 268
　紫外線 ··· 270
　環境変化の複合的影響 ··· 272
　　　環境変化の時間スケール ·· 272
　外来種 ··· 273
　　　水生雑草 ··· 276
　　　カワホトトギスガイ ·· 277
　　　ナイルパーチ ·· 279
　　　遺伝子組換え生物 ·· 282
　環境危機の地域間差 ·· 283
　環境危機に対する取り組み ····································· 285

文　献 ··· 287
さらに学びたい方へ ·· 305
参考となる日本語書籍 ··· 308
用語解説 ··· 311
監訳者あとがき ·· 317
索　引 ··· 323

xii　● 目　次

1 イントロダクション

　ある湖沼に出向いて生物を観察すると，ウイルスから魚類にいたる多様な生物が生息していることに気づく．さらにさまざまな湖沼を観察し比較してみると，ある湖沼に生息する生物は，全体のごく一部にすぎないと気づく．なぜ，ある生物は限られた湖沼にしか生息してないのに，他の生物はいろいろな湖沼に生息しているのだろうか．物理的・化学的環境，すなわち理化学的環境（非生物的環境）は湖沼によって異なっており，たとえばpHは2～14と大きな幅を持つ．このような幅広い環境のすべてで生活できるよう，生理的にまた形態的にも十分に適応している生物はいない．むしろ，個々の生物は，この幅広い環境のある限られた領域で生息できるよう適応していると見るべきであろう．それぞれの湖沼はpHに加え，湖盆形態，泥質，栄養塩濃度，光，水温などさまざまな要因で決まる特有の理化学的環境を有しており，それが生息場所の枠組みを形づくっている．この枠組みは，1つの湖沼に限って見た場合でさえ，季節や場所によって異なっている（Southwood 1988；Moss et al. 1994）．このような枠の中で生息できるよう適応した生物，つまりこの理化学的環境の枠の中にニッチがある生物だけが，そこで繁殖し定着できる可能性を持っている．たとえば，光と水温と溶存酸素濃度だけが理化学的環境要因として重要であるような極端な湖を考えてみる．これら3つの要因について，この湖で観察された値のすべてをプロットすると，3次元の立方体を描くことができる（図1.1）．この仮想的な立方体こそ，ある生物がそこで繁殖し定着できるか否かを決める理化学的環境の枠組みなのである．そこで，まず第2章では，湖沼生態系で特に重要となる物理・化学的要因を取り上げ，それら要因に対して淡水生物がいかに進化し，適応してきたかを述べる．本書では，各章のねらいを図1.2に示すシンボルで表している．第2章の場合，理化学的環境によって形づ

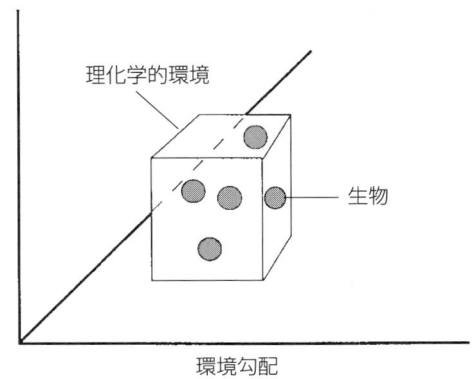

図 1.1 非生物的環境の概念的な模式図．ここでは便宜的に3次元の空間として表しており，各軸は個々の理化学的要因（光，水温，酸素濃度など）を，大きな立方体はそれら理化学的要因によって形成される非生物的環境の総体を表している．立方体の中にある球は，個々の生物のニッチを表しており，この立方体の中にニッチのある生物だけが，この湖で定着・繁殖できる可能性を持っている．

けられる枠組みを生物が生息できる四角い枠とし表している．

　第3章では湖沼の生物に焦点をあて，特によく見られる生物群の分類や形態・生態的特性について紹介する（図1.2では個々の生物を小さい○印で表している）．そこで紹介する生物の多くは他の章にも登場するので，第3章は本書の内容を理解するための重要な部分である．また，第3章はさまざまな湖沼で観察される淡水生物の特徴を把握する際にも基礎情報として役立つだろう．

　上記した理化学的環境による枠組みは，形態的あるいは生態的にその枠内に適応していないという理由で，特定の湖沼から多くの生物を除外することになる．一方，その枠内に適応した生物はそこに踏みとどまり，同じように踏みとどまっている他の生物と相互作用することになる．それにしても，なぜ生物はあらゆる湖沼で十分に繁殖・定着できるよう適応していないのだろうか．進化的にあらゆることに適応する機会に恵まれ，あらゆる世界で最高のものとなる可能性を持っていたとしても（Voltaire 1759），生物には資源分配の上で乗り越えられない壁がある．カードゲームを例に考えてみよう．ここでは生物が日々行っている'生存闘争'をカードゲームに置き換えてみる．カードゲームでは欲しいカードのすべてが確実に手に入るとは限らないし，一度にキングだけが手に入る確率は極めて低いだろう．またこのカードゲームのルールとして，手札の合計が21を超えてはならないとする．これは，どんな生物でも生

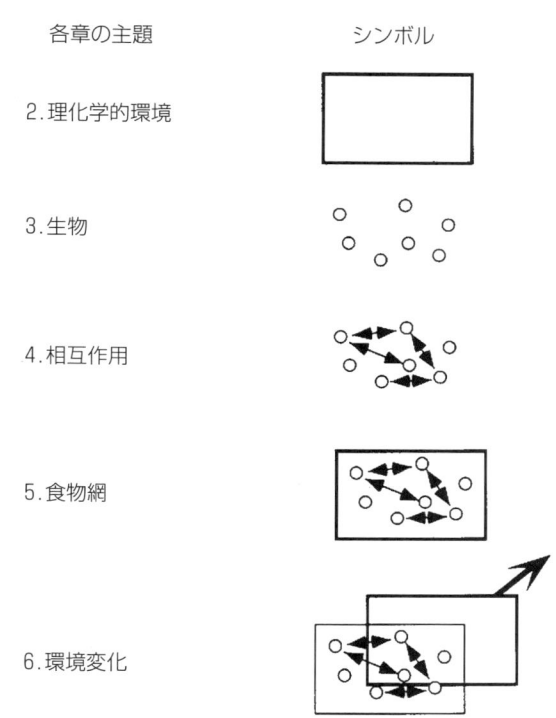

図1.2 本書が扱うトピックスを示すシンボル．詳細は本文参照．

活に必要なエネルギーを無限に獲得できないことに相当する．さて，今4種類のカードがあり，それぞれが適応の種類だとしよう．たとえば，スペードは餌を獲得するための適応，クラブは捕食者から逃れるための適応，ハートはよりよく繁殖するための適応，そしてダイヤは理化学的環境に対する適応とする．今，各種1枚ずつ4枚の手札があるとすると，それは繁殖・定着する可能性を決める適応のセットとみることができる．カードを引き，取り替えることで，各種1枚ずつ4枚の手札の合計を21にするには，いろいろな組合せがあるだろう．スペードのキングを引いた場合，つまり餌集めのキングとなった場合，それを持ち続けていたら，他の種類のカードは低い数字にならざるをえない（図1.3）．これはスペシャリスト（専門家）の手札であり，捕食者や繁殖の機会，理化学的環境が問題にならない湖沼では，餌をめぐる競争により他種を凌駕して卓越することができるだろう．しかし，各種カードについて同じような数字を持つことで21とし，そこそこやるジェネラリスト（何でも屋）の道を

専門家の手札の例 　　　　何でも家の手札の例

図 1.3 カードゲームの 2 つの手札．一方は専門家（スペシャリスト）の手札を，他方は何でも屋（ジェネラリスト）の手札である．ここで，スペードやダイヤなどの札柄は餌の幅や捕食回避などの生活史の重要事項を，札の数字の大きさは特殊化の程度を表す．本文参照．

選ぶやり方もあるだろう．ただし，そういう手札では，決してキングになれない（図 1.3）．

　常に変化する世界，湖沼のように季節変化や空間的な変化がある世界では，スペシャリストであったとしても，限られた場所や限られた季節でしか優占者になれない．一方，ジェネラリストは，優占者となる機会はほとんどないが，どこでもいつでも居ることができる．

　理化学的環境の枠の中でどのような生物が生き残り繁殖するかを最終的に決めるのは，図 1.2 で矢印として示した生物間の相互作用，つまり捕食，競争，寄生，相利共生などである．理化学的環境だけでなく，生物過程そのものも生物の分布や生残，繁殖を決めているのである．これらさまざまな要因の重要性は階層的に見ることができる．例として，湖沼の大きさと淡水巻貝の分布を見てみよう（図 1.4）．Lodge et al.（1987）の概念モデルによれば，湖沼を広域的に比較すると，淡水巻貝の分布を決める最も重要な要因はカルシウム濃度であるという．巻貝は殻をつくるためカルシウムが必要であり，水に溶けているカルシウム濃度が 5 mg L^{-1} 以上ないと生息できない．つまりカルシウム濃度という理化学的要因が，巻貝の繁殖・定着を決める第 1 関門となる（図 1.4）．小さい湖沼では，おそらく他の理化学的要因も巻貝個体群の定着を左右する重要な要因となるだろう．たとえば，時々水が乾上がる小さな池では，乾燥に耐えられるよう適応した種でないと生存できない．また，温帯域の浅い小さな湖沼

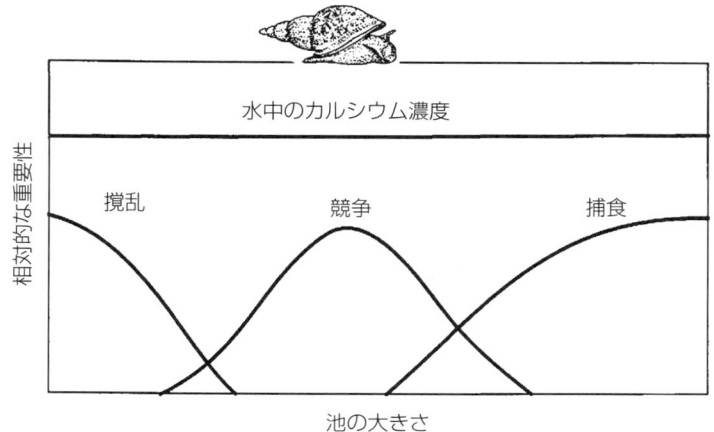

図1.4 巻貝の分布を決める要因と湖沼の大きさとの関係．Lodge et al.(1987) より．

では冬期に底まで結氷するため，巻貝は冬を乗り越えられないかもしれない．しかし，比較的小さくても水深のある湖沼では，乾上がることもなく氷で埋めつくされることもないため，巻貝にとって理化学的環境はさほど脅威ではないだろう．そのような湖沼では，巻貝は個体群密度を増加させるが，それに伴って餌が枯渇し，競争が激化することになる．つまり，種間相互作用が定着や個体群密度を決める最も重要な要因となる（図1.4）．大きな湖沼では，魚類やザリガニなどの捕食者が多くなる．そのような湖沼では捕食により巻貝の個体群密度は低く抑えられるため，餌をめぐる競争はさほど重要ではないだろう．代わって，捕食が巻貝の定着や個体群密度を決める最も重要な要因となる（図1.4）．このように，この例ではカルシウム濃度や湖沼の大きさが理化学的環境の枠組みをつくり，その内部において生物間相互作用が繁殖・定着を決める重要な要因になるのである（同様の例は，オタマジャクシについて Wilbur 1984 が示している）．そこで第4章では，さまざまな生物間相互作用（競争，植食，捕食，寄生，共生）に話題を移し，生物間相互作用の理論や個体，個体群レベルでの影響諸側面について理解を深めることにする．同じ餌資源を利用する2種個体群間での競争や，餌生物に対する捕食者の影響は，湖沼生態系の群集構造や動態を決める上で重要な要素である．しかし，自然界では，それら2種だけが存在して相互作用しているわけではない．1つの湖沼でさえ，多種の捕食者，植食者（藻食者），生産者が分布している．したがって，自然界の生

物間相互作用は極めて複雑なものであろう．実際，自然界の生物群集がどのように形成されているか，明快な答えを導くのは困難だろうし，何か撹乱が起こったとき，その後の生物群集の挙動を予測するのは不可能かもしれない．このようにあまりに複雑な現象を少しだけ扱いやすくするため，さまざまな種を栄養関係によってグループ化することがある．それは**栄養段階**と呼ばれるものであり，捕食者，植食者，デトリタス食者，生産者などに分けられる．この栄養段階を**食物連鎖**や**食物網**に結びつけると，異なる栄養段階に属する生物間の直接あるいは間接的な相互作用が調べやすくなるのである．栄養段階にグループ化したとしても，その相互作用は数多く複雑である．しかし，栄養段階間の相互作用は，ベントス（底生生物）であろうとプランクトン（浮遊生物）であろうと，湖沼の生物群集にとって極めて重要なものであろう．そこで，第5章では食物網動態に注目し，その理論的背景を概観するとともに，食物連鎖や食物網に関する主な理論とその検証研究を紹介する（図1.2では理化学的環境を示す枠組みと生物間相互作用を示す矢印で論点を表現している）．また，第5章の最終節では生物自身が理化学的環境に影響を及ぼしていることにも触れる．たとえば，生物過程そのものが湖沼の水温や炭素供給に影響を及ぼしていることなどである．

　最終章にあたる第6章では，淡水生態系を取り巻く近年の環境問題について取り上げる（生物多様性や環境変化影響など；図1.2参照）．人間活動は湖沼の理化学的環境の枠組みをしばしば大きく変えてきた．その結果，それまで生息していた生物がいつの間にか新しくできた枠の外においやられてしまうこともある——そのような生物は絶滅してしまうだろう．第6章では，まず顕在化しているいくつかの環境問題とその背景を俯瞰し，次いで撹乱を受けた湖沼生態系を回復させるいくつかの方法について紹介する．第6章で取り上げる環境問題とは，富栄養化，酸性化，紫外線増加，外来種などであるが，それら脅威の複合的な影響についても述べる．また，近年問題となっている**生物多様性**に及ぼす地球規模で広域的な環境変化影響に加え，地域的な小さな規模の環境変化影響についても深く掘り下げる．多くの環境問題は深刻であり，世界各地で脅威となりつつある．特に淡水生態系では，より賢明な水資源の利用のあり方を考える努力が必要となっている．そのような努力が，水界生態系の持続的活用を可能にする保全や管理施策に結びつくことを願いたい．

2 理化学的環境と生物の適応

はじめに

　湖や池の理化学的環境は，そこにどのような生物が生息できるかを決める枠組みである．ある生物はこの枠の中に収まるようによく適応し，他の生物の適応はこの枠から少し，あるいは完全にはみ出しているかもしれない．このような仮想的な枠組みは，種々の物理的・化学的要因を総合したものである．この章では，理化学的環境という枠組みを決める要因として重要な，乱流，水温，pH，生息場所の永続性，光，炭素，栄養塩，酸素について解説する．これらの要因によって形づくられる枠の大きさや位置は，湖沼によって異なるだけでなく，同じ湖沼でも時空間的に大きく変動する．また，生物の適応もさまざまなため，ある特定の湖沼には特定の生物が生息することになる．しかし，ある環境にどのように適応するかは，必ずしも分類群によって決まっておらず，たとえば貧酸素水界や酸性湖に適応している生物は，微生物や水生植物だけでなく，魚類にも見ることができる．

　生物は，その生物が繁殖し定着できる特有の環境に適応している．したがって，生物の適応に関する具体的な知識は，どのような環境のもとでどのような生物群集がみられるかを予測するのに役立つことになる．そこで次節から，どのような要因がどのように生物活動に影響を及ぼすのか，理化学的環境の諸側面を生物の視点から述べていくことにする．タイトルにあるように本書では"湖"と"池"を扱うが，両者を区別する際にこの章で述べる環境要因，たとえば風による水の撹拌や水温の鉛直混合などが，湖と池の区別にしばしば用いられている．一般に，**湖**は風による撹拌が水の鉛直混合に大きな影響を及ぼして

いる水体，**池（沼）**[*1] は水温変化が水の鉛直混合に大きな影響を及ぼしている水体と定義されている．このことを踏まえ，まず水中で浮遊するにはどのようにするべきかという問題を考えることにする．次いで，淡水生態系においていかに水温が重要な機能を果たしているかを述べる．

浮　遊

　浮遊生物（プランクトン）の密度は水に比べて大きく（比重が大きい），そのままでは湖底まで沈んでしまう．このため，プランクトンは沈まないためのさまざまな形質を進化させてきた．植物プランクトンをはじめとする微小な生物を観察すると，想像できうる限りの沈まない方策，たとえばパラシュートやプロペラに似た構造，救命胴衣や浮き袋など，さまざまな生理的・形態的な適応をみることができる．

いかに浮遊するか── 藻類の適応

　多くの藻類では比重が大きいため，そのままでは沈んでしまう．このため，浮遊するための特別な適応をしていない種類は，たとえば後述するように，春期や秋期のように水が鉛直的によくかき混ざっているような状況にならないと増えることができない．しかし，たいていの藻類は，比重を極力小さくしたり，大きさや形を調整したり，あるいは運動器官を持つなど，さまざまな方策で沈まないようにしている．理論的に，球状の物質の沈降速度(v)はストークの法則に従っている：

$$v = \frac{2gr^2}{9n}(\rho - \rho_0) \quad （ストークの法則）$$

ここで，g は重力加速度($m\,s^{-2}$)，n は溶液中の粘性係数($kg\,m^{-1}\,s^{-1}$)，ρ_0 は溶液の密度，$\rho(kg\,m^{-3})$ と $r(m)$ はそれぞれ球状物質（ここでは藻類細胞）の密度と半径である．この法則によれば，細胞の小さい藻類(r が小さい)は，小さいことそのものが浮くための適応となる．しかし，細胞の大きな藻類(r が大きい)は，そのままでは容易に沈んでしまうため，何らかの方法で浮くようにしなければ植物プランクトンとして生き残ることができない．大きな藻

[*1]　訳注：日本では，人為的につくられた小水界を"池"，自然の小水界を"沼"と称する場合が多いが，本書では池と沼を同意義に扱った．

類ほど，洗練された浮遊適応がみられるのはこのためだろう．

●比　重

　ある種の藻類では液胞（vacuole）やガス胞（gas vesicle），浮力調整のための化合物（ballast molecule）などにより，自身の比重（ρ）を調整している．光合成が活発に行われると有機態の炭素化合物が生成されるが，これは比重が大きいため藻類細胞の沈降速度を増加させることになる．しかし，この重い炭素化合物が代謝によって消費されると，比重が小さくなるため，藻類細胞は再び浮くようになる．また，ガス胞を持つ藻類では，光が乏しく光合成が不活発なときはガス胞にガスを満たし，細胞を浮上させる．細胞が明るい表層に達して光合成が活発になると，ガス胞はさらに膨張し，最終的に破れて浮力は小さくなり，再び沈むようになる．このように，藻類細胞は光や栄養塩がどれくらい利用できるかによって，自身の水中での空間位置を最適化している．

　多くの藻類は細胞の周りを粘質物で覆っており，それが浮力の助けになっている．この粘質物自体は多糖類の化合物であるため比重は大きい．しかし，粘質物はスポンジのように水をたくさん吸収するので，粘質物と一体となった細胞の比重は水に近いものとなる．細胞を覆う粘質物は，みかけの細胞サイズを大きくさせるが，一方で全体の密度を小さくさせて沈降速度を減少させているのである．

●大きさと形

　ストークの法則は球状の物質にのみ適用されるものであり，この法則に含まれていない要素も浮遊に重要な役割を担っている．その1つが形であり，球状でない物質の沈降速度はストークの法則から予測されるよりも一般に小さくなる．浮遊するための形態的な適応として最もよくみられるのは，たとえば珪藻類やラン細菌（ラン藻類）にみられるような，群体形成である．また，棘や突起によって細胞表面積を増やすことも，パラシュートと同じように，沈降速度を減少させる．しかし，このような棘や突起が沈降速度の減少にどれだけ役立つか，研究者によって見解は必ずしも一致していない．たとえば，緑藻類の*Staurastrum*属（図3.7c）は頑丈な棘を持つが，それを含む細胞全体は球状の粘質物に覆われており，棘は単に重さを加えているだけのように見える．一方，同じ緑藻類のイカダモ（*Scenedesmus*属：図3.9a）のように微小な棘を持

つ種では，実際にその棘は沈降速度の減少に役立っているという．しかし，この細胞表面の微小な棘は，単に沈降しないようにするためだけでなく，水の中で細胞を不規則に回転させるため，細胞を常に新鮮な栄養塩と接するようにしたり，老廃物を細胞から遠ざけたりするための適応の1つではないかと考える研究者もいる（Hutchinson 1967）．

● 鞭　毛

　浮遊するためのさらに洗練された適応は，鞭毛を持つことである．鞭毛は藻類細胞の鉛直的な位置を調整するだけでなく，いかなる方向にも移動することを可能にする．鞭毛は，プロペラのように回転したり，ワイパーのように前後に動くため，細胞を前進させたり後進させたりすることができる．鞭毛を持つ藻類，たとえば *Gymnodinium* 属（図3.6）の一種では移動速度は時速1.8 mに達するという（Goldstein 1992）．

水の乱れと流れ

　湖沼では，水温変化や風によって生じる水の攪乱があるため，水中の環境状態は陸上に比べて空間的により均一なものとなる．風によってもたらされる水の乱れや流れは，森林に囲まれた小さな池よりも，よく風にさらされる大きな湖の方が顕著である．風は，**ラングミューア循環**（langmuir rotation）と呼ばれる渦状の亜表層循環流により，湖沼にさまざまな水の乱れや流れをもたらす．この循環流はどの湖でもみられ，風の方向と平行に走る潮目と呼ばれる水面の泡の線によって視覚的にとらえることができる（図2.1）．浮力のある物質や小さな生物は水面にみられる泡の線に，浮力があまりない物質は2つの循環流に挟まれた湧昇流に沿って集まってくる傾向がある．また，中性浮力，つまり水と比重が同じ物質は，どこかに集められることなく水柱内で均一に分布するようになる．植物プランクトンや動物プランクトンは，循環流の間にパッチとして集められることがある．また，フサカ（*Chaoborus flavicans*：図3.20）のような比較的大きい生物でも，風によって生じる循環流に影響を受けることがある．フサカ幼虫の日周移動を音響測深器によって調べた研究によれば，ラングミューア循環によって生じる湧昇は，捕食回避のために日中分布している貧酸素の深水層からフサカ幼生を引っ張り上げるような働きがあるという

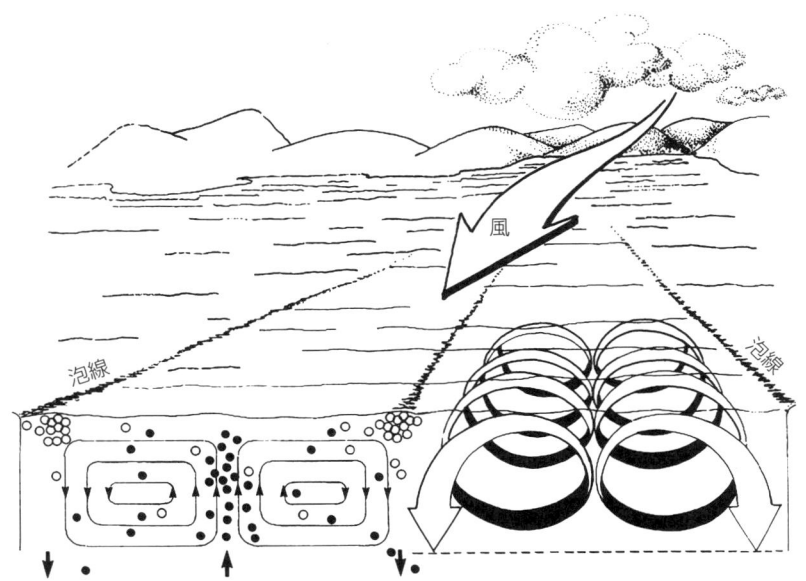

図2.1 模式化した湖の断面図．風によって引き起こされる水の循環，すなわちラングミューア循環とそれによって形成される泡線（潮目）を示す．このラングミューア循環のため，浮力のある粒子（○）は潮目に沿って集積し，浮力があまりない粒子（●）は隣接する循環の間にできる湧昇流に集まる．George (1981) と Reynolds (1984) をもとに改変．英国淡水生物協会の承諾により掲載．

(Malinen et al. 2001)．このラングミューア循環は，多数のフサカ幼生を湧昇域に集中させ，この湖に多く生息するワカサギの仲間を引きつけたという．つまり，風による水の鉛直循環流は，フサカ幼虫を隠れ場所から引っ張り出し，捕食者にさらしたのである．湖全域のスケールで見た場合，風は浮力のある物体を風上に集め，浮力のない物体を風下側に吹き寄せることになるだろう．

　強い風によって生じ，視覚的にとらえることができるもう1つの現象は**静振** (seiche) である．静振は，風の吹き寄せにより起こる．大きな湖では風が吹くと，水位は風下側で上昇し風上側で低下する．風が止むと，湖水はもとに戻ろうと揺り戻しが起こり，定常波が発生する．もう1つのタイプの静振は，水温躍層による静振，あるいは内部静振 (internal seiche) と呼ばれるもので，やはり風による表面流によって生じる．この流れが陸地に近づくと下方に陥入するため，表水層が厚くなり**水温躍層** (thermocline) は押し下げられる（後述「水温の基礎」を参照）．水温躍層は，冷たく酸素が欠乏しがちだが栄養塩の豊富な深水層を，温かく酸素は豊富であるが栄養塩が欠乏しがちである表水層

水の乱れと流れ　●　*11*

から遮断する仕切りとして機能している．したがって，内部静振は半ば独立したこの2つの層の間で熱や酸素，栄養塩を交換する重要な役割を果たすことがある．内部静振の鉛直的な振れ幅は数メートルに達することがあり，風が止んでも数日間引き続く場合がある．この間に，溶存酸素を深水層に送り込んだり，植物プランクトンの成長に必要な栄養塩を湧昇によって表水層に持ち上げたりする．このような比較的大きなスケールの物理過程は，湖に生息する生物の日々の活動に影響を及ぼしている．しかし，風によってもたらされるさまざまな力学的現象や物理過程をあてにして生活するよう特殊化した生物はいない．とはいうものの，多くの場合，水の乱れや循環は，生物の日々の活動を促進する効果がある．

乱流の効果

河川では水流によって食物や栄養塩が運ばれてくるため，生物はそれらを獲得するために座って待つことができる．しかし，湖沼の生物にとって座って待つことは得策でない．たとえば，もし藻類が動かずじっとしたままであれば，その細胞の近傍では栄養塩がすぐに枯渇し，老廃物が溜まることになる．もし，水の乱れや流れによって動いたり，あるいは不規則な形のために水の中で転がり回れるなら，新たな栄養塩に接することができたり老廃物から遠ざかることができる．このような水の乱れや流れは，基質に付着して生活する付着藻類にとって，さらに重要なものかもしれない．石とか，あるいは湖に廃棄された車からは栄養塩はしみ出てこない．そういう基質に付着してしまった藻類にとっては，水の乱れや流れによって運ばれてくる二酸化炭素や栄養塩がなければ生活できないことになる．このように，水の乱れや流れは栄養塩を供給したり老廃物を除去したりするので，水生生物にとって特に重要なものといえよう．

湖沼の成因

湖沼の湖盆形態は，湖沼内部のさまざまな物理的特性，たとえば水の乱れや鉛直循環，温度勾配や成層状態などに影響を及ぼすばかりでなく，湖の生産力にも影響を及ぼす．このため，湖の成立過程はその後定着する生物を決める要素になるので，重要なものといえよう．そこで，淡水生態系がどのように成立

してきたか，もちろん一部湖沼はまだ成立途上にあるが，その過程について簡単に見てみることにする．

大きく，とりわけ歴史の古い湖の多くは，断層運動や褶曲運動などの**地殻活動**によって形成されたものである．そのような湖として，アフリカ地溝帯に成立した湖や，世界で最も深いロシアの Baikal 湖などがあげられる（図 2.2）．また，温帯域や極域では，氷河の後退期に地表がえぐり取られ，そこに水が溜まることによってできた湖も多くみられる．この**氷河形成湖**（ice-formed lake）の 1 例は，氷河が後退するときに大きな氷塊が取り残されてできる湖で，取り残された大きな氷塊が溶けるときに窪地が形成され，そこに水が溜まることでできる．このような湖は，ポットホール湖やケトル湖と呼ばれる（図 2.2）．氷河は非常に重く，また解けたり凍ったりすることで時間とともに形や大きさも変化する．この過程で，氷河は巨礫から砂粒に至る大小無数の岩や石を押し動かしたり呑み込んだりして，地表を基岩まで削り取る．氷河の重みや削り取りによってできた窪地に融氷後に水が溜まってできた湖がターン湖（山岳小湖）である．さらに，氷河の先端部では無数の岩や石が押しやられ岩屑の堆積による堰，いわゆる堆石堤が形成される．これが水をせき止めることでできた湖が，モレーン湖である（図 2.2）．

地殻活動や氷河と関係しない湖の成因としてよくみられるものは，大きな河川の蛇行によるものがある．河川の蛇行が変わることで，かつての河床が湖盆

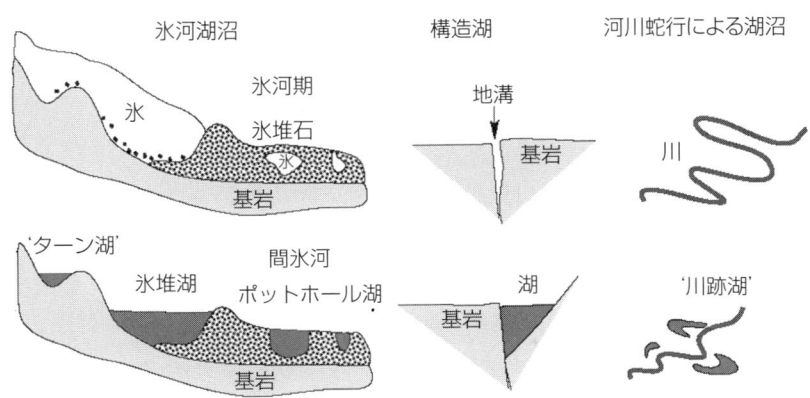

図 2.2 さまざまな湖の成因．ターン湖（山岳小湖），モレーン湖（氷堆湖），ポットホール湖など氷河の後退によって形成される湖，地殻活動によって形成される湖，河川の蛇行によって形成される湖（オックスボウ湖：川跡湖）．それぞれ，上側の図は湖ができる前の状況を，下の図は湖が形成された状況を示す．

として取り残され，そこに水が溜まることでできる湖である．このようなかつての**河床**を起源とする池や湖は，しばしばオックスボウ湖（川跡湖：いわゆる三日月湖のこと）と呼ばれる（図 2.2）．もちろん，まだほかにも湖沼の成因過程があるが，人工湖やため池など**人間が関与する**ものを除けば，ここに紹介した構造活動や氷河・河川によるものが，湖沼の成因として最もよくみられるものである*2．

湖盆形態

　成因が地殻活動であろうと，氷河・河川あるいはその他の過程によるものであろうと，湖はそれぞれ異なった形態的特徴を持っている．形態的特徴を示す指標として，たとえば図 2.3 に示したような湖面積（A），最大水深（z_m），平均水深（z），湖体積（V）があげられる．このうち平均水深は，おおまかな値として湖体積を湖面積で割ることで求めることができる．湖盆地形図とは，同じ水深の位置を線で繋いだ**等深線**によって描かれた見取り図である．これはちょうど地図上で丘や山を等高線で示すのと同じである．もし図 2.3(a) の左側のエリアのように等深線が密に描かれていたら，そこは急激に水深が変化する場所であり，左側のエリアのように粗であれば水深の変化がなだらかな場所であることを示している．池や湖の形は，ほぼ円形のものもあれば湾や岬が深く入り込んだ複雑なものもある．この形の複雑さ，つまり湖岸線の屈曲の度合いは，肢節量（D：shoreline developing factor）で表される．

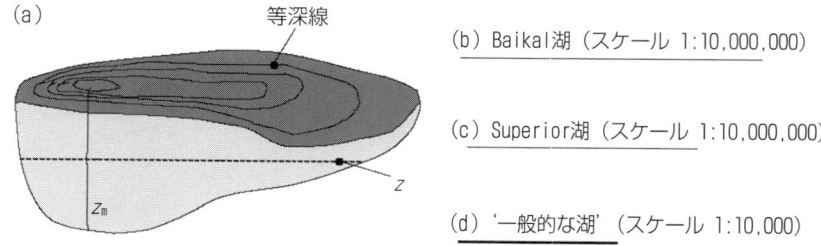

図 2.3　(a) 湖盆形態の特徴となる面積（A），容積（V），最大水深（z_m），平均水深（z）を示す模式図．(b～d) 水深を 1 とした場合の湖の横幅．世界で最も深い（ロシアの Baikal 湖と北米の Superior 湖）と一般的な湖を例として示した．スケールは湖によって異なる．

---

*2　訳注：日本では火山活動を成因とするカルデラ湖や火口湖，土砂堆積を成因とする堰止め湖が多い．

$$D = \frac{L}{2\sqrt{\pi A}}$$

ここで，L は湖岸線の長さであり，A は湖面積である．もし，湖や池が完全に円形であれば肢節量は1であり，湖岸線が複雑に入り組んだ湖では D は1よりはるかに大きい値となる．

　もし，湖の横断面を書きなさいと言われたら，ほとんどの人は図 2.3(a) に示したような絵を描くだろう．つまり，鍋やお椀のような形をした横断面である．しかし，そのようなプロポーションを持つ湖や池は実際にはない．というのは，水深を誇張しているからである．たとえば，世界で最も水深が深い湖である Baikal 湖のプロポーションは最大水深 1,740 m，水平長軸の長さ 750 km であり，これを図示すると図 2.3(b) のようになる．水平方向の長さ 750 km に対して水深はたかだか 2 km なので，プロポーションは単なる細い線にすぎない．また，同じように，北米の Superior 湖も，最大水深 307 m，水平長軸の長さ 600 km なので，湖のプロポーションは同じように細い線になる（ただし，Baikal 湖よりは若干太い線になる；図 2.3c）．また，どこにでもあるような湖，たとえば長さ 400 m で水深 10 m の湖の見取り図を厳密なプロポーションで書くと，それは長さ 2 cm，太さ 0.5 mm の線になってしまう．このように，われわれは湖の深さを暗黙のうちに誇張して認識しており，そのために水中，つまり湛えられている水の中でのさまざまな過程が特に重要であると信じてしまう傾向がある．しかし，ここで見てきたように，湖面積と体積の比を正しく考慮すれば，湖底の堆積物での諸過程が，その上に乗っている薄い水の層でのさまざまな過程に大きな影響を与えているのではないかと察しがつくだろう．後に，湖底に生息する生物やそれを取り巻くさまざまな生物過程と，水中に生息する生物との相互作用について理解を深めるが，その前に，湖盆形態によって強い影響を受けるもう1つの特徴，すなわち水温について考えることにする．

水　温

　淡水生態系の環境要因の中で，水温は，淡水生物の分布や行動，代謝などに影響を及ぼす最も主要な要因として認識されてきた．水が他の媒質と最も異なる点は，<u>熱の高い保存力</u>である．このため，水界の生物が昼夜で，あるいは1

年を通じて経験する温度変化は，陸上の生物ほど大きくない．しかし，水温の変化が陸上の温度に比べてさほど大きなものではないとしても，季節的あるいは鉛直的な温度変化は，水生生物の繁殖や行動，分布を決める重要な要因である．それは，多くの淡水生物は体温が外温によって変化する**変温生物**であり，水温はそれら生物の生活や活動を決定づけるからである．このような各生物の生活に及ぼす水温の影響について具体的に見ていくが，その理解を助けるため，まず温度の基礎から述べることにする．

水温の基礎

●水分子の特性

水の高い熱貯蔵力，すなわち高い比熱（1gの物質の温度を1℃上昇させるのに必要なエネルギー量）は，水分子の構造的な特徴によるものである．水分子は電気的に非対象であり，これが水分子中の負に帯電した酸素原子と，隣接する水分子の正に帯電した水素原子を引きつける強い静電引力（水素結合）となっている．この水素結合は水分子を結合させ，氷や水として水素結合ネットワーク構造をつくる．この強い水素結合のために，水は室温でも液体でありガス化しない．氷では，水分子は厳密な六面結晶となり，水に比べて空間的により隙間のある配位構造となる（図2.4）．このため，氷の密度は水よりも低く（0℃のとき0.917 g cm^{-3}），水に浮くのである！　氷が溶け始めると，一部

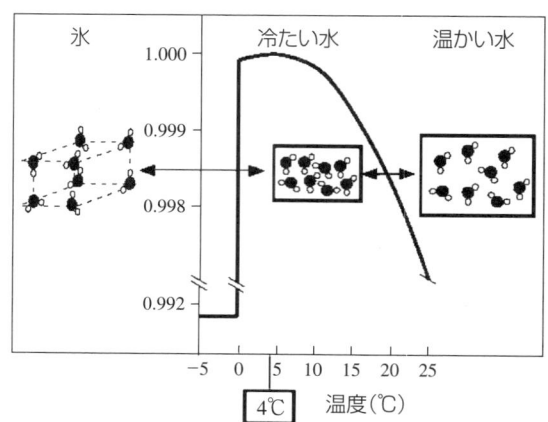

図 2.4　温度と水の密度（縦軸）．0℃以下では，水の密度は1.000より低く，水分子は格子状の結晶（氷）となる．水の密度は4℃で最大となり，水分子は最も密集する．この温度を超えると水分子間の間隔が広がり，密度は小さくなる．

結晶構造は維持されるものの，多くの水分子は隙間を埋めるように自由に動き回るようになる（図2.4）．このため，単位容積あたりの水分子の数は増加し，温度とともに密度は増加する．しかし，同時に水分子の運動エネルギーも増加し，よく動き回るようになるため，水分子間の距離が増加し，密度は減少方向に転じるようになる．このため，水の密度は4℃で最大になる（最も重くなる）（図2.4）．温度変化に伴うこのような水の密度の変化は，湖沼内部での熱の時空間分布を通じて，淡水生物の活動に決定的な影響を及ぼすものとなる．

●熱の時空間分布

水界の温度変化は陸上に比べると小さいが，それでも淡水生物は時空間的な温度変化を経験している．湖沼の主要な熱源は太陽放射（solar radiation）なので，水温は季節的にも，また1日の間でも変化する．水の中に射し込んだ光エネルギーは，熱に変換する一方，水や溶存物質・懸濁粒子によって吸収され，深度に伴って指数関数的に減衰する．このため，水の中に射し込んだ光のほとんどは，湖面から数メートルの深さの間で吸収されてしまう．風による鉛直混合が起こると，熱は下方に運ばれるが，それが及ぶのはせいぜい数メートルの深度までである．その結果，湖は鉛直的に2つの層，すなわち温かく密度の軽い上部の層と密度が重く冷たい下部の層に分離される．これは**温度成層**（thermal stratification）と呼ばれ，湖沼の物理，化学，生物過程のいずれにおいても重要な役割を果たしている．太陽放射や風の影響は季節によって変わるため，温度成層の状態も永続的なものでなく，季節とともに変化する．とはいえ，同じ湖であれば，このような温度鉛直分布の季節的パターンは規則的であり，年によって大きく変化することはない．では，適度な深さを持つ温帯湖の典型的な温度変化の季節性とはどういうものか，生物にとって新たな成長期の幕開けとなる解氷期から順を追って，温度の鉛直分布を見てみることにする．

●成層と循環

春になり気温が上昇すると，それまで湖沼を覆っていた氷が薄くなり，やがて溶ける．このとき水温は，密度が最大となる4℃前後であろう．この時期の深さ方向での数度の温度差は，水の密度にさほど大きな影響を及ぼさない．というのは，4℃前後では水の密度の変化幅は小さいからである（図2.4）．湖沼全体を通じて密度がほぼ同じであるということは，水が混合しやすく，ほん

のわずかなエネルギーでも水が容易に鉛直的に混合することを意味している．したがって，初春にそれまで湖面を覆っていた氷が溶けると，風や温度変化による対流によって，湖水が全循環するようになる（図2.5）．やがて，季節が進み，太陽放射が増え水温は上昇する．光が持つ熱のほとんどは水面から数メートルの深さで吸収されるため，表面の水はより早く温められる．暖かで穏やかな日が続くと，湖の水柱上部は温かな層が発達するようになる．水の密度は温度上昇に伴って指数関数的に減少するので，浅い温かい層と深い冷たい層との温度差がたとえわずかであったとしても，密度差としては大きなものとなる．この浅い層と深い層との間の密度差が広がると，水の上下混合に大きなエネルギーが必要となり，たとえ強い風が吹いたとしても鉛直的な循環は起こりにくくなる．このように，夏になると湖は明瞭な成層を発達させ，**表水層**（epilimnion）と呼ばれる表層の温かい層と，**深水層**（hypolimnion）と呼ばれる深い冷たい層が形成される．この2層の間は，深度に伴って温度が急激に変化する層であり，**水温躍層**（thermocline）あるいは**変水層**（metalimnion）と呼ばれている（図2.5）．

　秋になり，放射角（太陽と地球の角度）が小さくなり始めると，太陽放射によるエネルギー投入量は減少する．この時期，蒸発による熱損失も引き続き高いため，表水層は熱を失うようになる．このため，水温は低下し，深水層との温度差，すなわち密度差は次第に小さくなる．地域によっては，秋は特に風が強く，それによって表水層と深水層との温度差はさらに小さくなり，やがて風によって容易に鉛直的に底まで混合する全循環が起きるようになる．これを秋のターンオーバーという（図2.5）．

　冬，気温の低下とともに湖水が4℃まで下がり，さらに冷えると表層の温度が最も低くなる逆列成層（inverse stratification）が発達する．これは，4℃の湖水は密度が最大であり沈む一方，それより密度の小さい冷たい水が表層を覆うようになるためである（図2.5）．ただし，鉛直的な温度差はごくわずかであるため，このような成層は風などによって容易に壊されてしまう．とはいえ，風がない日の夜間の冷え込みによって結氷し，湖面全体が氷で覆われるようになれば，湖水は蓋をされた状態となり，安定した逆列成層が形成されるようになる．

　表水層の深さや深水層の水温は，緯度の他に，天候，透明度，湖盆形態などさまざまな要因によって決まっている．熱の鉛直方向の輸送は，風による湖水

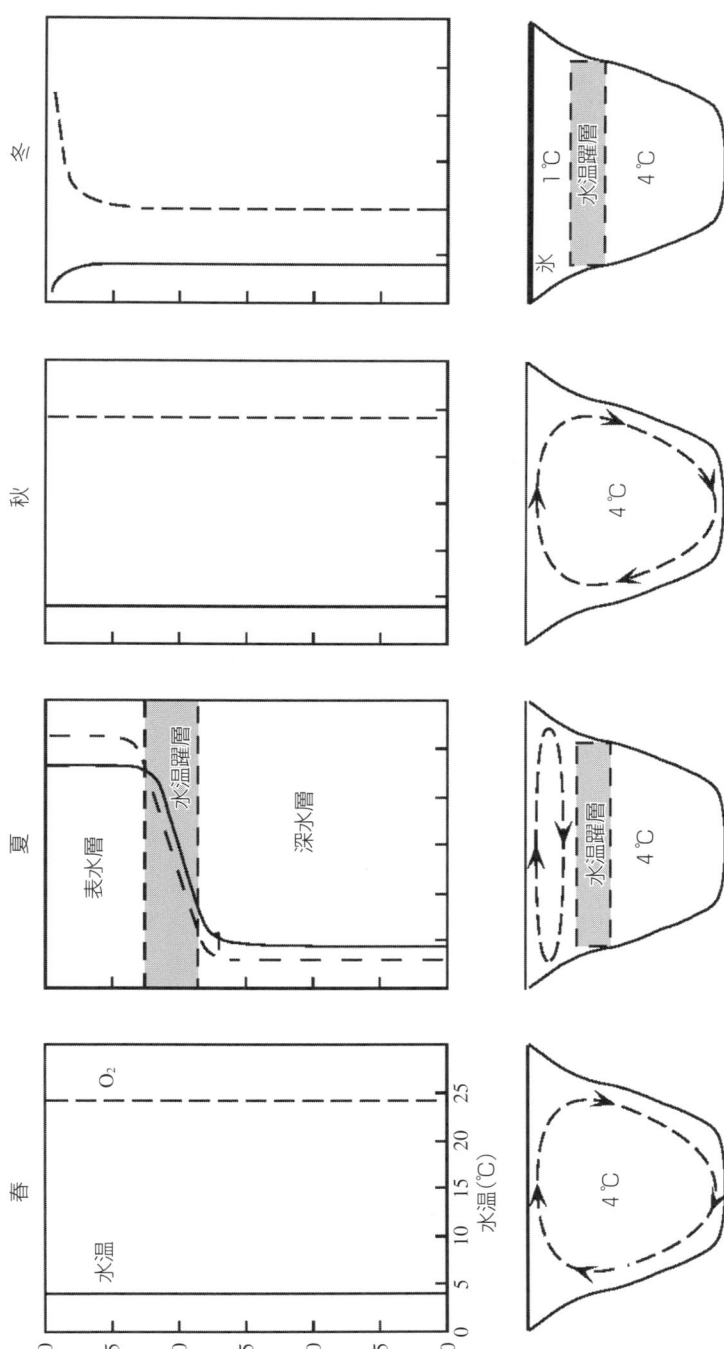

図 2.5 温帯湖（2回循環湖）における湖水の鉛直循環および水温（実線）の鉛直プロファイルの季節変化．酸素濃度（破線）の鉛直プロファイルの季節変化．成層期，水柱は3層に分かれ，各層の間で水や栄養塩が交換することはほとんどない．水温が鉛直的に急激に変化する層が変水層（水温躍層）である．変水層の上部は表水層，下部は深水層と呼ばれる．

水温 ● 19

の撹拌に強く依存しているので，風の影響の大小を決める湖の特性は水温躍層の形成や表水層の深さに特に重要である．風によって熱がどの深度まで運ばれるかは，<u>湖沼の面積</u>，<u>平均水深</u>，<u>容積</u>，<u>風にさらされる程度</u>や**吹送距離**(fetch) などに依存している．吹送距離とは，陸によって遮断されることなく風が吹き渡ることのできる湖の最大距離のことである．湖の群集構造も，透明度などを介して表水層の深さに影響を及ぼすかもしれない（Mazumder et al. 1990；Mazumder and Taylor 1994）．たとえば，魚が多い湖に比べ，魚の少ない湖の方が表水層は深くまで及ぶ．その理由は，魚が少ないと大型の動物プランクトンが増加し，透明度を低くする植物プランクトンを旺盛な摂食活動によって低く抑えるからである（第5章参照）．

　水温躍層の形成など，水温の経時的な変化パターンは，湖沼の構造や機能を支配する重要な物理的事象であり，それゆえ湖沼の生物の生息状態に大きな影響を及ぼす．水温躍層が発達すると，湖は2つのコンパートメント，すなわち光が豊富で温かく鉛直的な混合が起こる上部（表水層）と，冷たく光の乏しい半ば物理的撹拌のない下部（深水層）の2つの層に分割される．前者では光合成が盛んに行われ，後者では沈降してきた有機物の分解が起こる．死んだ生物は深水層へと沈降する一方，深水層から表水層への物質の輸送はほとんどないので，表水層は栄養塩が枯渇しがちとなり一次生産は低く抑えられるようになる．

　温度は，季節的な変化に加えて日周でも変化する．水温の日周変化は水生植物が繁茂する沿岸帯など，浅い場所で特に顕著である．一般に，容積が小さい湖沼に生息する生物ほど，水温の大きな変化を毎日経験しているといえるだろう．

　鉛直混合のタイプ　　上述した温度成層の季節変化パターンは，適度な水深で冬に結氷する典型的な温帯湖の例である．そのような湖は，湖水が年に2回，春と秋に循環するので **2回循環湖**（dimictic lake）と呼ばれている．しかし，このような温度成層の季節変化パターンは，気候帯や地域，湖盆形態や風の度合いなどによって異なっているのが普通である．たとえば，結氷するほど気温が下がらない地域では，冬を通じて循環が起こる．このような湖は，全層循環が年に1回，冬に限られるので **1回循環湖**（monomictic lake）と呼ばれている．温暖な地域にあり常に風の影響にさらされるような浅い湖では，成層状態はきわめて不安定で，水温躍層ができても数日しか続かない．このよう

な，全層循環が頻繁に起こる湖は**多循環湖**（polymictic lake）と呼ばれる．循環期における鉛直混合の程度も，湖によって異なっている．循環が全層まで及ぶ湖は**全循環湖**（holomictic lake），深い湖のように循環が湖底まで達しないような湖は**部分循環湖**（meromictic lake）と呼ばれている．

水温変化に対する適応

　生物の代謝，呼吸，光合成などの生理過程やさまざまな行動・活動様式は，すべて温度に強く依存している．これまで見てきたように，淡水の生物は陸上に比べれば比較的温度変化の小さい環境に生息している．それでもなお，淡水生物は水温の季節変化や日周変化を受けながら生活している．生物の生理的応答の速度は酵素反応系によるもので，温度依存的である．このため，応答速度が最大となる至適温度がある．酵素活性は温度に伴って増大するが，温度が高すぎると酵素は不活性化したり変性したりするからである．至適温度は，すべての生物で等しいとは限らない．むしろ，異なる生物は異なる至適温度を持つと考えた方がよいだろう．室内実験による温度の選好性や野外分布調査などから，淡水魚はしばしば暖水魚，温水魚，冷水魚に分けられることがある（たとえば Magnuson et al. 1979；図2.6）．生存し繁殖できる水温幅は，種によって異なっており，ある種は**広温性生物**（eurytherm）といわれるように幅広い水温で生活でき，他の種は**狭温性生物**（stenotherm）として限られた水温幅でしか繁殖しない．ある生物が生きられる水温幅にはさまざまな定義があり，致死的な低温と高温の間の範囲とか，室内実験で観察される選好水温の範囲，あるいは野外で分布している生息場所の水温幅などである．ある生物にとって生きられる水温の上限と下限では，摂食活動によって獲得したエネルギーのすべてが代謝によって消失してしまい，他の機能，すなわち成長や繁殖が全く行えない状態にある．つまり，生きているというだけなら比較的幅広い水温でも大丈夫だが，成長するための水温幅はより狭いはずである．最適な成長や繁殖が行える水温幅は，さらに限られたものであろう（図2.7）．

　藻類など多くの生物に関する経験則によれば，水温が10℃上がると成長速度は倍加するという．もちろん成長に最適な水温は藻類の種間で異なっている．しかし，大半の藻類種では成長の至適水温は15〜25℃の間にあり，5℃以下とか30℃以上になると成長速度は急激に低下する．30℃を超えると成長速度が極端に低くなるのは，主に細胞代謝に関与する酵素が変性するためで

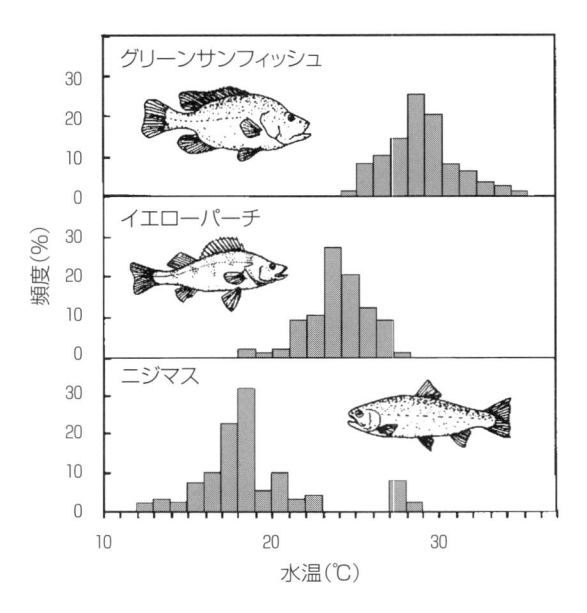

図2.6 室内実験によって示された，暖水魚（グリーンサンフィッシュ），温水魚（イエローパーチ），冷水魚（ニジマス）の水温選好性．ヒストグラムは各温度における魚の滞在時間の割合を示す．Magnuson et al.(1979) より．

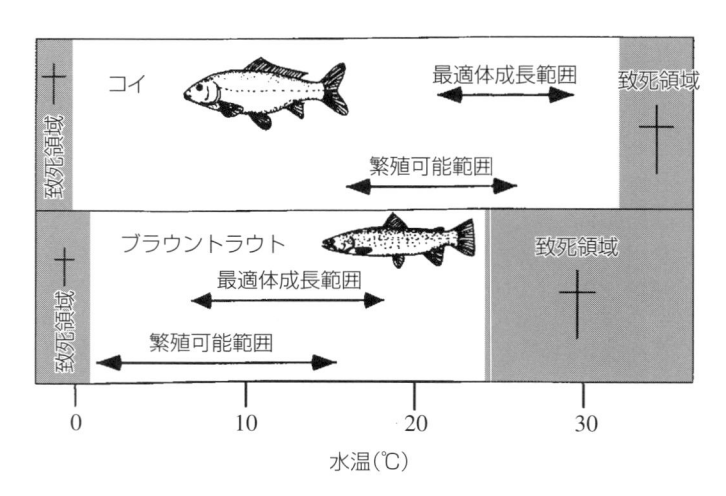

図2.7 コイとブラウントラウトの至適水温．それぞれ生存可能な水温範囲，繁殖可能な水温範囲および成長に最適な水温の範囲を示す．Elliott (1981) を改変．

ある．

●温度順化

　温度に対する耐性は必ずしも固定されたものでなく，生息場所の温度に応じて変化する場合がある．生物は生息場所の温度に**順化**（acclimatization）することができるのである．たとえば，緑藻類のクロレラ（*Chlorella* sp.）について異なる3つの温度下で培養株を維持していたところ，それぞれ培養株の維持温度20℃，26℃，36℃のときに細胞増殖率が最大になるようになったという（Yentsh 1974）．この例では，温度順化によって至適水温がなんと16℃も変化したことになる．これほど極端ではないかもしれないが，このような生息地域の温度環境への順化は，多くの生物でもよくみられる．

　いくつかの藻類では，極限的な温度環境，たとえば氷雪や温泉などに適応しているものもある．そのような環境は，一般に<u>競争者も捕食者もいないので</u>，生息場所として有利な側面を持っている．氷雪藻（スノーアルジー）として最もよく知られているのは *Chlamydomonas nivalis*（別名 *Protococcus nivalis*）という緑藻類で，アスタキサンチンという色素を持った休眠細胞を形成して雪面を明るい赤色に染めることがある．温泉もまた捕食者から回避できる極限環境である．そのような場所で生息できる生物は，ある種の細菌やラン細菌（'ラン藻類'）で，70℃でも繁殖し，沸点に近い温度で生存する種もいる．珪藻類や緑藻類ではこれほどの高温に耐えられないが，50℃程度なら繁殖できる種もいるらしい．一方，動物でこのような高温に耐えて生残できる種はいない．例外は，38〜45℃の温泉で見つかったケンミジンコ類のいくつかの種ぐらいであろう．

●休眠ステージ

　淡水の生物には，温度低下など，生息環境が不適になると休眠期に入る種が多い．藻類の場合，細胞壁が肥厚し繁殖細胞と形態的に異なったシスト（嚢子：cyst）と呼ばれる休眠細胞が休眠の役割を担っている．シストはさまざまな悪条件，たとえば繁殖に不適な温度や無酸素状態，カビや細菌による感染に耐えることができ，底泥間隙水中にいることで乾上がりなどにも耐えて生き続けることができる．

　藻類ばかりでなく，動物プランクトンの中にも'休眠卵'をつくるものがい

る．この休眠卵は底泥でシードバンクならぬエッグバンクとなり，環境が回復すると孵化する．この休眠卵の孵化を促す要因として，たとえば遺伝的にプログラムされた期間といったような内的要因や，休眠卵をとりまく理化学的環境の変化が関与しているのではないかと考えられている．しかし，具体的なメカニズムはまだよくわかっていない．Hairston et al. (1995) は，ヒゲナガケンミジンコ類である *Diaptomus sanguineus* の休眠卵を湖底から採集し，産卵した時期を解析した．それによると，彼らが調べた休眠卵は少なくとも産卵後332年を経ており，研究室内で飼育したところ何と孵化したという．つまり，これらの休眠卵はヨーロッパ人が北米に移住したころに産卵され，現代まで生き続けていたわけである．

　枝角類であるミジンコ（*Daphnia* 属）も，**卵鞘**（ephippium）という厚い殻で覆われた休眠卵を産卵する．この卵鞘は雌親個体の甲殻の一部として背側に形成される．卵鞘を形成した親個体は黒いバックパックを背負っているように見える（図3.13b）．卵鞘で包まれたこの休眠卵は，水温の低下や日長の変化，餌量の減少や捕食者の存在などが刺激となって形成されるといわれている（Slusarczyk 1995；Gyllström and Hansson 2004）．一般に，ミジンコの休眠卵は数ヶ月で孵化すると考えられているが，環境条件が不適である場合にはさらに長く休眠する可能性もある．

　動物の休眠卵や藻類のシストは，時間を超えた分散システムとして機能しており，たとえば生息環境が壊滅的に悪化しても，その後回復して好適な環境になれば即座に個体群を復活させることができる．卵やシストは，ベントス（底生生物）の掘潜活動などによって，湖底泥深く運ばれ，埋蔵されることがある．それら卵やシストは，それでも生き続けることがある．これらは，魚とか，あるいは船の碇などによる撹拌によって，湖底表面に出てくる機会があるかもしれない．もしそのときに環境が好適であれば，新たな個体をプランクトンとして送り込むことになるだろう．このような湖底堆積物の撹拌が植物プランクトン群集にいかに影響を及ぼすかについては，スウェーデンのTrummen湖の例がある．この湖では，環境改善のために大がかりな浚渫（湖底泥の除去）が行われた．このとき，底泥深くに埋蔵されていた黄色鞭毛藻のシストが舞い上がり，生育に好適な条件にさらされた．この結果，Trummen湖では浚渫後に黄色鞭毛藻が劇的に増加したという（Cronberg 1982）．

●孵化の温度誘因

　水温は，変温動物の発生速度や成長速度に大きな影響を及ぼす．たとえば，コイ科のローチ（*Rutilus rutilus*：図3.21）の卵は，毎年同じ日に孵化するのではなく，産卵後の**積算温度**（degree-days）に依存して孵化する．ローチでは卵の孵化に要する積算温度の閾値は決まっているが，気象条件は年によって異なる．このため，卵の孵化時期も年によって変わることになる．餌の供給量や捕食者の活動も，究極的には水温に依存している．したがって，餌が豊富な時期に卵が孵化するように，そして生まれてきた仔が速やかに成長して捕食者を回避できるように，親個体はタイミングを見計らって繁殖や産卵を行わねばならない．

●行動による温度制御

　すでに見たように，1つの湖や池でも場所によって水温は異なる．その傾向は，生物生産が活発になる暖かい季節に顕著である．同じ湖沼でも場所によって水温が異なるなら，生物は異なる場所に移動することで，周囲の温度条件を変えることができる．その最も顕著な例は，動物プランクトンや魚など，多くの淡水生物でみられる日周鉛直移動である．日周鉛直移動をする生物は，一般に日中は冷たい深水層で過ごし，夜になると浮上して温かい表水層に滞在する．なぜ，淡水生物がこのような日周鉛直移動をするのか，古くから研究者の興味を惹いてきた．その理由となる仮説の1つが，行動による温度制御である．すなわち，温かい表水層に移動すれば活動が活発になるので餌をたくさん食べることができる，一方冷たい深水層に移動すれば代謝が下がるので無駄なエネルギーの消費を抑えることができる，という説明である．しかし，近年の動物プランクトンに関する研究では，深水層に日中とどまるのは，そこが薄暗く視覚によって餌を探す魚の捕食を回避するのに都合がよいためであることが示されている（これについては第4章で詳しく述べる）．行動による温度制御は湖に生息するカジカなどの魚類でみることができる．ハナカジカの1種（*Cottus extensus*）は稚魚期に同化速度や成長速度を高めるために，行動による温度制御を行っている（Neverman and Wurtsbaufh 1994）．この稚魚は，日中は水温5℃の深水層に分布し豊富なベントスを餌として食べているが，日が暮れると30〜40m上昇し（13〜16℃），変水層や表水層で夜を過ごす（図2.8）．このハナカジカ稚魚にとって餌は豊富であり，餌量が成長を制限することはないとい

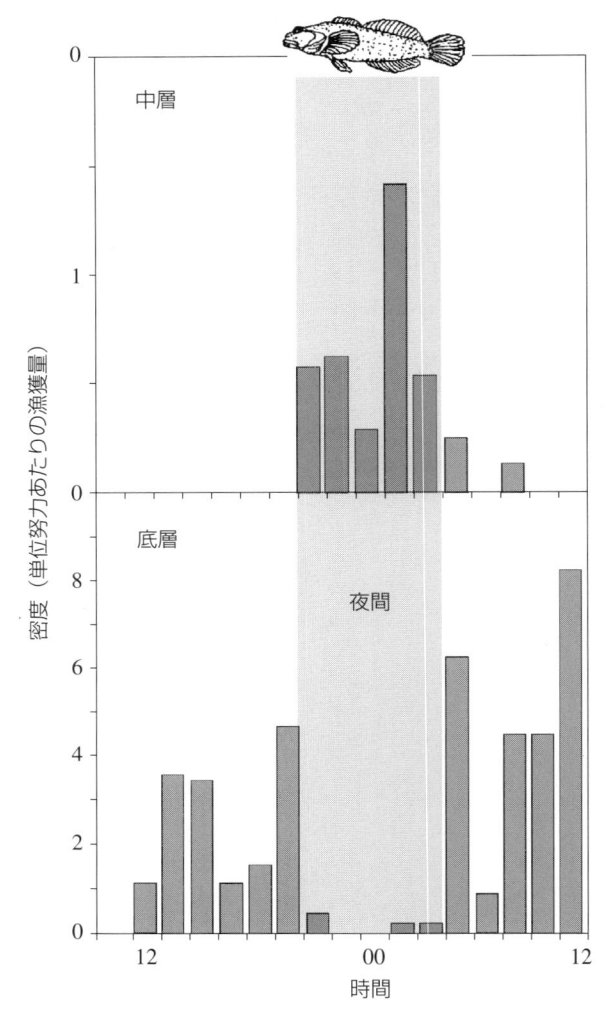

図 2.8 中層および底層トロールを用いたハゼ科魚類稚魚の漁獲量の日周変化．漁獲量は単位努力量あたりの漁獲量（CPUE）で示した．このハゼ科魚類稚魚は，日中は湖底付近で採餌しているが，消化を促進して成長速度を高めるため夜になると温かい中層に浮上してくる．Neverman and Wurtsbaugh (1994) を改変．

う．問題は餌量そのものではなく，餌を同化する速度である．水温が低ければ，同化速度が低いため，たくさん食べても同化量は低い．しかし，表水層に移動すれば温かいので同化が活発となり成長速度を高くすることが可能となる．つまりこのハナカジカは，日中は冷たい深水層で餌を腹一杯食べ，夜間になると温かい表水層に浮上して食べた餌の同化を促進させているのである．こ

のようにしてハナカジカは成長速度を最大化させており，早く大きくなることで，魚食魚による捕食を最小限に食い止めていると考えられている．

水温と他の要因との相互効果

　水温は，湖沼の物理・化学過程や生物過程を支配する極めて重要な環境要因であることを述べてきた．しかし，こと生物過程においては，水温の影響と他の要因の影響を切り離して考えることが困難である場合が多い．水温と他の環境要因が，時空間的に同じような挙動を示すことが多いからである．光は水温と同じような季節変化を示し，溶存酸素は水温が低いほど水に溶け込む量が多くなる．このように，多くの要因は水温の変化と強く関係している．さらに生物過程では，複数の要因が共役的に，あるいは拮抗的に影響を及ぼすこともまれではない．たとえば，沈水性の水生植物，リュウノヒゲモ（*Potamogeton pectinatus*）では，温度上昇に伴って光合成が飽和に達する光量も増加するという（Madsen and Adams 1989）．このように，ある要因は他の要因と共役的に作用するという可能性を考えると，温度ばかりでなく生息場所の枠組みとなる他の環境要因についても調べてみる必要性が出てくる．そこで，特に植物にとって重要な光について考えてみたい．

光

　湖沼に投入する最も主要なエネルギーは太陽エネルギーである．湖沼に投入した光の放射エネルギーは，光合成など，生化学過程によってポテンシャルエネルギー（potential energy）へと変換される．同時に，光は水分子や溶存物質，懸濁粒子に吸収され，熱へと変換される．水は光を吸収するが，その傾向はスペクトルの両端，すなわち赤外線（$>750\,\mathrm{nm}$）や紫外線（$<350\,\mathrm{nm}$）で顕著である．可視光（$350\sim750\,\mathrm{nm}$）も吸収されるが，吸収量は波長によって異なり，青色光は比較的よく透過する．たとえば，純水に上から光をあてた場合，赤色光は数メートルでほとんどすべてが吸収されてしまうが，青色光は水深 $70\,\mathrm{m}$ に至っても 30% 程度しか吸収されない（図 2.9）．一般に，光エネルギーの 50% 以上は水柱上部の数メートルで吸収されてしまう．光が透過できる水深は，水中の懸濁粒子や溶存物質によって大きく異なる．これらの物質が均一であれば，光が透過する量は水深に伴って指数関数的に減衰する．つま

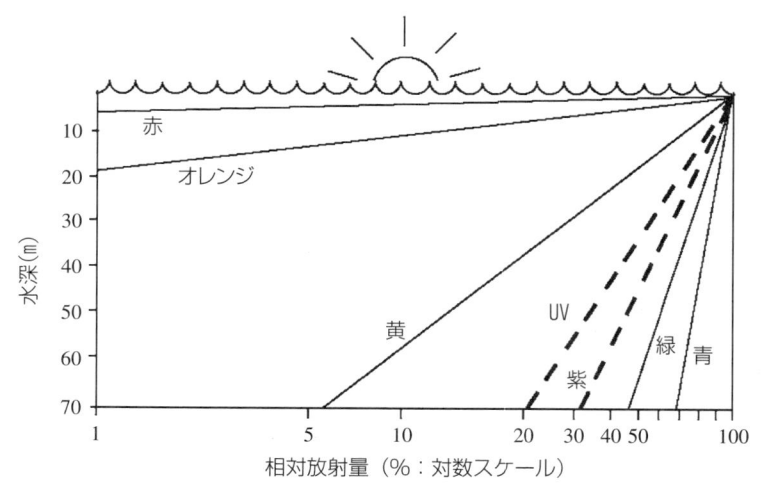

図 2.9 波長別に見た蒸留水の光透過量．赤い光（680 nm）は表層数メートルで減衰し，オレンジの光（620 nm）は水深 20 m で 1 % まで減衰する．黄色い光（580 nm）の 5 %，緑の光（520 nm）の 46 %，青い光（460 nm）の 70 % は水深 70 m まで届く．紫の光（400 nm）と紫外線（UV；<350 nm）は，緑の光よりも早く減衰する．

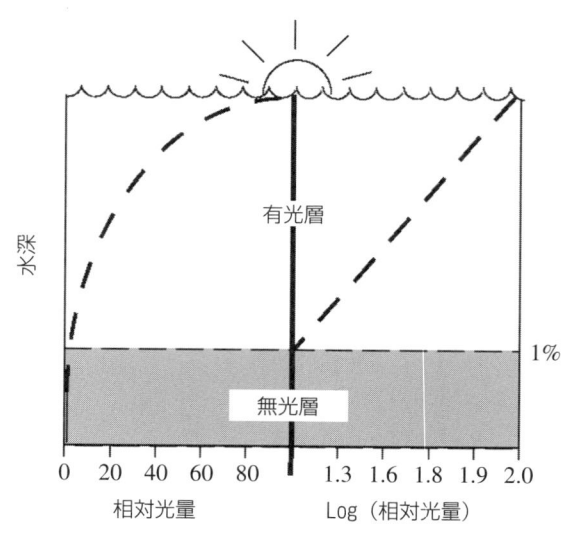

図 2.10 水深に伴う光の減衰．左側は水深 0 m の光量を 100 とした場合の各深度の光量を，右側は左図の光量を対数変換したときの値を示している．右側の線の傾きが消散係数である．光量がちょうど 1 % となる深度より浅い部分を有光層（光合成が呼吸を上回る層），それより深い部分は無光層と呼ばれ，呼吸による酸素消費が光合成による酸素生産を上回る．この 2 つの層の境界深度，つまり呼吸と光合成がつり合う深度を補償深度と呼ぶ．

り，一定水深ごとに一定の割合の光が吸収されるのである．水表面の光量を100%とし，そのうち何%がどの水深まで届くかを調べてみると，図2.10に示したような指数曲線を得ることができる．指数曲線かどうかは，光の届く割合（%）を対数に変換して作図してみるとわかる．その場合，図2.10の右側に示すように，水深に対して直線が描けるはずである．このように対数変換した光の届く割合を水深に対してプロットすると，たとえば水表面の光が1%まで減衰する水深を容易に見つけることができるだろう．実は，この1%の水深は生物学的に重要な意味を持っている．というのは，一般に水表面の1%程度の光があれば，藻類の光合成速度は自身の呼吸速度を上回るからである．湖沼の中で，呼吸による酸素の消費よりも光合成による酸素の生産が上回る部分は**有光層**（photic zone），それより深い部分は**無光層**（aphotic zone）と定義され，この2つの層を分ける境界，つまり藻類の光合成と呼吸がつり合う水深は**補償深度**と呼ばれている．経験的に，光量が水面の1%となる深さはこの補償深度にほぼ等しい．

光合成

植物は光合成を行い，光エネルギーを利用して，水と二酸化炭素から分子量の大きいエネルギーに富む有機物を合成する．真核生物（eukaryote）である高等植物では，太陽光からエネルギーを得るために特化した細胞小器官，葉緑体を持っており，光吸収に必要な色素はすべて葉緑体の中に存在している．一方，原核生物（prokaryote）であるラン細菌（ラン藻類）も光合成を行うが，葉緑体を欠いており，色素は原形質の中に散在している．細胞が持つ色素の種類や量は藻類でも分類群により異なっているが，クロロフィルaとβキサンチンだけはラン細菌を含むすべての藻類が共通に持つ色素である．クロロフィルaは430 nmと665 nmの光波長を最もよく吸収し，二酸化炭素と水を糖と酸素に変換する中心的な色素である．光合成は次の式によって表される．

$$6CO_2 + 12H_2O \xrightarrow{\text{光}} C_6H_{12}O_6 + 6O_2 + 6H_2O$$

いくつかの補助色素，たとえばβカロチン，キサントフィル，クロロフィルbなども光合成反応に密接に関与している．これら補助色素はクロロフィルaとは異なる光の最大吸収波長を持っており，それを持つことで植物は幅広い波長

の光を光合成に利用しているのである．光量が変化するような状況では，藻類は細胞あたりのクロロフィル a 量を変えることで，光合成を最適化している．このように藻類のクロロフィル a 量は光量に伴って変化するが，その変化量は細胞乾燥重量あたりにすると 2~5％ 程度である．細胞乾燥重量に占めるクロロフィル a 量の割合は，異なる藻類分類群の間でもさほど大きく変化しない．このような事実に加え，クロロフィル a 量は定量分析が容易なため，藻類生物量の推定に幅広く用いられている．

晴天の日中，深度に沿って光合成を測定すると，水面直下で低い値を示すことがある．これは強い光によって光合成が低下する，**光阻害**と呼ばれる現象である．光阻害の機構については，まだよくわかっていない部分がある．

●光獲得を最適に行うための適応

光合成速度は光量増加に伴ってある一定速度まで増加する．*Planktothrix* 属や *Anabaena* 属などのラン細菌（ラン藻類）では，光合成速度の増加に伴って細胞内のガス胞が膨張する．このガス胞が破裂すると藻類は沈降する．沈降すると太陽光は減少するので光合成速度は低下する．しかし，光合成が行われていればガス胞は徐々に膨張し，やがて再び浮上するようになる．このように光は藻類の鉛直分布位置を決める重要な要素となる．浅い場所を除けば，湖底まで届く光は限られている．しかし，もし十分に光が届くようであれば，湖底は**付着藻類**（periphytic algae）に覆われるようになる．つまり，付着藻類が見られる湖底は，光合成に必要な光が十分に到達していることを意味している．このような湖底表面で生育することの利点は，底泥から栄養塩が常に供給されることである．しかし，湖底表面は，乱流による泥のまき上げやベントスの活動など，撹乱を受けやすい．湖底に生息する付着藻類は，堆積物に埋没してしまうリスクと常に背中合わせで生活している．このような環境に対する適応の1つとして，ある種の藻類，たとえば珪藻類では，堆積物表面を滑り動く能力を持っている．**走光性**と相まって，この滑り動く能力は，堆積物中に埋没しないよう常に堆積物の上方へ自身を移動させる手助けとなる．

藻類と同様に，水生植物，いわゆる水草も生育のために光を必要とする生物である．光は水中を透過するにつれて減衰するため，沈水植物（第3章）が生育できるのは比較的浅い深度に限られている．一般に，水生の被子植物（angiosperm）が生息できるのはせいぜい水深12m程度であるが，水生のコケ類

(bryophyte) やシャジクモ類 (charophyte) は，透明な湖では水深100mを超える深度でも生息できることが確認されている (Frantz and Cordone 1967)．水中に懸濁する粒子が増加したり水色が変化したりすると，光の透過量も変化するが，それに伴って水草が生息できる最大深度 (Z_C) も変化する．Z_C 深度はセッキー深度（透明度）と正の相関関係にある（図2.11；Chambers and Kalff 1985）．セッキー深度に対する Z_C 深度の依存性や回帰直線の傾きは，種や分類群によって異なっており，それぞれの光要求の違いを反映したものである．このような関係から，水生コケ類やシャジクモ類に比べ，被子植物の生育にはより光を必要とすることがわかっている．たとえば，水深0mの光量を100％とした場合，Z_C 深度の平均光量は被子植物では15％，水生コケ類では2％，シャジクモ類では5％程度である (Middelboe and Markagr 1997)．光量は，これら植物が生育できる最大深度を制限するものであるが，光が十分届かない深度に根を生やしながらも大きく成長し，光が十分ある深度で葉を展開することで，光不足を解消している種もいる．たとえば，多年生の水生植物は冬になると枯れるが，地下茎に光合成産物を貯蔵し，春になるとその貯蔵物質を利用して成長し，光が十分に届く深度で葉を展開させる．一方，抽水植物は，葉を水面より上に展開させることで，光不足の問題を回避している．

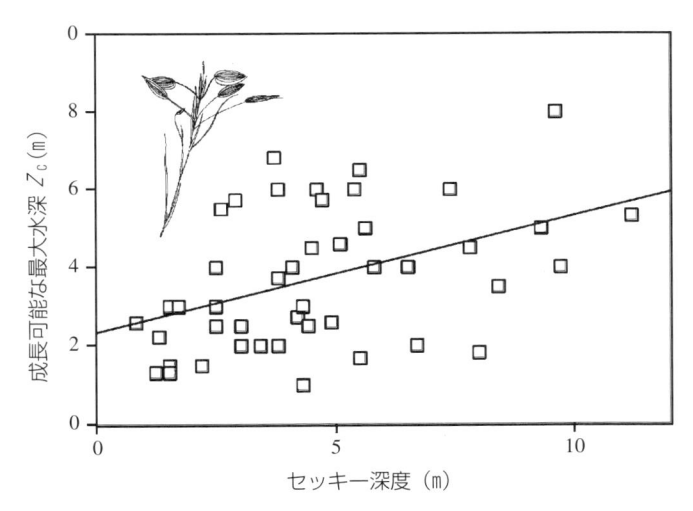

図2.11 水生の被子植物が成長できる最大水深 (Z_C) とセッキー深度との関係．Chambers and Kalff (1985) による．

集水域が関与する水界の非生物的環境要因

　風による撹乱，水温，光などは，広域的つまり比較的大きな空間スケールである地理的特徴を反映した環境要因といえよう．しかし，その他多くの非生物的環境要因，たとえば酸度や腐食物質，炭酸や栄養塩濃度などの要因は，もっと狭い空間スケール，つまりそれぞれの湖沼が位置している**集水域**の特徴を反映したものである．溶存酸素濃度なども，間接的であるが，集水域の特徴を反映した環境要因である．

集水域

　集水域は湖沼に流れ込む降水を集める全地域として定義される．集水域の境界は分水嶺であり，そこよりも向こうの水は他の集水域に流れることになる．集水域の大きさ，基岩，土壌，植生は，湖沼の栄養塩負荷量，pH，水色などに影響を及ぼす．実際，集水域は湖水や池水の化学組成を決める上で支配的な役割を担っている．たとえば，雨水が土壌中を浸透する際に，水素イオン（H^+）は配位子交換を通じて土壌中のナトリウムやカリウムなど他の陽イオンと交換する．降水量の多い年には，集水域の特徴は湖水に顕著に表れないかもしれない．というのは，湖に流入する水の化学特性が雨水に近いものとなるからである．一方，大きな集水域を持つ湖では，集水域の特徴が色濃く湖水の化学特性に反映されているかもしれない．雨水が湖沼まで届くまで，長い間，土壌や地表を通過しなければならないからである．同様に，集水域の多くの場所で農業が盛んに行われているような湖沼では，栄養塩流入が多くなるため，藻類の繁殖が活発となり，一次生産は高くなりがちであろう．これに対し，貧栄養土壌の花崗岩地帯で，針葉樹からなる集水域では，腐植物質の濃度が高く栄養塩は乏しい湖になるだろう．一般に針葉樹は土壌を酸性化させるため，おそらくそのような湖では，pHも低いと予想される．また，集水域の小さい湖沼では，降雨がすぐに湖に到達するので，流入水の栄養塩濃度は高くならず，それゆえ湖の栄養塩濃度も低いだろう．このように，集水域の情報があるとそこに位置する湖沼についていくつかの特徴を予測できるようになる．集水域の特徴は，その湖沼に生息する生物を取り囲む非生物的環境の外枠となるという点で重要である．しかし，集水域がどのような状態にあるかという情報は，そこ

に位置している湖沼の特徴について大雑把な予測しか提供しない．とはいうものの，地図を眺めて集水域の大きさや土地利用を把握しておくことは，その湖沼を調べる際の事前情報として大いに役立つだろう．集水域の特性に強く支配され，湖沼の光環境に影響を及ぼす要因として知られているものが水色(すいしょく)である．

水　色

　湖や池の水の色は，動植物遺体の分解産物やその残渣である溶存の有機物に由来している．そのような有機物の中で特に興味深いものは腐植物質（humic substance）である．腐植物質は，高層湿原に点在する池沼（bog lake）や多くの河川，湖沼の水を紅茶のように茶褐色にさせる物質である．極端に腐植物質が多い場合，水はコニャックのような色を呈し，たとえばドイツではそのような色をした湖をコニャック湖（あるいはブランデー湖）などと呼んだりする．腐植物質は分子量の大きな有機物で，フェノールなどが含まれ，微生物でさえ分解することが難しい物質である．このため，腐植物質は長期間分解せずに存在し，水界に蓄積していくことになる．このように，腐植物質は湖沼の水の色を茶褐色にするとともに，透明度を低下させたり，pHを低下させたりし，しばしば酸素濃度さえ低下させることがある．このような特徴は，湖沼の代謝速度を低下させ，湖沼の一次生産力を減じることになる．腐植物質は湖沼に生息している生物によっても生産されるが（**自生性**物質），多くは集水域に生息する陸上生物によって生産され流入したものである（**他生性**物質）．針葉樹の多い集水域にある池や湖の水は茶褐色を呈していることが多いが，これは針葉樹の落葉では分解速度が遅く，なかなか無機化されないためである．同様の理由で，湿原が広がっている集水域にある湖沼の水も茶褐色を呈していることが多い．これら腐植物質を多く含む湖沼では，pHや酸素濃度，光の透過量が低いため，一次生産が小さく，そこに生息する生物の多くは他生性有機物を直接あるいは間接的にエネルギー源として利用している．腐植物質は微生物にとって分解しにくいものではあるが，多少は利用することができる．腐植物質は豊富に存在するため，利用効率は悪いものの，量的には微生物にとって重要なエネルギー源である．腐植物質をエネルギー源として繁殖した微生物は，直接・間接的にさまざまな生物の餌となるため，食物網の基盤を担うことになる

(Tranvik 1988).このような腐植物質をエネルギー源とする食物網過程が発見されたのはごく最近であり,現在では茶褐色を呈した腐植湖沼の研究が盛んに行われている.

池や湖の水色を調べる際,最も広く使われているのが,プラチナ(Pt)を単位とする方法である.この方法は,種々の濃度のヘキサクロロ白金酸カリウム溶液(K_2PtCl_6)を標準液とし,これと湖水を視覚的に比較することで測るものである.極域にあるような非常に透明な湖のプラチナ値は0であるが,高層湿原の池塘では300 mg Pt L^{-1} に達することもある.

炭 素

湖沼に現存する有機態炭素は,大気中の二酸化炭素が水に溶け込んで光合成によって固定されたものや(自生性炭素),陸上生物が死骸となって分解し流入したもの(他生性炭素)である.また,湖沼には無機態炭素として地表水や地下水によって集水域から運ばれてくる炭酸水素イオンも現存している.生産力の高い湖,すなわち光合成速度の高い湖では,有機態の炭素の大半は内生性であるが,腐植物質の多い湖沼では他生性の割合が多い.実際,湖沼の類型,すなわち湖沼型として最もよく使われるのは,湖に現存する有機態炭素の由来とその割合という基準である.その基準によれば,湖沼は次の3タイプに分けられる.(1)**貧栄養湖**(oligotrophic lake:ギリシャ語 *oligotrophus*=低栄養を語源):生物生産力は低いものの食物網は湖内の光合成によって支えられている,(2)**富栄養湖**(eutrophic lake:ギリシャ語 *eutrophus*=高栄養を語源):生物生産力が高く食物網は湖内の光合成によって支えられている,(3)**腐植栄養湖**(dystrophic lake:*dystrophus*=悪栄養に語源).湖の生物生産は外部から流入する有機物(他生性物質)により支えられている.腐植栄養湖では一般に一次生産力が低く,集水域から流入する腐植物質や酸性物質のため,しばしば酸性であることが多い.

湖沼の有機態炭素は生物やその死骸,あるいは水に溶けた溶存有機態炭素(dissolved organic carbon:DOC)として存在している.DOCは湖沼の有機態炭素の多くの割合を占めているが,その90%は分解しにくい(生物に利用されにくい)物質であると考えられている.つまり,DOCのおよそ10%程度しか細菌に利用されないということである.しかし,分解されにくいDOC

でも，太陽光による光分解により容易に生物に利用できるようになることが，近年の研究で明らかにされつつある（Lindell et al. 1995）．つまり，光エネルギーによって腐植物質など非常に大きな高分子物質が小さな断片に分割され，細菌や原生動物が利用しやすい低分子物質になるというのである．この光分解においては，特に紫外線が重要であると考えられている．炭素循環は湖沼全体の代謝過程の基本骨格であるため，地球規模の紫外線増加は淡水生態系に予期せぬ影響を及ぼすかもしれない（第6章参照）．

炭素獲得のための適応

　植物は二酸化炭素（CO_2）や炭酸水素イオン（HCO_3^-）を取り込んで光合成を行っている．大気に比べると，水中では二酸化炭素濃度が比較的低いため，沈水植物などの光合成は二酸化炭素濃度に制限されやすい．また，水中のCO_2拡散速度は大気のわずか1万分の1にすぎないことも，植物にとっては大きな問題となる．たとえば，沈水植物がCO_2を吸収すると，周囲の水からCO_2が拡散してこないため，植物体近傍のCO_2濃度は低くなる．その結果，光合成速度は著しく低下することになる．沈水植物が繁茂しているところでは，水中のCO_2濃度は日中0近くまで低下するが，夜になるとこれら植物や動物の呼吸のために高い濃度になる．言うまでもなく，植物が光合成によって炭素を固定するには光が必要である．したがって，CO_2が夜間にいくら豊富にあっても植物は利用できないのである．しかし，ある種の植物は，**ベンケイソウ型有機酸代謝**（crassulacean acid metabolism：**CAM**）という補助的なシステムで，夜間に豊富となるCO_2を取り込んで光合成に利用している．この代謝システムを持つ植物，CAM植物は，CO_2を取り込んで細胞の液胞にリンゴ酸として貯蔵し，日中に水中のCO_2が減少すると，貯蔵したリンゴ酸をCO_2に変換して光合成に用いるのである．ベンケイソウ型有機代謝は，低いCO_2濃度に打ち勝つための適応であり，光合成によって固定される有機物の50％を担うこともある．このような代謝経路を持つ代表的な植物は，*Isoetes*属（ミズニラの仲間）や*Littorella*属（オオバコ科の仲間）（図3.4）などであり，これらはCO_2濃度が低く生産力の低い湖沼でよくみかけられる．CAM植物は，他の多くの水生植物と同じように，炭素源としてCO_2のみを利用しており，HCO_3^-は利用できない．CO_2に加えてHCO_3^-を利用する植物（藻類）もいるが，HCO_3^-の利用は必ずしも得策でない場合がある．というのは，HCO_3^-を細胞

内に取り込むにはエネルギーが必要，つまりコストがかかり，またCO_2に比べてHCO_3^-に対する取り込み効率（親和性）は全般的に低いからである．

沈水植物の中には，たとえばスギナモの1種（*Hippuris* sp.）やキンポウゲの1種（*Ranunculus* sp.）のように，水中だけでなく水面にも葉を出すものもいる．これは**異葉性**（heterophylly）と呼ばれるもので，水中だけでなく，拡散が大きく濃度の高い大気からもCO_2を吸収することを可能にしている．CAM代謝，異葉性，炭素源としてのHCO_3^-の利用は，二酸化炭素欠乏に対抗するための水中植物の適応といえよう．この適応ゆえに，水中の植物にとって，炭素制限はさほど重要な問題ではなくなっているのである．むしろ水中の植物の生育には，光や栄養塩，根に対する酸素供給量が制限になっている場合が多い．

●混合栄養

地球上のほとんどの生物は，光合成をするか（独立栄養生物），あるいは有機物を同化することによって（従属栄養生物），生存に必要な炭素やエネルギーを獲得している．しかし，独立栄養と従属栄養の両方を兼ね備えた生物もおり，それらは**混合栄養生物**と呼ばれる．この混合栄養による利点は明らかである．光エネルギーを利用する方が有利な場合は植物として生き，有機物を食べる方が有利のときは動物のように生きることができるからである（図2.12）．しかし，2つの異なるエネルギー（栄養）獲得機構を持つためにはそれなりのコストがかかり，そのコストを上回るほどの利益がなければ得策とならない（Rothhaupt 1996）．混合栄養は独立栄養だけ，あるいは従属栄養だけしか持たない場合に比べ，必ずしも有利になるとは限らないのである（図2.12）．

混合栄養は，単細胞生物である鞭毛虫類や繊毛虫類でよくみられるが，なかにはカイメン類やワムシ類でもみられる（Tittel et al. 2003）．混合栄養生物は，貧栄養な腐植栄養湖でごくあたりまえのようにみることができる．そのような湖沼では，光が乏しく（腐植物質のため光の透過量が少ない），栄養塩濃度も低いからである（Jones 2000）．さらに，腐植栄養湖では溶存有機物の濃度が高いため，それをエネルギー源として利用する細菌が豊富であることも混合栄養を有利なものにしている．混合栄養生物にとって，細菌はエネルギーと栄養塩が詰まった餌となるからである．このように，混合栄養生物は，光合成によって炭素とエネルギーを獲得すると同時に，細菌など他の生物を食べるこ

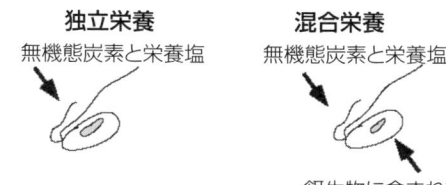

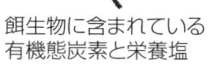

図 2.12 鞭毛虫類にみられるさまざまな栄養・エネルギー獲得システム．絶対独立栄養の種では，クロロフィル（図では灰色で示した）を用いて光エネルギーを獲得し，周囲の水から炭素（CO_2）や栄養塩を取り込んでいる．絶対従属栄養の種では，他の微生物を摂食して必要な栄養やエネルギーを獲得している．混合栄養の種はこれら2つの獲得システムをあわせ持っている．

とでエネルギーや窒素・リンなどの栄養塩のほか，ビタミンなどの必須物質を獲得しているのである（図2.12）．腐植栄養湖の特性を考えれば，そこで混合栄養生物が最も成功し，独立栄養や従属栄養を専門とする生物は他のタイプの湖沼で有利となることは，さほど驚くことではないだろう．

　ほかにも混合栄養が得策となる状況がある．それは，細菌と藻類の両者がともに同じ栄養塩，たとえば窒素やリンなどに成長が制限されているときである．一般に，細菌の方が栄養塩の取り込み効率は高いため，細菌は藻類に比べて栄養塩を巡る競争の上で有利となる．これは藻類にとって深刻な問題である．しかし，藻類は混合栄養となることで，この問題を解決できる．なぜなら，藻類は光合成によって炭素やエネルギーを獲得できるが，さらに同じ栄養塩をめぐって競争している細菌を食べることで，細菌が摂取した栄養塩を獲得し，同時に競争者も減らすことができるからである（Jansson et al. 1996）．混合栄養という現象そのものは古くから知られていたが，その重要性が認識されるようになったのは，実は1980年代になってからのことである．その契機となったのは，サヤツナギ（*Dinobryon* 属）が光合成に加えて細菌を活発に食べていること，その摂食によって細菌の密度が30％減少することを示した研究である（Bird and Kalff 1986）．

独立栄養と従属栄養

　湖沼に流入した陸上起源の有機態炭素（他生性有機物），たとえば落葉や分解途上産物，腐植物質などに含まれる炭素は，細菌の資源としてまず利用され，次いで細菌が捕食されることで食物連鎖に従って他の生物に取り込まれて

いく．したがって，陸上起源の溶存有機態炭素（DOC）や懸濁有機態炭素（POC）の湖沼への流入は，湖沼の光合成によって賄える以上の生物の生存を可能にする．一次生産者の光合成によって吸収されるCO_2量に比べ，生物群集全体の呼吸によって排出されるCO_2量が多いなら，その湖沼は純従属栄養的（net-heterotrophic）であり，一次生産者によるCO_2吸収量の方が群集全体の排出量より多いなら，純独立栄養的（net-autotrophic）である（図2.13）．その湖が，純従属栄養であっても，また純独立栄養であっても，一次生産速度と群集呼吸速度は季節的に変動する．このため，湖沼の純生態系生産（net ecosystem production：NEP）は，夏季のように光合成が活発な季節は正の大きな値（一次生産速度＞群集呼吸速度）を示すが，他の季節では低く，しばしば負の値にもなる．また，北米のある湖で実験的に示されたように，食物網構造の変化に伴ってNEPが変化することもある（Cole et al. 2000）．たとえば，栄養塩の負荷が多く，プランクトン食魚によって動物プランクトン生物量が低く抑えられているある湖では，藻類（植物プランクトン）が豊富になるので，NEPは正の値であったという（一次生産速度＞群集呼吸速度）．しかし，プランクトン食魚を取り除くと，動物プランクトンが増加し，そのグレージングにより植物プランクトンが減少したため，一次生産は低くなり，NEPは低下した．この湖では，プランクトン食魚を取り除いたことによって，光合成による酸素の生産よりも呼吸による酸素の消費が大きくなり，純独立栄養生態系から純従属栄養生態系へと変化したのである．

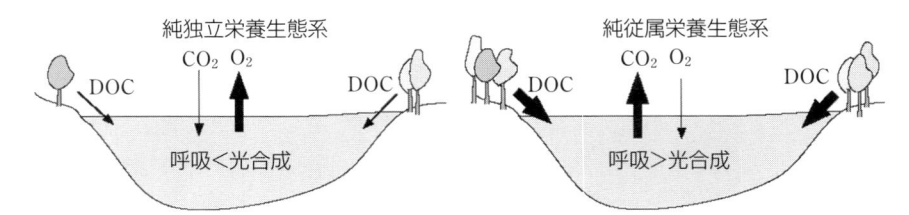

図2.13 純独立栄養生態系では光合成の方が群集呼吸よりも大きく，酸素は大気に放出される．一方，純従属栄養生態系では，集水域から流入する有機態炭素（POCやDOC）も生物が利用するため，群集呼吸の方が光合成よりも大きくなり，二酸化炭素が大気に放出される．

pH

　pHは液体の酸性の程度を表す値であり，重要な非生物的環境要因の1つである．これは，水素イオン濃度の逆数の対数（$pH=\log[1/H^+]$）として定義され，pHが1単位変化すると水素イオン濃度は10倍変化することになる．湖沼のpHは地域によって異なるが，それはその地域に酸性物質や栄養分がどの程度あり，どの程度流入するかといった地質的・水文学的な特性に依存しているためである．一般に，多くの湖沼のpHは6〜9の範囲にあるが（図2.14），火山活動が活発な地域では，硫酸などの強酸が流入するため，pHが2程度しかない湖沼もある．また，泥炭地にある湖沼ではpHが4以下の場合が多いが，これは泥炭地特有に生育するミズゴケの細胞壁で陽イオン交換が活発に行われるためである．つまり，このイオン交換によって水素イオンが水中に放出されるため，pHは低下するのである．これは，卓越している生物（ここではミズゴケ）によって非生物的環境が決まり，そこにどのような生物が生息できるかを決定してしまう1例といえるだろう．汚染されていない雨のpHはおよそ6程度であるが，汚染された酸性雨では2以下になる場合もある（図2.14）．このような酸性雨は，湖沼生態系に大きな影響を及ぼすことになるだろう（第6章参照）．

● **pHとアルカリ度と炭酸平衡系**

　水中の溶存無機態炭素（全炭酸）は二酸化炭素（CO_2），炭酸（H_2CO_3），炭酸

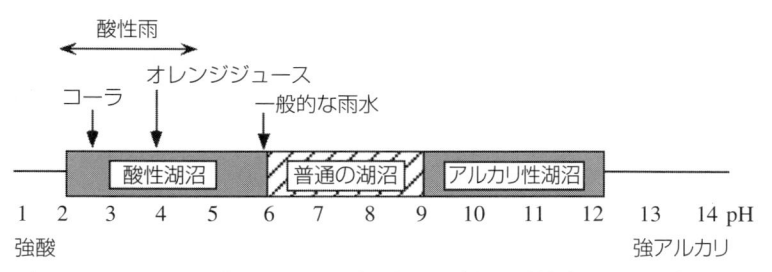

図2.14 湖沼でみられるpHの範囲．日常生活にある強酸性の溶液も示した．酸性湖沼には，火山活動により多量の硫酸塩が負荷する湖や，腐植物質に富む高層湿原の湖，人間活動によって酸性化した湖などが含まれる．多くの湖ではpHは一般に6〜9の範囲にある．この図は模式的に示したもので，湖のpHには多くの例外がある．

水素イオン（HCO_3^-），炭酸イオン（CO_3^{2-}）の形で存在しており，pHはこれら無機炭素の化学平衡と密接に関係している．大気中の二酸化炭素は水に溶解しやすく，水に溶け込むと弱酸である炭酸と平衡して存在するようになる（図 2.15）．pH が増加すると，炭酸は水素イオンを解離して炭酸水素イオンとなり，炭酸水素イオンはさらに水素を解離して炭酸イオンとなる（図 2.15）．光合成と呼吸は水中の二酸化炭素濃度を変化させることで pH に影響を及ぼしている．植物は光エネルギーを利用して光合成を行い，水と二酸化炭素から糖と酸素を生産する．光合成によって二酸化炭素が消費されると，図 2.15 の化学平衡は左方向に進み，炭酸水素イオンから二酸化炭素が補われることになる．この際，水素イオンが取り込まれるため，pH は高くなる．カルシウムが豊富な地域では，植物による二酸化炭素の消費により，光合成が炭酸カルシム（$CaCO_3$）の沈殿を引き起こすことがある．この反応は，水生植物の葉の表面が石灰色に覆われることで知ることができる．一方，生物が呼吸すると二酸化炭素が生産されるため図 2.15 の化学平衡は右方向に進むことになり，水素イオンが解離するので pH は低くなる．

　基岩に $CaCO_3$ など炭酸塩を豊富に含む地域では，炭酸塩の風化作用により水は酸性物質に対して強い緩衝力を持つ場合が多い．そのような水は，**アルカリ度**が高い，あるいは強い酸中和能があるという[*3]．アルカリ度がゼロ 0 とい

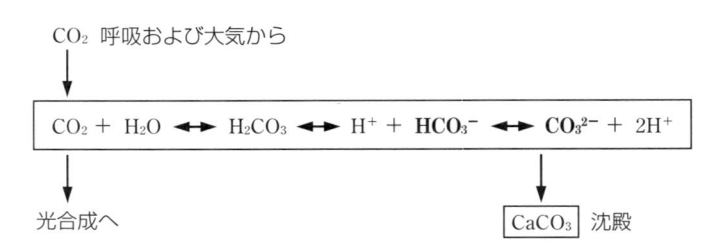

CO_2 呼吸および大気から

$$CO_2 + H_2O \longleftrightarrow H_2CO_3 \longleftrightarrow H^+ + HCO_3^- \longleftrightarrow CO_3^{2-} + 2H^+$$

光合成へ　　　　　　　　　　　　　　　　　$CaCO_3$ 沈殿

図 2.15　pH-二酸化炭素-炭酸系．光合成により二酸化炭素（CO_2）が消費されると水素イオン（H^+）が炭酸水素イオンや炭酸イオンと結合して二酸化炭素になるため，水素イオン濃度が減少し，pH は高くなる．光合成が非常に活発な場合には pH が上昇し，炭酸カルシウムの沈殿が起こる場合がある．一方，呼吸が活発になると二酸化炭素が生成されるので，水素イオン濃度が高くなり pH は低くなる．Reynolds (1984) を改変．

[*3]　訳注：炭酸を含む基岩が風化作用を受けると，水に炭酸水素イオンが溶け込む．水中に炭酸水素イオンが豊富にあれば，酸（H^+）が流入しても図 2.15 の化学平衡によって緩衝されるため，pH はあまり変化しない．

ゆる**レッドフィールド比**は，その後の研究に大きな影響を与え，いまでは陸水学や海洋学の数少ない"法則"，あるいは経験則の1つとなっている．

リン

リンは，生物体の中で物質の貯蔵や遺伝情報（核酸：DNA や RNA），細胞の代謝（種々の酵素）やエネルギー系（**アデノシン三リン酸：ATP**）など，重要な生理過程を担っている．このため，すべての生物にとって必要不可欠な元素である．

リンはリン酸（PO_4^{3-}）の形で生物に取り込まれる．生物が利用できるリンのうち，唯一無機態であるのがリン酸である．湖水に存在しているほとんどのリン，通常80%以上は有機態であり，その中には生物体自身も含まれている．この無機態と有機態のリンを合わせたものが全リンであり，湖沼の栄養状態を反映する指標として広く用いられている．

湖水中のリンは集水域から流入したり，堆積物から溶出したりしたものであるが，大気降下物にも含まれている．人間活動の影響がない自然湖沼では，湖水中の全リン濃度は 1～100 µg L^{-1} である（図2.17）．しかし，過去50年間の人間活動により，都市周辺部のほとんどの湖でリン濃度が著しく増加した．リンは一次生産者の成長を制限する元素なので，湖の生産力はリン濃度で決まることが多い．全リン濃度の測定は炭素量や一次生産速度を測定するよりも容易なので，'貧栄養' とか '富栄養' などの湖沼区分は全リン濃度によってよく行われる．全リン濃度が 5～10 µg L^{-1} と低い湖沼は生産力が低いため '貧栄養（oligotrophic）' であり，10～30 µg L^{-1} 程度であれば '中栄養（mesotrophic）'，30～100 µg L^{-1} であれば '富栄養（eutrophic）' と区分される．全リ

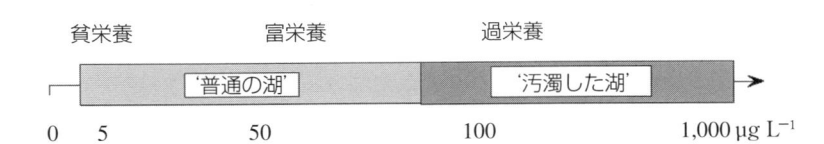

図2.17 湖の全リン濃度（µg L^{-1}）の範囲．ここで示している '普通の湖' とは，人間活動の影響をあまり受けていない湖で，極域地方で氷が溶けてできる超貧栄養の湖（全リン濃度 5 µg L^{-1} 前後）から，大きな集水域を持つ過栄養の湖が含まれる．'汚濁した湖' は，下水や排水など有機物や栄養塩を多量に含む水が流入していたり，鳥などが高密度に生息したりしている湖である．これは模式的な図であり，多くの例外がある．

ン濃度が5μg L^{-1}以下もしくは100μg L^{-1}以上である湖は，それぞれ'超貧栄養（ultraoligotrophic）'，'過栄養（hypertrophic）'と呼ばれることがある．

　一般に湖の堆積物は湖水に比べてリンを豊富に含んでおり，湖水と堆積物の間のリン移出入にはさまざまな要因が関与している．そのうちの1つがpHである．pHが8以下の場合，リン酸は金属イオンと強く結合しているが，pHが8を超えるようになると，リン酸は水酸化物イオン（OH$^-$）と交換して水に溶け出してくる．この反応は，特に一次生産の高い富栄養湖沼のリン負荷過程として重要である．一次生産が高まると，湖水のpHは増加するので，リンの溶出が促進される．このリンの溶出はますます藻類の生産を高めることになるのである！

窒　素

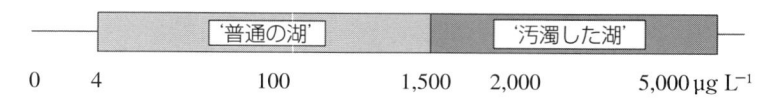

　窒素は生物体の中でアミノ酸やタンパク質として存在し，降雨や表面流，地下水の流入，生物による大気窒素の固定などにより湖に入ってくる．湖沼の窒素濃度は100〜6,000μg L^{-1}と，湖沼によって大きく異なっている（図2.18）．一般に，淡水生物の成長が窒素に制限されることはあまりないため，リンに比べて湖水中の窒素濃度は湖の栄養状態にはさほど影響しない．このため，貧栄養湖沼では必ずしも窒素濃度は低いとは限らないのである．ただし，非常に汚染が進んでいる湖沼ではリン濃度が非常に高いため，むしろ窒素が枯渇気味となって藻類の成長速度を制限することがある．リンと同様に，湖に存在する窒素の多くは生物体(有機態窒素)であるが，窒素ガス(N_2)，硝酸イオン(NO_3^-)，亜硝酸イオン(NO_2^-)，還元的なアンモニウムイオン(NH_4^+)としても存在している．藻類などの植物は，アンモニウムを直接同化するが，硝酸や亜硝酸は細胞に取り込んだ後にアンモニウムに還元してから同化する．したがって，アンモニウムは，植物にとって最もエネルギー効率のよい窒素源なのである．酸化型(硝酸)，と還元型(アンモニウム)の窒素の分布は，富栄養湖と貧栄養湖

'普通の湖'　　'汚濁した湖'
0　　4　　　　100　　　　1,500　2,000　　　　5,000μg L^{-1}

図2.18　湖の夏期における全窒素濃度（μg L^{-1}）の範囲．'普通の湖'は人間活動の影響をあまり受けていない湖，'汚濁した湖'は下水や排水など有機物や栄養塩を多量に含む水が流入していたり，鳥などが高密度に生息したりしている湖である．これは模式的な図であり，多くの例外がある．

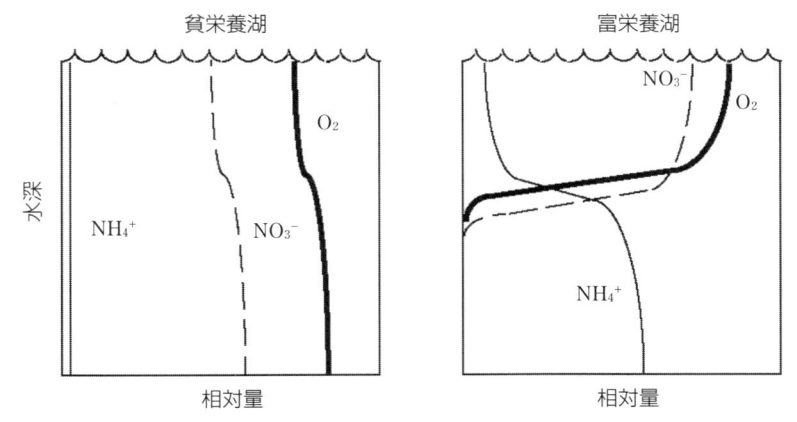

図 2.19 成層する湖の酸素(O_2)，硝酸(NO_3^-)，アンモニア(NH_4^+)濃度の鉛直分布．左図は生産力の低い湖（貧栄養），右図は生産力の高い湖（富栄養）の例．硝酸は酸素と似た鉛直分布を示すが，アンモニアは酸素が少ない場所で増加する．

とで大きく異なっている．貧栄養湖ではアンモニウム濃度は低く，水面から湖底まで全層にわたって酸素があるため鉛直的にあまり濃度は変わらない．しかし，富栄養湖ではアンモニウム濃度は特に湖底付近で高くなることがある．貧酸素下で細菌が有機物を分解するため，多量のアンモニウムが堆積物から溶出するからである（図 2.19）．硝酸態窒素の鉛直分布は，おおよそ酸素濃度と同じようなカーブを示すことが多い．富栄養湖では湖底付近で酸素がなくなるため，多くの硝酸は窒素ガスに還元される．

● **窒素ガスの固定**

すでに述べたように，淡水では一次生産者の成長はリンに制限されていることが多いが，リンの豊富な富栄養湖沼では窒素が一次生産者の成長を制限することがある．そのような湖沼では，ある種のラン細菌（ラン藻類）や細菌が空中窒素を固定している．空中窒素の固定はそれら生物群特有の適応であり，藻類の成長が窒素に制限されるとラン細菌が優占するようになる．このラン細菌による窒素固定量は，湖に負荷される窒素の 50% を占める場合もある．空中窒素の固定はラン細菌の**異質細胞**（heterocyte）で行われる．異質細胞は，窒素固定に関与する触媒酵素，ニトロゲナーゼ（nitrogenase）の必要条件を満たすため酸素を含んでいない．ラン細菌である *Aphanizomenon* 属（図 3.7b）では，酸素がほとんどなくなる群体密集束の中で窒素ガスの固定が行われる．

これらラン細菌の窒素固定は，光合成に由来する化学エネルギー（ATP）が必要なため，明条件で行われる．このように多くのラン細菌が空中窒素の固定を行うが，*Azotobacter* 属や *Clostridium* 属など一部の従属栄養細菌も窒素ガスを固定する能力を持っている．

● 硝化と脱窒

多くの細菌と一部の菌類はアンモニウムを硝酸に酸化したり（**硝化**：nitrification），硝酸をさらに窒素ガスに還元したりする働き（**脱窒**：denitrification）に関与している．硝化には酸素が必要であり，反応を要約すると次のようになる，

$$NH_4^+ + 2O_2 \longrightarrow NO_3^- + H_2O + 2H^+ \quad （硝化）$$

この反応過程で細菌は化学エネルギーを得ている．

一方，脱窒は酸素のない堆積物や嫌気的な粒状物間隙など，嫌気条件下で起こる．このため，やや難しい表現であるが，脱窒は有機物酸化（分解）過程における酸化型窒素の還元作用と定義される．つまり，脱窒を行う細菌は，硝酸の酸素を用い，有機物を酸化して二酸化炭素や炭酸イオン（CO_3^{2-}）にすることで化学エネルギーを獲得している．同時に，酸化によって生じる電子を窒素に受け渡すことで窒素ガス（N_2）へと還元している．エネルギー獲得に加え，脱窒菌は自らの体をつくる炭素も得ているのである．このような脱窒反応は，次のように要約される，

$$5C_6H_{12}O_6 + 24NO_3 \longrightarrow 12N_2 + 18CO_2 + 12CO_3^{2-} + 30H_2O \quad （脱窒）$$

ここで生成される分子状窒素，すなわち窒素ガスは，窒素固定に使われなければ，最終的に大気へ放出される．ここで注意してほしいことは，硝化は酸素の存在下（好気的環境）で行われるのに対し，脱窒は嫌気的な過程であるという点である．つまり，これらの過程は異なるタイプの細菌が関与しているのである．硝化により硝酸が生成し，生成した硝酸は脱窒に利用されるので，これらは一連の反応とみることができる．このため，硝化と脱窒は，堆積物の表面や堆積物中のユスリカの巣穴，水生植物の根や根茎（rhizome）など，酸化還元（好気−嫌気）境界層で集中的に起こる．

微量元素

　コバルト(Co)，銅(Cu)，亜鉛(Zn)，モリブデン(Mo)などの元素も集水域の岩や土壌から供給されるが，湖水中の濃度は極めて低い．しかし，生物の要求量も極めて微量なので（表2.1），これら元素が生物の成長を制限することはほとんどない．むしろ，これら元素が高濃度にあると，動物や植物に対して有害となる．たとえば，硫酸銅は湖沼で大繁殖した藻類を取り除くのにしばしば使われてきた．これら微量元素の多くは，主にある特定の酵素の成分として必要であり，細胞内の化学反応の触媒として機能している．

　カリウム(K)やナトリウム(Na)は細胞膜の諸過程に重要な元素である．珪素(Si)は珪藻(diatom)や黄金色藻(chrysophyte)が多量に必要とする元素で，それぞれ細胞壁や珪酸質の鱗片の材料となっている．珪藻は春に繁殖しブルームを形成するが，珪素が枯渇するとブルームも速やかに終焉する．

　カルシウム(Ca)は脊椎動物の骨格形成に用いられるが，それら高次の水生動物の成長がカルシウムによって制限されるという報告はない．しかし，貝類などではカルシウムを多量に必要とする．風化によるカルシウムの供給が少ない地域では，貝類は貝殻をつくることができないので生息できない．これは，特殊な適応をした生物（貝類の場合，カルシウムに富む殻を持つことで捕食圧を低減している）は，特定の非生物的環境軸（ここではカルシウム濃度）のある領域で生存に有利となるが，他の領域では排除されてしまう1つの例といえる．

●栄養元素の循環

　すべての元素は，それが窒素やリンのような多量元素（macronutrients）であろうと亜鉛や銅のような微量元素（micronutrients）であろうと，周囲の生態系から輸送されたり湖沼内部で移動したりする．この過程において，各元素はさまざまな化学物質として変換され，生物体内や生物間を転移する．生態系の中でいかに輸送・変換・転移するかは，元素によって異なっているが，多くの元素はいわゆる一般的な栄養塩循環をしている．湖沼の視点から見ると，元素は周囲の陸地から表面流として小川や河川から運ばれたり，降雨や地下水によって流入する（図2.20）．湖沼に運ばれた元素は生物に取り込まれ，さまざまな化学物質として変換されながら食物連鎖に沿って上位栄養段階に移行し

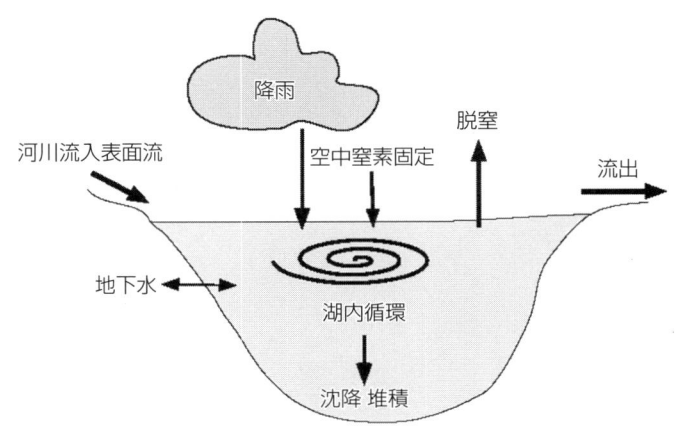

図 2.20 湖における化学物質の流入・流出と循環経路．窒素に関してはさらに2つの経路，すなわち空中窒素の固定と脱窒も記した．

(第5章参照)，やがて湖底に堆積したり流出河川や地下水を通じて湖沼外へと運び出されたりする (図 2.20)．もちろん元素によって循環する様子はずいぶん異なるが，一般的には上述したような方法で湖沼に運ばれ，湖沼内部で蓄積され，あるいは湖沼外へ出ていく．この中で唯一例外となる栄養塩は窒素である．大気成分の 80% は窒素であるため，窒素の場合，大気との交換が重要となるからである．すでに見たように，ある種の微生物（たとえばラン細菌）は大気から分子状窒素 (N_2) を直接固定しており，またある種の微生物は脱窒を通じて硝酸を分子状窒素に変換し大気へ窒素ガスとして放出している．したがって，窒素に関していえば，上述した栄養塩の循環模式図に大気から湖に入る矢印と湖から大気へ出る矢印が加わることになる (図 2.20)．

栄養塩による成長制限とそれに対する適応

炭素，窒素，リンは地球で特に多い元素ではないが，タンパク質など有機物の主要構成元素であるとともに，エネルギーの貯蔵や転移など生物過程を担う中心的な元素である．一般に，よく成長している藻類は炭素，窒素，リンをレッドフィールド比 (106 C : 16 N : 1 P : 原子比) の割合で取り込んでいる．湖沼に現存している窒素濃度とリン濃度の比は，藻類（植物プランクトン）の成長が窒素とリンのどちらに制限されているかを知る手掛かりとしてしばしば用いられている．もし湖水の N : P 比がレッドフィールド比よりも高ければ (N : P>16)，リンよりも窒素の方が藻類の必要量に対して相対的により多く

供給されていることになるので，藻類の成長はリンに制限されがちとなる．逆にＮ：Ｐ比＜16であれば，藻類の成長は窒素に制限されている可能性が高い．このように，藻類の要求に対して窒素またはリンの供給量が相対的に低いと，藻類の成長は制限されるようになる．また，生物の死骸が湖底に沈むと湖底堆積物中の窒素やリンは豊富になるが，それら栄養塩は水中で生活する生物には利用できない．淡水では，相対的に窒素が枯渇する場合もあるが，たいていはリンが藻類の成長を制限している．その理由は，人間活動の影響が及んでいない集水域では，河川など表面流の水が含んでいる窒素とリンの比が30程度と比較的高く，このため藻類の要求量からみるとリンの方が相対的に少ないからである．湖沼生態系は海洋に比べて小さく浅いため，このような集水域の特性や河川など表面流の水に含まれる栄養塩組成の影響を特に受けやすい．また，湖沼と海洋で異なる点として，海洋ではイオウ(S)が多く鉄(Fe)が少ないことがあげられる．海水では硫化物によって鉄が取り込まれてしまうため，リン酸分子は鉄とともに共沈することがあまりない．このため，リン酸は生物に利用しやすい形態で溶存している（Caraco et al. 1989；Blomqvist et al. 2004）．一方，湖沼では鉄が比較的豊富であるため，溶存のリンは鉄と結合し化合物となって沈降しやすくなる．その結果，藻類や細菌にとってリンは手に入れがたい栄養塩となるのである．

　Schindler（1974）は湖沼全体を人為的に操作する実験をカナダ・オンタリオ州の実験湖沼群で行い，リンが実際に湖沼の生産力を制限していることを実証した．この実験では，自然湖沼を半分に仕切り，一方にはリン・窒素・炭素を加え，他方には窒素と炭素だけを加えた．その結果は明瞭で，リン・窒素・炭素を加えた側には藻類が大増殖しブルーム状態となったか，窒素と炭素を加えた側の湖水には変化なく水は透明なままであった（第6章も参照）．この湖沼操作実験は，応用陸水学の面でも画期的な成果である．というのは，それまで都市周辺で問題となっていた湖沼の富栄養化がまぎれもなくリンを含む洗剤によって引き起こされていることを示す結果だったからである．同時に，これら実験により，湖沼に人間活動の排水や下水が流入した場合に，Ｎ：Ｐ比は10以下となり，藻類の成長は窒素に制限されやすくなることも示された．このことは容易に想像することができる．というのは，人間を含む動物の糞尿はリンが極めて豊富だからである．

　このように，自然の淡水生態系ではリンなどの栄養元素が枯渇しがちになる

が，不足しがちな栄養元素を可能な限り摂取するために淡水の植物（藻類）はさまざまな適応をしている．細胞サイズを小さくして吸収効率を高めること，栄養塩が豊富なときにたくさん取り込んで貯蔵すること（過剰摂取），堆積物表面など栄養塩が豊富な場所で生活すること，などである．次に，これらの適応について具体的にみていく．

●大きさ

　藻類や細菌によるリンの取り込み速度は非常に速く，たとえば放射性同位体を標識としたリン取り込み実験では，栄養塩として加えたリンの50％がわずか30秒で取り込まれたという報告もある（Lean 1973）．しかし，栄養塩の取り込み速度は藻類でも種によって異なっており，そのこと自体が藻類群集の種組成に影響を及ぼしている．一般に，栄養塩の供給が全体として低い水準で変動している場合には細胞サイズの小さい藻類（植物プランクトン）が有利であり，高濃度の水準で変動する場合には細胞サイズの大きい藻類が有利になる（Turpin 1991）．したがって，栄養塩がパルス状に供給された場合，栄養塩濃度のレベルによって，藻類群集は大きいサイズの種が卓越したり，あるいは小さいサイズの種が卓越したりする．降雨は集水域から栄養塩を短期間に多く輸送する．このため，雨の頻度や降雨量（つまり気象）は，植物プランクトン群集のサイズ組成に大きな影響を及ぼしている可能性がある．

　なぜ，サイズの小さい植物プランクトンは栄養塩濃度が低いレベルのときに有利になるのだろうか？　サイズが小さいということは容積に対して表面積が大きいことを意味している．したがって，サイズが小さいほど，栄養塩を取り込める面積が容積に対して大きくなる．細胞内部の栄養塩や老廃物の輸送は分子レベルの拡散や移動に依存している．したがって，栄養塩の取り込み速度を最適化するには，容積に対して取り込み面積（細胞表面積）を大きくすること，つまりサイズを小さくすることが得策となる．しかし，実際には藻類の細胞や群体の大きさは非常に幅広い．たとえば，同じラン細菌であるが，*Synechococcus* 属は4μm程度であるのに対し，*Mycrocystis* 属では200μm以上にもなる群体を形成する（表面積：容積比はそれぞれ1.94と0.03と大きく異なる）．この事実は，何か大きくなることで有利に働く選択圧，たとえば藻食者による摂食の影響を受けにくいとか，上述したように栄養塩濃度が高いときには有利になるとか，があることを想起させる．

●**過剰摂取**

　不足しがちな栄養塩を獲得するための興味深い適応の1つは，過剰摂取である（英語では'luxury' uptake：ぜいたく摂取と称している）．これは，栄養塩が豊富なとき，今必要とする以上に栄養塩を取り込むことである．リンについていえば，多くの藻類は取り込んだリン酸をポリリン酸に変換して細胞の液胞に貯蔵する能力を持っている．リンが周囲の水で枯渇すると，酵素によってポリリン酸をリン酸にして，細胞代謝や成長に使うのである．

●**栄養塩の豊富な堆積物表面での生息**

　生物の体は栄養塩に富んでおり，その死骸や糞（餌生物の残渣）は沈降するため，湖底堆積物は栄養塩の豊富な場所となる．生物の死骸など，有機物の湖底への沈降量は光合成による一次生産量とおよそ比例関係にあるため，堆積物に含まれる栄養塩量は湖沼の生産力を反映したものとなる．このように，湖底は栄養塩が蓄積する場であり，堆積物と関係しながら生活している藻類は，水中で生活する浮遊性の藻類（植物プランクトン）が直面するようなリン不足に陥ることはほとんどない．

　栄養塩の無機化に対する酸化還元電位とpHの影響　　有機物の分解は，湖底堆積物の表層数ミリメートルで主に起こっている．分解が進行すると，栄養塩が溶出し，再び水中の生物が利用できるようになる．この循環（栄養塩の回帰）は，さまざまな生物・非生物過程に制御されている．湖水と堆積物の境界面でリンの溶出を制御している主な化学過程の1つは，有酸素条件下での鉄との結合と無酸素条件下でのリンの解離である（Boström et al. 1982）．この重要な酸化還元反応を理解するため，化学の基本に少し触れたい．ある物質が電子を失う化学過程を<u>酸化</u>（oxidation），反対に電子が負荷される反応を<u>還元</u>（reduction）という．還元は常に酸化と対になって起こるので，両者を合わせて<u>酸化還元反応</u>（redox reaction）と呼ぶ．酸化還元反応は平衡状態にあるとき，特有の**酸化還元電位**（E：redox potential）を持っている．酸化還元電位は電子の放出しやすさと受け取りやすさを示す値で，水素の標準値を0としたときの電位で，E_Hとして表される．酸化還元電位は白金電極と参照電極で容易に測定できる．この2つの電極を水につけたときの電極間の電位差は電位測定器で計測される．還元的な溶液は白金電極に電子を提供し，一方酸化的な溶液は白金から電子を受け取る．湖沼の水や堆積物では，多くの化学反応が同時

に進行しており，引き続く一連の生物反応により，酸化還元反応が平衡状態に達することはほとんどない．したがって，電位測定器が示している値はすべての酸化還元反応を合計したおおよその値であり，それ自体はある特定の化学反応を指し示すものではない．とはいえ，酸化還元電位は水や堆積物がどの程度酸化的な状態にあるかを知る際に有効である．酸素ガス（O_2）は電子（e^-）に対して非常に高い親和性を持っているため，E_H がおよそ$+100\,mV$以下と低い値のときは嫌気的（酸素が極めて少ない）状態を，値が高いときは酸素が豊富であることを意味する．このように，水や堆積物の酸素濃度は，その場でどのような化学反応が起こるのかを決めている．その代表的な例の1つは，上述した湖沼の栄養塩の動態に極めて重要な鉄をめぐる酸化還元反応である．すなわち：

$$Fe^{2+} \longleftrightarrow Fe^{3+} + e^-$$

酸素が少ないと，鉄は水に溶けた Fe^{2+} として存在する．しかし，酸素濃度が増加するにつれて（つまり酸化還元電位が高くなるにつれて），上記の酸化還元反応は右方向に進んで平衡するようになり，三価鉄（Fe^{3+}）が増える．この三価鉄は水に溶けず，他の分子と結合して化合物となり，沈殿し湖底へ沈む．富栄養化の中心物質であるリン酸（PO_4^{3-}）（第6章参照）は，この三価鉄と最も結合しやすい分子の1つである．鉄は湖沼ではごく普通にある元素であるため（表2.1），酸素のある条件では，リン酸は三価鉄と結合して湖底へ沈殿する．その結果，植物プランクトンはリン酸をあまり利用できなくなってしまう．しかし，酸素濃度が減少すると，鉄は還元型で水に溶けやすい二価鉄となり結合していたリン酸を離す．その結果，植物が利用できるリンが増加する．このような湖底からの栄養塩の溶出は，しばしば**内部負荷**（internal loading）と呼ばれており，湖水と堆積物表面の間のリンの動きは，酸素の有無によってほぼ決定づけられている．リンなどの栄養塩の内部負荷は，特に汚濁した水が流入する湖沼では深刻な問題となる．1年を通じてみると，栄養塩は形を変えて堆積物に蓄積されていくが，湖底の酸素が少なくなると，堆積物は水中に栄養塩を回帰する負荷源となる．この状況は，第6章で述べるように，富栄養化した湖沼を再生しようとしたとき，特に考慮すべき問題となる．

さほど汚濁されていない湖沼でも，温帯域の2回循環湖では，水温躍層が発達する夏期や冬期に湖底の酸素が減少し，湖底堆積物からリンが溶出すること

がある．しかし，酸素が少なくなった深水層では多くの生物は生存できないため，溶出したリンはさほど消費されず，深水層内に蓄積することになる．春や秋に躍層が消え，湖水が鉛直循環すると，この蓄積されていたリンは表面に持ち上げられ，表水層に分布する生物の栄養源となる．

堆積物表面には多量の有機物があるため，それを基質（エネルギー源）とする細菌が高密度に生息している．有機物の無機化（分解）過程で，細菌は酸素を消費する．これら細菌は，リンを含むさまざまな有機物をリン酸に分解するだけでなく，酸素を消費することでリン酸の溶出を促す．一方，湖底まで太陽光が届く場所では，堆積物表面に藻類が繁殖する．細菌と異なり，藻類は酸素を生産するため，堆積物表面や直下の微環境を酸化的に保つ．その結果，堆積物から湖水へのリン溶出量は低く抑えられるようになる．さらに，堆積物表面に生息する藻類そのものが，生物体としてリンを取り込むため，堆積物から溶出するリン酸はますます少なくなる．このように，堆積物表面に生息する細菌と藻類は，リンの回帰に全く正反対の働きをしている．ただし，pHの節で述べたように，堆積物中で金属イオンと結合していたリンは，堆積物上の藻類の光合成が非常に活発になってpHが増加すると，解離し湖水に溶出するようになる．生産力が高い（富栄養）浅い湖沼では，夏期の藻類の活発な光合成によるpHの増加が，Fe^{2+}とFe^{3+}の酸化還元反応と相まって，リンの内部負荷を促進することになる．

生物撹拌

生物の死骸など，粒状物質は湖底に沈降し，新たな堆積物となる．温帯湖では，この有機物の沈降速度は一般に夏期に大きく，冬期に小さくなる．このため，堆積物には，たとえば木の年輪のような縞が多少とも形成される．堆積物を円柱状に採集した際，この層状構造は横から肉眼で確認できる場合もある．ただし，明瞭な層状構造が見られるのは，酸素濃度が低すぎてベントスが生息できない嫌気的な部分に限られる．酸素がある部分では，ベントスが生息し，その活動によって堆積物が物理的に撹拌されるため層状構造は明瞭でなくなる．**生物撹拌**（bioturbation）は，魚の摂食活動（餌探索のために湖底をつつく）や，貧毛類・水生昆虫幼虫・二枚貝などが堆積物の中を動き回ったり上下運動したりすることで生ずる堆積物の撹拌である．これら水生動物の活動は水温に依存しているので，生物撹拌は特に夏期に活発となる．

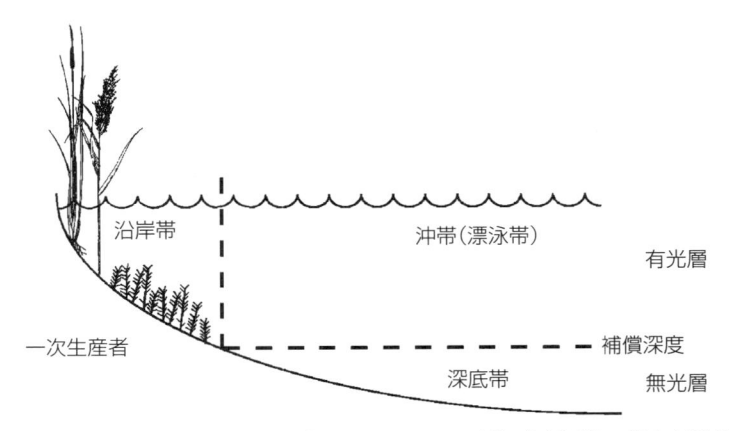

図 2.21 湖沼の生態区分．湖沼は，水面が開けている沖帯（漂泳帯），湖底が補償深度（光合成による酸素生産が呼吸による酸素消費とつり合う深度）よりも浅い岸際の沿岸帯，補償深度以深の水柱と湖底を含む深底帯からなっている．

　堆積物に生息する各動物群は，鉛直的にもまた水平的にも空間的に片寄って分布している．水生ミミズなどの貧毛類や二枚貝類は穴を掘って潜行するので，その堆積物への影響は 10 cm 以深に及ぶことがある．一方，ユスリカ幼虫の場合，分布は主に堆積物表面直下の数 cm 程に限られている．水温躍層以浅にある**沿岸帯**（littoral zone）（図 2.21）の堆積物表面では，理化学的環境の季節的あるいは日周的な変化が顕著なため，多様なベントスが生息している．このため，沿岸帯では生物撹拌が著しく，上述したような明瞭な層状構造が形成されることはほとんどない．しかし，水温躍層以深の**深底帯**（profundal zone）では，ベントスの生息密度は低く，理化学的環境は季節的にもまた空間的にも均一である．このような場所では，一般にイシガイ科の二枚貝（図 3.11）や水生ミミズなどの貧毛類，ユスリカ幼虫（図 3.20）などが生息している．

　水生動物による生物撹拌は，さまざまな方法で堆積物を混ぜ合わせる．水生ミミズなどの貧毛類は堆積物の下部に向かって頭を向け，糞を堆積物表面に出す．このため，堆積物粒子は消化管を経て上方に移動する．一方，ユスリカ幼虫は堆積物表面で摂食し，堆積物中に糞を出すので，結果として堆積物粒子を下方へ移動させることになる．多くの動植物プランクトンは休眠細胞や休眠卵を生産するが，これらは湖底に沈み堆積物中に保存される．その間，生物撹拌の影響も受ける．生物撹拌は，これら休眠細胞や休眠卵を堆積物の下方に埋没させたり，堆積物表面に持ち上げたりするのである．こうすることで，休眠細

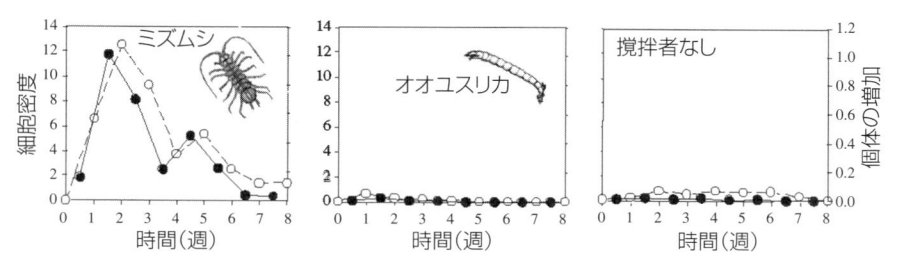

図 2.22 生物撹拌に伴う湖底堆積物からの *Anabaena* sp.（ラン細菌）の発生量（$\times 10^6$ m^{-2} day^{-1}：●）と水中の細胞密度（$\times 10^3$ L^{-1}：○）．左図：生物撹拌者としてミズムシ（*A. aquaticus*）を加えた場合，中央図：オオユスリカ（*C. plumosus*）を加えた場合，右図：ベントスを加えなかった場合．

胞や休眠卵はそれまでと異なった環境に取り囲まれ，堆積物深く長期間保存されたり，堆積物表面にも持ち上げられて発芽・孵化したりするのである．ある実験によればミズムシ（等脚類）がいると，堆積物表面をブルドーザーのように活発に動き回るので，堆積物中にあったラン細菌である *Anabaena*（図 3.6）の休眠細胞が多く発芽し，水中で増殖しブルームを形成した．しかし，堆積物表面をあまり撹拌しないで粒子を摂食するユスリカだけが生息している場合，そのようなラン細菌のブルームは起こらなかったという（Ståhl-Delbanco and Hansson 2002）（図 2.22）．この研究結果は，生物撹拌が藻類の休眠細胞の発芽に重要であること，その影響は生物撹拌を起こす動物によって異なることを示している．

　生物撹拌は，単に堆積物の粒子の移動だけでなく，堆積物とその直上にある湖水との間の栄養塩の輸送にも影響を及ぼす．堆積物表面での動物の活動は，湖水と堆積物間でリンや窒素など栄養塩の交換を促進する（Andersson et al. 1988）．細菌による有機物の分解速度は非常に速いため，堆積物は直上湖水に比べて酸素が欠乏しがちである．しかし，動物による生物撹拌は，酸素を堆積物中に運び込む役割をする．たとえば，ユスリカ幼虫は巣穴をつくり，その中を行き来することで湖水を堆積物中に導く．その結果，仮に周囲の堆積物に酸素がないとしても，巣穴の周囲だけは酸素が豊富になるのである．このような1個体による堆積物への酸素輸送は微々たるものであるが，ユスリカ幼虫はしばしば 1 m^2 あたり 1,000 個体にも達することがある．したがって，個体群全体でみた場合，ユスリカ幼虫による堆積物への酸素輸送量は無視できないほど大きく，堆積物中の化学過程は生物撹乱に強く影響されることになる．

酸　素

　酸素は，**好気呼吸**（aerobic respiration）を行っている（息をしている）すべての生物に必須の元素であり，淡水生物のほとんどがこの好気呼吸を行っている．水中の酸素濃度は季節によって，また場所によって異なり，そのことが生物の生活史や分布，行動，他種との相互作用に影響を及ぼしている．湖沼の酸素源は，大気からの拡散と植物の光合成である．淡水に溶け込んでいる酸素は，生物の好気呼吸により消費される．この好気呼吸は，栄養となる有機物（炭水化物，脂質，タンパク質）が異化作用により水素に分解され，酸素と結びつく複雑な生化学過程である．この過程で，有機物に化学結合として保存されていたエネルギーがエネルギーに富むATP分子に変換され，それが生物の生合成やさまざまな活動のエネルギー源として利用されるのである．好気呼吸の化学過程は次のように単純化することができる：

$$C_6H_{12}O_6 + 6O_2 + 6H_2O \xrightarrow{\text{酵素}} 6CO_2 + 12H_2O + エネルギー（呼吸）$$

この化学過程から明らかなように，呼吸の結果，水と二酸化炭素が生成される．地球上の多数の生物は，私たち自身も含めて，この好気呼吸を行うことで生活している．しかし，一部の生物はこれとは異なる化学過程（**嫌気呼吸**：anaerobic respiration）を採用することで，酸素が全くない条件でも生きていくことができる．

酸素濃度に影響を及ぼす要因

　水の中に溶け込む酸素量は，水温が高くなるほど少なくなる．この事実は，水生生物にとって不利である．一般に温度が高くなるほど生物の代謝は高くなり，酸素消費量も大きくなるからである．水に溶ける酸素量は，水の混合や風波といった物理過程だけでなく，呼吸や光合成などの生物過程に敏感に応答する．たとえば，水中の酸素は光合成が活発であると過飽和になるが，分解が卓越すれば著しく減少する．このように，湖沼の酸素濃度は理論的に溶け込むことができる最大値（飽和量）とはかけ離れている場合が多い．このため，水中の酸素濃度はしばしば100分率の**酸素飽和度**（percentage saturation）として

表される.これは,ある水温の酸素飽和濃度を100％としたときの値である.水中では,水生植物と藻類が光の存在下で酸素を生産するが,夜間や光量が低い場所では水生植物や藻類自身の呼吸によって酸素は消費される.水生植物や藻類において,光合成(P)による酸素の生産速度と呼吸(R)による酸素の消費速度がちょうどつり合うときの光量を**補償点**(compensation point)と呼ぶ.これより光量が多ければ,$P>R$となり,光量が補償点以下なら$P<R$となる.水の物理的特性も水生生物の酸素利用に影響を及ぼす.その中で特に重要な物理的事実は,酸素は溶解度が低く水中では拡散速度が遅いことである.水中の酸素濃度が時空間的に大きく変化することは,好気呼吸を行っているすべての生物に深刻な問題となる.この問題を克服するため,水生生物は酸素を効率よく獲得するさまざまな適応をしている.

●酸素の生産と消費の測定

藻類や水生植物の光合成速度は,水中の酸素濃度に影響を及ぼし,水温や栄養塩濃度,光量などに影響される.水中の酸素濃度は,酸素電極を用いたり,あるいは古典的な方法であるが信頼性が非常に高いウインクラー法(Winkler method;詳細についてはWetzel and Likens 1991を参照)などによって測定することができる.

光がある場合,光合成(酸素生産)と呼吸(酸素消費)は同時に起こるため,溶存酸素濃度は両者の差によって決まることになる.この光合成速度と呼吸速度は,湖水を満たした明瓶と暗瓶(アルミホイルなどでくるんだ瓶)を現場湖沼に吊り下げ,その瓶内の酸素濃度の変化量を測定することで求めることができる.つまり,湖水を入れた瓶のうち,数本は吊り下げ開始時の溶存酸素濃度を調べるのに用い,残りの瓶(明瓶,暗瓶)は,一定時間吊り下げた後の溶存酸素濃度の測定に用いる.吊り下げ開始時に比べ,明瓶では酸素濃度は増加し,暗瓶では光合成が行われないため酸素濃度は減少するだろう.ここで,明瓶の溶存酸素の増加速度(時間あたり増加量)が純光合成速度(net photosynthesis rate)あるいは一次生産速度(primary production rate),暗瓶の溶存酸素の減少速度が呼吸速度である.総光合成速度(gross photosynthesis rate)は,純光合成速度と呼吸速度の和として求められる.

溶存酸素濃度の時空間的変動

●季節的な成層

　湖沼の溶存酸素濃度の動態は，水温の季節変化やそれに伴う成層構造の変化（図2.5，図2.19）と密接に関連している．2回循環湖では，氷が溶け水温が除々に温まり始める初春でも，鉛直的な水の密度差・温度差が小さいため，湖水は風などによって表面から底まで容易に混合する（図2.5）．このため，酸素の豊富な水が全層にわたって分布し，酸素飽和度は100％か，あるいはそれに近い値となる．夏に向かって水温が温まると成層が発達し，水柱は安定した2つの層（表水槽と深水層）に分離する．大気酸素は湖水に溶け，拡散と混合によって表水層に供給されるが，安定した水温躍層によって湖水が鉛直的に分断されるため，大気から溶け込んだ酸素は深水層にほとんど輸送されない．光が十分に届く水深では，光合成による酸素も供給される．しかし，光量は水深とともに減衰し，有光層以深では純生産や酸素生産が行えるほどの光量はない．深水層や堆積物では，細菌による有機物の分解やベントスの呼吸によって酸素が消費される．このため酸素供給のない深水層では，溶存酸素濃度は夏に向かって減少する．生産力の高い富栄養湖では，多量の有機物が深水層や湖底に沈降するので酸素消費速度が速く，深水層はすぐにほとんど酸素のない状態となる．その結果，夏のほとんどの期間，多くの動植物は深水層で生息できなくなる．

　秋になり，湖沼にそそぐ太陽エネルギーが減少するにつれて，水温も低下する．その結果，やがて湖水は全循環するようになり，酸素の豊富な湖水が深い深度に運ばれるようになる（図2.5）．冬になり湖面が結氷すると，大気と湖の酸素交換が行われなくなる．ただし，もし氷が透き通っていれば，氷の直下で藻類の光合成が行われるため，酸素が供給されるだろう．しかし，湖沼の深いところでは酸素を消費する分解過程（呼吸）が卓越する．また，この期間，逆列成層により湖水は鉛直混合しない（図2.5）．その結果，溶存酸素濃度は冬期においても水深が深くなるにつれて低くなり，特に湖底付近では無酸素になる場合もある．もし湖面の氷が厚い雪で覆われた場合，光量はさらに不足するため，氷の直下でさえ光合成が行われなくなる．これが長く続けば，湖の溶存酸素は全層にわたって枯渇し，魚が大量死滅することさえある．これは冬期大量斃死（winterkill）と呼ばれ，生産力が高いため多量の有機物が湖底に負荷

し，冬に結氷してもなお有機物分解による酸素消費が大きい浅い湖や池で頻繁に起こる．

●浅い水域の酸素濃度変化

　沿岸帯に生息する生物も夏に酸素不足を経験する可能性がある．浅い水域では，一次生産者として沈水植物や基質に付着して生活する藻類がよく繁茂しているため，溶存酸素濃度は1日の間でも大きく変化する．日中，光合成が活発に行われると酸素が生産され飽和度は100％を超えるが，夜間は植物自身の呼吸により酸素が消費されるため，沈水植物帯の溶存酸素濃度は著しく減少する．また，夏期は水温が高いため，細菌による有機物分解も盛んに行われる．その結果，植物さえ生きていけないほど溶存酸素が枯渇するようになる．そのような状況では，魚も大量に斃死する．この魚の斃死は，夏期大量斃死（summerkill）と呼ばれている．

酸素獲得のための形態的適応

　ほとんどの淡水生物の生存にとって酸素は必須の元素であるが，これまで見てきたように，水中では酸素の濃度は低く拡散も小さいため，湖沼の溶存酸素濃度は季節によって，また1日の間でも，大きく変化する．このような環境でも生き残るため，水生生物は酸素を効率よく獲得するためのさまざまな適応を進化させてきた．これら生物がどこに生息するかによって，適法方法は2つに分けることができる．その1つは水中に溶けている溶存酸素を効率よく獲得するための適応であり，もう1つは大気酸素を利用するための適応である．

●溶存酸素の獲得

　水生生物の多くは，いわゆる**皮膚呼吸**（integumental respiration）によって，つまり形態的に特殊化することなく体表面から，酸素を取り込んでいる（Graham 1988, 1990）．体表面を通じて酸素交換を最も効果的に行う方法の1つは，体を小さくすること，つまり体の容積に対して体表面積を増やすことである．もし，動物プランクトンや植物プランクトンのように生物が十分に小さいなら，あるいはヒルなど扁形動物のように体が薄いなら，体表面からの拡散で十分やっていけるので，皮膚呼吸以外に何ら特殊な形態的構造を持つ必要はないだろう（図2.23）．しかし，水中では酸素の拡散速度が低いため，体表面

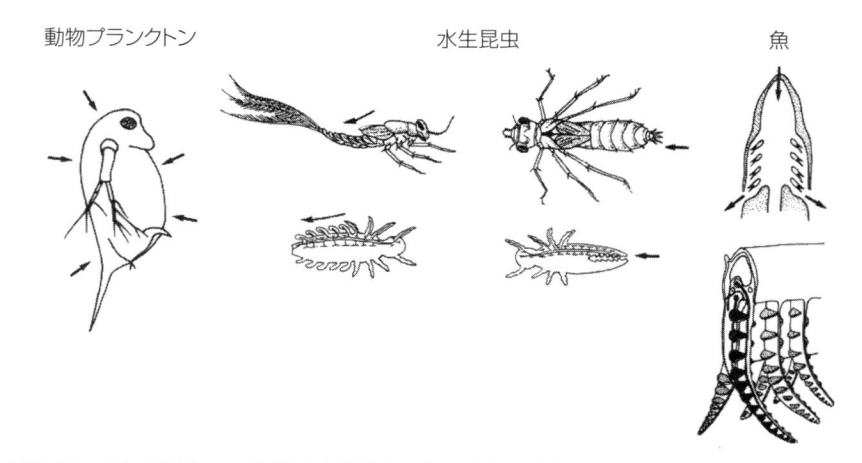

図 2.23 水に溶存している酸素を利用する水生生物．動物プランクトンのような小さな動物では，酸素は拡散によって体に取り込まれている（左端）．小型の昆虫では，酸素は気管系を通じて体の隅々まで運ばれる．表面積を大きくするため，カゲロウのように気管系を精巧な鰓として体表面から突出させたり（中央左），イトトンボのように直腸内に気管網を発達させたりしている（中央右）．魚も鰓に鰓弁やひだを発達させることで表面積を増大させ，水を鰓に送り込むことで酸素を獲得している（右端）．

の境界層では酸素が枯渇しがちになる．この酸素が枯渇する境界層の厚みは，生物自身が動くことで減少する．ヒルの仲間は体を振動させることで体表面の水の動きを加速し，イトミミズ（*Tubifex* 属）の仲間は堆積物の穴から体の後端を水中に突き出して波打つような動きをすることで，体表面の水を動かしている．これはコークスクリューのような動きで，酸素濃度が低下するにつれて波打つ動きの大きさや回数も大きくなる．しかし，体がある一定以上の大きさになると，容積に対する表面積が小さくなり，拡散だけで体の隅々まで酸素を送り込むことはもはや難しくなる．このため，多くの水生生物は酸素を効率よく取り込むための特殊な形態を進化させてきた．

　昆虫は体の隅々に酸素を輸送するため，複雑な管状の**気管系**を持っている（図 2.23）．水生昆虫の幼虫では，一般に気管系は閉じており，気管系の内と外との間のガス交換は拡散によって行われている．表面積を大きくするため，たとえばカゲロウ（mayfly）の葉状鰓（gill plate）や糸状鰓（gill tufft）などのように閉じた気管系を精巧な**鰓**として体表面から突出させたり，イトトンボ（dragonfly）のように直腸内に気管網を発達させたりしている（図 2.23）．

水の交換をよくする動きは，酸素に富む水を呼吸器官に提供することになる．徘徊性のカゲロウは鰓を前後に盛んに動かすことで，掘潜性のカゲロウやユスリカ，造巣性のトビケラ（caddisfly）は体を振動させ巣の中に水流を起こすことで，酸素に富む水が常に鰓にあたるようにしている．イトトンボの場合，気管網の発達した直腸にポンプのように水を出し入れすることで酸素を確保している．この直腸の水の出入の回数は酸素濃度に依存し，1分間に25〜100回に及ぶことがある．泳ぐとき，この**直腸ポンプ**（rectal pump）をジェット噴射として利用している種もいる．

　魚の鰓は表面積を大きくするよう，形態的に非常に特殊化している．魚の鰓は多くの鰓弓（gill arche）と，各鰓弓にある無数の鰓弁（gill filament）からなっており，鰓弁にさらにひだ（lamella：二次鰓弁ともいう）を持つことで表面積を大きくしている（図2.23）．水は密度も粘性も高いため，魚は鰓に水を通過させることに多大なエネルギーを消費している．活発に早く泳ぐと，ただ口を開けるだけで水が入り鰓を通過して出て行くことになるので，効率よくガス交換を行うことができる．活動的でない魚の場合は，呼吸のように口を動かすことで水を鰓に送り込んでいる．

● **大気酸素の利用**

　淡水生物には，大気の酸素を使って呼吸するものも多い．水生昆虫には，大気酸素をうまく取り込めるよう，特殊化した器官を持つものもいる．**呼吸管**（respiratory siphon）はシュノーケルのように水から出して大気酸素を取り込むもので，ミズカマキリやタイコウチ（water scorpion）のような半翅目，カの幼虫（ボウフラ）やミズアブ類（solder fly）などにみられる（図2.24）．また，大きな気管枝はエアストーンのような働きをし，昆虫が水中に長い間とどまるのに役立っている．サカマキガイなど有肺類の巻貝は，しばしば水面に来て外套腔に空気を取り込む．外套腔は血管系に富んでいるので，ちょうど肺のような機能をしている．また，ある昆虫は翅鞘の下や体表面の疎水性の毛に空気泡を捕捉して利用している．この毛は先端部が曲がっており，気泡が逃げないよう抑える役目をしている．昆虫はこの気泡を持って水中に潜り，呼吸器官とガス交換することで，あたかも鰓のように機能させている．この気泡の酸素が呼吸によって消費されると，周囲の水から拡散によって新たに酸素が気泡に補充される．その結果，昆虫は当初潜る前に抱えていた以上の酸素を得ること

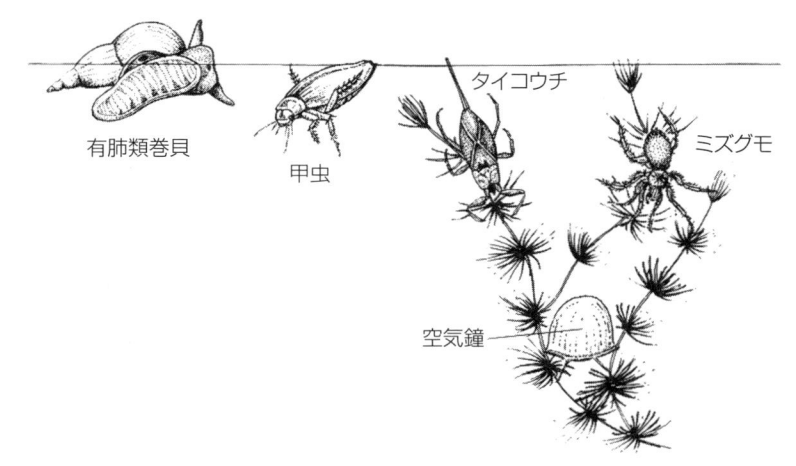

図 2.24 大気の酸素を呼吸に利用する淡水生物．有肺類の巻貝は肺のような機能を持つ外套腔に空気を取り込んで呼吸し（左端），甲虫の仲間は翅鞘の下や疎水性の毛に空気泡を貯蔵して利用している（中央左）．タイコウチは，呼吸用のシュノーケルを使って水表面から酸素を得ている（中央右）．また，ミズグモは背面の毛に空気をからめ，水中に釣鐘状の空気の巣をつくる（右端）．

ができるのである．このような呼吸方法は，プラストロン呼吸 (plastron respiration) と呼ばれている．ミズグモ（*Argyroneta aquatica*）では，背部に大きな気泡をかかえて潜るだけでなく，沈水植物の間に釣鐘状の空気の巣をつくる（図 2.24）．しかし，このように大気の酸素を利用することは，それなりのコストがかかる．たとえば，深い餌場から酸素を補充しようと度々水面に浮上するためにはエネルギーが必要であり，捕食者に見つかって捕食される危険性も増大する．

植物体内の酸素輸送

植物は光合成により酸素を生産するので，酸素を獲得すること自体にはさほど深刻な問題はない．しかし，植物体内では，光合成を行う部位から光合成を行っていない部位，すなわち根とか根茎（rhizome）へ酸素を輸送せねばならず，その過程がしばしば問題となる．抽水植物では，光合成を行う部位（葉）は水面より上部にあり，一方酸素を必要とする根や根茎は湖底に埋まっている．これらの植物では，酸素を葉の気孔から根に輸送するため，茎や根茎は中空となって輸送管の役割を果たしている（図 2.25）．水面上の部位から根茎や根へ酸素を輸送する方法の1つは拡散である．すなわち，水面下の部位で呼吸

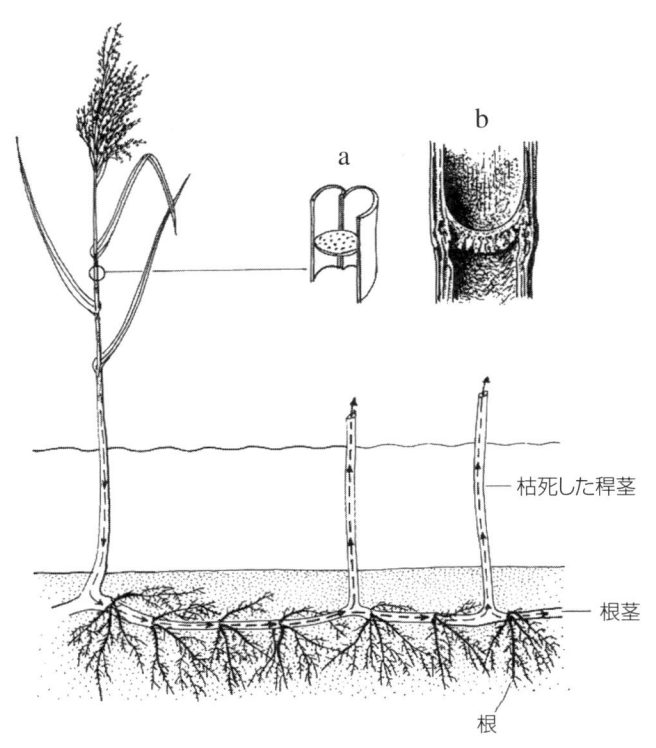

図 2.25 ヨシ（*P. australis*）の根茎と枯死した稈茎．ヨシの茎や根茎は中空で，根や根茎に酸素を供給する内風を送る管として機能している．(a) 空気が通過できる中空な茎と篩板のような穴を持つ節の模式図；(b) 実際の断面図．

によって酸素が消費されると，外部に比べて植物内部の酸素濃度が低くなるので，気孔から根茎に向かって酸素が流れることになる．しかし，植物体内の酸素輸送は，'**内風**（internal wind）' によるところが大きい．これは，植物体内外の温度差（'熱遷移：thermal transpiration'）や湿度差（'湿圧：hygrometric pressure'）によるもので，光合成が活発な若い葉の内部でガス圧が大気に比べてわずかに高くなる一方，ガス圧が増加しない古い葉や枯死した稈茎が排気口として機能することでつくりだされる（図 2.25）．この内風は根系に酸素を送ったり，根系から呼吸代謝産物を排出したりするのに，非常に効果的である．ただし，効果があるのは太陽があたっているときだけで，日が沈むと内風はなくなる．なお，植物内部で内風が生じるのは，光そのものの効果ではなく，葉の温度上昇による効果である．というのは，光をあてていなくても実験的に葉の温度を経時的に変化させると，昼夜で起こる変動と同じようなガス輸

送が植物個体内で観察されるからである（Dacey 1981）．興味深いことに，日中に根から排出される二酸化炭素はその植物個体自身の光合成に利用される．このため，内風が滞ると二酸化炭素供給が減少し光合成が制限されることがある．内風は，古い葉が排気口として機能するコウホネ（*Nuphar* 属）やガマ（*Typha* 属）の仲間，ヨシ（*Phragmites australis*）などの抽水植物で知られている．酸素輸送を拡散だけに頼っている植物に比べ，強い内風を生じる抽水植物は，より深いところまで生息することができ，堆積物に酸素がなくても耐えて成長することができる．

　根や根茎に運ばれた酸素の一部は，周囲の堆積物中に拡散していく．嫌気的な堆積物（'泥'）に根をはって生育している個体では，根の内と外の酸素濃度差が大きくなるため，根から拡散する酸素は多くなる．このため，砂質のような場所に比べ，泥質に生育している個体の方が根や根茎の酸素要求量は大きくなる．また，根に届く酸素の量は，水面から深くなればなるほど，小さくなる．このため，抽水植物の生育深度は，根茎への酸素輸送能力によって決まることになる．ヨシのような抽水植物では，風に吹きさらされて湖底が砂質となるような場所ではより深い深度まで生育し，風が遮られ湖底が泥質となる場所では浅い深度までしか生息できない（Weisner 1987）．

貧酸素に対する生理的・行動的適応

　深水層や湖底での酸素濃度の減少は，多くの淡水生物に致命的な環境悪化要因の1つである．また，嫌気環境で生成する硫化物（たとえば硫化水素）のような有害物質も致命的なダメージを与える．硫化物の多い堆積物は，腐った卵のような異臭を放つので，人間でも容易に察知することができる．生物が生き残るためには，このような酸素濃度低下に伴う環境ストレスや有害物質の影響を回避せねばならない．ある生物は，季節的に，あるいは日周的に，酸素の豊富な場所へ移動することで，深水層や湖底の酸素濃度低下の影響を回避している．たとえば，冬期大量斃死が起こるような湖沼では，魚は湖底を離れ，酸素が多少でもある氷の直下に移動したり，流入河川や流出河川に移動したりすることで生き延びる場合がある（Magnuson et al. 1985）．

　水生生物，特に無脊椎動物の中には，酸素欠乏に耐えられる特殊な適応を進化させたものもいる．そのような適応は，酸素が少ない湖底や堆積物中での一時的な生息を可能にしたり，長期間にわたってとどまりそこで繁殖することさ

え可能にしたりする．このような適応は，魚など酸素欠乏に耐えられない捕食者を回避する上で得策となる．分類学的に離れた生物群，たとえば甲殻類，ユスリカ類や巻貝類などは，低酸素環境でも生き残れるようヘモグロビン（Hb）を持つよう進化した種もいる．水生生物のヘモグロビンは，ヒトのヘモグロビンと同じような機能を担っている（体内での酸素輸送や貯蔵など）．ヘモグロビンの濃度は，生息環境の酸素レベルに応じて種によって異なるが，種内でも異なっている．たとえば，オオユスリカ（*Chironomus plumosus*）の幼虫では，酸素濃度の低い深底帯に生息する個体は，酸素の豊富な沿岸帯に生息する個体よりも，ヘモグロビン濃度が高い．また有肺類（pulmonate）のヒラマキガイの仲間も，貧酸素環境に耐える能力を増大させるため，ヘモグロビンを利用している．ある生物では，環境中の酸素量に応じて，酸素を獲得する方法を変えている．たとえば，有肺類の巻貝では，溶存酸素濃度が高ければ皮膚呼吸によって酸素を獲得し水中で長期間活動するが，溶存酸素濃度が低くなると大気酸素を利用する．このような巻貝では，水面に移動する時間間隔は，溶存酸素濃度によって変化する．

アメーバや繊毛虫，鞭毛虫などの原生動物の多くは，好気代謝（aerobic metabolism）を行って生活している．しかし，なかには嫌気代謝（anaerobic metabolism）を行い，酸素なしでも生活できるものもいる．その代謝系はまだよくわかっていないが，ある種の発酵過程が関与していると考えられている．どのような発酵過程でも，そのエネルギー収量（ATP）は好気代謝に比べて低い．したがって，好気代謝を行っている生物に比べ，嫌気代謝を行っている生物の成長は遅くなる．しかし，嫌気的な環境は栄養物質が豊富な生息場所であり，また嫌気状態に耐えられる生物はほとんどいないので，競争者も少ない．この利点が，遅い成長速度を十分に補っているのであろう．低い酸素濃度でも耐えられるよう適応している生物は，一般に酸素のない堆積物などで優占するが，人間がつくりだした生息場所，たとえば排水処理場でも卓越している．

生息場所の永続性

淡水生物にとって，生息場所は年中あるとは限らない．水溜まり池（temporary pond）は，短期間あるいは長期間にわたって，完全に乾上がる．池によっては，暑い夏にのみ乾上がるものもあれば，数年にわたって乾上がってし

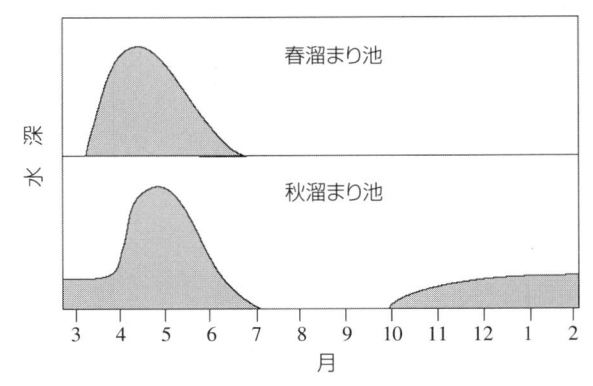

図 2.26 湛水する季節が異なる水溜まり池．春溜まり池は春に水が溜まり夏以後は乾上がるが（上），秋溜まり池は秋に水が溜まり翌年の初夏まで水は乾上がらない（下）．

まうものもある．また，乾上がる時期も池によって異なっている．春溜まり池（temporary vernal pond）の場合，春に水が溜まるが，夏には乾上がってしまい，翌年の春まで湛水することはない．一方，秋溜まり池（temporary autumnal pond）も夏に乾上がるが，秋には水が溜まり，翌年の初夏まで乾上がることはない（図 2.26）．一般に，水溜まり池は流入河川も流出河川もなく，降雨や表面流によって湛水する．また，春など水位が高い時期には川や大きな湖の一部であるものの，水位の低下によって孤立した水界，すなわち池となるものもある．そのような池の生物は，水によって運ばれ，定着することになる．しかし，ここでは乾上がってしまうような池の例として，春溜まり池の生物について考えることにする．

水溜まり池の特徴

水溜まり池は，生物にとって非常に厳しい環境の生息場所といえるだろう．いつ乾上がるか予測できないとう環境では，明らかに多くの淡水生物は生息できない．また，湛水したとしても，その非生物的環境は多くの生物にとって厳しいものである．たいていの水溜まり池は水深が浅く，面積：容積比が大きいため，大きく深い池に比べるとその環境は日々の天候や降雨に強く影響される．一般に，小さく浅い池ほど水温は 1 日の間で大きく変動し，致死的な値まで上昇することさえある．そのような池では，雨が降るとすぐに水が溜まるが，蒸発量も相対的に大きいため，水の化学組成は短期間で大きく変動する．

このような生息環境で生きていくためには，生物は特別な適応をする必要がある．実際，ある生物は一時的に湛水する場所での生息に特殊化している．しかし，淡水ならどこにでもいるようなジェネラリストを含めて，水溜まり池はさまざまな生物によって利用されている．水溜まり池は，淡水生物の生息場所として厳しく予測しがたい環境であるが，見方によっては生物の生存にとって非常に有利な生息場所でもある．

　水が溜まると最初に定着する動物は，デトリタス食者や藻食者で，豊富な餌資源を利用して繁殖する．水が乾上がると，池のあった場所には陸上植物が侵入し，土壌中の豊富な栄養塩を利用して成長する．これら陸上植物が枯れると，好気的に分解される．大気中で分解された植物遺体は，水中で分解されたデトリタスよりもタンパク質に富んでいる．このため，枯死した陸上植物は，春に水が溜まって最初に侵入してくるデトリタス食者にとって，量的にも質的にも，よい餌資源となるのである（Bärlocher et al. 1978）．また，栄養が豊富であるばかりでなく，浅く光が豊富であるため，水が溜まると藻類が繁殖するので，藻食者にとっても餌資源は豊富である．さらに，恒久的な生息場所では普通にいるような魚がいなかったり，捕食性の無脊椎動物の侵入や定着が遅かったりするため，湛水後しばらくの間はデトリタス食者や藻食者に対する捕食圧は低い．実際，捕食者が侵入し定着するころには，デトリタス食者や藻食者はすでに生活環を全うしているか，あるいは捕食されてもさほど影響がないほど十分な個体群密度になっている場合が多い．したがって，乾上がる期間を乗り越えられるように適応している生物にとって，水溜まり池は捕食圧が低く，餌資源が豊富であるため，個体群密度の増大に有利である．熱帯では，水溜まり池で高い密度になる無脊椎動物がしばしば問題となる．それらの生物は伝染病を媒介する**ベクター**（vector）となるからである．たとえば，ある種の巻貝はヒトにビルハルツ症を引き起こす住血吸虫の宿主であり（第4章参照），カの仲間はマラリアなどさまざまな熱帯病の中間宿主である．

適　応

　水溜まり池に生息している淡水生物は，さまざまな方法でその環境に適応している（Wiggins et al. 1980）．水の乾上がりに対処できるよう適応をしていながら他のいろいろな場所にも生息できる生物もいれば，水溜まり池特有の環境でのみ生息できるよう特殊化している生物もいる．水溜まり池に出現する生物

は2つのタイプに分けることができる．1つは，乾上がってもなおその場所で生活環を全うする定住型の生物であり，他は水溜まり池を一時的に利用し乾上がるとその場を離れる一時滞在型の生物である．いうまでもなく，水溜まり池で生息するための適応の仕方は，これら2タイプの生物間で異なっている．

●定住型生物の適応

水の有無にかかわらず水溜まり池で定住生活する動物は，堆積物の中に潜り込むことで自身を保護したり，休眠卵や粘質物の膜といった特別な構造をつくったりすることで乾燥に耐え，池が水で満たされると即座に活動を開始する．たとえば，夏に向かって水温が上昇すると，ウズムシ類は小さな断片になり，それぞれが固い粘質の鞘にくるまれる．池が乾上がっている期間，鞘の中でウズムシはある程度発育し，池に水がたまるとすぐに孵化して成長する．同じように，貧毛類やヒル類は湿った堆積物の中に潜り込み，粘液を出して保護膜をつくり乾燥に耐える．一方，有肺類の巻貝は，粘質あるいは石灰性の薄膜（冬蓋・夏蓋：epiphragm）で殻口を覆い乾燥に耐え，薄膜にある多数の細孔を通じて大気呼吸を行っている．ホウネンエビの仲間（ブラインシュリンプ：Anostraca）は世界に広く分布しているが，水溜まり池だけに生息している．ホウネンエビの仲間は休眠卵を産卵し，何年も乾燥に耐える．この休眠卵は，温度，酸素濃度や湿度などの理化学的要因が複合的に作用して同調的に発生し，春になるといっせいに孵化する．ホウネンエビは濾過食者であり，豊富な懸濁態有機物を食べて速やかに成長し，捕食性の水生昆虫が現れる前に個体群密度を増加させる．ザリガニの仲間も，水が乾上がると堆積物中に潜り込むが，その深度は地下水レベルにまで達することがある．このようなザリガニの穴は湿度が高いため，他の生物も乾燥の回避場所として利用している．

●一時滞在型生物の適応

池の乾上がりに対処するため，生活史のある時期になると池を離れる生物もいる．それら生物は，生活環が複雑で，個体発生に伴う形態的・生理的・行動的な変化によって生息場所を変える（Wilbur 1980）．すなわち，**変態**（metamorphosis）である．形態的な変化は，異なるニッチを利用するために不可欠なのであろう（Werner 1988）．生活環の発生段階によってニッチが変わるということは，各発生段階での選択圧が変わることを意味している．生活環が複

雑でない場合（変態をしない場合），形質間の遺伝相関が制限要因となるため，発育に伴って大きくニッチを変えることは困難である．生活環を複雑にする変態は，形質間の遺伝相関の影響をなくすことで，各発育段階に特異的なニッチにそれぞれ適応できるよう，進化したものなのかもしれない（Ebenman and Persson 1988）．Wilbur（1984）は，一時的に形成される場所で変態する生物は，十分に餌がある機会を利用して速やかに成長できるよう適応し，一方親になると効率よく分散や繁殖が行えるよう適応しているのだろうと示唆している．

　多くの水生昆虫は，幼虫期に速やかに成長できるよう，水溜まり池の豊富な餌資源を利用している．しかし，生活史戦略，特に池が乾上がった時期を乗り越えるための戦略は種によって大きく異なっている．ある種は，成虫や卵の状態で乾上がった池の冬を過ごし，春に新規個体群を形成する．それらの個体は，春のうちに成熟し分散する．水がないと卵を産みつけられない種の場合，池が乾上がる前に交尾・産卵せねばならない．越冬して夏に新規個体群を形成する種では，夏に分散し，水が乾上がった後に池にやってくる．そのような種では，池に水がなくても産卵を行う．たとえば，ある種のトビケラは，ゼラチン質で覆われた卵を初秋に乾上がった池に産みつける．数週間後，卵はゼラチン質の中で孵化して幼虫になるが，そのままゼラチン質の中で越冬し春に湛水するのを待つ．池で越冬せずに，春に池が湛水すると移動してきて産卵，繁殖を行う水生昆虫もいる．それらの幼虫は，水が乾上がり始める前に変態して上陸し，たとえば両生類の仲間のように，成体期を陸上動物として生活したり，カゲロウの仲間のように水が乾上がることのない池に移動して世代を繰り返したりする．アメンボ（water-strider）やマツモムシ（water-boatmen）などの半翅目は，常に水が湛えられている池で越冬する．春に飛翔し，水溜まり池を訪れ産卵する．それら卵は孵化すると池の中で速やかに成長し，池が乾上がる前に成虫となり，水のある池へと移動していく．このように，水溜まり池を利用する多くの生物には，水が乾上がる前に変態するよう選択圧がかかる．両生類では，成長速度や変態する体サイズに可塑性のあることが知られている．両生類が変態するタイミングは，異なる選択圧のトレードオフによって決まるようである．大きな体サイズで変態すると適応度は大きくなるが，そのためには長い期間水にとどまっていなければならず，乾上がりによって死ぬ危険性が高くなる．このため，池が早く乾上がってしまう年は，両生類は体サイズを大

きくすることをあきらめ，小さいサイズで変態する．

分散の仕方

　水溜まり池に移住してくる種は，効率よい方法で分散できる能力を備えていなければならない．多くの生物は，<u>能動的な入植者</u>であり，たとえば昆虫は飛ぶことで生息場所を移動したり，ザリガニやヒル類，両生類は匍匐や歩行によって池間や陸上生息場所との間を移動したりしている．一方，<u>受動的な入植者</u>もおり，それら生物は，休眠卵のように軽いものは風で運ばれたり，他の生物に付随して移動したりしている．水生生物の分散方法に関する知見の多くは，逸話的な証拠によることが多い．さまざまな生物が水鳥や水生の甲虫類に便乗して（ヒッチハイクして）移動している，といった観察などがその例である．**無性生殖**（asexual reproduction），**単為生殖**（parthenogenesis），**雌雄同体**（hermaphroditism）も，1個体から新たな個体群を形成できるので，分散の成功確率を上げることになるだろう．

　以上のように，本章では，淡水生物をとりまく非生物的環境要因とそれに対処するための適応についてさまざまな例を見てきた．取り上げた例のいくつかは馴染み深い生物に関するものであるが，あまり馴染みのない生物に関する例も紹介した．そこで，次章では淡水生物そのものについて知識を深めることにする．その知識は，引き続いて紹介する興味深い生物間相互作用を理解するのに役立つだろう．

実験と観察

光の透過と藻類の生物量

●セッキー深度

　背景　本文でも紹介したように，水中を透過する光量は水に懸濁している粒子に主に影響される．この光の透過量を知る方法の1つとして，セッキー深度がよく利用される．

　実習　原理は簡単である．白または白と黒で塗られた円盤（セッキー板）を，見えなくなるまで水の中に静かに沈めて行き，見えなくなった

ら，見えるところまで静かに引き上げる．これを何回か繰り返し，円盤が見えるギリギリの深さを記録する．水面からこの深さまでの距離がセッキー深度である（セッキー盤はこの方法を最初に用いたイタリアの聖職者で天文学者でもあった P. A. Secchi にちなんで命名されたものである）．太陽光の反射があると水中が見えにくくなるので，セッキー深度は太陽光の反射がない場所，たとえばボートの日陰側などで測定するとよい．

● クロロフィル濃度

背景　セッキー深度が光の透過量のおおまかな目安であるのと同じように，クロロフィル a 量は藻類生物量の目安である．一般に，クロロフィル a 量は藻類の乾燥重量の 2〜5％ に相当する．

実習　ワットマン GF/C などのフィルター上に，湖水約 1 L を濾過して懸濁物を捕集する．この際，濾過量を正確に記録しておく．7 mL の溶媒（96％ エタノールなど）を入れたキャップつき試験管に懸濁物を捕集したフィルターを入れ，暗所，室温で一晩置く．その後，試料を 4,000 r.p.m. の速度で 10 分間遠心し，上澄みを取る．その上澄みの吸光度を波長 665 nm と 750 nm で分光光度計により測定する．665 nm はクロロフィル a の最大吸収波長であり，750 nm はクロロフィル a はあまり吸収せず，他の粒子によって吸収される波長である．これら値を用いて，クロロフィル a 濃度を以下の式から計算する．

$$\text{クロロフィル } a \text{ 濃度}(\mu g\ L^{-1}) = \frac{(\text{Abs}_{665} - \text{Abs}_{750}) \times e \times 10000}{83.4 \times V \times l}$$

ここで，e は抽出した溶媒の容量（ここでは 7 mL），l は分光光度計のキュベットの長さ（mm），V は濾過湖水量（L），83.4 はエタノールの吸収係数（$L\ g^{-1}\ cm^{-1}$）である．メタノールを抽出用の溶媒として用いる場合は，吸収係数は 77.0 である．

議論　あなたが住んでいる地域にある池や湖のセッキー深度とクロロフィル a 濃度を測定する．文献などに記載されている値を調べ，それらの値を用いてもよい．セッキー深度とクロロフィル a 濃度との間にはどのような関係があるだろうか？　もしあるとしたら，それはなぜだろうか？　また，調べた湖沼の中に腐植物質に富む湖（水が茶褐色の湖）があると，セッキー深度とクロロフィル a 濃度の関係はどのようになるだろうか？　両

者の関係が，腐植物質を含まない湖沼だけを対象に調べた場合と異なるのはなぜだろうか？

生物撹拌

背景 この実験では，同じベントスでも種類によって（ここではイトミミズとユスリカ幼虫）堆積物を撹拌する様子が異なることを観察する．

実習 2つの小さな水槽か入れ物を用意し，それぞれに白い細かな砂を敷き詰める．その上に，1 cm ほどの厚さで濃い色の泥を敷く．敷いた砂や泥がまきあがらないよう，静かに水を入れる．近隣の湖や池から堆積物を採取し，その中にいるイトミミズとユスリカ幼虫を拾い上げる．一方の水槽にはイトミミズを入れ，他方にはユスリカ幼虫を入れる．数日後，水槽を観察し，敷き詰めた白い砂と黒い泥の層がどうなっているかを調べる．

議論 イトミミズを入れた水槽と，ユスリカ幼虫を入れた水槽で，何か違いがあるだろうか？ もしあるとすれば，それはなぜだろうか？ もし，ベントスを餌とする魚，たとえばフナやコイ科の魚（あるいはドジョウなど）などが入手できるなら，それらの魚を入れる実験をしてもよい．その場合，水槽の泥の表面はどうなるだろうか？ また，魚を入れない場合に比べて水槽の水はどうなるだろうか？ イトミミズを入れた水槽とユスリカ幼虫を入れた水槽のそれぞれで，敷き詰めた砂や泥の中の溶存酸素はどうなっているだろうか？

温度勾配

背景 池や湖の水温は季節によって異なるが，1日の間でも昼夜で変化する．また，同じ湖沼でも，場所によって水温は異なっている．このような水温の時間的・空間的変化はそこに生息している生物に影響を及ぼしている．

実習 春の晴れた日に，近隣の池か湖に出かけ，水生植物が繁茂している岸際から深い沖帯に向かって水温を測定する．その際，数ヶ所で水深 50 cm ごとの水温も測る．同様の測定を，朝，日中，午後，夕方，夜にも行う．

議論 岸から沖に向かって，水面の水温は異なっているだろうか？ そ

の池あるいは湖は成層しているだろうか？　異なる場所で水温は異なるだろうか？　このような水温の違いは，生息している生物にどのような影響をもたらすだろうか？　春期に稚魚が速やかに成長するためには，魚の雌はどこで産卵すればよいだろうか？

風の影響

背景　同じ湖でも，風に吹きさらされる程度は場所によって異なっており，植物や動物などさまざまな生物の分布や密度に影響を及ぼしている．

実習　調べようとしている湖の中で，風の陰になる場所や風に吹きさらされる場所を探す．それらの場所で，岸から沖に向かって調査線を設け，その線に沿って湖底の状態や生息している動物や植物を調べる．

議論　風は沿岸帯の生物にどのような影響を及ぼしているのだろうか？　風の陰になる場所や風に吹きさらされる場所で優占するには，それぞれどのような適応をすればよいだろうか？

水溜まり池

背景　水溜まり池は1年のある期間，完全に乾上がるが，そのこと自体がそこに生息する生物に大きな影響を及ぼしている．

実習　近隣の水溜まり池を選び，そこに生息するベントスについて1年間観察する．春，水が乾上がる前にタモ網などを用いて採集を行い，湛水したら一定の間隔で日をおいて採集を行う．また，池が乾上がったときには，堆積物を持ち帰り，水を入れて，どのような生物が出現するか観察する．

議論　湛水している間，どのような動物が池に出現するだろうか？　年中水のある池に比べ，出現する生物に何か違いがあるだろうか？　湛水すると，まずどのような動物が出現するだろうか？　それら生物はどのような資源を餌としているのだろうか（デトリタス食者か，藻食者か，あるいは捕食者か）？　池が乾上がった場合，それらの生物はそこで生き残れるのだろうか，あるいは陸上生活を送るのだろうか？

3 湖と池の生物
環境という舞台の主人公

はじめに

　生物の系統関係に関する知見の多くは数百年以上前に得られたものであり，個々の生物は肉眼や光学顕微鏡で観察できる形質に基づいて分類されてきた．しかし，系統分類学（systematics）は常に進展している学問であり，必要に応じて分類単位（種，属，その他の分類群）の修正や改名が行われている．近年，分子生物学や電子顕微鏡など洗練された新しい技術が導入され，目視に頼らない手法，たとえばDNAの塩基配列の類似度などによって生物間の血縁関係が新たに明らかになりつつある．これは，系統分類学の手法や概念の革命であり，今や系統分類学は野外好きのナチュラリストや特定の分類群に特化した専門家集団よりも，都会の研究室でハイテクな分子生物学的手法を用いる研究者が担う分野になってきている．

　生物の分類は，いつの時代にも生態学の重要な基礎を担ってきた．それは，どのような生き物を研究対象としているかを知る重要な一歩であり，今後も分類学の必要性がなくなることはまずないだろう．しかし，この章では純粋な生物分類学上の関係にはあまり注目せず，生態系における生物の役割，すなわち生物の大きさや形，食物網の中での位置づけなどに主眼をおいて述べていくことにする．この観点に沿って，ここでは食物網を単純化して考えていく．この章では，掘り下げて詳しく説明する生物もいれば，ごく一般的な特徴を手短に紹介する生物もいる．説明の詳しさが異なるのは，湖沼生態系での役割がよくわかっていること，単によく見られる種類であること，あるいは他の章を理解

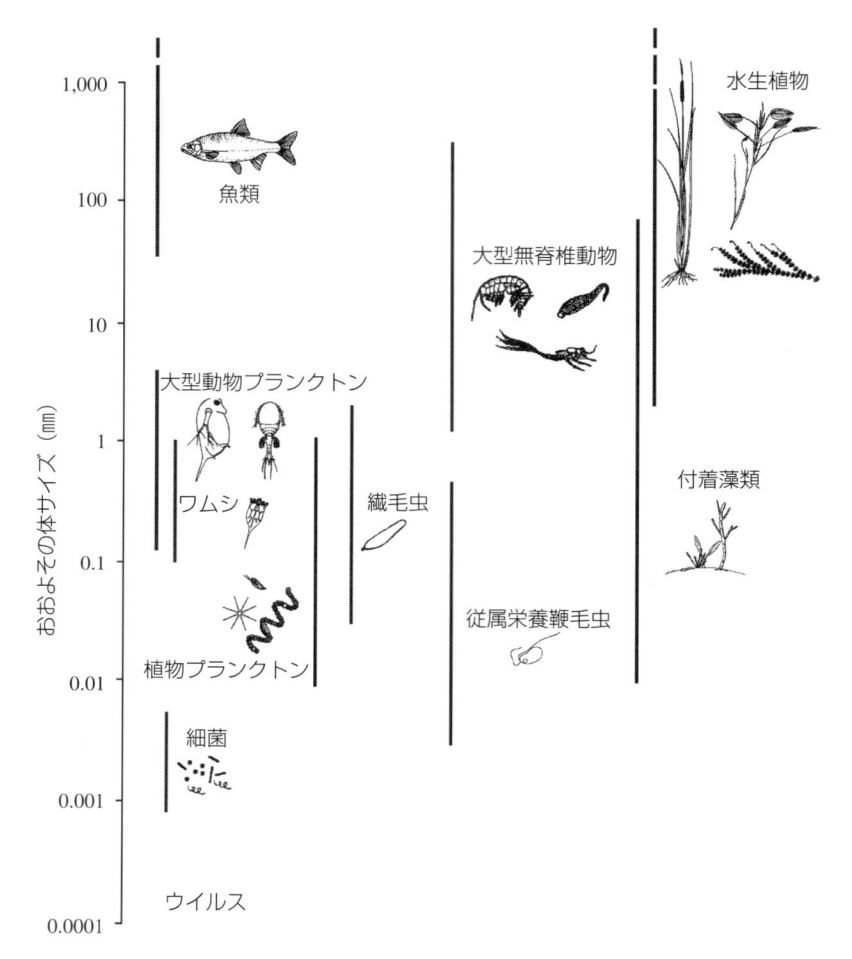

図 3.1 淡水生態系に出現する主な生物群とその体サイズの範囲（縦の線）．淡水にはウイルス（0.001 mm 以下）から，魚や水生植物など 1,000 mm を超える生物が生息している．縦軸は対数目盛．

するために必要であること，などの理由による．この章の目的は，淡水生物の形態的特徴や生活史の多様性に興味を持ってもらうことにある．そこで，まず主要な生物群の体長分布を見ることにしたい．図 3.1 は，湖沼で見られる主な生物群の体サイズの範囲を示している．

　最も小さい生物はウイルスであり，その次に小さい細菌はおよそ 0.001～0.007 mm の大きさである．水生生物の大半は 0.01～1 mm の大きさであり，これには原生動物，ワムシ類，大半の藻類，多くの大型動物プランクトンが該当

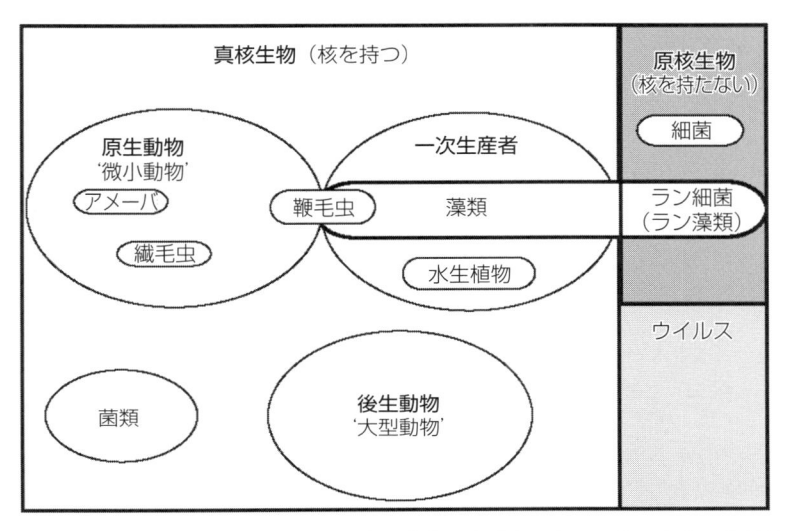

図 3.2 一般的な生物分類の概略．この分類の定義は実利上のものであるため，分類が重複し，明確に分けられない分類群もいる．たとえば，藻類には原核生物のラン細菌と真核生物の藻類が含まれている．また，原生動物と藻類は，従属栄養か独立栄養であるかで分けられるが，鞭毛藻類には従属栄養の種と独立栄養の種がいるために，原生動物と藻類にまたがっている．

する．1 mm より大きくなると，肉眼でも容易に観察できるようになる．それらの生物には，大型動物プランクトン，大型無脊椎動物，さまざまな付着藻類，水生植物や魚が含まれる（図3.1）．

　先に述べたように，生物の分類は時代遅れになっていることが多く，新しい知見と照らし合わせると問題が起こることがある．しかし，系統分類学による分類は現在も広く使われており，専門的な用語を知っていると科学論文を読む際に役立つだろう．図3.2は生物の分類の全体像の概略である．まず，生物は核を持つもの（真核生物）と持たないもの（原核生物とウイルス）に分けられる．真核生物には原生動物（顕微鏡で観察できる単細胞の動物），植物（一次生産者），後生動物（多細胞の動物），菌類に分けられる（図3.2）．原核生物とは細菌とラン細菌のことである．ウイルスはこの分類体系がつくられた後に発見されたため，ウイルスだけのグループを形成している．

　分類学に基づいた生物の分類に加え，淡水生物はその生態（濾過食者，捕食者，浮遊性，底生性）や体サイズによって異なるグループに分けられることがある．たとえば，底生性の無脊椎動物はしばしば大型無脊椎動物（macroinvertebrates），メイオファウナ（meiofauna），小型ベントス（microbenthos）に分けられる．この分け方は，試料の処理に使ったふるいの網の大きさによるものである．大型無脊椎動物は 0.2 mm 程度の網目の上に残る無脊椎動物として定義され，メイオファウナは 0.1 mm 程度の網目に残る無脊椎動物，小型ベントスは 0.1 mm 程度の網目を通り抜ける無脊椎動物として定義されている[*1]．

以下，湖沼に生息する生物について見ていくことにする．ここでは，水生生物のあらゆる面を詳細に記述するのではなく，各分類群について一般的な形態・生活史・摂食について紹介することにしたい．この章は，水生生物を俯瞰的に知ったり，個々の生物について興味を深めたりする契機として役立つだろう．特定の種や分類群の情報が必要なときは，辞典として利用してほしい．

ウイルス（viruses）

ウイルスは小さく（通常 20～200 nm；1 nm は 10^{-6} mm），他の生物の細胞内に寄生して生活している．ウイルスは，タンパク質に囲まれた遺伝情報物質（DNA あるいは RNA）で構成され，普通の生物に共通な特徴が欠落しているため生物と分子の中間とみなされている．たとえば，ウイルスは宿主の力を借りなければ再生産できない．ウイルス（英語の virus の語源は'毒性のある実体'）は他の生物に比べてずっと後に発見され，既存の生物分類体系にあてはまらないことから，独自の分類群を形成している（図 3.2）．ウイルスが水界生態系で果たす役割は，いまだにほとんどわかっていない．しかし，細菌から魚にいたるさまざまな生物に寄生しており，淡水生物の群集動態にウイルスが関与していることは間違いないであろう．

生活環 ウイルスは，ウイルス自身が持っている輸送体タンパク質を使って宿主の細胞膜を通過し，細胞内に進入する．宿主の細胞内に入ると，ウイルスはいくつかの方法を使って再生産を行う．最もよく知られた方法の1つは溶解感染（lytic infection）である．ウイルスは宿主細胞にウイルス自身の核酸

[*1] 訳注：底生生物（ベントス）の体サイズによる分類の定義は，研究者により異なっており，たとえば Lallie and Parsons（2005；関 文威・長沼 毅 監訳『生物海洋学入門』講談社）による定義では，大型無脊椎動物は 1 mm 程度の網目の上に残る無脊椎動物，メイオファウナは 1 mm 程度の網目を通過するが 0.1 mm 程度の網目に残る無脊椎動物，小型ベントスは 0.1 mm 程度の網目を通り抜ける無脊椎動物として定義されている．

（DNA，RNA）を注入し，新しいウイルスを複製するように宿主細胞にプログラムする．ウイルスはやがて大量に複製され，宿主の細胞は破裂し（**細胞溶解**：lysis），複製されたウイルスは放出されて次の新しい宿主細胞を見つける．ウイルスが増殖するもう1つの方法は持続感染（chronic infection）である．すなわち，宿主細胞は上記の方法と同様に感染するが，宿主細胞は死なない．その代わり，何世代にもわたって新しいウイルスを放出し続けるのである．

湖や沼の水には，1 mLあたり10^7ものウイルスが存在しており，この数は細菌のおよそ10倍に相当する．しかし，大半の他の生物と同じように，ウイルスの生息密度は変化に富み，貧栄養よりも富栄養な水界に多く存在し，冬よりも夏に生息密度は高くなる．ウイルスの生息密度の変動は非常に速く，数が2倍になるのに要する時間は20分以下である（Wommack and Colwell 2000）．通常，ウイルスの生息密度は，細菌あるいは藻類が増殖してブルームを形成すると高くなる．宿主生物に対するウイルスの感染成功率を定量するのは難しいが，大雑把な見積もりによると，1日あたり細菌の10〜20％，植物プランクトンの3〜5％がウイルスによって死滅しているという（Suttle 1994）．宿主の細胞死によって放出される有機物や栄養塩類は，他の細菌や藻類によって再利用さる．このため，ウイルスは"微生物ループ（microbial loop）"の重要な一構成員である（図5.14；Fuhrman 1999；Thingstad 2000）．ウイルスは生物への量的な影響だけでなく，細菌群集や藻類群集など，種構成や生物多様性にも影響を与えている可能性もある．量的に優占した細菌株や藻類種はウイルスに遭遇する確率が高くなる．ウイルスは一般に宿主選択性が高い．したがって，ある宿主株や種が一定の密度に達すると，ウイルスの感染が流行するようになる．これにより，それまで優占していた細菌株や藻類種の増加速度が選択的に減少し，他の株や種に対する競争的な優位性が下がる．その結果，競争的に劣性であった株や種も生息できるようになり，生物多様性は上昇することになるだろう．

原核生物（prokaryotic organisms）

ウイルス以外の生物は，原核生物と真核生物に分けられる．真核生物は核やその他の細胞内小器官を持つが，原核生物はこれらを持っていない（図3.2）

原核生物には細菌とラン細菌（ラン藻類）が含まれ，それ以外の生物は，真核生物に分類される．

細菌 (bacteria)

　細菌の形状は，球状，桿状，らせん状，鎖状と非常に変異に富み，大きさは通常 0.2〜5 μm（1μm は 10^{-3} mm）で，光学顕微鏡による観察では，細菌は"点"にしか見えない．細菌は，サイズは小さいものの，湖の代謝において非常に重要な役割を担っている．たとえば，有機物の無機化や，窒素や硫黄などの酸化還元状態の変化過程に深くかかわっているのである．至適温度と十分なエネルギーや栄養資源が得られる条件下では，細菌の世代時間はわずか20分足らずである．通常，湖沼に生息する細菌のうち，ごく一部が代謝活性を持ち，残りの大部分は増殖に好適な条件となるまで休眠状態でいるらしい．

　細菌は非常に高い密度（普通 10^6 mL^{-1} 程度）で存在するため，高等な生物にとって最も豊富な餌生物とみなせるだろう．また，細菌は死んだ生物を分解する主要な生物でもあるため，水界の食物網では重要な位置を占める．しかし，その重要性にもかかわらず，細菌の個体群動態や被食に対する応答はあまりわかっていない．生態系研究では，細菌は，小さい細胞（1μm 以下），大きな細胞（しばしば桿状），糸状など，形態的形質によって識別されることが多い．繊毛虫や鞭毛虫などの原生動物やワムシ類，甲殻類といった幅広い生物が細菌を餌としている．鞭毛虫は，鞭毛藻（たとえばクリプト藻類の *Cryptomonas* 属など）と同じような大きさと形状を持つが，葉緑素を持たないため光合成によって炭素を固定することができない．そのために，鞭毛虫はエネルギー源として細菌を摂食するのである．繊毛虫と鞭毛虫は，細菌の中でも中程度のサイズにあたる桿状の細菌を主な餌としているが，糸状の細菌も食べるようである．これら適度なサイズの細菌は，ミジンコの仲間にも摂食される．

　ラン細菌は核を持っておらず，原核生物に属するためここで説明をすべきだという見方もあるだろう．しかし，ラン細菌は"藻類"として扱われることが多いため，藻類の項で説明することにする．

真核生物 (eukaryotic organisms)

菌類 (fungi)

　菌類は葉緑素を持たない単純な真核生物である．菌類には生物の死骸などを基質（エネルギー・栄養源）として利用する**腐生性**（saprophytic）の菌と，生きた生物に寄生する菌がいる．寄生性の菌には，魚1個体を覆ってしまうミズカビ（*Saprolegnia*属）のように高等生物に寄生する菌と，藻類に感染する菌がいる．後者は藻類のブルーム（大発生）を終焉させる重要な生物の1つである．細菌と同じように，菌類は有機物の無機化にかかわっており，特に堆積物表面や堆積物中での無機化に貢献している．

原生動物 (protozoa)

　原生動物は単細胞の真核生物であり，**従属栄養**（heterotrophy）によりエネルギーと栄養塩を得るため，光合成によってエネルギーを得る藻類と区別されている（すなわち，原生動物は溶存状の有機物や細菌などの粒子状有機物からエネルギーと栄養を得ている）．英語で原生動物を表す'protozoa'の語源は'最初の動物'であり，それは原生動物がいわゆる動物[*2]と同じ摂食様式を持つからである．原生動物は非常に高い増殖能力を持ち，最適な条件下では世代時間はわずか数時間である．このため，原生動物は資源の変動に素早く反応することができる．原生動物は体サイズが小さいため，非常に小さい資源のパッチであっても利用することができる．原生動物の形態は，アメーバ状のもの，鞭毛を持ったもの，繊毛を持ったものなど多様である．従属鞭毛虫と繊毛虫は動くための器官（鞭毛と繊毛，図3.3）を持ち，速いときには1秒間に鞭毛虫では0.1 mm，繊毛虫では1 mm進むことができるという．

アメーバ (amoebae)

　アメーバは細胞壁を持たず，体のあらゆる部分を移動のために変化させられ

[*2] 訳注：ここで指す動物とは五界説による"動物"，すなわち後生動物のことを指し，原生生物を含まない．

る偽足あるいは仮足（図3.3）によって動く．アメーバの粘着力のある表面についた餌粒子は，そのまま細胞内に吸収されるか，偽足に包まれるようにして細胞内に取り込まれる．

繊毛虫（ciliates）

繊毛虫はほとんどの淡水に生息する，繁栄している分類群である．繊毛虫の体サイズはおよそ20～200 μmであるが，なかには1 mmより大きい繊毛虫もいる．繊毛虫は，細胞表面にある多数の短い毛，すなわち繊毛を使って移動し摂食を行う．　**摂食**：繊毛虫は主に細菌を餌としているが，藻類やデトリタス，他の原生動物も食べる．なかには混合栄養の（すなわち，光合成によって摂食を補う）種もいる．　**生活環**：繊毛虫は接合と呼ばれる有性生殖を行う．接合では，囲口部で接着した2つの個体が遺伝情報を交換して，新しい個体を生み出す．したがって，この新しい個体は，もとの2つの個体とは異なる組合せの遺伝情報を持っている．多くの繊毛虫は，低い酸素濃度に耐え，汚れた水でも繁殖することができる．代表的な繊毛虫はゾウリムシ（*Paramecium*属）である（図3.3）．

鞭毛虫（flagellates）

鞭毛虫は，移動のために毛のような器官（鞭毛）を持つ原生動物である．繊毛虫の持つ繊毛とは異なり，鞭毛虫の鞭毛は1～8本と数が少なく，通常は体

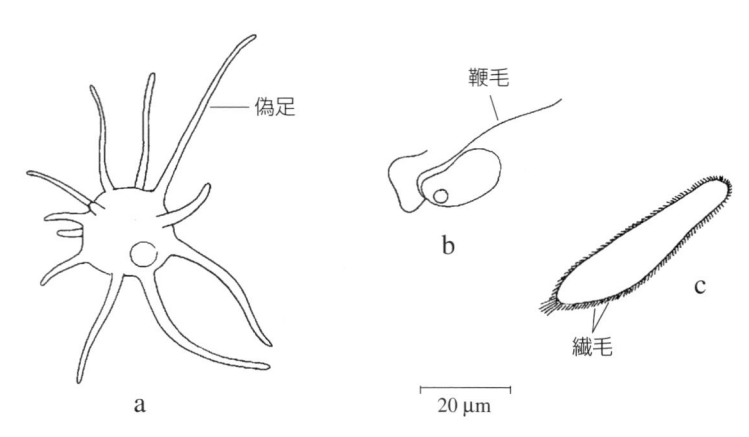

図3.3　(a)偽足をもったプランクトン性のアメーバ．(b)2本の鞭毛を持った従属栄養鞭毛虫．(c)多数の繊毛を持った繊毛虫．

よりも長い．鞭毛虫は従属栄養生物，すなわち他の生物を摂食するため，一般に動物として扱われている．しかし，鞭毛を持つ微小生物には，葉緑体を持ち独立栄養生物（光合成を行う生物）として分類される鞭毛藻もいる．混乱するかもしれないが，鞭毛藻の中には，炭素を光合成で得るのに加えて，粒子を摂食する種がいる．すなわち，このような鞭毛藻は動物と植物の両面を持つのである！　分類学は，葉緑体を持つか否かで動物と植物を区別しているが，自然界には動物と植物の両面を持つ生物もいるのである．　**摂食**：鞭毛虫は主に細菌を餌としており，細菌密度を減少させる主要な生物である．

一次生産者（primary producers）

　一次生産者は光合成に依存して生活している生物である．一次生産者の最大の特徴は，光合成色素である葉緑素を持ち，そのため緑色を呈していることである．この葉緑素によって太陽光からエネルギーを集めている．水界の植物は，水生植物（水草），植物プランクトン（自由生活型の藻類）および付着藻類に分けることができる．これら一次生産者は，効率よく資源を獲得するためさまざまな方策や適応を採用しているが，いずれも栄養塩（たとえばリンや窒素），二酸化炭素，光を生存に必要な資源としている．

水生植物（macrophytes）

　陸上の大型植物に比較して，水生植物が有利となる点は，第1に水の獲得に困らないこと，第2に水の粘性で茎や葉を安定させられることである．すなわち，水中では堅固な支持組織がさほど必要ないので，獲得したエネルギーを使ってより速く成長することができる．

　抽水植物（emergent macrophyte）は，水面上部に繁殖器官を持ち，水面より上部で光合成を行う植物である．抽水植物の代表種は，浅い水面を埋めつくすように繁茂するヨシ（*Phragmites australis*：図 3.4f）である．　**生活環**：ヨシは地下の根茎から新しい茎端を伸ばすことによって迅速に分布を拡大する．有性生殖とそれに伴う種子散布は群落の更新にあまり重要ではない．というのも，種子の発芽や新しい植物個体の成長には，適度な温度や湿度条件が必要となるからである．抽水植物には長期間生き続ける種子をつくる種がおり，このような種子は'種子バンク'を形成し，壊滅的な環境変化に対する保険として

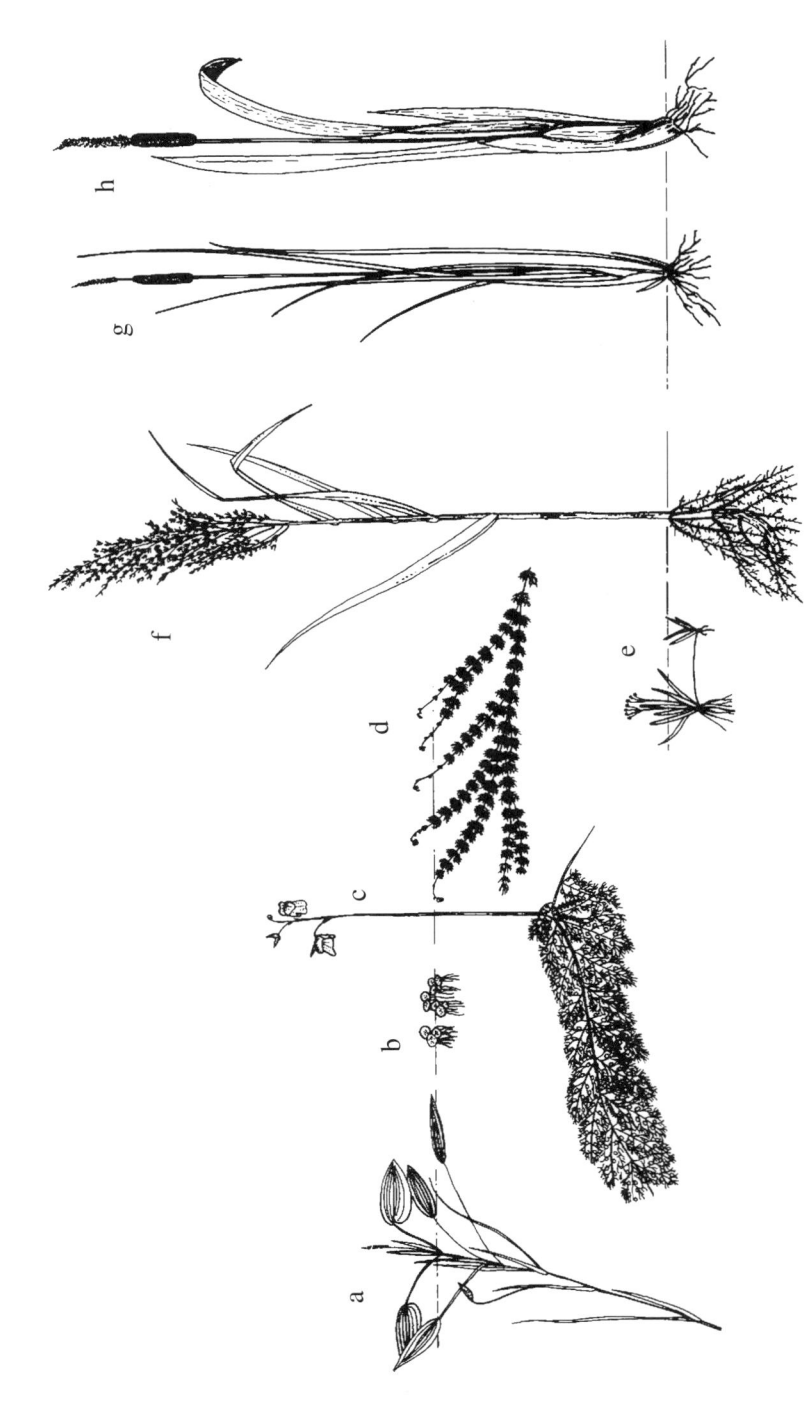

図 3.4 水生植物のさまざまな成長型；(a) 浮葉植物（オヒルムシロ：*Potamogeton natans*）．(b) 浮漂植物（アオウキクサ：*Lemna* sp.）．(c〜e) 沈水植物（c：タヌキモ *Utricularia* sp. d：フサモ *Myriophyllum* sp. e：*Littorella* sp.）．(f–h) 抽水植物（f：ヨシ *Phragmites australis*, g：ヒメガマ *Typha angustifolia*, h：ガマ *Typha latifolia*）．

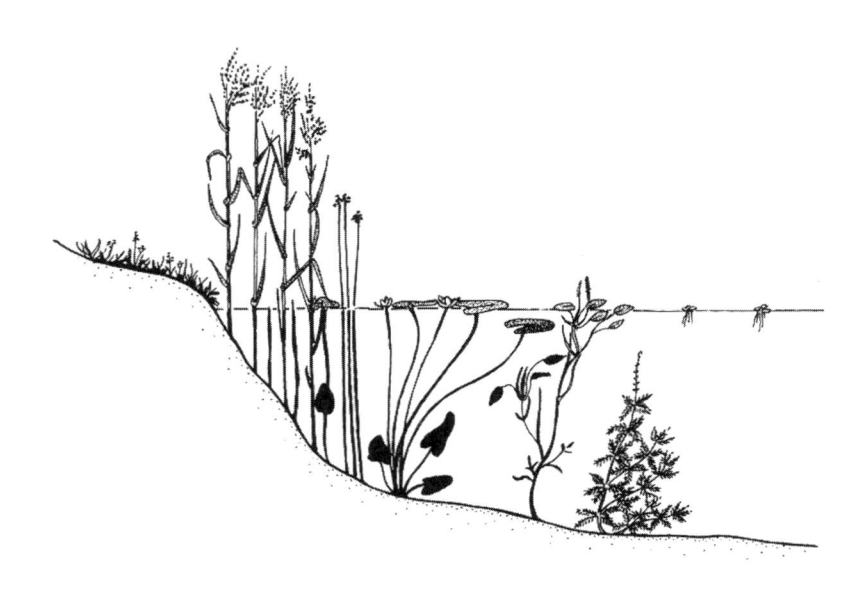

図 3.5 水生植物の帯状分布．ヨシやガマなどの抽水植物が岸に近く位置し，次いで，浮葉植物（この図ではスイレンとヒルムシロ）が優占する．その外側には沈水植物や浮標植物が分布する．

機能している．抽水植物の分布拡大に種子散布が重要となるのは，湖沼の水位が低下したとき（たとえば農業のための取水など）である．このような場合，水体が縮小して取り残された湿った土地全体が，発芽したヨシの仲間によって埋めつくされてしまうこともある．

<u>沈水植物</u>（submersed macrophyte）は主に水中で生育し，基質に付着して生活している（図 3.4c〜e）．<u>浮葉植物</u>（floating-leaved macrophyte）は，ヒルムシロの仲間（*Potamogeton* 属）やコウホネの仲間（*Nuphar* 属，スイレン類）に代表されるように，基質に付着しながら葉を水面に浮かせている植物である．<u>浮標植物</u>（free-floating macophyte）は基質に付着せず，水面を自由に漂っている．浮標植物の代表はアオウキクサ（*Lemna* 属）である．生活形態の異なる水生植物は，一般に異なった水深に生育し，岸から深い場所に向かって帯状の分布を示す．この帯状分布は多くの湖沼でごく普通に見られ，岸に近い地点から順に，抽水植物，浮葉植物，沈水植物が分布する（図 3.5）．

藻類（algae）

藻類はすべての水生生物の中で最もよく調べられている生物群である．藻類

一次生産者 ● 87

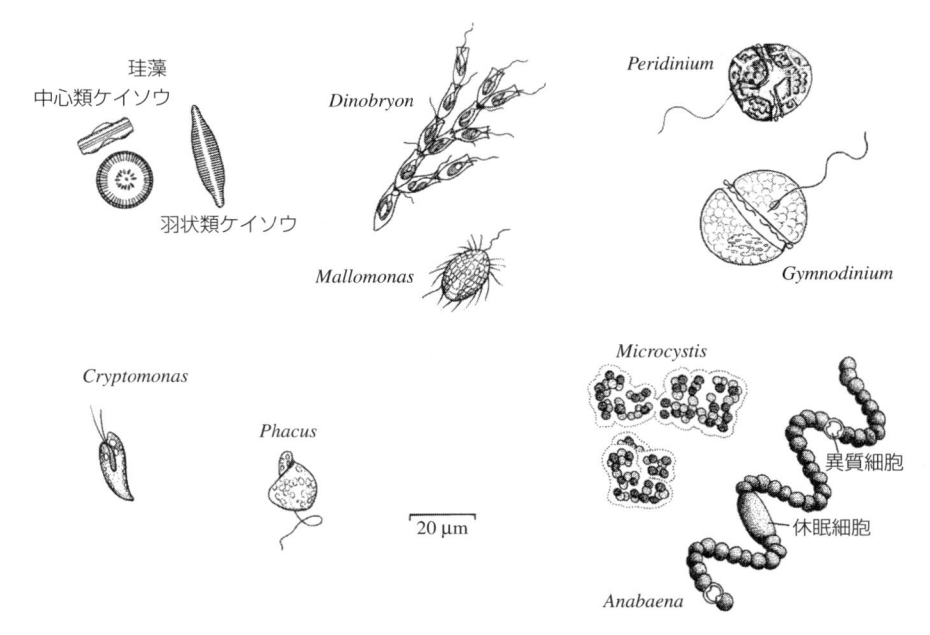

図3.6 さまざまな淡水藻類の形態とサイズ．珪藻網（Bacillario phyceae）の中心類ケイソウと，羽状類ケイソウ，黄金色藻網（Chrysophyceae）の *Dinobryon* 属と *Mallomonas* 属，クリプト藻網（**Cryptophyceae** の *Cryptomonas* 属，ラン藻網（Cyanophyceae；ラン細菌）の *Microcystis* 属と *Anabaena* 属．図中の *Anabaena* は窒素固定を行う異質細胞を持っている．ミドリムシ藻網（Euglenophyceae）の *Phacus* 属，渦鞭毛藻網（Dinophyceae）の *Gymnodinium* 属と *Peridinium* 属．なお，*Peridinium* は，硬い殻に覆われているが，*Gymnodinium* は殻を持たない．図中の目盛りは20 μm を示し，すべての藻類は同じ縮尺で描いてある．

の大きさや形態はバラエティーに富み，大きさが数 μm の単細胞の種もいれば，肉眼で観察できるほどの大きな群体を形成する種もいる．また，中心類ケイソウのようにコインのような単純な円形の種もいれば，鞭毛や複雑な形態をした棘を持つ種もいる（図3.6）．このような変化に富む形態や多様性のため，すべての湖沼で何らかの藻類種が生活している．つまり，藻類が生物群として繁栄しているのは，ある環境条件にはそれに適合した藻類種が必ず存在するからである．生活様式の観点から見ると，藻類には自由生活の植物プランクトンと基質に付着した付着藻類の2つに分けることができる．

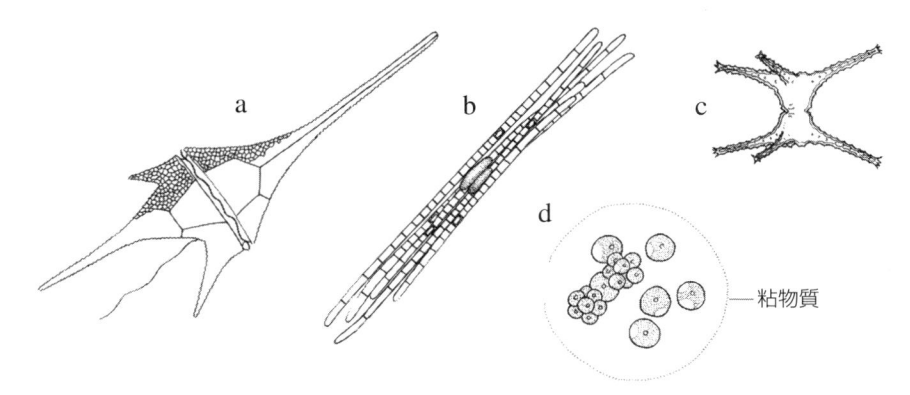

図 3.7 動物プランクトンによる摂食に抵抗するための藻類のいろいろな適応：(a)大きな体サイズと分厚い細胞壁（*Ceratium* sp.），(b)'麺'のようになって束になる（*Aphanizomenon* sp.），(c)三次元の棘（*Staurastrum* sp.），(d)粘質物に包まれ動物プランクトンの消化管を生きたまま通過する（*Sphaerocystis* sp.）．

●植物プランクトン（phytoplankton）

　phytoplanktonの'phyto'は植物を意味し，'plankton'は放浪するというギリシャ語に語源を持つ．すなわち，植物プランクトンとは，'放浪する植物'という意味である．これは水中を浮遊する生活様式と，地球上に広く分布するという2つの性質を表したものである．藻類の細胞は細胞壁に覆われている．細胞壁は，セルロースや多糖類により構成される場合が多いが，タンパク質や脂質あるいはケイ素を構成成分とする種もいる．細胞壁の化学組成は種特有のものであり，藻類の分類形質として使われることがある．

　次章以降で詳しく説明するが，植物プランクトンには天敵（藻食者）の餌処理時間を引き延ばすよう適応し，高い捕食圧にも耐えられる種が存在する．このような適応をした種としては，細胞サイズの大きな種（たとえば渦鞭毛藻類の*Ceratium*属やラン細菌の*Aphanizomenon*属），棘を持つ種（緑藻類の*Staurastrum*属や前述の*Ceratium*属），藻食者の消化管を生きたまま通過する厚い粘質物で覆われた種（たとえば緑藻類の*Sphaerocystis*属）などがあげられる（図3.7）．一般に，特殊な適応にはコストがかかるため，防御のための特殊な適応をせず，サイズを小さくしエネルギーの大半を成長と増殖に費やすことが有利になることもある．このような戦略を採用している例として，クリプト藻類の*Cryptomonas*属（図3.6），緑藻類の*Chlamydomonas*属など小さい藻類があげられる．適応方法によって，有利になる時期や環境は異なるだろ

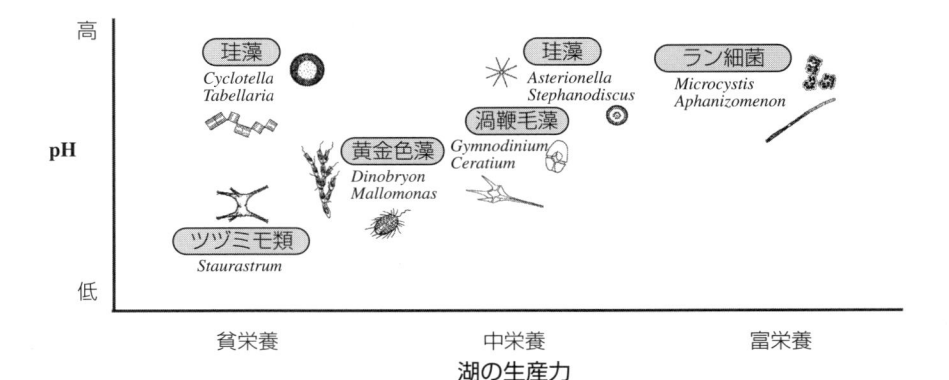

図3.8 生産力およびpHと卓越的に出現する藻類分類群．それぞれの環境で優占することが多い一般的な属を示す．植物プランクトン群集の種組成や優占する分類群は，その湖沼の非生物的環境の指標となることがある．

う．したがって，湖沼が異なれば，また同じ湖沼でも季節が異なれば，優占する藻類種は異なるだろう．つまり，植物プランクトンの群集組成は，単に偶然で決まるのではなく，栄養塩濃度，気候，酸性度，藻食者の種類や量など，各湖沼特有の非生物的・生物的環境に応じて決まる可能性があることに留意せねばならない．どのような種が優占するかは，湖沼の栄養状態（生産力）やpHに大きく影響されるため，植物プランクトン群集はpHと生産力の勾配に沿って特徴づけることができる（図3.8）．生産力が低い湖（貧栄養）の植物プランクトン群集は，pHが低い（酸性）場合は緑藻類であるツヅミモ（desmid）の仲間が，pHが高い（アルカリ性）場合は珪藻類の *Cyclotella* 属や *Tabellaria* 属などが優占することが多い．中栄養で中性（pH 7付近）では，黄金色藻類や渦鞭毛藻類が優占することが多く，pHが高い場合は珪藻類の *Asterionella* 属や *Stephanodiscus* 属などが優占することがある（図3.8）．生産力が高く（富栄養）pHも高い場合は，ラン細菌（ラン藻類）が優占種になりやすい．

栄養摂取：藻類は必要な栄養塩を，細胞壁を通じて水から直接吸収している．
生活環：単純な有性生殖を行うことがあるが，大半の藻類は無性生殖である細胞分裂によって増殖する．藻類の無性生殖は，単純な細胞分裂だけでなく，自生胞子（autospore），つまり古い細胞の中に新しい細胞や群体を形成して増殖する種もいる（図3.9に示す緑藻類の *Scenedesmus* 属など）．次に，藻類の主な分類群の特徴について見ていくことにする．

ラン細菌（cyanobacteria）　ラン細菌（藍色細菌）は細胞内に核や細胞内小器官を持たない生物であるため，原核生物に分類される（図3.2）．それにもかかわらずここで扱うのは，野外で採集する藻類の試料に常にラン細菌が含まれているからである．このグループを'ラン細菌（cyanobacteria）'と'ラン藻類（blue-green algae）'のどちらで呼ぶべきか，あるいは他の呼称がよいのではないかという議論が現在も続いている．最近では'藍色原核生物（cyanoprokaryote）'という呼び方が提唱されている．しかし，本書では一般的な呼称である'ラン細菌'を主に使うこととし，文脈に応じてラン藻という表現も用いることにする．

　ラン細菌には，細胞内に核がないことに加え，他の藻類が持つ光合成色素を含む細胞内小器官，葉緑体も欠けている．ラン細菌の光合成色素は，細胞内にある脂質からなる膜構造の上に集中して存在し，原形質の他の部分から隔離されていない．光合成色素としてフィコビリンを持っており，これによってラン細菌は特徴的な青みがかった色を呈する．ラン細菌には糸状の群体を形成する種が多い．富栄養湖で優占し，有害な藻類としてよく知られる *Aphanizomenon* 属も糸状の群体を形成するラン細菌である（図3.7b）．糸状のラン細菌の多くは異質細胞（heterocyte）を持っている．異質細胞では，厚い細胞壁により酸素濃度の低い，窒素固定に最適な状態がつくられる（図3.6）．この他，単細胞のラン細菌や，アオコ原因生物の1つある *Microcystis* 属のように塊状の群体を形成するラン細菌もいる（図3.6）．

緑藻類（green algae）　緑藻は多様な形態を持つ分類群で，*Chlamydomonas* 属のように鞭毛を持った種や群体をつくり粘質物で包まれた種（*Sphaerocystis* 属など；図3.7d），底生性で大きな糸状の群体を形成するアオミドロ（*Spirogyra* 属）などが含まれる．多くの緑藻はセルロースでできた細胞壁を持ち，光合成色素としてクロロフィル *a* のほかにクロロフィル *b* を持っている．

黄金色藻類（golden-brown algae）　黄金色藻は，クロロフィル *a* に加えて複数のカロチノイドを持っており，この色素により，その名のとおり黄金色を呈している．大半の黄金色藻は単細胞であり，ケイ素やカルシウムからなる微細構造に包まれた種もいる．また，多くの湖沼で見られるサヤツナギ（*Dinobryon* 属：図3.6）のように，群体を形成する黄金色藻もいる．サヤツナギは，細胞の外側に花瓶の形をした外殻をつくり，その外殻同士がお互いにつな

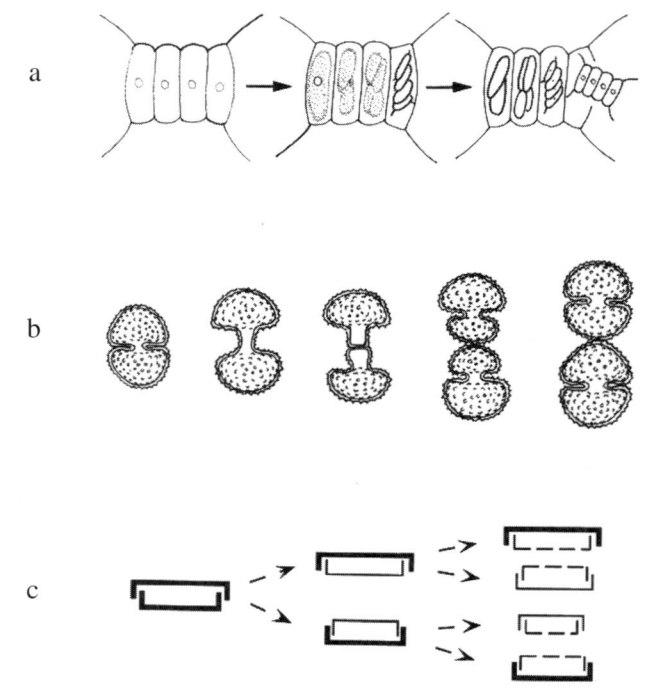

図3.9 藻類の無性生殖の例．(a)イカダモ（*Scenedesmus* sp.：緑藻綱）による自生胞子形成では，古い細胞内に新しい細胞からなる群体が形成される．(b)ツヅミモ（*Cosmarium* sp.：接合藻綱）の細胞分裂．(c)珪藻の細胞分裂では，2つの蓋状の細胞壁が離れてそれぞれに新しい蓋状の殻が形成される．新しい殻は古い蓋の内側に形成されるため，珪藻個体群では平均細胞サイズが減少していく．細胞サイズが小さくなり，ある閾値に達すると，増大胞子が形成される．この増大胞子からは，もとの殻の大きさをもった細胞がつくられる．

がって特徴的な群体を形成している．黄金色藻はケイ素でできた厚い殻に覆われた休眠胞子をつくり，堆積物中で長期間"休眠"することができる．

　珪藻類（diatoms）　珪藻の多くは付着性（基質に付着して生活）であるが，プランクトンとして生活する種もいる．湖沼の栄養状態にかかわらず，珪藻はpHの高い環境下で優占する傾向がある（図3.8）．珪藻の形状は同心円型（中心類ケイソウ）とペン型（羽状類ケイソウ）がある（図3.6）．珪藻は，珪化し隆線のある細胞壁を持っている．この細胞壁は2つの殻状の部分から形成され，片方（外殻）がもう片方（内殻）の蓋になるように覆い被さっている．細胞分裂の際，外殻と内殻は分離し，分裂した双方に新しい殻がつくられる（図3.9c）．分裂前からの殻は，分裂後に必ず'外殻'となる．このため，分裂

した2つの娘細胞のうち片方はもとの細胞と同じサイズになるが，もう片方は分裂前の細胞より小さくなる．その結果，珪藻個体群の平均細胞サイズは増殖に伴って徐々に小さくなっていく．しかし，細胞サイズがある閾値まで小さくなると，**増大胞子**（auxospore）と呼ばれる細胞が有性生殖によって形成される．増大胞子は大きくなり，最初の大きさとなる新しい細胞を細胞分裂によって産み出す．その後は無性生殖の細胞分裂が繰り返される．

　渦鞭毛藻類（dinoflagellates）　　渦鞭毛藻は，単細胞で鞭毛を持ち，通常動く能力を持つ．渦鞭毛藻には，殻のような硬い細胞壁を持つ種（*Ceratium* 属；図3.7，*Peridinium* 属；図3.6）とそうでない種（*Gymnodinium* 属：図3.6）がいる．渦鞭毛藻は2本の鞭毛を持ち，1本は体の軸と垂直に体を取り巻くように，細胞の溝に沿って生えている．もう1本は体の後方から外側に向けて伸びている．渦鞭毛藻は，休眠胞子をつくり，その種にとって環境が好適になるまで堆積物の表面で休眠することができる．

　ミドリムシ藻類（euglenoids）　　ミドリムシ藻は溶存有機物の濃度が高い場所，すなわち，腐植栄養湖や堆積物の表面近くに分布する傾向がある．ミドリムシ藻は2つの鞭毛を持つ（ただし光学顕微鏡で観察できるのは1本だけである）．鞭毛は消化道から伸びており，ミドリムシ藻はこれを使って動くことができる．ミドリムシ藻の多くの種は従属栄養でもあり，摂食のための器官を持ち，細菌やデトリタスを餌として利用することができる．すなわち，これらの種ではエネルギー獲得を光合成だけに頼っているのではない．代表的なミドリムシ藻は *Phacus* 属（図3.6）やミドリムシ（*Euglena* 属）であり，ミドリムシはしばしば汚染された水域で優占する．

●付着藻類（periphytic algae）

　付着藻類とは，基質に付着して生活する微小藻類のことである．基質が高等植物や他の藻類である場合は**植物表在性**（epiphytic）と表現される．基質が砂や泥であった場合，付着藻類はそれぞれ，**砂粒表在性**（epipsammic），**堆積物表在性**（epipelic）と表現される．このような表現方法は有用なこともあるが，藻類そのものは基質特異性があるわけではなく，付着藻類の群集組成は主に流れの速さ，栄養塩供給量，pHなど，基質以外の要因で決まることが多い．基質に応じて付着藻類を類型化することが有用であったとしても，人工基質，たとえばプラスチックや水没した古い自転車の上の付着藻類をなんと表現

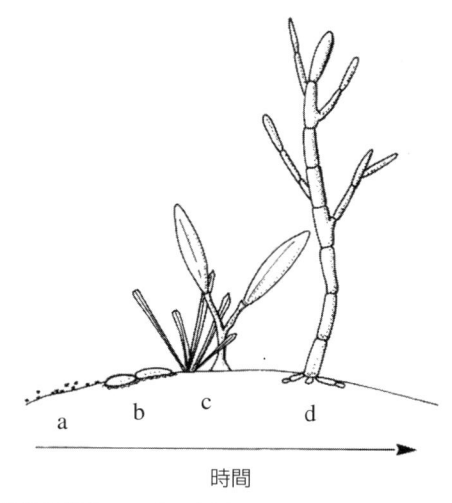

図 3.10 基質上の付着藻類群集の遷移．(a)まず細菌が急速に定着し，(b)次いで基質に細胞の大部分を接触させる珪藻などが進入する．(c)その後，起立した形状や柄を持つタイプの種が増え，(d)最終的に糸状形の藻類が優占するようになる．この定着パターンは陸上植物群落の，草，灌木，高木の遷移とよく似ている．

すればいいのだろう．このような問題があるため，ここでは基質にかかわらず，単に'付着藻類（periphyton）'として述べることにする．

付着藻類群集は，湖沼沿岸のさまざまな物質に張りついた緑色や茶色の物体として肉眼で観察することができる．プランクトン群集に出現する多くの種，たとえば珪藻やある種のラン細菌（*Microcystis* 属など；図 3.6）は，付着藻類群集にも出現する．付着藻類は堆積物表面で酸素を生成する．これは第 2 章で見たように，堆積物から水中へのリン溶出（回帰）を減らしたり，堆積物表面付近に分布し酸素を必要とする生物の生存を可能にしたりする，という点で重要である．さらに，付着藻類はユスリカや巻貝といった多くの無脊椎動物の重要な餌となる．標高の高い湖沼や高緯度の湖沼など，透明度の高い湖沼では付着藻類は特に重要な一次生産者となる．このような湖沼では，栄養塩濃度が低く湖底まで十分に光が届くので，付着藻類が基礎生産の 80% を占めることもある．

付着物のない基質表面が露出すると（たとえば湖に投げ入れられた石など），まず細菌が定着し，次に珪藻類が定着する．これらパイオニア種は，粘性の高い粘質物を出して細胞表面を広く基質に接着させ，水流による剥離や摂食圧に耐える．これらパイオニア種が定着すると，やがてその間隙に枝状や冠

状の種が定着し（図3.10），その後に糸状の種も定着する．糸状の種は，付着藻類群集では制限要因となる光をめぐる競争に勝つことができるため，しばしば優占種となる．この微小地形の上で，森林の樹木のように，光獲得競争が繰り広げられていることは注目に値する．しかし，遷移の最終段階で卓越する藻類は，遷移の初期段階に定着するパイオニア種に比べると，動物による摂食に弱い．したがって，付着藻類の遷移は，高い摂食圧の下ではパイオニア種に向かって逆方向に進むことがある．

後生動物（metazoa）──分化した細胞をもつ動物

淡水カイメン（freshwater sponges）

　淡水カイメンは普通，水中に沈んだ石や高等植物，倒木の枝といった硬い基質表面上に付着して生活している．カイメンは緑色あるいは黄色の塊状の形態をしており，時には指の形のような突起をもった形態をしている（図3.11）．ただし，カイメンの形態には種内変異があり，波の作用や光といった環境要因によって異なった外部形態となる．　**摂食**：カイメンは濾過食者であり，小さな細菌から大きな藻類にいたる幅広い大きさの粒子を摂食している．カイメンは大量の水を濾過することが知られており，極端な場合，ある池のカイメン個体群はたった1週間でその池の容積と等しい水量を濾過してしまうと推定されている（Frost et al. 1982）．また，カイメンは多数の共生藻類（zoochlorellae）と共生していることがある．そのようなカイメンは明るく鮮やかな体色をしている（第4章参照）．　**生活環**：カイメンは無性生殖と有性生殖を行う．無性生殖では，細胞片が剥離し，それらが新しいカイメンとして発達することで繁殖する．温帯の湖では，多くのカイメンは芽球（gemmule）と呼ばれる休眠状態で冬を過ごす．成長期になるとカイメンは有性生殖も行う．雄のカイメンは精子を放出し，放出された精子は水の流れによって雌のカイメンに運ばれ受精する．幼体は雌の体内で発育し，やがて放出され，遊泳して分散する．幼体は好適な基質にたどり着くと，新しいカイメンとして成長していく．

　原生動物，貧毛類，線虫，ミズダニ，水生昆虫など多くの小型無脊椎動物がカイメンの表面や塊中に生息している．その中にはカイメンなしでは生活できない種もおり，カイメンだけを餌にする特化した消費者もいる．しかし，これらの小型無脊椎動物による捕食はカイメンにとっては致命的ではないようであ

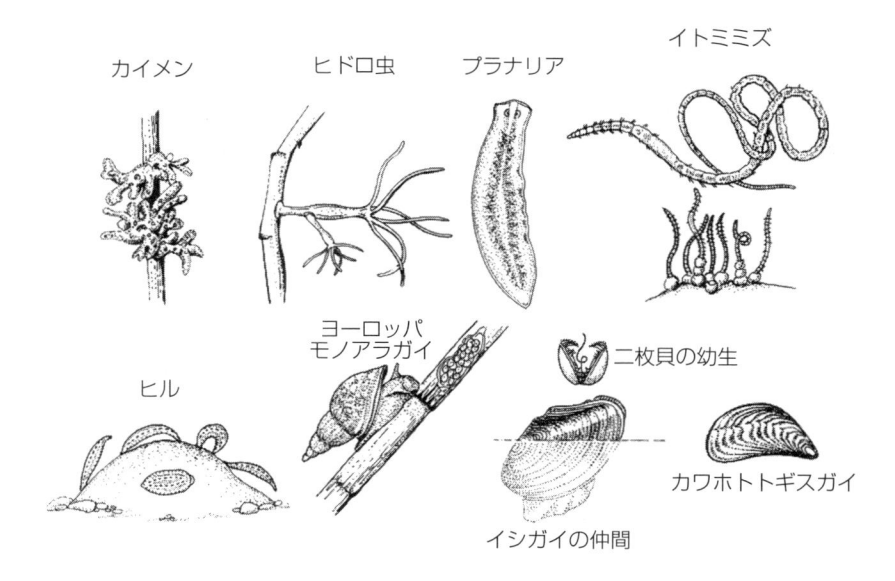

図 3.11 湖沼に一般的な底生性の無脊椎動物．上段左から，ヌマカイメン（*Spongilla lacustris*），ヒドロ虫の 1 種（*Hydra* sp.），プラナリアの 1 種（*Planaria* sp.），イトミミズの 1 種と群れ（*Tubifex* sp.）．下段左から，吸盤を使って移動するヒルの 1 種（*Glossiphonia complanata*），ヨーロッパモノアラガイ（*Lymnaea stagnalis*）と卵塊，イシガイ科ドブガイの 1 種（*Anodonta cygnea*）とその幼生，カワホトドキスガイ（*Dreissena polymorpha*）．

る．カイメンは珪素でできた針状の構造物（骨片）からなる無機質の骨格をもち，毒をもつことで大きな捕食者から身を守っている．

ヒドロ虫（hydroids）

　ヒドロ虫は海で豊富に見られるクラゲやサンゴ虫と同じ腔腸動物（Coelenterata）に属する．海産のものに比べると，淡水の腔腸動物の種類は非常に少ない．ヒドロ虫の体制は単純で，中央の腔腸が 2 つの細胞の層で囲まれた体構造をしている．ヒドロ虫は，硬い基質表面に付着して生活している（図 3.11）．　**摂食**：ヒドロ虫は刺細胞から粘着質の糸を出して餌となる生物（小型の甲殻類，昆虫の幼虫，虫）をからみ捕る．捕らえた餌は，触手を使って口まで運ばれる．扁形動物，ザリガニ，繊毛虫などがヒドロ虫を捕食するが，刺細胞は捕食者から身を守るのにも役立っている．ヒドロ虫の中には，餌を麻痺させる神経毒を出す種もいる．緑色のヒドロ虫もおり，それらは共生藻類を体に持っている．　**生活環**：ヒドロ虫は，好適な環境下では無性生殖によって親

から出芽して繁殖するが，成育条件が悪くなると有性生殖を行う．有性生殖によって産み出された受精卵は，成育条件が再び回復するまで休眠状態となる．

扁形動物（flatworms）

扁形動物は渦虫類（Turbellaria），吸虫類（Trematoda），条虫類（Cestoda）の3つの分類群に分けられる．　**摂食**：渦虫類は肉食性で自由生活をしている．吸虫類と条虫類は複雑な生活史を持つ寄生性の動物で，淡水生物を宿主や中間宿主として利用する種が多い．淡水で見られる大きな渦虫類はウズムシの仲間（プラナリア類）で，扁平な体節のない体に多数の繊毛を持ち，基質の上を滑るように移動するのが特徴である（図3.11）．プラナリア類は，昆虫の幼虫や甲殻類といった小さな無脊椎動物を粘液で包み込むようにして摂食している．　**生活環**：プラナリア類は雌雄同体で，石や水生植物の上に繭（卵包）をつくる．プラナリア類の中には，体が2つに分裂し，それぞれが新しい個体となって増える種もいる．プラナリア類の特徴は，偶然切り落とされた小さな体の断片からも完全な個体となる再生能力である．プラナリア類は魚に捕食されることもあるが，被食圧は小さいと考えられている．

環形動物（worms）

環形動物は，円柱状や扁平状で長く軟らかい体をしており，体節を持っている．環形動物は雌雄同体で，卵は繭（卵包）に産みつけられる．淡水に生息している環形動物は，2つの主要な分類群，すなわち<u>貧毛類</u>と<u>ヒル類</u>である．貧毛類は各体節に4つの剛毛の束を持ち，これを使って巣穴の側面を捕らえ，体を定位している．これらの剛毛の数と形は，種の同定に際して重要な手がかりとなる．貧毛類とヒル類は生態が大きく異なるので，ここでは別に扱うこととする．

●貧毛類（oligochaetes）

貧毛類は，普通軟らかい堆積物の中に管状の巣穴を掘り，体の後端部を水中に出すようにして生活している．水中に出した後端部（尾部）は鰓として働き，これを動かすことによって酸素の取り込みを増加させている（図3.11）．イトミミズの仲間は，有機物で汚染された環境に高い密度で生息していることがある．そのような種は酸素がない期間でも生き残れるよう，ヘモグロビンを

持つなど貧酸素に対して生理的な適応をしている． **摂食**：大半の貧毛類は，生息場所でもある軟らかい堆積物を摂食しているが，多くのデトリタス食者と同様に，堆積物中の細菌や微小生物が貧毛類の重要な栄養源となっている．ミズミミズの仲間のように，付着藻類を食べる種もいる．肉食性の水生昆虫やヒル類，ベントス食魚など，多くの無脊椎動物や脊椎動物が貧毛類を餌としている．

●ヒル類（leeches）

ヒル類は腹側の両端に2つの吸盤を持つことから，他の環形動物や扁形動物と区別することができる．ヒル類は，硬い基質や餌となる生物に吸いつくためにこの吸盤を使う．種の同定に重要な形質は，眼の位置と数である．ヒル類には吻を持つ仲間もいる．それらの仲間は吻，すなわち，長く伸びた口器を獲物に突き刺し，体液を吸い出すのである．また，寄生虫のように，他の生物の血液を栄養源としている仲間もいる．この仲間は，獲物の体表面を食い破ることができる顎歯と呼ばれる口器を持ち，その唾液は止血作用を阻害する物質を含んでいる．医療で用いられるチスイビルの1種（*Hirudo medicinalis*）はこのようなヒルの大型種であり，17世紀から19世紀にかけて瀉血に使用するため広く養殖された．複雑な手作業を要する手術現場などでは，現在でもこのチスイビルを使うことがある． **摂食**：吸血性（sanguivorous）のヒルは，一度餌を食べると1週間から1ヶ月間かけて消化する．顎歯も吸盤も持たず，餌を丸呑みする種もいる．たとえば，シマイシビルの仲間である *Erpobdella octoculata* は，ユスリカ，ブユ，トビケラの幼虫やミミズを摂食するが，この種はユスリカ幼虫に口を突き刺さした状態で採集されることが多い． **生活環**：ヒル類は卵を繭（卵包）に産みつける．Glossiphonidae 科のヒルは，卵を繭に産みつけた後，幼体が孵化するまで繭を体の下方に抱えている．魚，鳥などの他，さまざまな捕食性の無脊椎動物がヒル類を捕食する．

巻貝（snails）

巻貝（腹足類）の最大の特徴は，もちろんその殻である．巻貝の殻は，通常らせん型に渦を巻いており，ヨーロッパミズヒラマキガイ（*Planorbis corneus*）のように平らな渦巻きをつくる種もいれば，ヨーロッパモノアラガイ（*Lymnaea stagnalis*；図3.11）のように尖った渦巻き殻を持つ種もいる．ごく

わずかだが，カワコザラガイ（*Ancylus fluviatilis*）のように，巻きのない傘のような殻を持つ種もいる．巻貝の殻は，殻皮（periostracum）と呼ばれる有機物の層と，炭酸カルシウムの結晶を主成分とする厚い層でできている．殻の中には，体節を持たない軟らかい体を完全に納めることができる．巻貝の頭部には触角があり，その基部もしくは先端部に眼がある．巻貝は，基質の表面を筋肉質の腹足ですべるように動く．この動きを可能にするため，巻貝の腹足は粘液で包まれている．実際に，巻貝の動いた後に粘液の痕跡が残ることもある．前鰓類（prosobranch）は，水を鰓に送り込んで呼吸を行う．一方，有肺類（pulmonate）は，水表面で空気を取り込み，血管が集まった空洞（'肺'にあたる）に送り込んで呼吸を行う．しかし，有肺類の中には，この空洞に水をため，溶存酸素の拡散によって呼吸する種もいる．前鰓類は，貝蓋（operculum）と呼ばれる角質の板を腹足に持っており，体を殻に納めて貝蓋を閉じることで，捕食者から身を守ることができる．　**摂食**：巻貝には歯舌（radula）と呼ばれるヤスリ状の歯がある．これはキチンでできた歯列で，歯舌を前後させて基質の表面から主な餌である付着藻やデトリタスを擦り取って食べる．　**生活環**：有肺類は雌雄同体で，普通，成熟卵は他個体と受精するが，自家受精することもある．一方，前鰓類（たとえば *Viviparus viviparus*）は一般に雌雄異体である．卵はゼリー状の透明な物質に包まれ，石や水草，その他の硬い基質，時には他の貝の殻などに産みつけられる．有肺類の寿命は普通1年で，越冬個体は春に繁殖すると寿命を終える．一方，前鰓類は，数年にわたって繁殖を続ける．

　巻貝を食べる捕食者は2つのグループに分けられる．1つは殻を割って食べる動物，すなわちサンフィッシュ科のパンプキンシードやザリガニの仲間など，巻貝食に特化した生物である．もう1つは殻の中に進入して食べる捕食者で，ヒル類や扁形動物，肉食性の水生昆虫などである．

二枚貝（mussels）

　二枚貝（斧足類）の体は，2枚の殻で挟むように包み込まれている．このため英語では"bivalve"と呼ばれる．2枚の殻は，蝶番靱帯と呼ばれる伸び縮みできる靱帯で結合しており，よく発達した2つの閉殻筋がゆるむと靱帯の働きで殻が開く．殻の成分は体を覆っている外套膜の末端で分泌される．成長肋と呼ばれる殻にある線は，季節によって殻の成長が異なるために形成されるもの

である（図3.11）．二枚貝の鰓には長く細い鰓耙があり，呼吸のためだけではなく摂食器官としても用いられる．大きい筋肉質の足は動いたり，堆積物に潜ったりするために使われる．カワホトトギスガイ（*Dreissena polymorpha*；図3.11）は，タンパク質でできた足糸と呼ばれる糸を出して硬い基質に付着し，何層にも重なった大集団を形成する．　**摂食**：二枚貝は水中の有機物粒子，たとえば植物プランクトンや細菌，デトリタスなどを摂食する．繊毛に覆われた鰓は水流をつくり出し，2つの水管のうち腹側にある入水管から水を体に取り込む．取り込まれた水に含まれる粒子は，鰓で濾過捕集され口器に運ばれる．この際，餌にならない粒子は粘液で包まれ，擬糞（pseudofaeces）として排出される．二枚貝の個体群は，高密度になると大量の水を濾過することになるので，水中から懸濁粒子を取り除いて透明度を上昇させることがある．さらに，二枚貝が排出する糞と擬糞は，堆積物の有機物含量を局地的に増加させる．このため，堆積物中に生息する他のデトリタス食者にとって，二枚貝は環境を改善してくれる生物といえる．　**生活環**：二枚貝の生活史戦略は分類群ごとに大きく異なっている．ドブガイ（*Anodonta* 属），イシガイ（*Unio* 属），カラスガイ（*Cristaria* 属）などの大きい（10～15 cm）イシガイ科の仲間では，精子を水中に放出し，他の個体がその精子を入水管から取り込んで受精を行う．受精卵は鰓外側に保持され，そこで一定期間，長いときには1年もかけて発生が進みグロキディウム幼生（glochidia）となる．雌個体から放出されたグロキディウム幼生は，数日のうちに魚に寄生せねばならず，寄生できなかったグロキディウム幼生は死亡する．イシガイ科の中には，グロキディウム幼生がさまざまな魚種に寄生する種もいれば，宿主となる魚が1種に限られる種もいる．グロキディウム幼生は，宿主である魚にとりついた後，シストをつくり変態して二枚貝の形となる．その後，魚から離れて湖底に定着する．着底場所は，軟らかい堆積物であるのが理想である．イシガイ科の仲間は非常に多数（1つの雌個体が1回の産卵期に20万～1,700万尾）の小さな（0.05～0.4 mm）幼生を放出するが，成体の段階にまで生き残る個体はごくわずかである．ドブシジミの仲間（ドブシジミやマメシジミなど）の生活史戦略はこれとは全く異なっている．これら小さな（2～20 mm）二枚貝は特別な保育嚢に子供を産み，発生が完全に終わるまで子供を放出しない．さらに異なる生活史戦略をとるものとしてカワホトドキスガイがあげられる．カワホトドキスガイは精子と卵の両方を水中に放出し，水中で卵が受精して発生が進み，自由遊泳性の幼生

に変態する．10日ほどたつと幼生は硬い基質に定着し，カワホトドキスガイの親と同じ形に変態する．

　イシガイ科の仲間を効率的に捕食する動物は非常に少なく，いったん親サイズに到達すると高い生存率を持つようになる．しかし，哺乳類の捕食者，たとえばジャコウネズミ（ビーバーの仲間）やカワウソ，アライグマは大きなイシガイであっても食べることができる．ドブシジミの仲間やイシガイの稚貝は，貝食性の魚，シギやチドリ，ガン，ザリガニなどに捕食される．

ワムシ類（rotifers）

　ワムシ類は淡水でよく見られる後生動物であり，その体サイズは小さく，普通 0.1～1 mm ほどである．ワムシ類は水界生態系の重要な生物群である．というのは，繁殖能力が高いため，短期間で変動する環境でもニッチを占有することができるからである．自然界では1Lの水に2万匹のワムシが観察されることもある．ワムシ類の多くは単独生活を行うが，テマリワムシ（*Conochilus* 属；図3.12）のように常に群体を形成する種もいる．このようなテマリワムシの群体は肉眼でも目視することができる．後述する甲殻類プランクトンのように，ワムシ類も水中で鉛直移動を行う．このワムシ類の鉛直移動は甲殻類プランクトンほど劇的ではなく，1日数メートル程度である．ワムシ類には共通した2つの特徴的な形態がある．それは輪盤（corona）と咀嚼板（mastax）である．輪盤は運動と摂食のための繊毛の生えた器官であり（図3.12b），これを使って rotifer という名のとおり（ラテン語で *rota* は輪，*ferian* は運ぶの意），回転しながら泳ぐのである．もう1つの特徴である咀嚼板は，筋肉質の咽頭であり，2つの粉砕板で食べ物を砕く器官である．　**生活環**：ワムシ類は，普通，単為生殖をする．すなわち，卵は受精をせずに発生し，娘個体は母個体と同一の遺伝情報を持つ．有性生殖も行う種では，1年のある限られた時期にオス個体を産む．受精卵は厚い皮に覆われ，耐久卵（休眠卵）となる．　**摂食**：多くのワムシは濾過食者であり，細菌，藻類，小型繊毛虫など，さまざまな餌を食べるが，摂食できる餌のサイズは 18 μm 程度までといわれている．これは小さな植物プランクトンとほぼ同じ大きさである．輪盤は，移動のために使われることに加えて，口器に向けて水流をつくり出すことにも使われる．餌は消化管に取り込まれると，咀嚼板に到達し，破砕される（図3.12b）．ワムシは小さな動物であるが，その濾過能力は非常に高く，1個体のワムシが1時間に

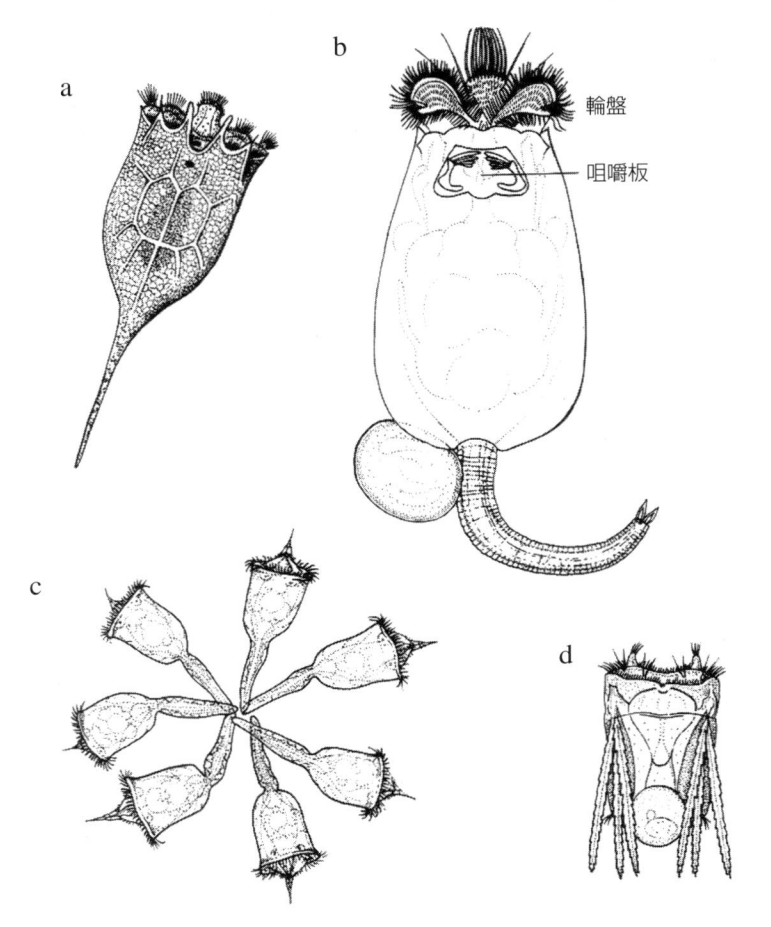

図 3.12 ワムシ類．(a)湖沼でよくみられるカメノコウワムシ（*Keratella cochlearis*）．(b)ワムシの特徴である多数の繊毛を持つ輪盤と餌を砕く咀嚼板．(a)と(b)の個体の大きさはおよそ 100 μm．(c)群体をつくるテマリワムシ（*Conochilus* 属）．この図では 7 個体が群体を形成している．各個体の大きさはおよそ 300 μm であるが，群体になると肉眼でも観察できる．(d)ハネウデワムシ（*Polyarthra* 属）．

濾過する水の量は，自分の体の容積の 1,000 倍に達することもあるという．このことは，ワムシ類が大量の餌粒子を体に取り込んでいることを意味しており，取り込まれた物質やエネルギーは食物網上位の生物に利用されていくことになる．フクロワムシ（*Asplanchna* 属）のような肉食性のワムシは他のワムシや繊毛虫を主に食べるが，植物プランクトンも餌として利用する．

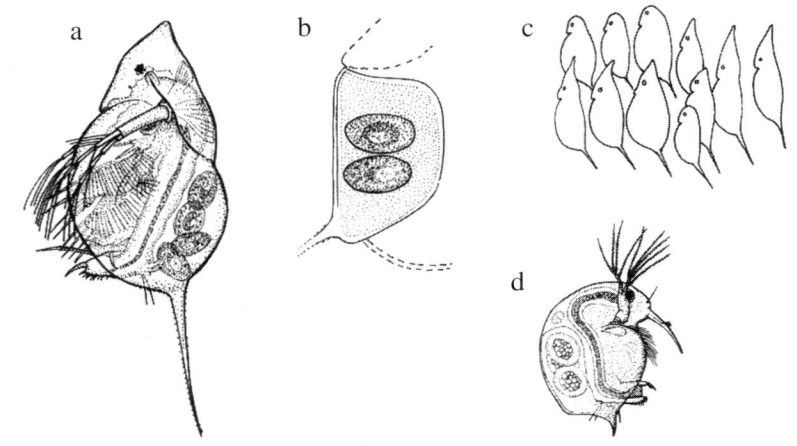

図 3.13 (a)ミジンコ（*Daphnia* 属）の成熟個体．ミジンコは最も効率的な藻食者で，'湖沼の牧畜牛'と呼ばれることもある．この図では単為生殖卵を4つ抱えている．(b)卵鞘と有性生殖による耐久卵．(c)ある種のミジンコ（*Daphnia* sp.）にみられる体サイズと頭部形態の季節的変化（'形態輪廻 cyclomorphosis'）．(d)小型の枝角類であるゾウミジンコ（*Bosmina* sp.）．

甲殻類（crustaceans）

　淡水生態系に繁栄している数多くの種が甲殻類に含まれる．体サイズや形態は多岐にわたり，さまざまな生息環境や資源を利用するよう甲殻類は進化してきた．甲殻類の中には，**形態輪廻**（cyclomorphosis；図 3.13c）と呼ばれる，周期的な形態変化を示す種もいる．小型の甲殻類（枝角類とカイアシ類）は，動物プランクトンとして沖帯食物網の主要な構成員であり，底生性の等脚類や端脚類は沿岸帯のデトリタスや植物の重要な消費者である．淡水における最大の甲殻類は雑食性であるザリガニ類で，人間にとっても重要な食糧資源である．甲殻類でも分類群によって生態や形態は異なっているが，共通の特徴もある．そこで，まず，甲殻類共通の特徴を形態，生理，生態の順に見ていくことにする．次いで，動物プランクトンからザリガニにいたる主要な分類群について，各々の特徴の概要を紹介する．

　甲殻類は，昆虫やクモ類と同じ節足動物門に属する生物である．甲殻類は体節を持つことが特徴であり，体節は3つの部分，すなわち，頭部，胸部，腹部に分けられる．頭部と胸部が融合している分類群もいる．たとえば，ザリガニでは頭部と胸部は結合し，頭胸甲と呼ばれる大きな外皮によって包まれてい

る．甲殻類の外骨格はキチンと炭酸カルシウムからなっている．硬い体節は，薄くしなやかな軟骨によって接続されているため，動かすことができる．筋肉は硬い外骨格についており，乾燥と捕食から身を守っている．しかし，強固な外骨格は甲殻類の成長において大きな問題となる．それは成長を続けても，体が外骨格より大きくなれないという問題である．そこで，甲殻類は定期的に外骨格を脱ぎ捨て新しい大きな外骨格を形成することによって，さらなる成長を可能にしている．いわゆる脱皮である．脱皮直後は，新しい外骨格がまだ軟らかいため，捕食者に対する防衛が極めて弱い．そのため，脱皮期間には不活発になったり，物陰に隠れたりすることが多い．甲殻類は2対の触角を持ち，ほとんどの体節には1対の付属肢がある．これら付属肢は，種ごとに異なる機能に特化しており，摂食，歩行，遊泳，呼吸，繁殖，あるいは防衛などに使われる．甲殻類には鰓を使って呼吸する種もいれば，体表面から直接酸素を取り込む種もいる（小型の甲殻類など）．雌雄異体であるが，限られた季節にのみ雄個体が出現する種もいる．雌は受精卵を育房で保護したり，体の一部に保持したりするなど，単純な仔の世話を行う．発生が進んだ受精卵は，ノープリウス幼生（nauplii）になる．多くの分類群では，ノープリウス幼生の時期を卵の中で過ごす．しかし，カイアシ類のように，この発生段階で自由遊泳生活個体となる分類群もある．ノープリウス幼生は変態を経て，最終的に親と同じ形態になる．甲殻類の中には，保育嚢を持ち，小さな個体を数日〜数週間保護した後に水中に放出するものもいる．

●甲殻類プランクトン（crustacean zooplankton）

　甲殻類に属する動物プランクトンには2つの重要な分類群，すなわち，枝角類とカイアシ類が含まれる．この2つの分類群は世界中のほとんどの湖沼で観察され，水中と湖底の両方に分布する．

　枝角類（cladocerans）　　枝角類（ミジンコの仲間）は小さく，普通透明な体をもった甲殻類で，英語では'water flea'（flea：ノミ）と呼ばれる．これは枝角類の形や跳びはねるように泳ぐ様に由来する．この仲間の体は円盤状の甲殻で覆われている．甲殻は首部の後で体に接続しており，オーバーコートのように体を保護している．主な遊泳器官は頭部直下にある第2触角で，ボートのオールを漕ぐように使われる．枝角類で最もよく知られている生物はミジンコ（*Daphnia*属；図3.13a）であり，多くの湖沼では主要な藻食者である．

ミジンコは湖沼の'牧畜牛（grazing cattle）'と呼ばれることもある．ほかによく知られている枝角類は，沖帯に生息するゾウミジンコ（*Bosmina* 属；図3.13d）や，主に底生性のマルミジンコ（*Chydorus* 属）である．　**摂食**：ミジンコやゾウミジンコなど多くの枝角類は，水中で濾過食を行い主に藻類を食べるが，細菌も多少は餌として利用している．ミジンコはジェネラリスト的な濾過食者で，幅広い範囲の大きさの餌を食べる．そのため，ミジンコの消化管内容物は周囲の藻類や細菌の組成を量的に反映したものとなる．ミジンコは餌サイズに対する広い許容性を持つため，仮にある特定サイズの餌（たとえば小さな藻類）が枯渇しても，他のサイズの餌（たとえば細菌や大型藻類）を利用してしのぐことができる．ミジンコは，高い濾過能力と幅広い餌サイズの許容性を持つため，藻類にとって脅威となる捕食者である．マルミジンコのような底生性の枝角類は，基質の表面を徘徊し，付着物をはぎとって濾過して食べる．一方，大型の枝角類であるノロ（*Leptodra* 属）は，主に肉食で，ワムシや繊毛虫，時にはカイアシ類を捕まえて食べる．　**生活環**：枝角類は主に単為生殖によって繁殖する．雌は卵を甲殻と体の間の空隙（'育房'）に産み落とす．卵は育房の中で胚発生し，親とほぼ同じ形態になると水中に放出される．単為生殖は生育条件が悪化するまで続く．生育条件が悪化すると，雄となる卵と受精が必要な半数体の卵を産むようになる．このような有性生殖は，個体群密度が高くなり餌が急激に枯渇すると誘発される．有性生殖によって卵が受精すると，育房の壁が厚くなった**卵鞘**（ephippium）が形成され，受精卵は耐久卵となる．暗色で鞍状の卵鞘は，背部の育房にリュックサックのように形成され，これは肉眼で簡単に確認することができる（図3.13b）．卵鞘に包まれた卵は，氷点下や乾燥といった悪条件にも耐えることができ，鳥などによって遠くまで運ばれることもある．好適な条件になると卵鞘から雌個体が孵化し，単為生殖によって再び繁殖する．

　枝角類の個体群密度は1年間で100倍以上も変化する．摂食効率が高いため，このような枝角類の大きな密度変化は，藻類の種組成や生物量を大きく変化させることになる．また，枝角類は多くの魚の主要な餌資源であり，藻類の捕食者としてだけでなく，魚の餌生物としても，湖沼の重要な構成員である．

　カイアシ類（copepods）　カイアシ類（ケンミジンコの仲間）は，雪解け水を湛えた高山湖沼から低地の沼にいたるまで，ほとんどすべての淡水環境に生息する．自由遊泳型のカイアシ類は，ヒゲナガケンミジンコの仲間（ca-

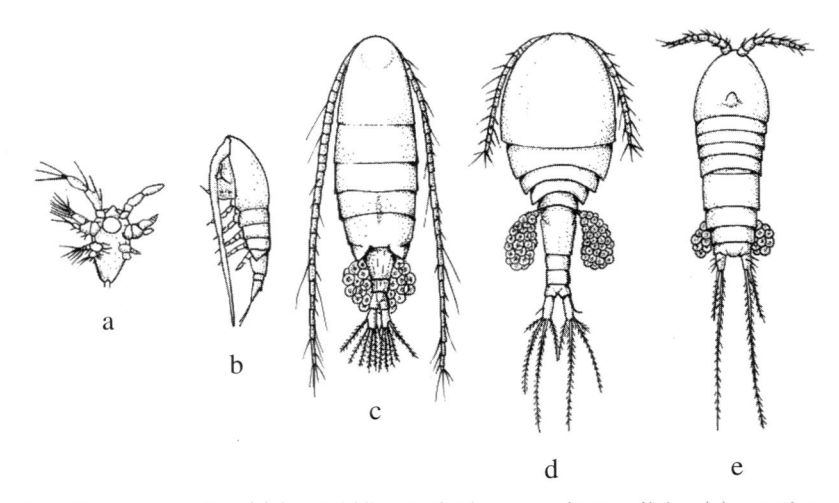

図 3.14 カイアシ類．(a)卵から孵化したばかりのノープリウス幼生．(b)コペポディット幼生．ノープリウス幼生を5〜6期経ると，成体とほとんど同じ形をしたコペポディット幼生となる．カイアシ類は大きく3つの分類群に分けられる．(c)ヒゲナガケンミジンコの仲間（calanoida）は長い触角を持ち，体は細長く卵嚢は1つである．(d)ケンミジンコの仲間（cyclopida）は丸い体を持ち，触角は短く卵嚢を2つ持つ．(e)ソコミジンコの仲間（harpacticoida）は円筒状に近い体を持ち，触角はとても短く卵嚢を2つ持つ．

lanoid）とケンミジンコの仲間（cyclopoid）およびソコミジンコの仲間（harpacticoid）に分けられる（図3.14）．円盤のような形をした枝角類とは対照的に，カイアシ類の形状は円柱に近く，節をもった体をしている．カイアシ類の大きさは普通0.5〜2mmであるが，5mmを超える種もいる．

　枝角類と同じように，カイアシ類は群れ（swarm）をなすことがあり，これはおそらく魚の捕食を回避する1つの方法であろう．また，このような群れを形成することによって，ちょうど人間が都会に群がるのと同じように，異性に遭遇する確率も上がるであろう．ヒゲナガケンミジンコの仲間は体部より長い触角を持ち，ケンミジンコの仲間は体部より短い触角を持つ．ソコミジンコの仲間はさらに短い触角を持ち，ヒゲナガケンミジンコやケンミジンコよりも細長い円柱状の体型をしている（図3.14）．　**生活環**：カイアシ類は一般に有性生殖を行い，受精卵は，1つ（ヒゲナガケンミジンコの仲間とソコミジンコの仲間）あるいは2つ（ケンミジンコの仲間）の卵嚢に産出される．餌が枯渇したり被食リスクが高いといった最適でない環境下では，カイアシ類は外皮が肥厚した耐久卵を産む．この耐久卵は，堆積物中で長期間生存することができ

る（第4章参照）．カイアシ類の卵は孵化すると5～6期のノープリウス幼生，さらに5～6期のコペポディット幼生を経て，成体となる（図3.14）．したがってカイアシ類では，卵から成体にいたるまでの期間は枝角類より長く，温度にもよるが10日～1ヶ月ほどかかる．　**摂食**：カイアシ類には藻食者，肉食者，デトリタス食者，雑食者などがおり，種によって餌は異なっている．ヒゲナガケンミジンコの仲間の多くは濾過食に適した口器を持つ藻食者であるが，主に沿岸帯に生息しているソコミジンコの仲間は，基質の表面から粒子を剥ぎ取って食べるのに適した口器を持っている．ケンミジンコの仲間の餌は幅広く，通常雑食者と考えられており，藻類の他，動物プランクトンも捕食する．これらケンミジンコの仲間は，濾過食に適した口器を持っておらず，'ついばむ'ように餌を捕まえて食べる．ケンミジンコの仲間は'跳躍（ジャンプ）しては沈む'という泳ぎ方をし，その様子は肉眼でも観察することができる．跳躍するのは餌に飛びつくときである．さまざまな無脊椎動物や魚類がカイアシ類を餌としている．

●アミ類（mysids）

　アミ類（opposum shrimp）は細長くエビのような形の体をしており，速く活発に泳ぐための長い付属肢を持っている（図3.15）．鰓を持たず，薄い外骨格を通して直接酸素を取り込むため，アミ類は酸素濃度の低い環境では生息できず，分布は低水温で溶存酸素が豊富な北方の深い貧栄養湖に限られている[*3]．アミ類は水中を鉛直移動し，夜間に浅い水深で動物プランクトンや植物プランクトンを食べている．日中は暗い湖底近くで過ごし，視覚に頼って餌をとる魚類の捕食を回避している．アミ類は，魚類の増殖のため，餌資源として多くの湖に人為的に導入された．しかし，この人為的導入は，むしろ問題を引き起こすことになった．それは，アミ類が魚の稚魚と競争関係にあり，動物プランクトンを食べることで稚魚の餌資源を減らしてしまうこと，さらに，孵化したばかりの稚魚を食べてしまうことなどから，魚類に負の影響を与えたからである．

[*3]　訳注：日本では，霞ヶ浦などの沿岸湖沼に汽水起源のイサザアミ（*Neomysis intermedia*）が分布している（Toda et al. (1982). *Hydrobiologia*, **93**, 31-39）．

ザリガニ　　　　ミズムシ　　　　　　ヨコエビ

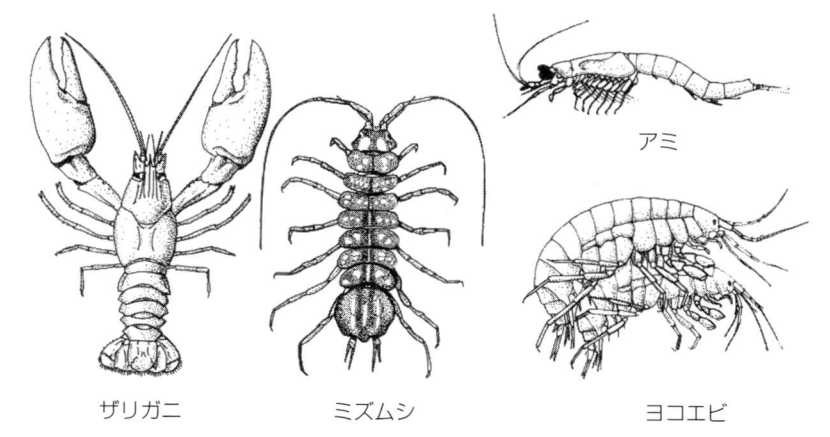

図 3.15 湖沼でよくみられる大型甲殻類．ヨーロッパザリガニ（*Astacus astacus*），ミズムシの1種（*Asellus aquaticus*），アミの1種（*Mysis relicta*），交尾前ガードをするヨコエビの1種（*Gammarus pulex*）．

●等脚類（isopods）

英語でwater（水）louse（シラミ）と呼ばれるミズムシ（*Asellus aquaticus*）は，背腹に扁平した等脚類である（図3.15）．ミズムシは，多くの湖沼の水生植物帯でよく見られる．そこでは付着藻類だけでなく，デトリタス，細菌や菌類をも食べている．ミズムシは春に繁殖し，メスはマルスピウム（marsupium）と呼ばれる腹側にある保育嚢に卵を産み，孵化した幼生は保育嚢で数週間過ごす．等脚類は他の多くの淡水動物の餌となり，ヤゴ（トンボの幼虫）やベントス食魚などに捕食される．

●端脚類（amphipods）

淡水の代表的な端脚類（freshwater shrimp）であるヨコエビの仲間（*Gammarus*属など）は，細長く曲がった体をしている（図3.15）．ヨコエビの仲間は足を使って横向きに移動するが，体を伸ばして水中を泳ぐこともできる．
摂食：ヨコエビ類は広食性で，利用できるものであれば何でも食べる．主な餌は，付着藻類，植物の葉やデトリタスなどであるが，動物やその死骸を食べることもあり，時には共食いをすることもある．　**生活環**：等脚類と同じように，卵や孵化したばかりの幼生は保育嚢にとどまる．ヨコエビ類は，魚のいない湖沼や，水草が繁茂するなど空間構造が複雑な場所に多く生息している．魚がいると活動をやめ，石陰などに隠れるようになる．端脚類の重要な捕食者

は，魚や肉食性の大型無脊椎動物である．

●ザリガニ類（crayfish）

　ザリガニの仲間は小さなロブスターに似ている．この仲間は，北半球の温帯湖沼に生息する甲殻類の中で最も寿命が長い．ザリガニの仲間は5対の歩脚を持つ．前方の第1脚は巨大なハサミ脚となり，餌を砕いたり捕食者に対抗したりする武器として，また，同種他個体との縄張り争いに使われる（図3.15）．ザリガニ類は第2脚から第5脚の4対の歩脚を使いゆっくりと前方に進むが，危険が迫ると尾を体の下に曲げ入れ後方に勢いよく移動する．　**摂食**：ザリガニ類は広食性で日和見的に餌を食べる．付着藻類，水生植物，デトリタス，無脊椎動物，動物の死骸などが餌になる．　**生活環**：通常秋の終わり頃に繁殖を行い，雌は次の春まで卵を腹に抱えている．孵化した個体は母親の体に数週間とどまり，2回目の脱皮を行うと親から離れる．ザリガニ類の主な捕食者は魚類である．ヨーロッパでは，パーチ（スズキ亜目パーチ科）やウナギがザリガニを捕食する．北米では，コクチバスが複数のザリガニ種を餌としているようである．ザリガニ漁は多くの国で経済的に重要なものである．20世紀，ヨーロッパではヨーロッパザリガニ（*Astacus astacus*）がザリガニ病（菌類の1種である*Aphanomyces astaci*が病原体）に罹って劇的に減少し，ザリガニ漁に大きな打撃を与えた．この病気が蔓延したため，ヨーロッパの湖沼では，この病原体に免疫がある北米産のウチダザリガニ（*Pacifastacus leniusculus*）をはじめとするさまざまな外来性のザリガニが導入された．しかし，ウチダザリガニは病原体の媒介者となることがあり，この種が導入された場所ではヨーロッパザリガニが回復することはますます難しくなった．今日ではヨーロッパザリガニは非常に希少な種となってしまった．

昆虫（insects）

　世界中に生息している水生昆虫の総種数は4万5千以上と推定されており（Hutchinson 1993），その大半は，ハエ目（双翅目）で，これには2万種以上いると考えられている．甲殻類と同じように，昆虫の体制は3つの部分すなわち頭部，胸部，腹部に分けられる．昆虫の体は硬いキチン質で覆われており，成長のために脱皮しなければならない．　**生活環**：水生昆虫の生活環は複雑であるが，いくつかのパターンがある．第1に，多くの水生昆虫はその一生をす

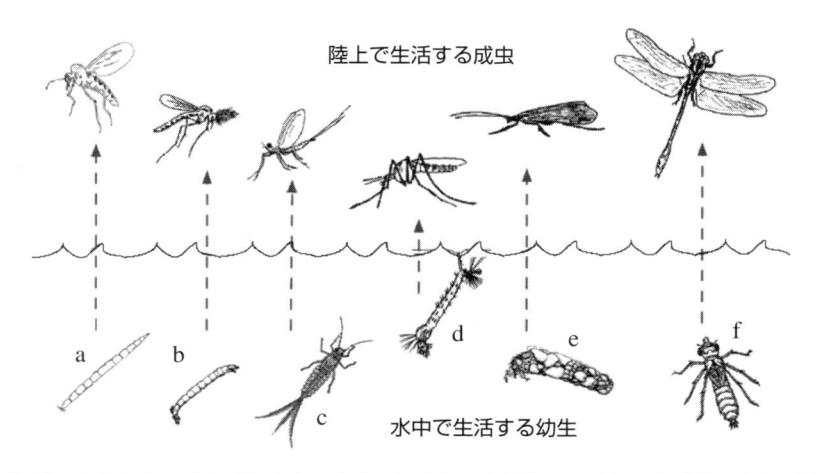

図 3.16 水生昆虫．陸上で生活をする成虫と水中で生活をする幼虫では形態が大きく異なる．(a)ヌカカ科 (Ceratopogonidae) の幼虫，(b)ユスリカ科 (Chironomidae) の幼虫．(c)カゲロウ (*Cloëon* 属)，(d)カ (イエカ：*Culex* 属)，(e)トビケラ，(f)トンボ．図の縮尺はそれぞれ異なる．

べて水の中で過ごすわけではなく，成虫は普通，陸生であり，水中で生活する幼虫の形態は成虫と全く異なっていることである（図3.16）．しかし，水生のカメムシ目といくつかの甲虫目は一生を水中で過ごす．カゲロウ目，トンボ目，カメムシ目などは不完全変態をし，3つの発育段階を持つ．すなわち卵（egg），幼虫期（若虫：nymph），成虫期（adult）である．幼虫は，成虫に似た形態をしており，羽になる部分は翅芽と呼ばれる体の外側に形成される．トビケラ目，ヘビトンボ目，甲虫目とハエ目は完全変態をし，4つの発育段階を持つ．すなわち，卵（egg），幼虫期（larva），さなぎ期（pupa），成虫期（adult）である．幼虫は成虫とは全く異なる形態をしている．幼虫の足は非常に短く，時には欠落しており，羽は体の内部でつくられる．成虫への変態はさなぎの段階で行われる．成虫になると陸生生活となり，繁殖を行う．多くの種は，たとえば水面上や水面下の植物体などに卵を産みつける．しかし，飛翔しながらランダムに水面に卵を産みつける種もいる．水生昆虫は一般に，底生生活を行い，堆積物の表面や中，あるいは沿岸の水生植物表面などで生活する．例外は，プランクトン生活を行うフサカの幼虫と，水面生活をするアメンボやミズスマシなどである．水生昆虫の多くは，一般に高い個体群密度に達し，魚のよい餌となるため，一次生産者やデトリタスから高次捕食者をつなぐ食物連

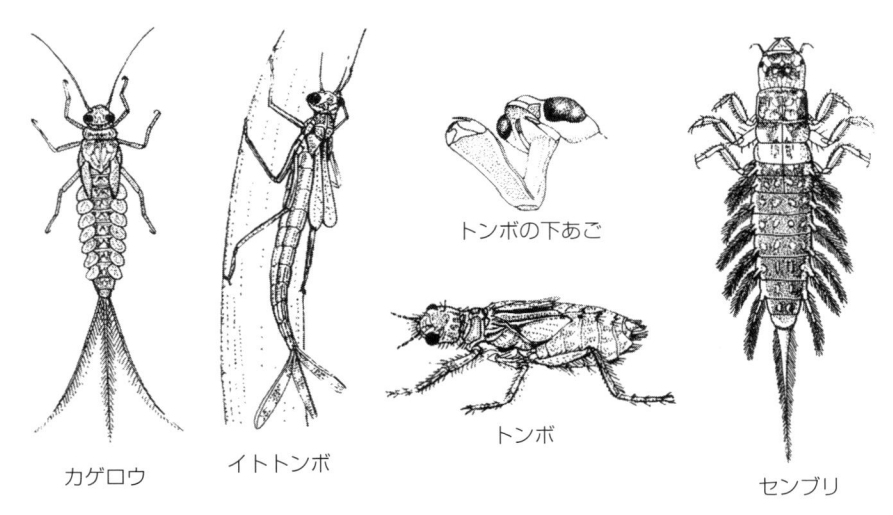

図3.17 底生性の水生昆虫．カゲロウ（フタバカゲロウ），イトトンボ，トンボとその下あご，センブリ（*Sialis lutaria*）．

鎖の重要な構成員である．次に主要な水生昆虫の仲間について見ていくことにする．

●カゲロウ類（mayflies）

　カゲロウ目（Ephemeroptera）の幼虫（若虫）は3本の長い尾を持ち，腹側に鰓の列を持つため，他の水生昆虫と容易に区別することができる（図3.17）．体をくねらせながら泳ぐカゲロウ（たとえば，トビイロカゲロウ *Leptophlebia* 属やフタバカゲロウ *Cloëon* 属）もいれば，ゆっくりと堆積物や水草の上を這うカゲロウもいる（ヒメカゲロウ *Caenis* 属やマダラカゲロウ *Ephemerella* 属など）．　**摂食**：大半のカゲロウは，付着藻類やデトリタスを餌としているが，肉食性の種もいる．マダラカゲロウ亜目の大型種（*Ephemera* 属や *Hexagenia* 属）は，軟らかい堆積物中に潜ってU字型の棲管をつくり，水流を起こして運ばれてきた餌粒子を濾過して食べている．　**生活環**：十分成長したカゲロウ目の幼虫は，泳いだり水生植物を伝ったりして水面に到達し，脱皮して亜成虫になる．亜成虫は近くの木などに飛んでいき，数分から数十時間後に再度脱皮して成虫となる（図3.16c）．この亜成虫はカゲロウ目に特有な発育段階である．成虫は餌を全く食べず，繁殖が終わると数日のうちに死んでしまう．カゲロウの羽化は同調性が高く（一斉羽化），1つの湖で数日のうちに数

百万個体が同時に羽化することもある．一斉羽化は捕食者に対する防衛の意味があると考えられている．

●トンボ類とイトトンボ類（damselflies and dragonflies）

トンボ目（Odonata）は主に2つの亜目に分けられる．すなわちイトトンボ亜目（Zygoptera）とトンボ亜目（Anisoptera）であり，両者の間には顕著な形態の違いがある（図3.17）．イトトンボ類のヤゴ（幼虫）は長く円筒形の体をし，尾部の先に3枚の尾鰓を持つ．尾鰓には多数の気管があり，呼吸のために使われる．　**生活環**：寿命は種によって異なるが，普通長くても，1年〜3年の寿命である．トンボ類のヤゴは短くがっしりした体を持ち，尾鰓を持たない．また，トンボ類のヤゴはくすんだ鈍い茶色や緑色，灰色をしているため，あまり目立たない．しかし，成虫は鮮やかな美しい配色をしている（図3.16）．イトトンボ類は沿岸の水生植物帯でよく見られ，水草の上で餌に忍び寄ったり餌を待ち伏せていたりする．イトトンボ類のヤゴは尾鰓を左右に動かして泳ぐことができる．トンボ類のヤゴはあまり動きが活発でなく，基質表面や湖底を這い回るようにゆっくり動く．なかには，軟らかい堆積物の中に潜っている個体もいる．　**摂食**：トンボ目のヤゴは貪欲な肉食者で，さまざまな無脊椎動物に加え，オタマジャクシや魚の稚魚も食べる．ヤゴの下あご（feeding mask）は特に発達しており，これを使って餌を捕まえる．（図3.17）．すなわち，餌となる動物が下あごの射程距離に入ると，ヤゴは下あごを餌に向けて突出させ，下あごの先端にあるカギを使って餌を捕捉するのである．ヤゴの主要な捕食者は魚である．魚のいない湖沼では，ヤゴは高い個体群密度に達し，捕食を通じて小型無脊椎動物の種組成や密度に大きな影響を及ぼす．

●ヘビトンボ類（alderflies）

ヘビトンボ類は，ヘビトンボ目（Megaloptera）に属する小さな分類群である．ヘビトンボ類は長く紡錘状の形態をしており，大きな大顎を備えた硬い頭部を持つ．センブリの仲間（*Sialis*属）は湖沼でよく見られる種で，堆積物に潜って生活している（図3.17）．ヘビトンボ類の幼虫は肉食性で，小さな幼虫は底生性の甲殻類を，大きな幼虫は貧毛類やユスリカ類などの水生昆虫を食べる．ヘビトンボ類は，魚などの捕食者が少ないと高い密度になり，小型ベントスに強い捕食圧を及ぼす．

トビケラ

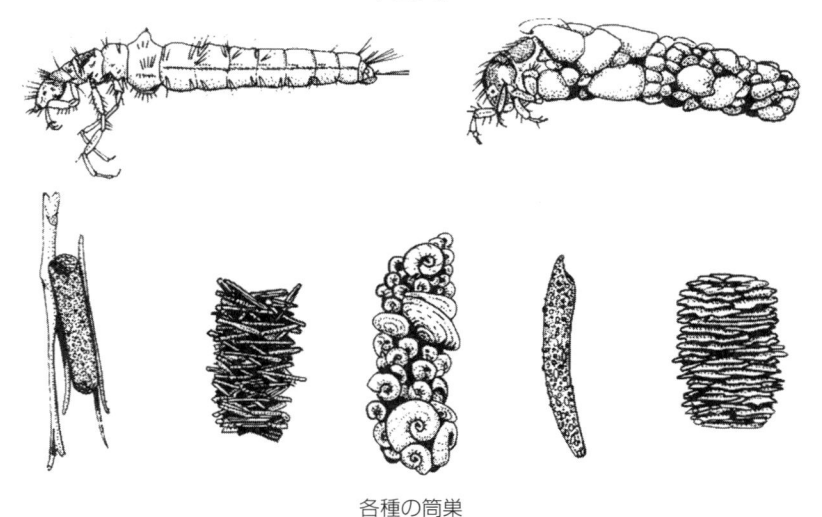

各種の筒巣

図 3.18 トビケラ幼虫が巣から出た様子と，巣に入っている様子（上段）．さまざまな巣材でつくられた筒巣（下段）．左から，砂と枝でつくられた筒巣（*Anabolia* sp.），枝でつくられた筒巣，貝殻でつくられた筒巣，砂粒でつくられた筒巣，葉の破片でつくられた筒巣．

● トビケラ類（caddisflies）

　トビケラ目（Trichoptera）の形態は長いイモムシ状で，キチン化した頭部や胸部の一部は硬く，腹部は膜質の表皮で覆われている（図3.18）．トビケラの特徴の1つは，腹節の末端に尾肢（pro-legs）と呼ばれる1対の鉤爪を有することである．この鉤爪は，筒巣を持つ種では巣を固定するために，自由生活型の種では基質をつかむために使われる．湖沼に生息するトビケラの大半は，葉，枝，砂，石，貝殻などの材料で筒巣を造る．筒巣の形や巣材は種によって異なり，変化に富むため，種の同定の際に用いられている．たとえばツマグロトビケラ（*Phryganea* 属）は植物由来の材料を四角く切ってらせん状の筒巣をつくり，ヒゲナガトビケラ（*Leptocerus* 属）は砂粒を使って細い円錐状の筒巣を造る（図3.18）．筒巣の材料は絹糸腺でつくられる絹糸を使って互いにつなげられ接着されている．筒巣をもたないトビケラ種は河川に多いが，湖沼でも見られ，それらは石や絹糸でつくった隠れ家をつくる場合が多い．　**生活環**：トビケラは幼虫後期に筒巣の端を塞ぎ，絹糸にくるまれた繭をつくることが多い（図3.16e）．　**摂食**：大半のトビケラは主に植食で，水草片や付着藻，大粒

アメンボ

マツモムシ

ミズムシ　　　成虫　　幼虫
　　　　　　ゲンゴロウモドキ

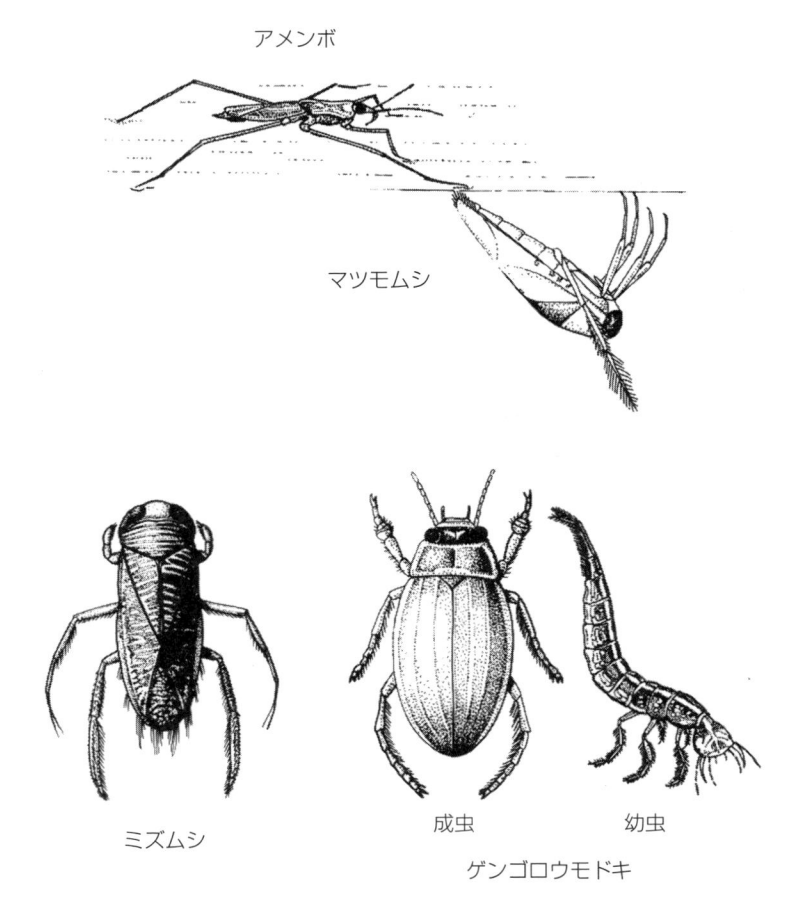

図3.19 湖沼でみられる水生のカメムシ類と甲虫類．水面で生活するアメンボ（*Gerris* sp.），水面直下にいて，水中の餌を捕食するマツモムシ（*Notonecta* sp.），魚のいない沼でよくみられるミズムシ（*Corixa* sp.），ヨーロッパゲンゴロウモドキ（*Dytiscus marginalis*）の成虫と幼虫．

のデトリタスを食べるが，肉食のものもいる．トビケラは魚のよい餌のある．

●カメムシ類（bugs）

　水生カメムシ類は，陸生のカメムシ類と同じカメムシ目（半翅目：Hemiptera）に属する．水生カメムシの特徴は，突き刺し型の針状の口吻を持つこと，薄い膜状の大きな後翅を守るように部分的に硬くなった前翅（半翅鞘）を持つことである．しかし，全く翅を持たない種もいる．マツモムシ（*No-*

tonecta 属；図 3.19）など活発に泳ぐ水生カメムシ類では，毛が密集した扁平な後肢をオールのように使う．タイコウチの仲間（Nepidae 科）はあまり活動的ではなく，水底や水草の間をゆっくり動く．この仲間は，体の後ろから伸びる長い呼吸管を持つので，簡単に見分けることができる．アメンボ（Gerridae 科）は，水表面での生活に適応している（図 3.19）．アメンボは全身が'撥水性'の毛で覆われており，肢の先端にある毛によって水面を歩くことができる．　**摂食**：水生カメムシ類の大半は肉食性で，口吻を餌となる動物に差し込み，体液を吸い込む．主な餌は無脊椎動物であるが，オタマジャクシや魚を捕食することもある．ミズムシの仲間（Corixidae 科）も，藻類やデトリタスのほかに微小な無脊椎動物を捕食する．アメンボは水面に落下した陸上の無脊椎動物を餌としている．　**生活環**：水生カメムシ類は一生を水中や水面で過ごし，他の生息地へ移動するときだけ飛翔したり陸上に上がる．幼虫は成虫とほぼ同じ形態をしている．主な捕食者は魚や他の水生カメムシ類であるが，共食いが死亡要因となる場合もある．

●甲虫類（beetles）

甲虫類の成虫は硬くがっしりした体をしている．1 対の前翅は硬い翅鞘に変化しており，飛翔のための後翅を保護している．幼虫の形態は種によって異なるが，硬い頭部とよく発達した口器を持っている．水生の甲虫類の多くは，水生植物や石などの基質表面を徘徊して生活しているが，なかには扁平な肢や毛の密生した肢を使って遊泳する種もいる．ミズスマシの仲間（whirligig beetle : Gyrinidae 科）は水面で小さな群れをつくる．水面がかき乱されると，ミズスマシは活発に動き回り，時には水中に潜る．ミズスマシの眼は水面での生活に適しており，上下 2 つに区切られた眼で水面と水中を同時に見ることができる．　**摂食**：水生の甲虫類は種によって餌が異なり，ヨーロッパゲンゴロウモドキ（great diving beetle：*Dytiscus marginalis*；図 3.19）のように，幼虫も成虫も肉食で，オタマジャクシや魚を食べる種もいれば，たとえばコガラシミズムシの仲間（*Haliplus* 属）のように糸状藻類を食べる種もいる．　**生活環**：ほとんどの種は，幼虫も成虫も水中で生活し，成虫が飛翔して分散するときのみ水中を離れる．しかし，成虫になると陸上生活をする種もいる．

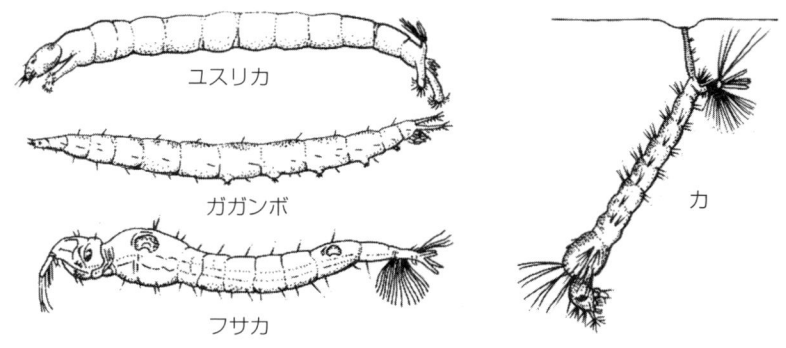

図3.20　水生のハエ目の幼虫．ユスリカの幼虫（*Chironomus* sp.），ガガンボの幼虫（*Dicranota* sp.），水中を遊泳し透明な体を持つフサカの幼虫（*Chaoborus* sp.），水溜まりなど小さな一時的水界に出現するカの幼虫（*Culex* sp.）．

●ハエ類とカ類（flies and midges）

　ハエとカはハエ目（Diptera）に属し，水生無脊椎動物群集の主要な構成員である（図3.20）．ハエ目は種により形態が大きく異なるが，共通の特徴は幼虫の胸部体節に肢がないことである．硬い膜に覆われた頭部に触角と口器を持つ科もあれば，頭部があまり発達していない科や，ほとんど見えない科もある．ハエ目の生物はさまざまな淡水環境に生息しており，湖や沼だけでなく，一時的な水溜まりにも生息している．ハエ目は世代時間が短く，一時的にできる生息場所をうまく利用することができる．ハエ目は，多くの種の成虫がヒトや家畜へ病原菌を媒介するため，よく注目される分類群である．ヒトを刺すカ（biting mosquito）やブユ（midge），ハエ（fly）は，さまざまな地域で害虫とされている（図3.16a,b）．　**摂食**：ハエ目には肉食から植食（藻食），デトリタス食にいたるさまざまな食性がみられる．

　ユスリカは水生昆虫の中で最もよく見られる分類群（ユスリカ科）であり，淡水の食物網で重要な位置を占めるグループである（図3.20）．ユスリカ幼虫には肉食で自由生活型の種もいるが，大半は基質の表面に棲管をつくって生活している．このような種は，付着藻類やデトリタスを食べたり，水流を起こして棲管の中に入った粒子を濾過捕集したりして摂食している．ユスリカは，多くの捕食性無脊椎動物や魚類の主要な餌となっている．

　フサカ（phantom midge：Chaoboridae 科；図3.20）は，湖沼沖帯食物網の構成種である．幼虫の体は長く，浮力調整のための気泡を蓄えた器官と眼を除くと，ほぼ透明である．フサカ幼虫は肉食性で，特化した大きな触角を使って

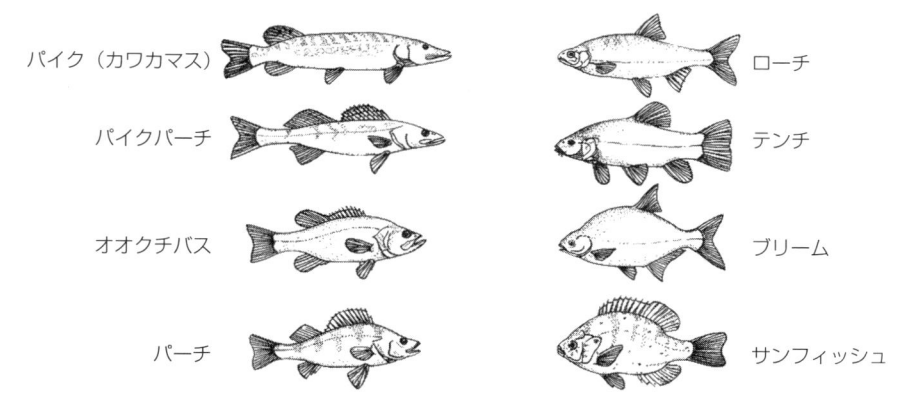

パイク（カワカマス）			ローチ
パイクパーチ			テンチ
オオクチバス			ブリーム
パーチ			サンフィッシュ

図3.21 湖沼でみられる淡水魚．体型ばかりでなく，鰭の位置や大きさも異なっている．左側は魚食魚であり，右側はプランクトン食魚とベントス食魚．

水生昆虫や動物プランクトンを捕まえて食べている．

魚類（fish）

　魚の形を知らない読者はいないだろう．魚の絵を描きなさいといわれれば，コイのような絵を描くのが普通である．しかし，淡水魚をじっくり観察すると，その形態が実に多様であることに気づく（図3.21）．魚の形態はいろいろな選択圧の結果であり，その中でも採餌効率の最大化は，最も重要な選択圧の1つである．魚の形態は餌の摂取様式によって3つのカテゴリーに分けることができる（たとえば Webb 1984）．第1のカテゴリーは広範囲に分布する餌を利用し，餌探索のため遊泳に多くの時間とエネルギーを費やす魚の形態で，遊泳の際の抵抗を極力小さくするために流線型の体をしている（サケ科や動物プランクトン食のコイ科など）．第2のカテゴリーはパイク（カワカマス科）のような待ち伏せ型の肉食魚にみられる形態で，餌を取り逃さないように急加速をして泳げるよう，大きな尾鰭と長く細くしなやかな体を持っている．第3のカテゴリーは空間構造が複雑な場所で，逃げ足の遅い餌を食べる魚の形態である．このような形態の魚（たとえばブルーギル）は，機動性に富み，体高が高く発達した胸びれを持つ．もちろん，このような魚の形態のカテゴリー分けは，極端に特化した採餌方法を持つ種を例としている．多くの魚種は特定の餌にさほど特化しておらず，さまざまな餌を利用したり，成長に伴って餌や採餌場所を変えたりする（後述）．体の形は，異なる欲求を満たすための折衷物と

みるべきであろう.

　魚の口の位置や形も採餌場所や餌生物への適応がみられる．沖帯で水中の餌を利用する魚の口は先端に位置するが，堆積物に埋もれた餌を利用する魚の口は腹側に位置している．プランクトンなど粒状の小さな餌を濾過して食べる魚は，長く目の細かい鰓耙（鰓弓にならぶ突起）を持つ．コイ科，カワスズメ科，サンフィッシュ科には，特化した咽頭歯を持ち，巻貝のような硬い餌を噛み砕いて食べる種もいる．コイ科の魚は，外部形態は互いに類似しているが，咽頭歯の形は変化に富んでいる．このため，咽頭歯の形態は種の同定に用いられている．　**摂食**：淡水魚は，デトリタス食性（detritivorous），植食性（藻食性）（herbivorous），動物食性（carnivorous），魚食性（piscivorous）など，生産者を除くすべての栄養段階で見られる．藻食の魚は微小藻類（植物プランクトンと付着藻類）を，植食の魚は水生植物を食べる．動物食の魚には沖帯で動物プランクトンを食べるプランクトン食性（planktivorous）の種もいれば，湖底や水生植物帯でベントス（底生生物）を食べるベントス食性（benthivorous）の種もいる．魚食魚は他の魚を食べる魚である．特定の餌を選択的に食べる種が多く，たとえば，カワカワマス科のパイク（図3.21）のように巧みに魚を捕らえる種や，北米産のサンフィッシュ科のパンプキンシード（*Lepomis gibbosus*）のように巻貝を主な餌としている種などである．しかし特定の餌にこだわることなく，利用できるものは何でも食べる種もいる．魚類は無限成長（indeterminate growth）を行い，性成熟した後も死ぬまで成長を続ける．魚類は，成長に伴って食性や生活場所を変化させるなど，発育に伴うニッチシフト（ontogenetic niche shift）を示すことが多い．たとえば，スズキ亜目パー

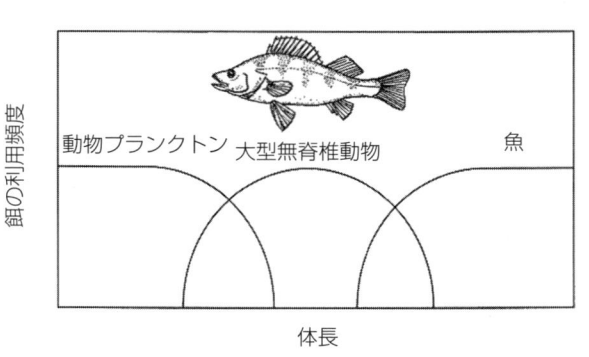

図3.22　パーチの成長段階による食性変化．体のサイズが大きくなるにつれ，食べる餌の内容が変化する．

チ科のパーチは稚魚のときには動物プランクトンを食べ，やがてベントスを食べるようになり，大きくなると魚食魚になる（図3.22）．このような成長に伴う変化は，魚の種間関係，特に捕食–被食関係を考える上で鍵となる現象である（第5章を参照）．　**生活環**：淡水魚は普通，雌雄異体である．繁殖は一般に卵生であり，卵と精子が同時に水中に放出されて受精する．魚類の場合，繁殖では質よりもむしろ量に投資されることが多い．すなわち，雌は多数の小さな卵を産む．ほとんどの種では親個体は子の世話をしない．卵は水中に産み出され，水面に浮くか水底に沈んで，発生が進む．基質に卵を産みつける種では，卵を鎖状に産んで水草にからみつけたり，石や水草に付着する卵を産卵したりする．しかし，子を世話し保育する魚種もいる．窪地のような簡単な巣をつくるブルーギルや，水草で巣をつくりそこに卵を産みつけるトゲウオなどである．これらの魚では，親魚は卵や仔魚を世話するとともに捕食されないよう保護している．

　魚の主な捕食者はおそらく他個体の魚であり，これには共食いと他種による魚食が含まれる．魚による捕食は，多くの魚種の主要な死亡要因である．大型の肉食性無脊椎動物が仔魚を捕食することもあり（上記参照），哺乳類や鳥にも魚を専食する種がいる．言うまでもなく，魚は人間にとっても重要な食糧資源である．漁業と遊魚（釣り）は，多くの国で経済的に重要な産業となっている．

両生類（amphibians）

　湖沼に生息する両生類は，カエルの仲間（frog）とサンショウウオの仲間（salamander）である（図3.23）．両生類には一生を水中で過ごす種もいれば，

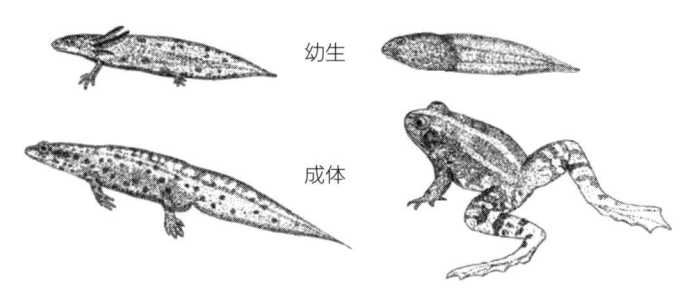

図3.23　湖沼でみられる両生類．サンショウウオの幼生（上段左）とカエルの幼生（上段右）は水中で生活するが，双方とも成体（下段）はほとんど陸上で過ごす．

一生を陸で過ごす種もいる．両生類は複雑な生活環を持ち，幼生期には水生生活を行い，劇的な変態によって体のつくりを変化させてから陸上生活を行う種が多い．たとえば，図3.23はカエルのオタマジャクシ（tadpole）であるが，肢や手をもたず，泳ぐための大きな尾を持ち，鰓を使って呼吸し，藻類を摂食するのに適した口をしている．幼生から成体への変態が起こると，尾は吸収され，代わりに4本の手足ができ，鰓が消失して肺が形成され，幼生の口は消え，顎と歯と舌に置き換わる．サンショウウオの変態はこれほど劇的ではなく，幼生も成体も足と尾を持つが，変態後には尾鰭と鰓が消失し，肺が発達する．　**摂食**：大半のオタマジャクシは細菌や植物プランクトンなど，水中の小さな懸濁粒子を捕集できる口器形状をしている．多くの種は，水中の懸濁粒子に加え，付着藻類も食べる．また，肉食に適した口器形状を持つ種もいる．サンショウウオは，孵化後動物プランクトンを食べるが，成長に伴って大きな無脊椎動物を餌とするようになり，時には他のオタマジャクシを食べることもある．　**生活環**：繁殖期になると，カエルの雄は池や沼の岸に群れをなし，種特有の鳴き声を使って雌を誘引する．雌は普通，卵を卵塊として産む．卵塊はブドウのような房状や筏状あるいは紐状である．なかには1個ずつ産卵する種もいる．卵はゼラチン質で包まれており，物理的なダメージや乾燥，捕食者から守られている．このゼラチン質は断熱材として機能し，卵の黒い色によって太陽光から得られた熱が卵塊の外に逃げるのを防いでいる．これによって卵の発生は早くなると考えられている．孵化したオタマジャクシは，普通1〜3ヶ月で変態し，上陸する．変態までにかかる期間や変態するときの体サイズは，餌をめぐる種間・種内競争の強さに応じて異なっている．すなわち，高密度下では変態する時期が遅れ，変態時の体サイズも小さくなる．これは，その個体の適応度を低下させることになる．両生類の中には，成長速度が低い場合は，幼体のまま越冬し，次の年の夏になってから変態する種もいる．

　カエルもサンショウウオも被食が主な死亡要因である．湖沼では，昆虫の幼虫（トンボ，マツモムシ，ゲンゴロウ），魚，鳥など多くの動物がオタマジャクシを食べる．成体となったカエルやサンショウウオも，魚や鳥に捕食される．

鳥類（birds）

　鳥類はまぎれもなく湖沼の生物の一員である．鳥類の中には，多少なりとも

淡水環境に依存しなければ生活できない種がいる．また，ムシクイの仲間（warbler）が湖沼から羽化した水生昆虫を食べるように，一時的に湖沼の生物を餌として利用している種もいる．湖沼の鳥というと思い浮かべるのは，カモ（duck）やガン（goose），ハクチョウ（swan）などの水鳥（waterfowl）であろう．しかし他の鳥類，たとえば，アビ（diver），カイツブリ（grebe），フラミンゴ（flamingo），ペリカン（pelican），サギ（heron），シラサギ（egret），カモメ（gull），アジサシ（tern），バン（moorhen），シギ（wader），カワセミ（kingfisher）や，ミサゴ（osprey）やハクトウワシ（bald eagle）といった猛禽類も，程度は異なるが，湖沼を利用している．湖沼に強く依存している水鳥の仲間には，淡水で生活するための適応的な形質が数多く見られる．水かきのある足は体の後方に位置することで，器用にかつ効率よく泳ぐのに適している（図3.24）．しかし，後方に位置した足を持つと，陸上歩行が困難になる．潜水性のカモの仲間（diving duck）は，羽毛を圧縮して空気を抜くことで浮力を小さくし，深く水中を潜ることを可能にしている．また，潜水性のカモの仲間では，心臓の大きい種ほど，深く潜る傾向がある．これは，水中に深く潜るほど，必要となる酸素量が多くなることを反映しているのであろう．サギやシラサギ，シギなどは，長い足を持つことで，浅い水域を歩いて餌を探すことができる（図3.24）．水鳥のくちばしの大きさや形状は変化に富むが，これは利用する餌と対応している．水面採餌のカモの仲間（dabbling duck）のくちばしには，両端に櫛状の薄板があり，これを使って水中や泥の中の水生植物の種子

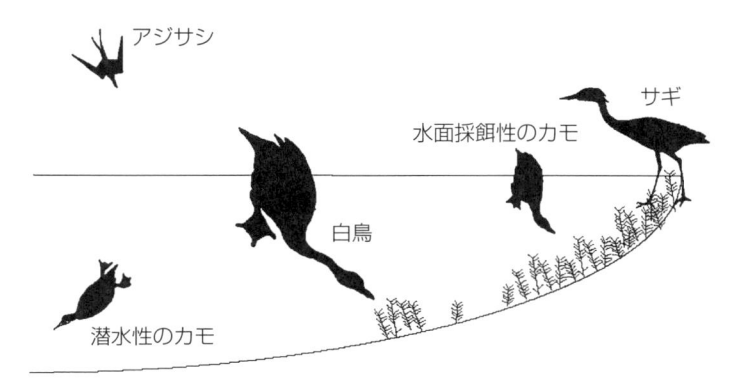

図3.24 水鳥のさまざまな採餌方法．浅い水域で歩き回りながら餌を採る種（サギなど），頭部を水中に潜らせて餌を採る種（水面採餌のカモやハクチョウ），水中に潜って餌を採る種（潜水性のカモやウ），アジサシのように空中から水にダイビングして餌を採る種もいる．

や無脊椎動物を濾し取って食べている．一方，魚食性の鳥は，槍のような長いくちばしを持っている．　　摂食：鳥類にとって湖沼は餌が豊富な場所である．糸状藻類から水生植物，動物プランクトン，魚にいたるまでさまざまな餌がある．長い時間をかけた進化の結果，各々の鳥は異なる餌資源に特殊化し，異なる生息場所（図3.24）を利用するようにニッチを分化してきた．ハクチョウや水面採餌のカモの仲間は，水面に集積した植物の種子や水生植物の上に集まった無脊椎動物を濾し取ったり，浅い場所に生息している大型の無脊椎動物を捕食したりしている．このタイプの水鳥が採餌できる水深は，尾を上にあげ，体の前部を水中に潜らせたときの深さまでである（図3.24）．首の長さが異なる種は，異なる水深の餌を利用することができる．ある調査によると，複数の種が同所的にいる場合には，首の長さが互いに異なる種が共存している場合が多く，水深傾度に沿って採餌場所が分割されているという．また，採餌する水深が種間で同じであったとしても，それらの種の間では，たとえばくちばしにある櫛状板の数や大きさなどが異なるため，異なる餌を利用しているという．潜水性のカモの仲間やウ（cormorant）の場合，完全に水中に潜って採餌を行う（図3.24）．このような水中での採餌は，湖畔の土手から飛び込むカワセミや，空から飛び込むアジサシやペリカンなどでも見られる（図3.24）．ガンなどは，湖沼で水生植物などを食べるものの，主に陸上で採餌する．多くの鳥は，1年を通してみると，雑食性である．しかし，季節によって餌内容は限られている．たとえば，水面採餌のカモは非繁殖期には種子や植物そのものを食べているが，成長・繁殖や換羽のためにタンパク質に富む餌が必要になると，無脊椎動物を主な餌とするようになる．　　生活環：湖沼の水鳥にはさまざまな配偶システムがみられ，多くは一夫一妻制で繁殖期につがいになるが，なかには一生を同じ相手と過ごす種もいる．水鳥は捕食者から卵や雛を守るため，湖にある島や岩礁，木のうろや枝の上に巣をつくる．すべての水鳥（ハクチョウ，ガン，カモの仲間）は<u>早成性</u>（precocial）であり，卵から孵った雛はすでに羽毛で覆われ，数時間から数日のうちに巣を離れて泳ぎ餌を採るようになる．ウなどの仲間は晩成性（altricial）で，孵化した雛には羽毛がなく，十分に成長するまで巣にとどまり，親鳥から餌をもらう．

　他の淡水生物と際立って異なる鳥類の特徴は，餌量の変化に応じて湖沼間を容易に移動できることである．よく知られているように，鳥類には，渡り，すなわち遠く離れた繁殖地と越冬地を季節的に移動する種もいる．渡りを行うこ

とによって，ある季節には不毛（氷や雪に覆われる冬など）であるが，他の季節（春や夏）になると餌が豊富となる場所を利用しているのである．渡り中継地や越冬地となる湖沼では，高密度になることで，水生植物や大型の無脊椎動物に大きな影響を及ぼすことがある．また，ガンのように昼間に陸上で採餌し，夜間に湖で羽を休めるような鳥類では，糞や尿の排泄による栄養塩の負荷を通じて湖沼生態系に影響を与えることがある．魚を捕食する鳥類が魚類個体群にどの程度影響を及ぼすかは，必ずしも明らかではない．しかし，そのような鳥類と漁師の間では苦い対立が続いている．たとえば，ある地域ではウの個体群の増加が新たな対立の火種となっている．鳥類のもう1つの特徴は，淡水生物の分散を担っていることである．たとえば，プランクトンなど飛べない無脊椎動物は，受動的であるが，水鳥の足や羽毛に付着することで湖沼間を移動している．

実験と観察

トビケラ幼虫の筒巣の選択

背景　トビケラは，葉，砂，巻貝の殻，植物破片など，さまざまな材料を使って筒巣をつくる（図3.18）．トビケラは筒巣に使う材料を選択しているのだろうか，あるいは見つけたものは何でも利用するのだろうか？

実習　(1) 異なる材料で筒巣をつくっているトビケラを湖か沼の沿岸帯で採集する（図3.18）．筒巣の材料ごとにトビケラを分け，幼虫を筒巣から取り出す．各々をグループごとに別の容器か水槽に移し，湖沼で集めたさまざまな材料を巣材として与える．どのような材料を選ぶだろうか？
(2) (1)と同じ実験を行うが，その際，採集したときのトビケラの巣材は与えないようにする．新しい筒巣をつくるだろうか？

議論　トビケラの筒巣のどのような巣材が，どのような捕食者から身を守るのに有効なのだろうか？　どのような材料でも，筒巣がないよりは防衛に役立つだろうか？

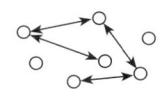

4 生物間相互作用
競争，植食，捕食，寄生，共生

はじめに

　生物間の相互作用，たとえば競争や捕食は，個体群の動態や群集の構造に影響を及ぼすものなのだろうか？　それとも，生物群集はたとえば気候などの非生物的な要因だけによって形づくられているのだろうか？　今日では，このような疑問は未熟なものに聞こえるかもしれない．しかし，かつて，生態学では活発に議論されていたテーマであった．非生物的要因が生物群集を形づくる上で最も重要であるという見方は，長い間支配的なものであった．しかし，1960年代から1970年代にかけ，主に陸上の生物群集を対象にした生態学の研究や理論が発展すると状況は一変した．まず，生物間の競争が群集を形づくる要因として重要であることが認識されるようになった．その後，生態系の働きについてより微妙なとらえ方が提案され，非生物的要因だけでなく，捕食や植食を含めた生物的要因も重要であり，それらの重要性は時間的に，また空間的に変化すると考えられるに至った．淡水環境で生物的要因の重要性が解明されたのは少し後になるが，今日では生物間相互作用（biotic interaction）を理解することが，淡水生物の群集構造や動態を明らかにする上で不可欠となっている．

　生物間のさまざまな相互作用は，お互いの適応度に及ぼす影響により分類することができる．ここで影響とは，影響なし（0），負の影響（−），正の影響（＋）である．これに従うと，競争（competition）はお互いに害を与えるので（−，−）である．捕食者と被食者の間や植食者と植物の間など，消費者とその資源となる生物の相互作用（consumer–resource interaction）は，一方の生物が利益を得てもう一方の生物は害を被るので（＋，−）と表され，寄生

(parasitism) の関係も同様に表される．**片害作用**（amensalism）は一方が負の影響を被り他方は何も影響されないので（−，0），**片利共生**（commensalism）は一方が正の影響を受け他方は何も影響をされないので（＋，0）である．なお，**相利共生**（mutualism）はどちらの生物もお互いから利益を受けるので（＋，＋）である．この章では主に捕食・植食・競争に注目するが，寄生や**共生**（symbiosis）についても少しふれる．また，これらの生物間相互作用が淡水生物の生活史や生態的な特性にどのような影響を与えるかについても述べる．さらに，たとえば，より優れた競争者や捕食者となったり，捕食からうまく逃たりするなど，淡水の生物が他の生物に対処してどのように適応してきたかについても述べる．これら生物間相互作用を見るにあたり，最初にニッチ（niche）の概念について簡単に紹介したい．

ニッチ

ある生物のニッチは，それが生残し成長し繁殖できる環境条件の総体である．この概念を例示するため，仮想の生物——岩場に棲む巻貝（ここではロック歌手にちなんでスプリングスティーン貝と呼ぼう）のニッチを記述してみよう．この種はpHがたとえば5.6〜8.2の間の淡水環境で生存できる．すなわち，この範囲がスプリングスティーン貝のpHについてのニッチといえる（図4.1）．しかし，水のpHがこの範囲にあったとしても，スプリングスティーン貝は，温度が5〜20℃で，水のカルシウム濃度が5〜15 mg L^{-1}の範囲にないと生きられない．このような場合，この巻貝のニッチはpH・温度・カルシウ

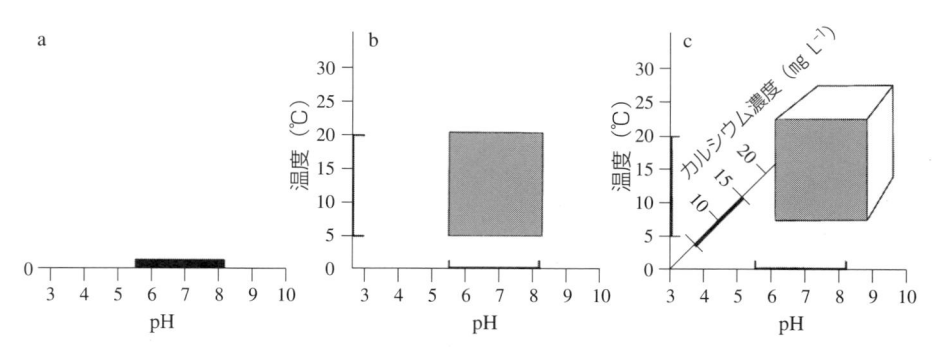

図4.1 仮想的な巻貝のニッチ．(a) pH軸に沿った1次元のニッチ．(b) pHと温度軸に沿った2次元のニッチ．(c) pH・温度・カルシウムに沿った3次元のニッチ．Begon et al. (1990) より改変．

ム濃度という3つのニッチ軸を持つ3次元の立体として表すことができる（図4.1）．スプリングスティーン貝は，このほかにもさまざまな要因に影響されるだろう．その要因がn個あるとすれば，この種のニッチの完全な記述は，可視化できないが，n個の環境軸からなるn次元空間の超立体として表されることになる（Hutchinson 1957）．**基本ニッチ**（fundamental niche）は，生物間の相互作用がない条件で，ある生物が生存できる環境条件の範囲を記述したものである．もし先のスプリングスティーン貝の基本ニッチがこれから侵入しようとする湖や池の環境に適合するなら，この巻貝はその場所で繁殖し定着する可能性がある．しかし，もし環境がニッチから外れているなら，この巻貝はその湖には侵入できないだろう．

もちろん，生物は他の生物，たとえば捕食者や競争者，寄生者などと相互作用して生きている．したがって，これらの相互作用は，その生物が現実に生きられるニッチ空間を制限することになる．これが**実現ニッチ**（realized niche）である．実現ニッチは，相互作用する相手の生物群に依存して，同じ種でも個体群ごとに異なる．たとえば，共存する種はしばしば重複した基本ニッチを持っており，もし供給される資源（たとえば餌・栄養塩・営巣場所）が限られていれば，資源利用の重複が大きくなるので，実現ニッチは基本ニッチとは大きく異なったものになるだろう．これは，種間に資源を巡る**競争**（competition）があることを意味する．

競争

競争の概念は，生態学の基礎の1つである．文献をみると，室内実験や野外実験を駆使して，あるいは自然の群集で観察されるパターンを用いて，微生物から大型哺乳類にいたるさまざまな生物で競争を調べた研究が数多く見つかる．同時に'競争'という用語の定義が数多く存在することに気づくかもしれない．定義が多くあるのは，競争に対する関心の大きさの現れである．ここでは，数多くある競争の定義の中で最も一般的な Tilman（1982）による定義を用いることにする．すなわち：

「競争とは，限られた資源を消費したり，その資源への利用を制限したりすることで，ある生物が他方の生物に負の影響を与えることである.」

したがって，競争を議論する際に中心になる概念は**資源**（resource）であ

り，それは利用することで生物が成長し繁殖できる物質や要因である（Tilman 1982）．よって，資源には栄養塩，光，餌などのほか，交配の相手，産卵する場所，生息空間なども含まれる．競争は共通の資源を持つ生物個体の間で，かつその資源の供給が限られている状況で起こる．もし資源が豊富にあり，消費者を制限することがないなら，当然そこには競争という相互作用はない．このような状況は，たとえば捕食や非生物的な撹乱といった他の要因で，消費者の個体数が非常に少なく抑えられているときである．

競争には2通りある．1つは競争相手よりもより効率よく資源を消費する**消費型競争**（exploitation competition），もう1つは競争相手に直接干渉すること，たとえば攻撃的な行動により共通資源の大部分を占拠することなどの**干渉型競争**（interference competition）である．消費型競争の例は，異なる藻類種がそれらの増殖を制限している栄養塩（たとえばリン）を，異なる速度で消費する場合などである．干渉型競争は主に動物で起こり，たとえばレイクトラウトの大きな雄が雌の最適な産卵場所から小さな雄を追い払う場合などである．競争は，利用する資源が生物間で重複しているほど重要になる．このため，同種の個体間の競争（**種内競争**：intraspecific competition）は，異種個体間の競争（**種間競争**：interspecific competition）よりも一般的に強い．さらに，競争は近縁種間の方が遠縁種間よりも一般的に強い．たとえば，植物プランクトンは魚と競争しないが，栄養塩や光を同じように利用する他の一次生産者（たとえば沈水植物）との間の競争は強いだろう．

この章の後半で述べるが，利用する資源が限られており，しかもその資源が完全に重複する2種の生物は，**競争排除則**（competitive exclusion principle）により共存することができない．しかし，この重複が少なく種間の差異が十分に大きい場合は，共存可能である．これらの生物は**資源分割**（resource partitioning）しているからである．多くの群集では，限られた資源が種間で分割されていることはよく見られる．たとえば，マツモムシ（*Notonecta*属）の2種は，1つの小さな池の中で異なる場所を利用して生きている．*N. undulata*は浅いところで多く，*N. insulata*は深いところで多い（Streams1987；図4.2）．この空間分割は，マツモムシ2種の基本ニッチを反映しているのかもしれない．とはいえ種間競争は，競争者と**異所的**（allopatric）に生活している個体群と，競争者と**同所的**（sympatric）に生活している個体群の間に，資源利用の上で表現型の変化をもたらしたり，利用する資源に違いをもたらしたりする

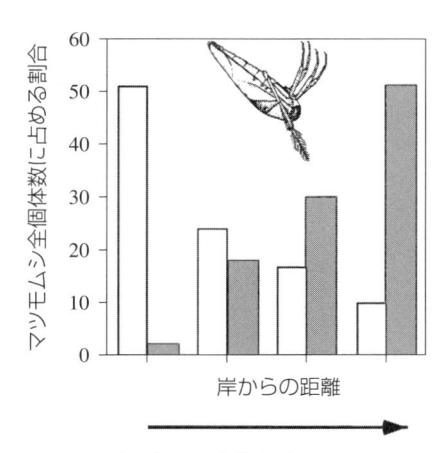

図 4.2 ある池のマツモムシ 2 種の分布．白抜きは *Notonecta undulata*，灰色は *N. insulata* を示す．Streams（1987）による．

だろう．北欧の湖では，ブラウントラウト（*Salmo trutta*）とホッキョクイワナ（*Salvelinus alpinus*）が異所的に生活しているときはよく似た食性を示し，ヨコエビ・巻貝・カゲロウや陸生の無脊椎動物を餌としている（Nilsson 1965）．しかし同所的に生活していると，ホッキョクイワナは動物プランクトンを主に食べ，ブラウントラウトはベントス（底生生物）を餌とするようになる（図 4.3）．同所的に生活している湖では，少なくとも夏の間は，ブラウントラウトがホッキョクイワナを沿岸帯から沖帯へと排除しているようである（Langeland et al. 1991）．

競争能力

競争の能力は，種間だけでなく同種内の個体間によっても異なっている．競争能力は，限られた資源を消費する能力や競争者をうまく干渉する能力だけでなく，争う資源の減少に耐える能力にも依存している．生物の競争能力を決める要因は複数あり，生物の体サイズや獲得した資源の貯蔵能なども関係している．

●生物の大きさ

小さい生物は一般に餌要求量の閾値（threshold food level）が低い（つまり，大きい生物より資源の供給が少なくても生き残れる）[*1]．一方，生物が大きくなると摂食速度や同化速度が増加し，その増加の程度は呼吸速度の増加程

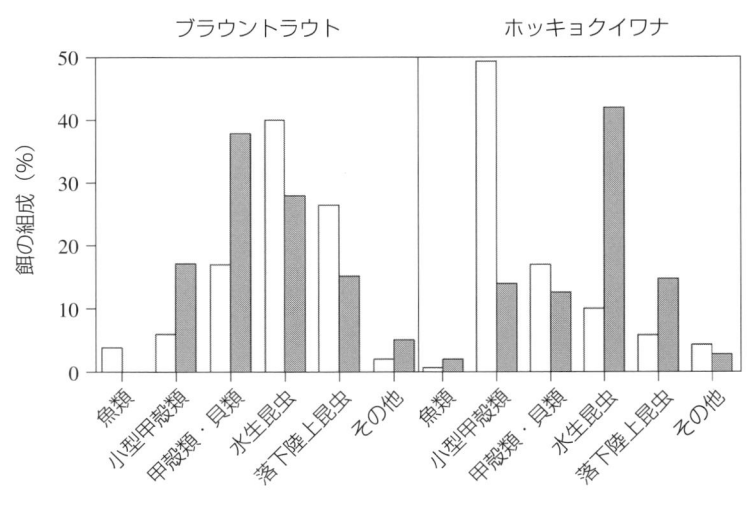

図 4.3 サケ科魚類 2 種（ホッキョクイワナ *Salvelinus alpinus* とブラウントラウト *Salmo trutta*）の食性．灰色はそれぞれ単独で（異所的に）いる場合，白抜きは 2 種が共存している場合（同所的）を示す．単独でいると両種の食性は似ているが，共存するとホッキョクイワナは小型甲殻類を主に食べるようになるが，ブラウントラウトは食性を変えない．Giller（1984）を改変，データは Nilsson（1965）による．

度より大きいので，大きな生物ほど単位時間あたりより多くの資源を消費できる．このため，資源の供給量が多い条件下では，大きな生物が優占するだろう．この例は，大型の動物プランクトンであるミジンコ（*Daphnia pulex*）と小型の動物プランクトンであるネコゼミジンコ（*Ceriodaphnia reticulata*）の競争を調べた室内実験で確かめられている（Romanovsky and Feniova 1985）．どちらの種も単独で飼育した場合，餌供給量が少なくても多くても生き残ったが（図 4.4），2 種を一緒に飼育すると，餌供給量の少ない条件下では小型種（ネコゼミジンコ）が大型種を競争排除した．これは，大型種にとって餌供給が十分でなかったためである．一方，餌供給量の多い条件では，大型種（ミジンコ）が優占した．

● **過剰摂取**

資源の量は時間とともに変化する．資源が多いときにそれを多く取り込んで

---

*1 訳注：体サイズの増加に伴って，単位体重あたりの呼吸量が減少するため，体サイズの大きい生物ほど生存に必要な餌密度の閾値が低くなるという報告もある（Gliwicz（1990）．*Nature*, **343**, 638–640 など）．

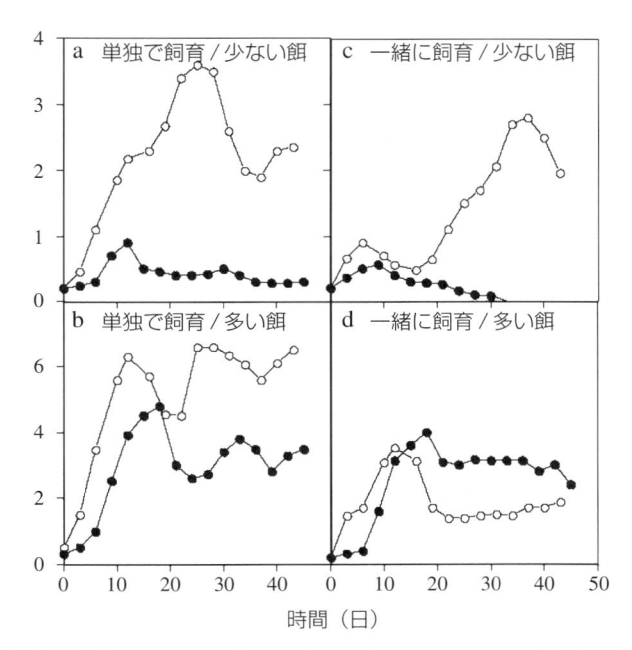

図 4.4 大型動物プランクトンであるミジンコ（*Daphnia pulex*：●）と，小型動物プランクトンであるネコゼミジンコ（*Ceriodaphnia reticulata*：○）を使った競争実験．両種とも，単独で飼育すると，餌供給の多寡にかかわらず生き残った（a と b）．2 種を一緒に飼育すると，ミジンコは餌供給が低い場合は絶滅し（c），餌供給が高いと優占した（d）．Romanovsky and Feniova（1985）による．

貯蔵し，資源の枯渇に備えることは，明らかに有利だろう．そのような'**過剰摂取**（luxury uptake）'は細菌，真菌類，藻類など下等生物だけでなく，高等植物や動物にもみられる．淡水域では，リンが一次生産の制限栄養塩になることが多い．このため，藻類はリンをポリリン酸の大きな分子にして細胞内に貯蔵している．環境にリンが少ないときには，この大型分子が小さな分子に分解され，細胞の代謝に使われる．このようにして，藻類はリンの供給が一時的に非常に少なくなったとしても生き残ることができるのである．水生植物の根や根茎も，さまざまな栄養塩を多量に貯蔵できる．これらの植物では，栄養物質は主に液胞に貯蔵され，細胞の代謝とは切り離されている．リンのほかに，炭素（糖やデンプン）も光合成の活発なときに余分に生産され貯蔵される．また，窒素もタンパク質やアミノ酸あるいは硝酸態として貯蔵される．ヒトと同様に，多くの水生動物はエネルギーを脂肪として貯蔵している．たとえば，魚は産卵の前や冬の前に脂肪を蓄え，生殖腺の発達や産卵行動に使ったり，厳し

い冬を生き残るエネルギー源として利用したりしている．

競争の数理モデル

　人間は猟師や漁師あるいは農家として，次のような質問の答えにいつも興味を持ってきた．すなわち，ある生物はその数を増やしつつあるのか，それとも減らしつつあるのか？　その後，同じ質問は生態学にとって中心的な問題となり，生態学者の使命は生物の数の変化に隠された一般則を見つけることとなった．19世紀のはじめ，そのような一般則を数学で表そうとする試みが始められた．その当初から，数式にはすでに個体群のサイズや再生産の能力，環境収容力（carrying capacity）が含まれていた．これら3つの変数を用いると，生物の再生産速度に従ってはじめは直線的に増加し，資源が枯渇すると，つまり個体群が環境収容力（K）に近づくと，漸近的に平らとなるS字型の増殖曲線を描くことができる．この単純な数理モデルは，たとえば培養液を満たした試験管内での細菌個体群の増殖の様子を比較的うまく説明できる．今日の生態学では，たとえば競争を記述するときなど，より高次の数理モデルが使用されるようになっている．数理モデルは自然システムの模倣ではない．数理モデルを使うのは，競争の相互作用の結果を予測できるからにほかならない．しかし，数理モデルを用いるさらなる重要性は，質問を問うたりアイデアを生み出したり，そして実験をしたりデータを収集したりする指針を導くことにある．数理モデルは，自然生態系の理解を助けるツールとして，実験や観察と同様に有用である．生態学における有名な数理モデルの1つは，ロトカ–ヴォルテラの競争モデルである．

●ロトカ–ヴォルテラのモデル

　ロトカ–ヴォルテラ（Lotka-Volterra）のモデルの基礎は，何も制限がないときの生物の指数的増殖である．時間（t）に伴う個体数の変化は増殖速度と個体数の積であり，数式で表すと，

$$\frac{\mathrm{d}N}{\mathrm{d}t} = rN \tag{1}$$

となる．ここで，Nはたとえばヨコエビ（*Gammarus* sp.；図3.15）の個体数で，rは増殖速度である．しかし，資源は枯渇するため，個体数はいつまでも指数的に増加することはない．したがって，このモデルは非現実的である．そ

こでこの数式に，生息環境下で許される最大の個体数，すなわち'環境収容力 (K)'を加える．

$$\frac{dN}{dt} = rN\left[\frac{(K-N)}{K}\right] \qquad (2)$$

個体数が十分に小さいとき（つまり N が小さいとき），[$(K-N)/K$] の項は 1 に近いため，個体数は式(1)のように r に近い値で指数的に増加する．しかし，個体群数が大きくなると，つまり N が K に近づくと，個体数の増加速度は 0 に近づく．

　もう 1 種の個体群，たとえばミズムシ（*Asellus* sp.；図 3.15）をこのモデルに加えると，2 種の甲殻類による競争の結果を調べることができる．ヨコエビ 1 個体あたりのミズムシへの影響は，ミズムシ 1 個体あたりのヨコエビへの影響と同じではないだろう．数式に加えるべきもう 1 つの変数は競争係数（α）であり，これは一方の種が他方の種に与える影響の強さを表す．

　種間競争の影響が種内競争と同じであるとき，競争係数は 1 となり，その競争は対称的といえる．しかし，このような状況はほとんどなく，競争はたいてい**非対称的**である．そこで 2 つの異なる競争係数を決めなければならない．ヨコエビ（G）1 個体にミズムシ(A)1 個体が与える影響（α_{GA}）と，その反対のミズムシ 1 個体にヨコエビ 1 個体が与える影響（α_{AG}）である．2 種をモデルに入れると，ヨコエビの個体群増殖を表した式とミズムシの個体群増殖を表した 2 つの式ができる．

$$\frac{dN_G}{dt} = r_G N_G \left[\frac{K_G - N_G - \alpha_{GA}N_A}{K_G}\right]$$

$$\frac{dN_A}{dt} = r_A N_A \left[\frac{K_A - N_A - \alpha_{AG}N_G}{K_A}\right]$$

変数 r, K, N, α の値に応じて，この 2 種は共存もするし，どちらか一方が絶滅し，もう一方が環境収容力と同じになるまで増加することもある．

　Gause（1934）の実験は，初期に行われた代表的な競争実験である．彼は，細菌を餌にしてゾウリムシ（*Paramecium caudatum*）を試験管中で培養した．最初の遅滞期（0〜6 日，図 4.5）を過ぎると，ゾウリムシの個体数は，餌の細菌がまだ十分あるので，ほぼ直線的に増加した（6〜10 日；図 4.5）．その後，餌の減少に伴って個体数は頭打ちとなった（つまり試験管の環境収容力（K）に達した）．Gause（1934）は次にゾウリムシと一緒にヒメゾウリムシ

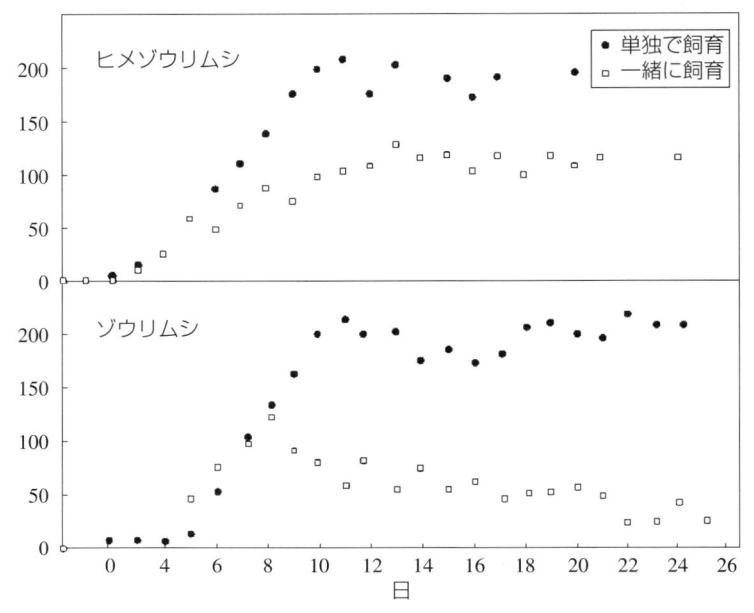

図 4.5 2種の繊毛虫を単独,および一緒に飼育したときの増殖の様子.ヒメゾウリムシ(*Paramecium aurelia*)はゾウリムシ(*P. caudatum*)と一緒に飼育しても受ける影響は小さいが,ゾウリムシはヒメゾウリムシがいると競争排除された.Gause (1934) による.

(*Paramecium aurelia*) を培養する実験を行った.別々の試験管で培養すると,この2種は同じ様な増殖曲線を示した(図4.5).同様の曲線は,両者を一緒に培養した際のヒメゾウリムシでも見られた.これはヒメゾウリムシがゾウリムシとの競争にほとんど影響されなかったことを示している.しかし,ゾウリムシの場合,ヒメゾウリムシと一緒に培養すると,増殖速度は抑制され,24日後には数個体のゾウリムシしか生残していなかった.この実験は,同じ場所で同じ資源要求をする2種は共存できず,一方の種は環境収容力まで増加するがもう一方は絶滅するという,**競争排除則**を見事に示している.

ロトカ-ヴォルテラによる競争モデルの数学はいたって単純である.一般に,自然生態系では,同じ資源を巡って2つ以上の種あるいは個体群が競争しているので,この数理モデルの実用性は限られている.より多くの種を組み込むと,数式の数がそれだけ増えるので,数理モデルはますます複雑なものとなる.さらに,この数理モデルには多くの非現実的な仮定が存在している.たとえば,個体群内のすべての個体は同一であり(すなわち,個体群の齢構造やサ

イズ構造を無視している），それらの個体はお互いが同じように影響し合うように均一に混ざって存在すると仮定している点である．とはいえ，競争の相互作用を数式化する最初の段階として，また室内実験への適用として，ロトカ-ヴォルテラのモデルは十分に刺激的である．

● 2種-2資源モデル

ロトカ-ヴォルテラのモデルより一歩進んだのが Tilman（1980, 1982）による'2種-2資源モデル'である．これは，2つの資源の供給量に基づいてグラフ化されたモデルである．手短にいえば，モデルは次のように記述される．A種とB種が増殖できる範囲は，図4.6(a) のそれぞれ実線と破線で表される．この線上では繁殖速度（出生速度）と死亡速度がつり合っており，個体数の増加，すなわち個体群の増殖は見かけ上0となる．すなわち，資源xとyの供給速度がその線の内側にあるなら，その種は個体数を増やすことができ，外側にあるならその種は絶滅することになる．このため，この線は個体群のゼロ純増殖線（zero net growth isocline：ZNGI）と呼ばれる．図4.6に示した2種，AとBのZNGIを比較すると，資源yについてはA種の方がB種より少ない供給量でも生き残ることができ，反対に資源xについてはB種の方がA種より低い供給量でも生き残ることができる．A種とB種の資源利用を合わせると，図4.6(b) のように表され，2種のZNGIは1点（図中の黒点）で交わる．この点の上では，両種の個体数はともに増えもせず，減りもしない．したがって，この点は2種の平衡点（equilibrium point）といえる．種Aが資源xと資源yを消費していく様子は，両資源の消費速度を合成したベクトル（A*）として表される（図4.6b）．同様に，種Bの消費の様子も資源xと資源yの消費速度を合成したベクトル（B*）として表される．この2つのベクトルと2つのZNGIによって，図4.6(b) は1〜6までの区画に分けることができる．白抜きで示した区域1では，両資源の供給速度はいずれの種にも十分ではない．区域2では，B種だけが生存できる．区域3では，B種の消費によって資源xがA種の生存に必要な量より少なくなるので，最終的にA種は競争排除される．資源xとyの供給が区域4内にあると，種内競争の影響の方が種間競争の影響よりも強くなり，その結果2種は共存する．区域5の資源供給のときには区域3とは反対に，A種がB種を排除し，区域6のときには区域2と反対に，A種のみが生き残る．このTilmanの競争モデルは，藻類を用いた室内実験によ

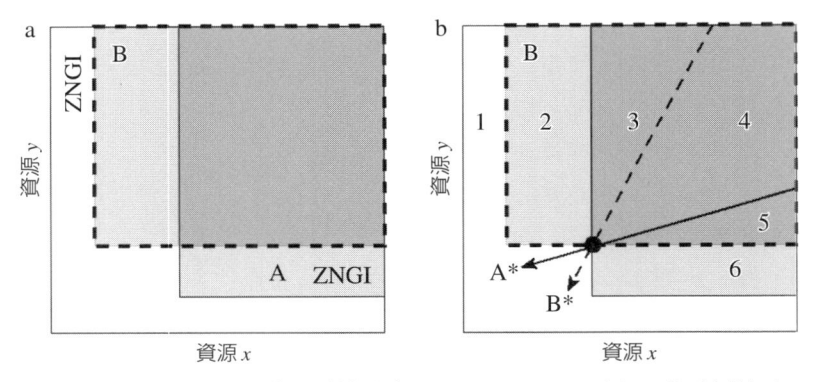

図4.6 2つの資源をめぐる2種間の競争を表したグラフモデル．(a) A種（実線）とB種（破線）のZNGI（ゼロ純増殖線）．ZNGIに囲まれた区域は，A種とB種それぞれが増殖できる資源xとyの単位時間あたり供給量を示す．(b) ZNGIと消費ベクトルによって決まる平衡点（●）．消費ベクトルとZNGIは，資源供給空間を6つの異なる部分に分け，それぞれの部分の資源供給量によって，2種間の競争は異なる結果になると予測される．詳しくは本文を参照．Tilman (1982) による．

り予測と結果が一致することが確かめられ，今日では有効性が明確に証明されたモデルの1つとなっている．

● **プランクトンのパラドックス**

競争の理論によると，限られた資源を最も効率よく獲得する種が他のすべての競争種を排除するはずである．もしそうなら，たとえば，植物プランクトン種はそれぞれ同様の資源が必要なので，1つの湖にはたった1種の植物プランクトンしかないはずである．しかし，一般的に少なくとも30種の植物プランクトンが1つの湖に共存している．この理論予測と自然界で見られる現実との違いは，Hutchinson (1961) により**'プランクトンのパラドックス'**として指摘された．この理論と観察の違いを説明するいくつかの理由がこれまでに提案されている．

1. 資源のパッチネス 湖水中の資源は時空間的に常に均一とは限らない．むしろ湖沼は，資源が十分にある限定空間（パッチ）やその大きさが，時間や場所とともに変化する環境であるかもしれない．そのような環境では，パッチの質によって有利となる植物プランクトン種が異なるかもしれない．また，もしパッチの大きさが空間的に小さく，その寿命が植物プランクトン群集で競争排除が起こるのに必要な10〜25日より短ければ，どの種も全域で卓越するこ

とができず，多くの種が非平衡（non-equilibrium）の状態で共存することになるだろう．

2. 競争以外の環境要因　ある実験室の環境で他種を競争排除するような種は，たとえば，捕食されやすい，あるいは低いpHや温度変化，その他の要因に脆弱であるかもしれない．そのような場合，たとえ実験室で他種を競争排除するような種であったとしても，自然界では個体数を増やして資源を独占できないため，競争劣位種を排除することはないだろう．

以上の2つの説明から，実験室で生じる完全な競争排除は自然界では期待できないという結論は極めて妥当であろう．代わりに，'プランクトンのパラドックス'を逆にとらえて，どうしてある湖にはこんなに少数の種しか共存できないかを問うことに意味があるかもしれない（Sommer 1989）！　たとえば，ある湖に侵入可能な藻類は数千種もいるのに，たいていは100種以下しか見つけられない．とはいえ，競争による種間の相互作用はさまざまな生物群で見られる．その中からいくつかの例を詳しく紹介する．

湖や沼における競争の相互作用の例

●付着藻類と植物プランクトン：2方向からの資源供給

ここまでは，水中にある資源を獲得する能力が優占する植物プランクトン種や分類群を決定する上で重要であることを見てきた．しかし，藻類は水中だけでなく，さまざまな物体の表面（たとえば堆積物の表面）にも分布する．堆積物上に生息する藻類（付着藻類）の資源要求は，植物プランクトンのそれと変わらない．どちらの藻類も光や栄養塩を必要とする．一般に，湖では，生物死骸などの有機物は主に堆積物の表面で分解され栄養塩に無機化されている．このため，生産力が低～中程度の湖では，堆積物表面の栄養塩濃度の方が水中よりもはるかに高い．藻類にとっては光も必須の資源なので，2つの必須資源はそれぞれ別の方向から供給されることになる．光は上方から，栄養塩の多くは下方の堆積物から，である．したがって，付着藻類と植物プランクトンは，それぞれ堆積物と水中を生息場所とすることで，2つの必須資源のどちらか一方の最初の利用者になることができる．この単純な図式により，極端に生産力の低い湖では，付着藻類と植物プランクトンのどちらも栄養塩不足に見舞われると予測できるだろう．この予測に合うように，生産力が低い湖沼では，どちらの藻類も生物量は低い（図4.7区域Ⅰ）．生産力（ここでは栄養塩の濃度で表す）

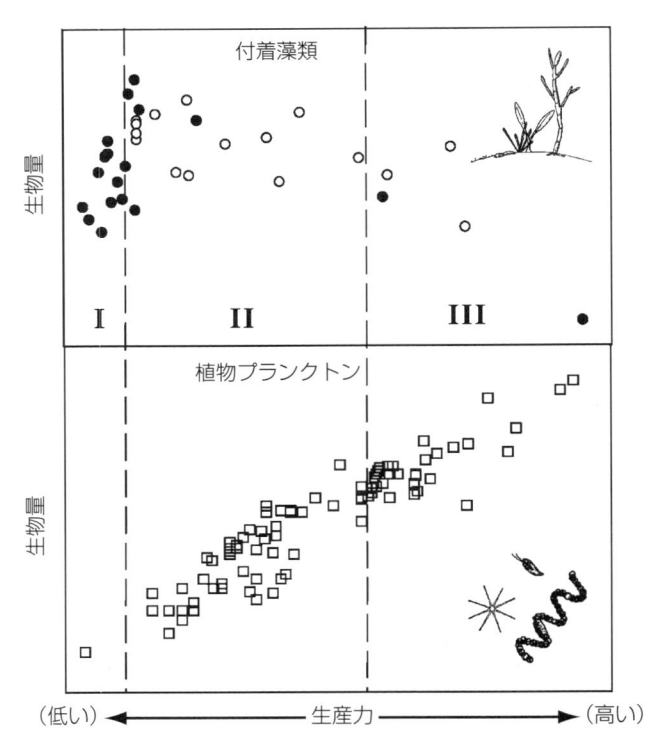

図 4.7 生産力の変化に伴う浮遊藻類（植物プランクトン）生物量と堆積物表面の付着藻類生物量の変化（生物量はクロロフィル量）．生産力が低い場合（区域 I），両藻類ともに，生産力（栄養塩供給量）の増加に伴って生物量が増える．中程度の生産力（中栄養の条件）では，付着藻類の生物量は最大値に達するが（区域 II），植物プランクトンは増え続ける．生産力（富栄養の条件）がさらに高くなると，植物プランクトンは増加するが，付着藻類の生物量は減少する（区域 III）．付着藻類は水深 0.75 m の生物量．データは南極の湖（●）と亜北極および温帯の湖（○）から得た．Hansson（1992a, b）による．

が増えるに従い，付着藻類の生物量はすぐに最大値に達するが，植物プランクトンの生物量は最大値にほど遠い（図 4.7 区域 II）．これは，堆積物から供給される栄養塩の多くが，堆積物上に棲む付着藻類に消費されてしまうからである．生産力の増加とともに植物プランクトン生物量はさらに増加するが，付着藻類の生物量は中程度の生産力で最大値に達し，高い生産力では減少する（図 4.7 区域 III）．この減少は，水中の植物プランクトン密度が高くなり，堆積物表面に光合成ができるほどの光が届かなくなるためである．光や栄養塩の具体的な消費速度は問わず，ここでは先の Tilman による 2 種-2 資源モデルの資源 x

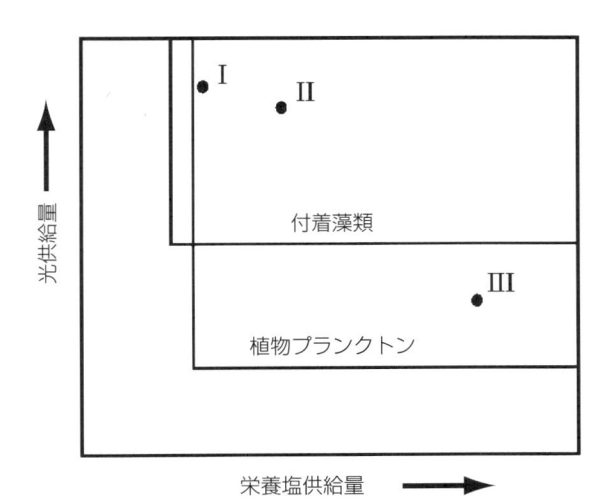

図 4.8 浮遊藻類（植物プランクトン）と付着藻類への Tilman（1982）による 2 種-2 資源モデルの適用．付着藻類は，栄養塩の豊富な堆積物の上に生息するので，栄養塩の最初の利用者であり，一方植物プランクトンは浮遊しているので光については最初の利用者である．栄養塩供給量が低い場所の環境は（図 4.7 の区域 I に相当），植物プランクトンの ZNGI に近い．栄養塩供給が高く，堆積物表面への光供給がわずかに低い場所では（区域 II），両方の藻類は共存するようになるだろう．栄養塩供給が高い場所では，光供給量は付着藻類の ZNGI を下回るようになり（区域 III），付着藻類は排除されるようになる．

と y を栄養塩と光に，A 種と B 種を植物プランクトンと付着藻類に置き換えた仮想実験を考えてみたい（図 4.8）．光の供給量が高く栄養塩供給量が低い環境は（図 4.7 の区域 I に相当），植物プランクトンの ZNGI にほど近いため，付着藻類が一次生産者として優占するだろう．図 4.7 と図 4.8 の区域 II では，栄養塩の供給は増えるが，植物プランクトンの生物量は光の透過を遮るほどまだ高くないので，光の供給はわずかしか減少しない．栄養塩の供給量がさらに高くなると，植物プランクトンが増える結果，光の供給が付着藻類の ZNGI を下回るようになり，付着藻類は最終的に排除されてしまうだろう（図 4.8 と図 4.7 区域 III）．

●水生植物の深度分布

光と栄養塩の 2 方向からの供給は，植物プランクトンと付着藻類の生物量に影響を与えるだけでなく，湖沼のすべての一次生産者の分布を決めている可能性がある．沈水植物と浮葉植物は，水中と堆積物の両方から栄養塩を吸収でき

るので，栄養塩の供給が成長を制限することはほとんどない．抽水植物は，堆積物から栄養塩を吸収し水上で光合成を行うので，光と栄養塩の獲得に関し，他のどの一次生産者よりも競争的に優位である．したがって，栄養塩と光を巡る競争が重要となる状況では，抽水植物は他の一次生産者に影響されることなく競争に勝つことができるだろう．湖の生産力増加に伴う一次生産者の生物量の変化を図 4.9 に示す．沈水植物と植物プランクトンはどちらも水中で光を吸収するが，沈水植物は堆積物から栄養塩を得るので，生産力の低い湖では沈水植物が植物プランクトンより多い．すでに見てきたように，堆積物表面で生活する付着藻類は，水中を透過する光を最後に利用する一次生産者である．このため，その生物量は，光が十分に届く浅い場所や植物プランクトンが少ない生産力の低い湖で最大となる．抽水植物は栄養塩と光について優位な競争者であるが，付着藻類に比べて必要とする栄養塩の要求量が多いため，一般に生産力の低い湖では一次生産者として優占できない．しかし，生産力が中程度あるいは高い湖では，堆積物からの栄養塩供給が多くなるので，抽水植物の生物量は比較的多くなる（図 4.9）．堆積物から栄養塩を吸収し，水面上で光を得る抽水植物は，一次生産者の中で最も優位な競争者であるが，浅い場所に分布が限られる．このため，多くの湖では優占する一次生産者とならない．抽水植物にとって分布が制限される大きな問題は，茎がどこまでも長くなれないことにある．これは，茎が長くなると，倒れる危険が増すだけでなく，根や根茎に光合

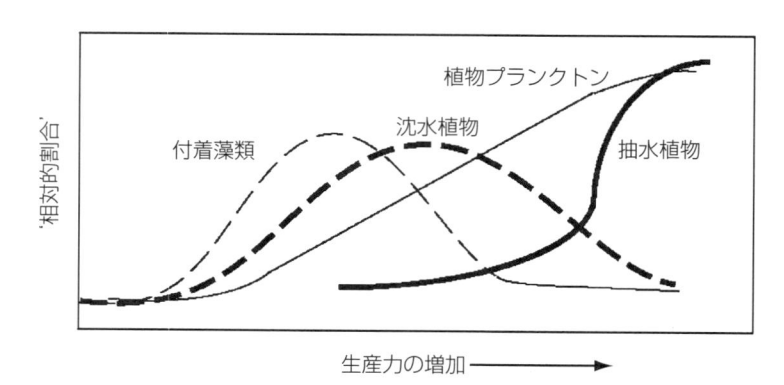

図 4.9 生産力に沿った，各一次生産者の相対的割合の変化．堆積物上の付着藻類は低い生産力のとき優占する（図 4.7 も参照）．生産力が増加すると，沈水植物と植物プランクトンの割合が増す．高い生産力では，植物プランクトンと浅い場所に生息する抽水植物だけが，一次生産者として重要になる．極端に高い生産力では，植物プランクトンの生物量は自己被陰のため頭打ちとなる．

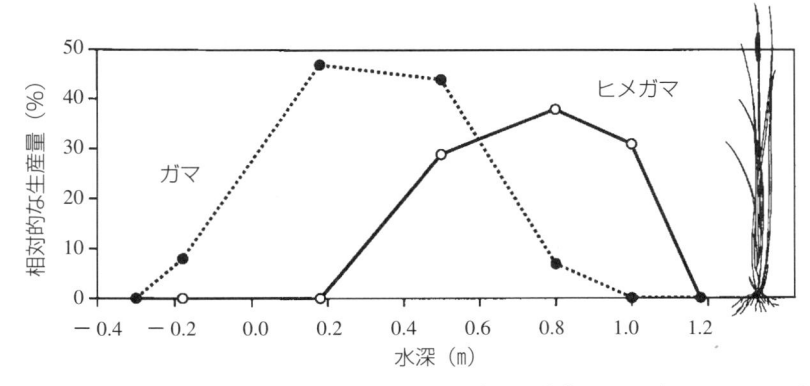

図 4.10 水深に沿った，抽水植物 2 種の相対的な生産量の変化．ガマ（*Typha latifolia*）は浅い場所で優占するが，およそ 0.6 m 以深ではヒメガマ（*T. angustifolia*）が優占する．Grace and Wetzel（1981）のデータによる．

成産物（糖）や酸素を送ることができなくなるからである．

　水生植物は，深度勾配に従った成長能力（つまり競争能力）が種間で異なっているらしい．2 種のガマ，細く長い葉と大きな根茎を持つヒメガマ（*Typha angustifolia*）と，広い葉と小さな根茎を持つより頑丈なガマ（*T. latifolia*）の分布の違いは，そのよい例である．新しく開けた浅い場所では，広い葉を持ち，より多くの光合成ができるガマが競争的に優位である（Grace and Wetzel 1981）．一方，水深が 0.6〜0.8 m の場所では，細く長い葉を持ち，貯蔵能力の大きい根茎を持つヒメガマが競争的に優位となる（図 4.10）．また，長い時間スケールで見ると，背の高い茎を支えられる効率のよい根茎を持つヒメガマが，浅い場所でもやがて優占するようになる（Weisner 1993）．ガマとヒメガマが新しい場所に定着した初期には，深度勾配に沿って 2 種が異なる分布を示すが，これは上記のような種間での特性の違いによるものである．同様に，多くの湖では，深度勾配に沿って異なる水生植物が分布している．一般に，岸に最も近いところでは抽水植物が優占し，岸から遠くなるにつれ浮葉植物が，次いで沈水植物が多くなる（図 3.5 も参照）．

●巻貝とオタマジャクシ

　巻貝は，池や沼の大型無脊椎動物の中でも重要な生物の一群である．巻貝は，種が異なれば生息場所や利用する餌資源が異なっており，空間軸，時間軸，餌資源軸での種間重複は小さいようである．巻貝の種構成を決める上で，

種内や種間の競争が重要だと指摘している研究もある．巻貝では，個体数が増え密度が増加すると成長や産卵数が減少するが，良質の餌を与えたり付着藻類の生産が増えるよう栄養塩を添加したりすると成長速度や産卵数が増加することが，室内実験や野外の観察により示されている．このことは，餌を巡る消費型競争が巻貝の個体群密度や分布の制御要因になることを示唆している．

付着藻類は巻貝の重要な餌資源で，その生物量は巻貝の摂食により低く抑えられる（Brönmark et al. 1992）．淡水には，ほかにも付着藻類を摂食する藻食者がおり，この限られた餌資源を巡って巻貝と相互作用していると考えられる．北極域のある湖では，ユスリカ幼虫はある種のモノアラガイ（*Lymnaea elodes*）によって低い密度に抑えられており，それは付着藻類を巡る消費型競争だけでなく，モノアラガイとユスリカ幼虫の間での物理的な相互作用も原因していると示唆されている（Cuker 1983）．藻食性の巻貝はユスリカ幼虫をその生息基質から追い払い，少なくとも一時的にはユスリカ幼虫の摂食行動の邪魔をする．これは棲管をつくって生活するユスリカ幼虫にとって，特に深刻な問題となる．

オタマジャクシも付着藻類の摂食者として重要な生物であり，さまざまな水域に出現する．Wilbur（1984）によれば，オタマジャクシの個体数を制限している最も重要な要因は，小さくて一時的に出現する池では水の干上がりであり，大きくて常に水を湛えている池では捕食であるという．捕食者が侵入する前の池では，オタマジャクシの個体数が多くなるため競争が激化する．室内実験や野外観察によれば，オタマジャクシの成長速度や成育期の長さは成熟後のカエルの適応度と相関している（Semlitsch et al. 1988）．一方，オタマジャクシの成長速度や成育期の長さは種内や種間の競争に強く影響されるという（Wilbur 1976；Travis 1983）．同様に，Lodge et al.(1987) は，淡水の巻貝でも競争は中程度の大きさの水域で重要になると指摘している．小さく一時的に出現する池では，水の干上がりや冬期大量斃死（第2章参照）といった非生物的要因が巻貝の個体数を制限し，大きな池や湖では魚やザリガニといった捕食者が巻貝の個体数を抑える要因となるからである．したがって，巻貝とオタマジャクシの間の競争は，捕食者のいない池で激化する可能性が高い．この可能性は富栄養池の野外実験で検証されている（Brönmark et al. 1991）．その実験によれば，オタマジャクシは巻貝の成長や産卵数に負の影響を与えたが，巻貝はオタマジャクシの成長や生育期の長さにむしろ正の影響を与えたという．驚

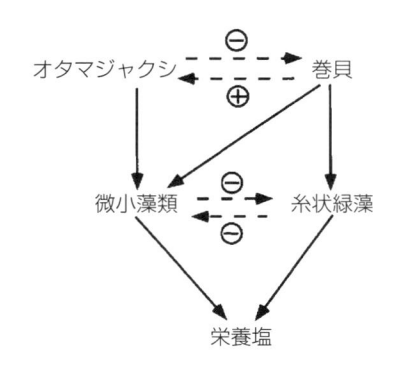

図 4.11 藻食性の巻貝とオタマジャクシ，およびそれらが餌とする藻類の間の相互作用．実線の矢印は食う-食われるの関係を示し，⊖印を付した矢印は競争による負の影響を，⊕印を付した矢印は正の影響，すなわち促進を示す．詳細は本文参照．Brönmark et al.(1991) より改変.

くことに，この促進効果（facilitative effect）は，異なる藻類間の競争によるものであることが示唆されている（図4.11）．糸状緑藻のシオグサ（*Cladophora* 属）は，付着性の微小藻類より競争的に優位で，リンを消費することで微小藻類の増殖を制限する．オタマジャクシは微小藻類を食べるがシオグサは食べない．一方，巻貝は両方の藻類を食べる．このため，巻貝の藻食により競争的に優位なシオグサが減り，微小藻類が増えた．すなわち，巻貝によって餌となる藻類が増え，オタマジャクシの成長速度が高くなったのである．

● **魚類の種内競争と種間競争**

種内競争が魚の成長や産卵数に強い負の影響を与えることは，水槽や小さな池で魚の個体数を操作した実験によってしばしば示されてきた．たとえば，魚としてフナだけしか生息していない池がときどきある．フナは独特の生理的な適応をし，酸素が不足するときにグリコーゲンをエネルギー源として嫌気呼吸をすることができる．したがって，厳しい冬に氷が張り水中の酸素が欠乏してしまうような浅い池では，フナが唯一の魚種となる．そのような池では，たいてい小型で若齢のフナが高い密度で見られ，種内競争が働いていることが示唆される．これとは対照的に，魚食魚が生息する池や湖では，フナ個体は大型で密度も低く，サイズ選択的な捕食がフナの個体群構造を決める重要な要因となっている（Brönmark and Miner 1992；Tonn et al. 1992）．フナ1種のみが生息する湖で種内競争が重要となることは，野外実験で調べられている．その

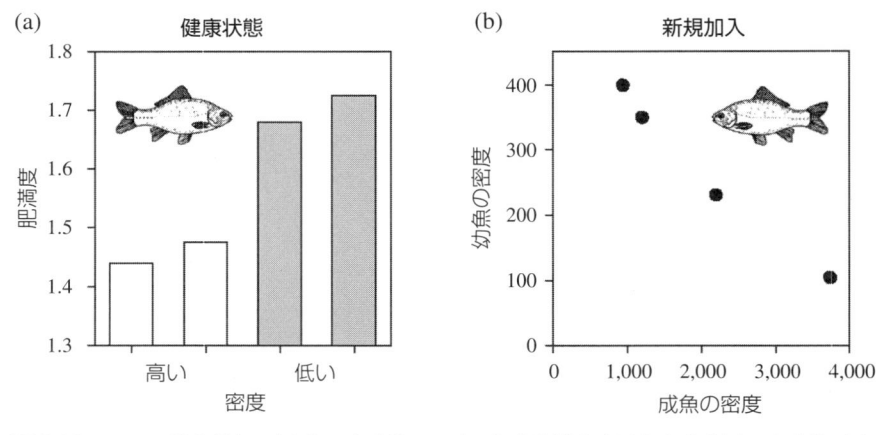

図 4.12 フナの種内競争．(a)ある実験池における個体数低密度区と高密度区の実験終了時のフナの肥満度（$100 \times$ 体重/全長^3）．(b)この実験池でのフナの現存量と加入量の関係．1年魚以上（$>1+$）の個体数に対する当年魚（$0+$）の個体数を示す．データは Tonn et al.(1994) による．

実験では，池を分割し，フナを低い密度と高い密度に分けて飼育した（Tonn et al. 1994）．大型個体の死亡率はどちらの区画でも低かったが，高密度区では成長が抑制され，肥満度（$100 \times$ 体重/全長^3）が低下した（図 4.12）．また，高密度区の個体は肝臓に貯蔵されたグリコーゲン量が少なく，越冬期の生残が低くなる兆候を示した．さらに，当年魚（$0+$）の加入数と1年魚以上（$>1+$）の個体数との間には強い負の関係がみられた（図 4.12）．これは，餌不足と共食い（cannibalism）が合わさった結果である．

しかし，多くの湖沼では複数の魚種が共存している．それらは，少なくとも生活史のある部分において利用する資源が重複しており，その結果として複雑な種間相互作用が働いている．種間競争に関する実証研究の多くは，2種間の相互作用を対象にしてきたが，最近では多種間の複雑な相互作用も考慮されるようになっている．たとえば，Bergman and Greenberg（1994）はラフ，ローチ，パーチからなる3種の間の競争を富栄養の湖で研究した．ローチはコイ科の魚で，動物プランクトン食魚である．ラフとパーチはスズキ亜目パーチ科の魚で，ラフは主に大型のベントスを餌として食べるよう特化したベントス食魚，パーチは成長とともに食性を変え，最初は動物プランクトン，次いで大型のベントスを餌とするようになり，最終的に魚食者になる（図 3.22）．しかし，このように異なる餌すべてを効率よく食べるよう適応することは不可能で

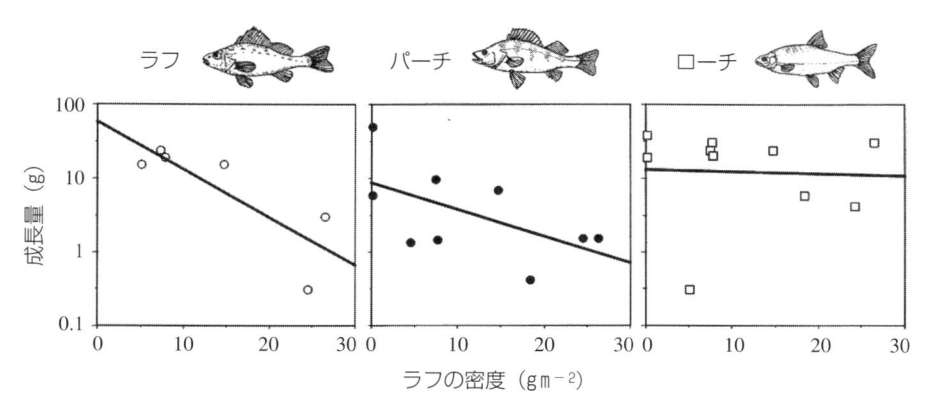

図4.13 ベントス食魚であるラフの個体数密度に対するラフ，パーチ，ローチの成長量の変化．Bergman and Greenberg（1994）による．

ある．そのため，パーチはローチより効率の低いプランクトン食者であり，ラフより効率の低いベントス食者と考えられる．このような3種の相互作用を調べるため，Bergman and Greenberg（1994）はパーチとローチの個体数を一定にしてラフの個体数だけを変化させた隔離水界実験を行った．3種の成長と食性を調べたところ，ラフの個体数が増えると，ラフとパーチの成長速度は減少した（図4.13）．これは大型のベントスをめぐる種内（ラフとラフ）と種間（ラフとパーチ）の競争が強いことを示している．期待されるとおり，ラフは動物プランクトン食のローチには影響を与えなかった．パーチの食性は，ローチといると成長段階の早い時期に動物プランクトン食からベントス食に切り替わることが，他の研究より示されている（Persson and Greenberg 1990）．したがって，3種がともにいるとき，パーチはプランクトン食の時期にはより効率よくプランクトンを食べるローチと競争しなければならず，ベントス食の時期になるとベントス食魚のラフと競争しなければならなかったのである．

捕食と植食

広義には，捕食とは生きている生物を消費することと定義でき，肉食（carnivory），植食（herbivory），寄生（parasitism）を含む．陸上生態系では捕食と植食は定義が異なり，捕食とは，厳密には捕食者が生物を殺して消費することとして定義される．一方，陸上の植食者は，多くの場合，植物を殺すことなく食べ，たとえばシカが木の葉を食べるように，植物に致死的な影響を与えず

植物の一部のみを消費する．しかし，淡水生態系の植食者（藻食者）は陸上のそれらとは違い，たとえばミジンコが藻類細胞を食べるように，一般的に植物全体を摂食する*2．したがって，水生植物の植食者は例外として，淡水の植食者は機能的に捕食者であり，陸上とは異なり捕食者と植食者にさほど大きな機能的な違いはない．よって以下では，捕食と植食を機能的に同様な過程として扱い，捕食者は動物を食べるが植食者は植物を食べるという違いだけを考える．捕食と植食を単に"消費（consumption）"と呼ぶこともある．以下に，湖沼に共通して見られる消費者と餌生物の間のさまざまな相互作用や，摂食効率を上げたり捕食者から逃げ延びたりするための適応について詳しく述べる．これら種間相互作用と個体群動態や食物網の関係については，第5章の「食物網動態」で取り上げる．

捕食と植食の原則

　捕食と植食は多くの淡水生物にとって主要な死亡原因であり，湖や池での個体群動態や群集構造を形づくる重要な要因である（Kerfoot and Sih 1987；Carpenter and Kitchell 1993）．直接的な致死効果によって，捕食は餌個体群を制御し餌生物を局所的に絶滅させたりし，餌生物の分布パターンや種多様性に影響を与える．捕食者はまた，餌生物の生息場所や摂食活動，行動パターンを変えることで，その成長や繁殖速度に間接的な影響を与えている．したがって，捕食は強い選択圧（selection pressure または selective force）として，たとえば，防衛のための形態，毒性物質の生産，行動の変化など，捕食に対するさまざまな適応を淡水生物に進化させてきた．

　ある生物において，捕食に対する脆弱性を減らすようなひとそろいの適応は，餌生物の天敵回避空間（enemy-free space）と定義されている（Jeffries and Lawton 1984）．天敵回避空間はニッチの重要な一部分であり，かつて競争能力の違いによって説明されてきた生物の分布パターンの多くが，代わりに天敵回避空間の違いによって説明できるかもしれない．しかし，自然選択が効率的な対捕食者適応を進化させ，捕食から逃れる餌生物の能力を改善するにつれ，たとえば餌生物を探知し捕らえる能力を向上するなど，捕食者側の能力を改善する自然選択も働くだろう．このように，進化的時間の中で，捕食者と餌

---

*2　訳注：本書では，植食の中でも藻類食を藻食と表現している．

生物の間で適応とそれに対抗する適応（counter-adaptation）という複雑な軍拡競走（arms race）が行われてきた．では，どうして自然選択は，餌生物を絶滅に追いやるくらい効率的な捕食者をつくらなかったのだろうか？　1つの説明は，命か食事かの原理（life-dinner principle；Dawkins and Krebs 1979）と呼ばれるもので，捕食者と餌生物に対する選択圧は等価ではなく，軍拡競走を伴う共進化（coevolution）では餌生物の選択の方が先んじているとするものである．この原理は，最初はキツネとウサギを比喩に説明されたが，淡水生物のために言い換えると，「ローチはパイクより速く泳ぐ，なぜならパイクは食事を賭けて泳ぐがローチは自身の命を賭けて泳ぐからである」となる．1匹の餌を捕まえ損ねたパイクはそれでも繁殖できる可能性があるが，パイクの餌となったローチはその後産卵場所に帰ることはない．したがって，より効率的な捕食戦略の発達による適応度の増加と，より効率的な防衛の発達による適応度の増加の違いは，捕食者と餌生物の選択圧に違いをもたらし，餌生物を軍拡競走で先んじさせることになる．また，餌生物は一般に捕食者よりも体が小さく世代時間も短いため，より速く進化できることも，軍拡競走で餌生物が先んじる理由の1つであろう．

捕食のサイクル

　たとえばパイクがローチを捕らえるのに成功したとき，その捕食は一連の過程を経たものである．その一連の過程は捕食のサイクル（図4.14）と呼ばれ，サイクルは探索（Search），遭遇（encounter）すなわち餌の発見（detection），攻撃（attack），捕獲（capture），摂食（ingestion）からなっている．捕食サイクルの各過程において，餌生物では効率的な防衛が適応進化し，捕食者にはそれに対抗する適応が進化した．もちろん，成功した捕食者は捕食サイクルの最終段階にできるだけ速く効率的に達するような適応形質を持つはずだし，一方，餌生物は捕食サイクルのできるだけ初期の過程にそれを中断させるような適応を進化させるはずである．異なる捕食者は捕食サイクルの各過程において違う効率を持つだろうし，餌となる生物は種によって，あるいは発生段階によって各過程の対抗手段が異なっているだろう．

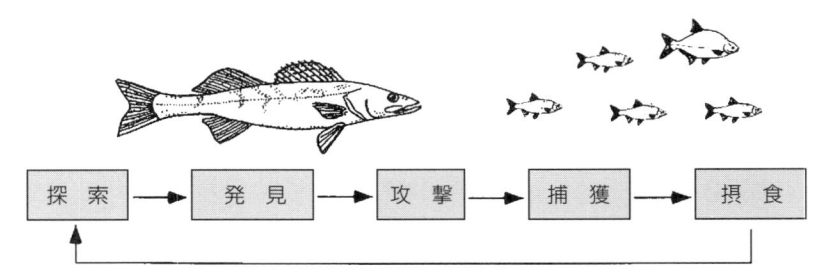

図4.14 捕食のサイクル．探索から摂食にいたる捕食活動の行動過程．

藻食者の摂食モード

　藻食者はプランクトンやベントスとして出現するが，それは**濾過食者**（filter feeder）・**表面食者**（surface feeder）・**ついばみ食者**（raptorial feeder）のいずれかである．藻食者の大部分はプランクトンの濾過食者で，枝角類・カイアシ類・ワムシ類・繊毛虫・従属栄養鞭毛虫などであり，プランクトン性の藻類のほかに細菌なども食べる．ベントスの藻食者には，多くの原生動物（繊毛虫・アメーバ・従属栄養鞭毛虫）や大型のベントスである二枚貝や水生昆虫も含まれる．彼らは水生植物の葉や堆積物の表面，石の上や沈んだ車の残骸の上にさえ生息しており，付着藻類，細菌，デトリタスで構成される複雑で微小な層を形成する付着生物群（生物膜）を主な餌としている．

●濾過食

　プランクトンの濾過食者には，原生動物，ワムシ類，甲殻類が含まれる．第3章で見たように，ワムシ類は繊毛の生えた輪盤を持ち，水流を起こして消化管（gut）に粒子を運ぶ．ワムシ類には，たとえばミツウデワムシ（*Filinia*属）やテマリワムシ（*Conochilus*属；図3.12）のように主にデトリタスを食べる種もいれば，小さな藻類や細菌を食べる種もいる．しかし，プランクトンの主要な藻食者は枝角類（たとえばミジンコ）やカイアシ類である．それらは一般に濾過食者であるが，ついばみ食者もいる．

　プランクトンの濾過食者では，1個体あたりの濾過速度は種によって大きく異なり，小さいワムシの$0.02\,\mathrm{mL\,day^{-1}}$からミジンコの$30\,\mathrm{mL\,day^{-1}}$まで1,000倍以上も差がある（表4.1）．ここで$30\,\mathrm{mL\,day^{-1}}$とは，ミジンコ1個体が1日に30 mLの湖水を濾過していることを意味している．また，摂食する餌のサ

表 4.1 主要な藻食性動物プランクトンの濾過速度と選好する餌のサイズ（餌のサイズは最長軸の粒径で表している）．Reynolds (1984) を参考に作成．

	濾過速度 (mL day^{-1})	選好的な餌サイズ (μm)
ワムシ類	0.02 〜 0.11	0.5 〜 18
ヒゲナガケンミジンコ	2.4 〜 21.6	5 〜 15
Daphnia 小型個体	1.0 〜 7.6	1 〜 24
Daphnia 大型個体	31	1 〜 47

イズにも大きな違いがある．カイアシ類は餌のサイズに関してより選択的であるが，ミジンコは細菌（1 μm）から大きな藻類にいたる幅広い餌を食べる（表4.1）．

　二枚貝はベントスの濾過食者として重要であり，水を取り込みその中の餌粒子を鰓で濾過して捕集する．二枚貝は場所によっては非常に高密度となり，植物プランクトンに大きな影響を与えることがある（第6章「生物多様性と環境の変化」のカワホトトギスガイを参照）．

●表面食

　藻類は水生植物の葉（植物表在性の藻類）や堆積物の表面（堆積物表在性の藻類）にもおり，それらは原生動物，巻貝や水生昆虫などさまざまな表面食者の摂食にさらされる．水生昆虫の大部分は食性に関してジェネラリストで，藻類のほかにデトリタスなど，そこにあるものなら何でも食べる．彼らはしばしば機能的に分類され，餌を濾過捕集する**収集食者**（collector），付着藻類をはぎ取るように食べる**剥ぎ取り食者**（scraper），維管束植物の組織を食べる**破砕食者**（shredder）と分けて呼ばれる（Cummins 1973）．3つのすべてのグループに，トビケラ目（Trichoptera）やカゲロウ目（Ephemeroptera）など，水生昆虫として一般的に見られる分類群が含まれている．巻貝は，やすり状の舌である歯舌を使い，前進しながら付着物を取り除くように基質表面の餌を食べる．藻類の多い表面では，巻貝の食痕をはっきり見ることができる．

●ついばみ食

　すべての藻食者が水を濾過したり粒子を集めたりして食べるわけではない．カイアシ類のうちケンミジンコの仲間は，その近縁であるヒゲナガケンミジン

コの仲間とは異なり（図3.14），藻類細胞や動物個体を個別に摂食するついばみ食者である．彼らはしばしば**雑食者**（omnivore）とみられたり，純粋な捕食者とみられたりする．さらに，たとえば，アメーバ類の根足虫の仲間（*Vampyrella*属）などいくつかの原生動物は，自分より大きな藻類の細胞を攻撃し中身を吸いとって食べる（Canter 1979）．

水生植物に対する植食

陸上の大型植物は多くの植食者に食べられるが，水生の大型植物はそうではない．コイ科の魚，ラッド（*Scardinius erythropthalamus*）やローチ（*Rutilus rutilus*；図3.21）は時には沈水植物を食べるが，温帯域の魚で水生植物を主な餌とする種はいない．カワスズメ科のティラピア（*Tilapia*）など，暖水魚には水生植物を食べる種もいる．コイ科のソウギョ（*Ctenopharyngodon idella*）もそうであり，この種は中国原産で，池の藻を取り除くために温帯域にしばしば移植された．ソウギョは水生植物を効率的に取り除くが，最終的にはその一部を栄養塩として水中に排出するため，植物プランクトンの大増殖を引き起こすことがある．

ヨシ（*Phragmites australis*）などの抽水植物，特に新しい緑の新芽は，渡りの中継地となる湖沼でガンなどの水鳥によく食べられる．抽水植物の群落形成にあたって，このような水鳥による植食が強い影響を及ぼすか否かは，いまだに議論の的となっている．沈水植物や浮葉植物も，オオバン（*Fulica atra*）やハクチョウ（*Cygnus* sp.）など，水鳥による植食の影響を受ける．さらにザリガニも個体数が多くなると，沈水植物を壊滅的に減少させることがある．ザリガニは雑食者であり，藻類やデトリタスのほかに無脊椎動物も食べるが，植物組織を主な餌としている．加えて，ザリガニは'食いこぼしの多い採餌者'（sloppy feeder）であり，堆積物表面で水生植物を切り落としても，それをすべて食べるわけではない．このため，ザリガニの導入は湖沼の沈水植物を大きく減少させる可能性がある．

捕食者の摂食モード

水生の捕食者には2つの基本的な捕食戦略がある．**待ち伏せ型**の捕食者（ambush predator あるいは 'sit-and-wait' predator）は，たいてい入り組んだ物陰で，餌生物が側を通るのをじっと待っている．探索型の捕食者（actively searching predator）は，餌生物を活発に探して動き回る．餌を探し回るには多くのエネルギーが必要であるのに対し，餌が現れるのを待つ方法はエネルギーを節約できる．しかしいったん餌が見つかると，待ち伏せ型の捕食者もエネルギーのかかる飛び出しと攻撃を行う．一般に，待ち伏せ型の捕食者はいったん攻撃すれば高い捕獲成功率を持つが，探索型の捕食者の捕獲成功率はあまり高くないと考えられている．

　捕食のモードは常に固定された行動戦略ではなく，たとえば生息場所の複雑さや餌生物の相対的な密度に応じて，柔軟に捕食行動を変える種もいる．待ち伏せ型の捕食者は，餌を襲う時間が短く高い捕獲成功率を持つ．したがって，この戦略は餌生物が簡単に逃げきれてしまう空間的に入り組んだ複雑な場所で有利かもしれない．オオクチバスやパーチなど活発に餌生物を探索する魚食魚は，生息場所の複雑さが増すと待ち伏せ戦略に切り替わるという（Savino and Stein 1989；Eklöv and Diehl 1994；図 4.15）．餌の密度や餌の活動が増えた場合も，捕食者と餌の遭遇確率が高くなるので，捕食戦略を変化させることが得策になるかもしれない．トンボのヤゴでは，餌の種類が変わると活発な探索型か

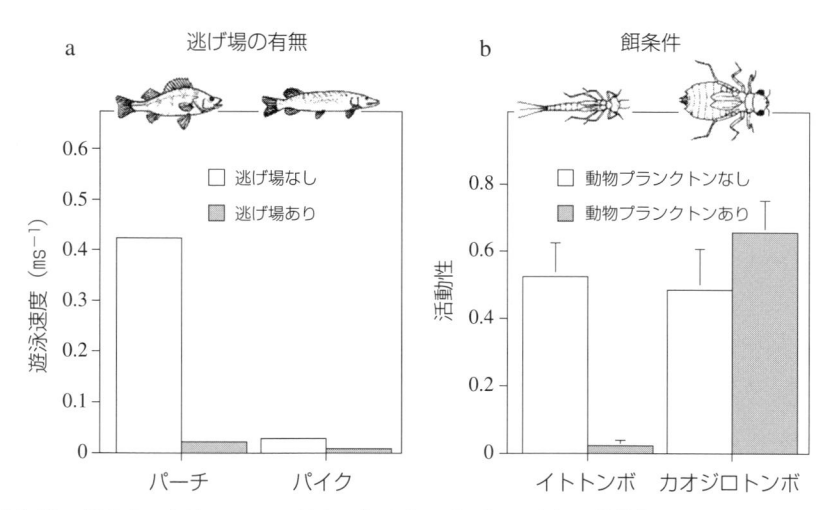

図 4.15 捕食者の摂食モードに対する餌生物の逃げ場の有無や代替餌生物の影響．(a) 餌の逃げ場があるとパーチは遊泳速度を落とし，探索型の摂食モードから待ち伏せ型へと行動を変える．パイクは逃げ場の有無にかかわらずいつも待ち伏せを行う．Eklöv and Diehl 1994 による．(b) イトトンボ（*Coenagrion* 属）は動物プランクトンがいると待ち伏せ型の摂食モードに変わるが，カオジロトンボ（*Leucorrhinia* 属）は餌条件にかかわらず活発に探索し続ける（Johansson 1992）．

ら待ち伏せ型に捕食モードを切り替えるが，捕食モードを全く変化させない種もいるようである（Johansson 1992；図4.15）．

餌を発見するための適応

　水生の捕食者は餌を見つけるのに，視覚的，物理的，化学的な手がかり（cue）を使う．捕食性の魚は主に視覚に頼っており，サイズ，形，色，背景とのコントラスト，動きといった餌生物の性質によって，その餌生物を発見できる距離が変わる．濁度のように水中の光環境を悪化させる要因は，視覚を用いる捕食者の捕食成功率を低下させることになる．

　魚は**側線**でも餌を見つける．側線は物理的刺激に対する感覚器官で，胴体と頭部の体表に小さな穴の列として見ることができる．魚は側線によって低周波の水の動きを感知でき，夜間でさえ動物プランクトンを見つけることができる．ある種の魚食魚は，目隠しをしても10cm程度なら餌生物を見つけて攻撃することが実験的に示されている．遊泳中の魚は複雑な渦を後ろに残す．他の魚は，この跡に残った情報を使って，たとえば，魚が泳ぎ去ってからの時間，魚の大きさ，泳ぐ速度や方向の情報を得ていることが示唆されている．これは当然，活発に餌を探索する魚食魚にとって有用な情報である．

　触感などの物理的な手がかりは，無脊椎動物が餌を探知するのによく使われる．水生昆虫など捕食性の無脊椎動物にとって，視覚は一般的にあまり重要でない．水生昆虫の目は貧弱であり，多くの水生昆虫は負の走光性を持つ（つまり，日中は岩の割れ目や基質の表面下に潜む）．このような光の少ない状況では，餌を見つけるのに視覚は非効率的であり，触角などの物理刺激受容器官から得られる触覚を手がかりに餌を探す方がはるかに効率はよい（Peckarsky 1984）．アメンボは，水面に捕らわれた餌がつくる水面の振動やさざ波に反応して餌を探すが，視覚の手がかりも使うようである．

摂食のための形態的適応

　ある生物の形態学的なデザインは，もちろんさまざまな選択圧の妥協の上に成り立っている．効率よく摂食することへの選択圧，捕食者から逃れることへの選択圧，繁殖に関する選択圧など，すべてに対処することはできないため，どこかで妥協せざるをえない．しかし，捕食性の生物に見られる形態学的な特徴の多くは，餌を捕獲するための機能に直接関係しているようである．形態学

的な適応のいくつかは，餌生物の発見確率を増やすように働き（たとえば，魚の発達した視覚や側線），他の適応は攻撃や摂食の効率を高めるよう働く．これらのさまざまな適応によって，ある特定の餌に対する摂食効率は高くなることもあるが，一方で他の餌に対する摂食効率が下がったり，他の餌生物を摂食することそのものが不可能になったりすることもある．したがって，捕食のための形態が先鋭化すると，必然的にその捕食者の食性幅は狭くなるだろう．

　生物の形態学的な構造，すなわち生物の形は種によって変化しないと信じられてきた．しかし，最近の研究により，摂食に関する形態的表現型が種によって著しく変化することが明らかにされている．たとえば，低い餌密度で育ったミジンコ個体は，高い餌密度で育った同じ遺伝子型の個体より胸肢に大きな濾過スクリーンを発達させるという（Lampert 1994）．大きな濾過スクリーンを持つ表現型は，濾過速度が高く摂食速度も高い．この表現型の可塑性（phenotypic plasticity）は，餌密度の季節変化に対する適応だと考えられている．また，湖沖帯のブルーギルは，紡錘状の体型で短い胸びれを持つが，水生植物の茂る空間構造の複雑な沿岸帯に生息する個体は，体高が高く長い胸びれを持つという（Ehlinger 1990）．沿岸型の形態はそこでの摂食に要求される，遅いが正確な動作により適しているし，沖帯のように開けた水域で見られる形態は，効率がよく巡航するのに適しているのだろう．シクリッドにおいても，異なる食性に応じて摂食器官に多型（polymorphism）が見られたり，体形が異なったりしている（Meyer 1987；Wimberger 1992）．巻貝が多い場所に生息するパンプキンシード個体は，巻貝を砕くための咽頭部がより発達するという（Wainwright et al. 1991）．このように，表現型に可塑性のある生物種では，摂食のための形態的適応として，餌の量や分布に応じた多型がよく見られる．

摂餌選択性

　'選択的な摂食'とは，ある特定の餌生物を，環境中の相対量から期待されるよりも多く摂食することである．そのような摂餌選択性は，好まれる（食べられやすい）種から好まれない（食べられにくい）種へと，餌生物の群集構造を変化させる．したがって，消費者の摂餌選択性は，たとえば藻類群集の遷移などに重要な影響を及ぼすことになる．表 4.1 にあるように，ワムシ類はミジンコなどの大型動物プランクトンと比べ，小さな藻類を選択的に摂食する．ワムシ類と大型動物プランクトンの個体数は時間的に変化するので，ワムシ類が

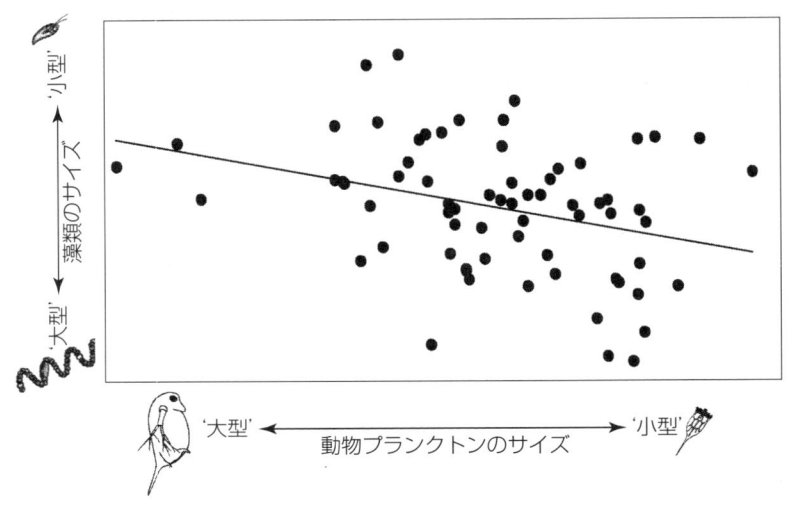

図 4.16 動物プランクトン群集と植物プランクトン群集のサイズ関係．小型動物プランクトンの優占は（大型動物プランクトンに比べてワムシが多い），'小型' 藻類に対する '大型' 藻類の割合と関係している．データは Hansson et al. (1998a) による．

大型動物プランクトンより優占するときには，'小型' の藻類が '大型' の藻類に比べて少なくなり，またその逆のパターンも予想される．スウェーデンの Ringsjön 湖で，ワムシ類と大型動物プランクトンの比率と小型藻類と大型藻類の比率との関係を4年間にわたって調べた研究によれば，両者の間には明瞭な負の関係がみられたという（図 4.16）．この結果は，上記の予想を支持するものである．このように，優占する消費者の摂餌選択性は，餌生物の群集構造に大きな波及効果を持つと考えられる．

●摂餌選択性の測定 —— 安定同位体と消化管内容物

摂餌選択性の古典的な測定方法は，環境中にみられる餌生物と消費者（捕食者）の消化管内にある餌を比較することである．この方法はこれまでにも頻繁に用いられ，多くの研究で成果を上げてきた．しかし，この方法にはいくつかの欠点がある．第1に，環境中の餌資源を正確に把握することが困難なことである．捕食者は，必ずしも採水器やエクマン採泥器と同じような頻度で餌生物に出会うわけではない．つまり，捕食者にとって実際に摂食可能な餌資源は，そこで採集した標本から判断する餌資源とは同じでないかもしれない．また，餌生物間によって捕食者の消化時間が異なるかもしれない．実際，硬い体の餌

生物は消化しにくいだろうし，軟らかい体を持つ餌生物は速やかに消化されるかもしれない．もしそうであれば，消化管内容物はこれら軟らかい体を持つ餌生物を過少評価することになる．さらに捕食者は採集したときに餌を吐き戻してしまうことがある．これら吐き戻しや餌生物間の消化管通過時間の違いは，捕食者が好む餌を消化管内容物から正しく推定するのを困難にさせる．ある餌生物が消化管内に見られないとしても，それは捕食者側の問題ではないかもしれない．たとえば捕食者と餌生物の生息場所が微小な空間レベルで重複していないとか，餌生物が巧妙な逃避メカニズムを持っているとか，捕食者側ではなく被食者側の特性の結果かもしれない．

　逆説的であるが，ある餌生物が捕食者の消化管内容物にほとんど含まれないことは，実際には捕食者がその餌に対して強い選択性を持っている証かもしれない．たとえば，巻貝はたいていの場合パンプキンシードの主要な餌であるが，パンプキンシードが高密度の湖では巻貝の密度はいたって低い．このため，パンプキンシードは他のベントスを食べざるをえず，その結果消化管内の巻貝の割合は低くなる（Osenberg et al. 1992）．同様に，ヨーロッパの湖や池で一般的に見られるコイ科のテンチ（図3.21）は，消化管内容の分析からさまざまなベントスを広く食べるジェネラリストと考えられていた．しかし，もともと魚が生息していない，巻貝などベントスが豊富な池にテンチを導入すると，最終的に巻貝の密度が低いレベルに減少するまで，テンチはほとんど巻貝ばかりを食べることがわかった．テンチは巻貝を強く好むスペシャリストであったのである．

　消化管内容物を分析する際のもう1つの問題は，捕食者の消化管内容物が直前に食べていた餌しか示さないことである．つまり，消化管内容物は，短時間の，しかもおそらく一部の摂食場所での食性を示しているにすぎない．食性について全体像を把握するためには，さまざまな時期にさまざまな生息場所で採集と分析を行うといった，時間と労力のかかる大変な作業をしなければならない．さらに，同化量，すなわち実際に栄養として体に取り込まれる量も餌によって大きく異なるだろう．消化管内に見つかったからといって，それらが消化され成長に使われるとは限らない．多くの生物は，その捕食者の消化管を無事に通り抜けるような適応を持っている．

　消化管内容物分析におけるこれら古典的な問題を回避するため，近年では，^{15}Nや^{13}Cなどの安定同位体を使った分析が行われるようになっている

（Rundel et al. 1988）．大気中には，^{12}C と ^{13}C が 99 対 1 の割合で存在する．しかし，一次生産者は光合成を通じて大気と同じ割合で ^{12}C と ^{13}C を取り込んでいるわけではない．一次生産者の生理的特性や成育環境に応じ，生産される有機物に含まれる ^{13}C の割合はさまざまな程度に異なっている．このように，個々の植物は $\delta^{13}C$ と呼ばれる ^{12}C と ^{13}C の特徴的な比率を持つ．この一次生産者の $\delta^{13}C$ 値は，食物連鎖を通じてほとんど変化しない．そのため，捕食者の $\delta^{13}C$ 値から，同化した有機態炭素がどのような一次生産者に由来するのか，たとえば湖内の植物プランクトンにより固定された炭素なのか，陸上植物がデトリタスとなって湖に運ばれた炭素なのを知ることができる．一方，^{15}N と ^{14}N の比率は $\delta^{15}N$ と呼ばれ，その値は栄養段階をのぼるにつれ上昇し，1つの栄養段階ごとに3～4‰だけ ^{15}N が多くなる．したがって，一次生産者の $\delta^{15}N$ がわかれば，食物連鎖における高次生物の栄養段階を計算できる．しかも，捕食者とその餌生物の安定同位体存在比を比較することで，どの餌生物がその捕食者にとって重要なのかを比較的長い時間スケールで評価できる．たとえば，ザリガニでは消化管内のどの餌もよく咀嚼されていて判別できないので，消化管内容物分析はほとんど役に立たない．観察研究から，ザリガニはデトリタス，付着藻類，水生植物，無脊椎動物を食べることが知られているが，各餌の割合についてはほとんどわかっていなかった．実験的に，ある池の食物網を安定同位体により分析したところ，ザリガニの $\delta^{15}N$ は他の無脊椎動物の植食者より値が4.9‰も高いがわかった．このことは，ザリガニが実際には食物網の頂点に立つ捕食者であり，底生性の無脊椎動物を主に食べていることを示唆している（Nyström et al. 1999；図4.17）．さらに，$\delta^{13}C$ の値は，この池の一次生産者（水生植物や付着藻類）によって生産された有機物が，ザリガニを頂点とする食物網を支えていることを示していた．ただし，安定同位体分析にも欠点がある．それは，餌生物について細かい分類群の分析ができないことである．そのため，古典的な消化管内容物の分析と組み合わせることがきわめて有効となる．安定同位体分析は，単に捕食者の食性を調べるだけでなく，最近では，食物網におけるある消費者の栄養段階の位置を調べたり，湖沼に流入する他生性炭素（allochthonous carbon）の重要性を評価したりする際にも利用されている（第5章参照）．

　餌の選択性を調べる他の方法には，たとえば，最適摂餌モデル（Stephen and Krebs 1986 など）のような機構論的な数理モデルを構築して予測を行い，

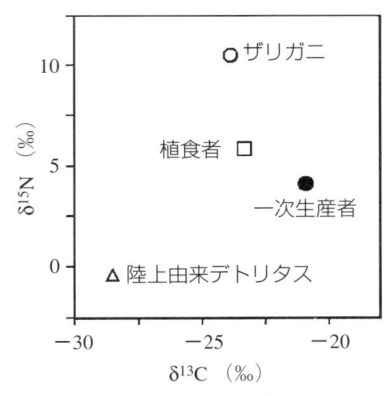

図4.17 陸上由来のデトリタス，一次生産者（沈水植物と付着藻類），無脊椎植食者（甲殻類・昆虫の幼虫・巻貝）およびザリガニの安定同位体存在比．Nyström et al. (1999) を改変．

その予測を摂食実験や行動観察などを通じて検証する方法などがある．

●最適摂餌

　生涯の繁殖成功，すなわち**適応度**（fitness）を最大にするためには，限られた時間の中でエネルギーに関して可能な限り多くの純益を得る必要がある．最適摂餌理論（optimal foraging theory）は，そのような最大の純益を得るため，捕食者はどの餌を食べるべきかを予測する理論である．餌あたりの純エネルギー獲得量は，その餌のエネルギー含量と餌を捕獲するのに要したコストによって決まる．餌捕獲のためのコストを捕獲に要した時間と仮定すれば，ある餌から得られるエネルギーの純益は，獲得したエネルギーをその獲得に要した時間で割った値で表すことができる．おそらく，餌から得られる純益は，餌の大きさに伴って増加するだろう．餌サイズの増大に伴う捕獲時間の増加は，エネルギー獲得量の増加に比べて緩やかと考えられるからである．しかし，餌サイズがある臨界値に達すると，捕獲時間は急激に増加するようになり，その結果，純益は減少するだろう．このことは，どのような餌タイプにも，最大の純益をもたらす餌サイズが存在することを意味している．最適な摂食者（optimal forager）とは，そのような最大の純益をもたらす餌を好んで食べる摂食者である．この最適摂餌理論によれば，さまざまな餌がある場合，摂食者は最も利益の得られる餌だけを食べると予測される．また，最も利益の得られる餌が少なくなると，その餌との遭遇確率が低くなるので，2番目に利益の得られ

る餌も食べるようになるはずである．つまり，どの餌を食べるかは，最も利益の得られる餌の供給量によって決められ，食べても利益の少ない餌の量には影響されないと考えられる．これらの予測は，淡水生物を使って何度も検証されてきた．最適摂餌の最も古典的な研究の１つは，サイズの異なるミジンコを餌として用いたブルーギルの摂食に関するものである（Werner and Hall 1974）．

●パッチの利用

　餌生物は湖や池の中で均一に分布しているわけではない．むしろ，餌生物の分布は多くの場合パッチ状で，そのパターンはしばしば生息場所（たとえば沿岸帯）の空間的異質性や複雑さに関係している．しかし，空間的に均一に見える沖帯の水中でも，餌生物の分布にはかなりの不均一性がある．たとえば，動物プランクトンは一様には分布しておらず，ある特定の深度に高い密度で分布したり，高密度の群れをつくったりする．巧みな捕食者は，餌の密度が高いパッチを見つけ利用するはずである．多くの理論研究や実証研究は，水生の捕食者がパッチをどのように利用するかを評価してきた．それら理論研究によれば，餌密度の高いパッチにいる時間を最大化し，かつ餌密度の低いパッチにいる時間を最小化するような行動の'規則'があるという．効率よく採餌する捕食者は，質の高いパッチに集合することになるが（集合反応），これを達成するため時としてさまざまな複雑な行動戦略を使うようである．区域制限探索（area restricted search）とは，質の高いパッチを効率よく利用するための単純な戦略で，餌の密度変化に応じて探索軌道をすぐに修正する．この戦略をとる捕食者は，質の高いパッチに入るとターンを増やして直進を減らすよう移動パターンを変える．図 4.18 は区域制限探索の典型的な例を示している．この図では，藻食者のヨーロッパモノアラガイ（*Lymnaea stagnalis*）が付着藻類の生物量変化に応じて移動パターンを変えている様子が示されている．同様の行動パターンは，捕食性の動物にも見られることが知られている．

　あるパッチにどのくらい滞在するか，そのパッチをいつ諦めて次のパッチの探索に向かうか，その決定に関する行動戦略もある．たとえば，ある捕食者は一定の見放し時間（constant giving up time）を使ってパッチを利用しているかもしれない．これは，最後の餌に遭遇してからある一定時間経つと，捕食者はそのパッチを見放すというものである．一方，周辺値の原則（marginal value theorem）によれば，あるパッチの資源レベルが環境全体の平均値に下

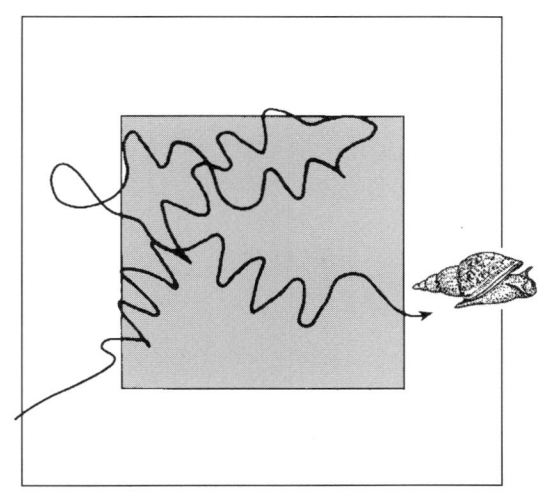

図 4.18 ヨーロッパモノアラガイ（*Lymnaea stagnalis*）による区域制限探索の様子．この巻貝は，藻類の豊富なパッチ（濃い部分）に入ると，移動速度が遅くなり，ターンが多くなる．

がるまで，捕食者はそこにとどまり採餌し続けるべきであるという．

● **トレードオフ── 摂餌か捕食者からの逃避か？**

　餌を効率よく見つけたり選択したりすることは動物にとって重要なことであるが，それ以外にも個体の適応度を決めるのに重要な要素がある．たとえば，捕食者から逃れたり，効率よく繁殖のパートナーを見つけたりする方法も，適応度を増加させる．動物は，餌を探して動き回っているとき，油断し捕食者に目立ちやすい．活動を少なくしたり，捕食者の少ない生息場所に移動したりすれば，被食のリスクは減る．しかし，これは餌を得る機会を失うという損失を伴う．このように捕食者が存在すると活動が低下したり，餌の少ない生息場所に移動したため成長速度が低下したりすることは，たとえばザリガニ，ブルーギル，マツモムシなどで知られている（Stein and Magnuson 1976；Sih 1980；Werner et al. 1983）．被食を回避することと餌を食べることの相対的な利益は，もちろん条件によって変わる．それは，たとえば，捕食者の大きさや密度，競争者の有無，自身の餌の供給量や空腹度，食べられやすさなどの条件である．動物は摂食の利益と被食による損失をさまざまな環境下で判断し，被食による損失と摂食による利益のバランスをとるよう妥協（トレードオフ）することが

いくつかの研究で示されている．Milinski（1985）は，イトミミズを食べるトゲウオが捕食の危険度に応じて摂食行動を変えることを示した．すなわち，捕食者（魚食性のシクリッド）がいると，トゲウオの摂食活動が低下し捕食者の近くで採餌することを避けたという（図 4.19）．肉食性のマツモムシは，同種他個体の体サイズや密度に応じて，摂食行動を変化させる（たとえば Sih 1980）．餌要求の増加（つまり空腹度の上昇）は，摂食活動と被食回避の妥協点に影響するはずである．空腹の動物は，より被食のリスクが大きくても摂食する方を選ぶだろうし，満腹の個体は隠れ場所にとどまるだろう．実際，ある実験では，空腹度が増すにつれて淡水生物はより大きな被食のリスクを選ぶことが示されている（たとえば Milinski and Heller 1978 参照）．

消費者の機能的反応

消費者 1 個体が食べる餌の数は，餌密度の増加とともに増えるが，餌の捕獲や処理に費やす時間は有限であるため，ある餌密度に達すると摂食速度は頭打

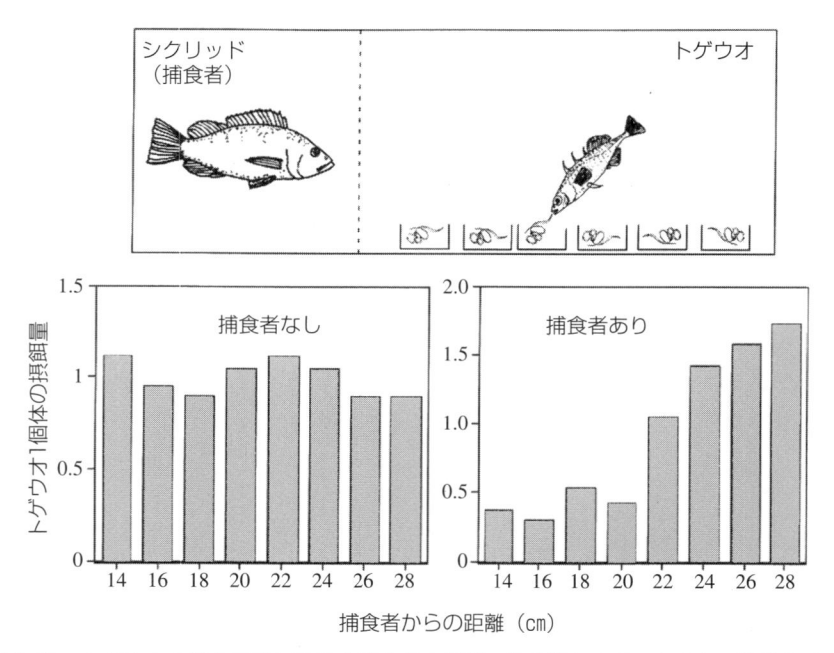

図 4.19 トゲウオの摂食速度に及ぼす捕食者の影響．魚食性シクリッドからの距離とその場所でのトゲウオの平均摂食数（下段右）．シクリッドがいない場合の実験結果も示す（下段左）．Milinski（1985）による．

ちとなる．この消費者の摂食速度と餌密度との関係は**機能的反応**（functional response）と呼ばれる．その反応曲線の形は消費者によって異なり，3つの型に分類できる（Holling 1959；図4.20）．Ⅰ型（type Ⅰ）の機能的反応では，摂食速度は餌密度の増加に伴い直線的に増加し，ある餌密度になると最大値に達する．Ⅰ型の機能的反応は，たとえばミジンコや二枚貝のような濾過食者に一般的で，単位時間あたりに処理できる餌の数の上限は摂食器官や消化管容量によって制限される（図4.21）．Ⅱ型（type Ⅱ）の機能的反応では，摂食速度の増加は徐々に緩やかになり，漸近値に達するとそれ以上餌密度が増えても摂食速度はほぼ一定となる．この機能的反応の正確な形と飽和値は，消費者と餌の双方の性質に依存する．マツモムシ（*Notonecta*属）では，質的に異なるさまざまな餌生物に対する摂食速度が詳細に研究されている（たとえばFox and Murdoch 1978；Murdoch et al. 1984）．マツモムシは，大きな餌より小さな餌

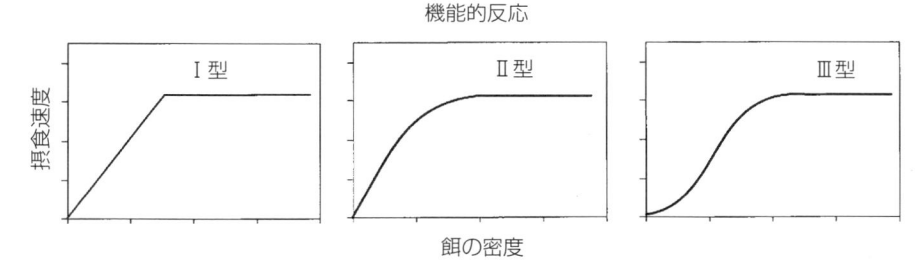

図4.20 消費者の機能的反応（餌密度と捕食者1個体あたりの摂食速度との関係）．HollingのⅠ型，Ⅱ型，Ⅲ型の理想的な反応曲線が示した．詳細は本文参照．

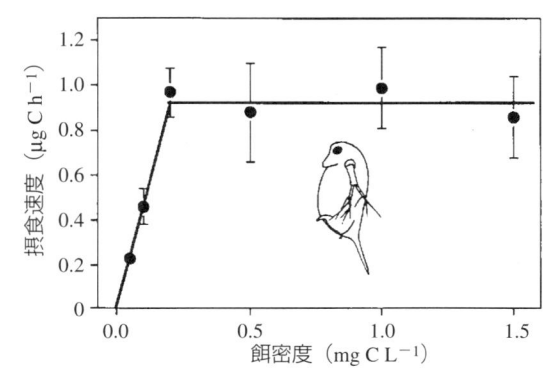

図4.21 濾過食者プリカリアミジンコ（*Daphnia pulicaria*）によるⅠ型の機能的反応．Lampert（1994）を改変．

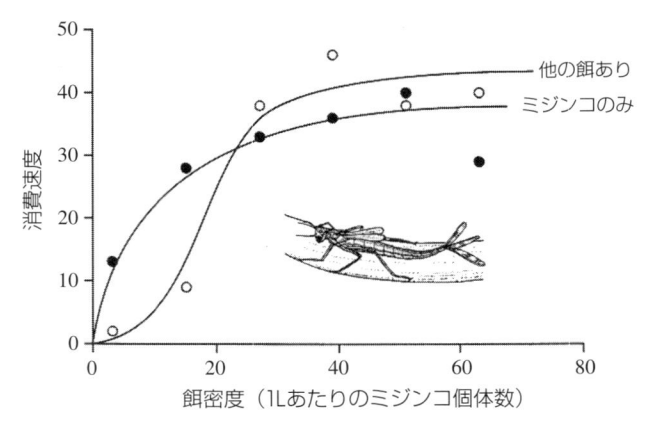

図 4.22 餌条件に応じた機能的反応の変化．他の餌が存在すると，ミジンコ（*Daphnia*）に対するイトトンボの機能的反応は，II 型から III 型に変わった．曲線は視覚的にデータと適合するよう引いている．Acre and Johnson（1979）を改変．

に対して摂食速度が高く，大型のマツモムシ個体は小型個体よりも摂食速度が高い．この違いは，大型個体ほど大きな消化管を持つという理由だけでなく，大型個体ほどより活発で広く餌を探索できることにもよる．餌密度の高い条件でよく食べた個体は，成長速度が高く，その結果餌を発見・攻撃する速度も増える．そのような成長と発達に伴う捕食者の摂食速度や攻撃速度の変化は，**発達的反応**（developmental response）と呼ばれている．

　III 型（type III）の機能的反応は，脊椎動物のように摂餌行動に学習の要素が加わるような場合に見られる．III 型の反応曲線は S 字型で，餌密度の低いときは摂食速度が指数関数的に増加し，その後は II 型の反応曲線に見られるように，最大値に達するまで摂食速度は徐々に減速する．一般に III 型の機能的反応は，餌密度の増加により捕食者の探索効率が上がったり，餌の処理時間が短くなったりするときに見られる．また，III 型の反応は餌の種類を切り替えるような捕食者にも見られる．たとえば，あるイトトンボ（*Anomalagrion hastatum*）の幼虫は，餌としてミジンコ 1 種だけ与えると II 型の機能的反応を示すが，ミジンコとオカメミジンコの 2 種を与えると，ミジンコに対する機能的反応は III 型となる（図 4.22）．

小型生物による餌の消費速度

　摂餌選択性，餌生物量や組成，餌生物の被食防衛などさまざまな要因のた

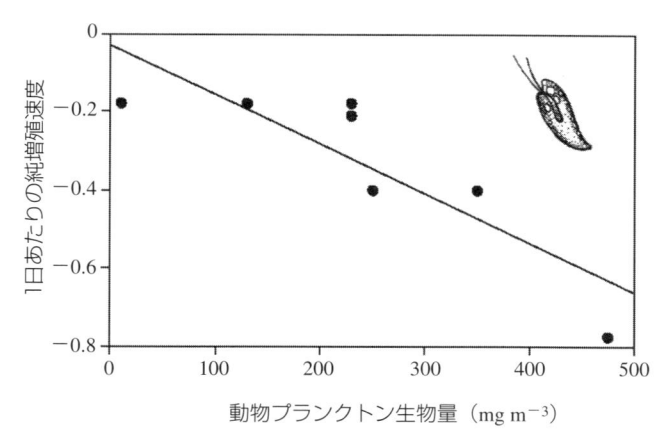

図 4.23 藻食者である動物プランクトンの生物量とクリプトモナス（*Cryptomonas* spp.）の純増殖速度との関係．動物プランクトン生物量に対する純増殖速度（r）の回帰直線の勾配が，クリプトモナスに対する動物プランクトンの濾過速度（'摂食速度'）の推定値となる．

め，消費者の摂食速度は時空間的に大きく変化する．ある消費者（捕食者，植食者）の特定の餌生物に対する摂食速度は，餌生物を入れた水槽にさまざまな密度で消費者を加える実験により，調べることができる．実験に用いる消費者の密度は，野外の 0.5～10 倍の範囲が適しているだろう．このような実験方法は，藻類を食べる動物プランクトンでよく用いられてきたが，他の消費者–餌生物者にも応用できる．餌生物の純増殖速度（r）は，その生物の実験終了時と実験開始時の個体数の比を，実験時間で割ることにより計算できる．数式では，次のようになる．

$$r = \frac{\ln(N_t/N_0)}{\Delta t}$$

ここで，N_0 は実験開始時の餌生物の個体数，N_t は実験終了時の餌生物の個体数，Δt は実験時間である（Lehman and Sandgren 1985）．このようにして得られた餌生物の純増殖速度（r）を，消費者の生物量に対してプロットしてみる．このとき，消費者の生物量と r の間に傾きの大きい負の直線関係がみられればその餌生物に対する摂食速度が高いことを（図 4.23），その線が x 軸と平行であれば消費者はその餌生物をほとんど食べていないことになる．すなわち，このプロットの傾きは，特定の餌生物に対する消費者の生物量あたりの摂食速度（消費速度）を表している．この方法は，植物プランクトンを食べる動

物プランクトンや，細菌を食べる従属栄養鞭毛虫，あるいはワムシ類を捕食するカイアシ類など，さまざまな小型生物の消費速度を求めるのに適している．大型生物にも適用できるかもしれないが，その場合，実験の規模が問題となるだろう．

被食防衛

捕食されるリスクを減らす餌生物，すなわち被食者の適応は，捕食者と遭遇する以前に備えているか遭遇後に働くかによって，2つのタイプに分けられる（Edmunds 1974）．**一次的防衛**（primary defence）は，捕食者に遭遇する前から備えているもので，捕食者との遭遇確率を減らすように働く．**二次的防衛**（secondary defence）は捕食者と出くわした後に働く適応である．二次的防衛は，捕食者に発見された後に餌が生き残る確率を高めるよう機能する．これらの異なる適応は互いに排他的ではなく，餌生物は捕食サイクルのさまざまな過程でそれぞれ機能する適応的な防衛を行っている．

一次的防衛

●遭遇の回避

多くの餌生物は捕食者の攻撃から逃れるのが苦手で，一度捕食者と出会うと攻撃され食べられてしまう確率が高い．藻類や細菌の多くはそのよい例である．逃避や防衛能力に乏しい餌生物は，捕食者によって個体数が低く抑えられ，絶滅させられることさえある．このような餌生物は，捕食者との遭遇確率を減らす必要がある．もちろん，最も有効な方法は捕食者のいる場所を完全に避けることである．たとえば，水溜まり池のような一時的な水体には魚がいないので，餌生物は幼生期をそのような池で過ごすことにより被食のリスクを減らすことができる．たとえ池が干し上がる前に幼生期を終えることができないリスクがあったとしても，である（第2章参照）．

湖などの恒常的な水体に棲む餌生物も，捕食者のいる場所を避けて生活しているかもしれない．ヨーロッパアマガエル（*Hyla arborea*）はヨーロッパの多くの地域で絶滅に瀕しているが，それは湿地の乾燥化や池の干拓など景観の変化によるところが大きい．スウェーデン南部のヨーロッパアマガエル個体群の研究によると，このカエルは分布域内のすべての池で繁殖に成功しているわけではないという（Brönmark and Edenhamn 1994）．このアマガエルがよく繁

殖する池が，見かけは同じだが春に雄ガエルの鳴き声がさっぱり聞こえない池のすぐ隣にあることもある．このカエルが繁殖している池には，魚は全くいないか，あるいはトゲウオだけしかいない．一方，このカエルが繁殖しない池にはいずれも魚が生息している（図4.24）．このように，ヨーロッパアマガエルは，魚のいる池を繁殖に使わない．どのような機構でそうなるのか明らかではないが，このカエルは生まれた池に戻って繁殖するので，捕食圧の高い池には変態して上陸できるまで生き残る幼生がほとんどおらず，したがって繁殖のために戻ってくる成熟したカエルがいないのかもしれない．あるいは，成熟した雌ガエルは，たとえば，魚がいる池を事前に察知できたり，水溜まり池のような一時的な水体だけを利用したりすることで，捕食性の魚が生息する池を避けているのかもしれない．

多くの餌生物は，防衛能力や逃避能力が低いにもかかわらず，捕食者と共存している．おそらく，餌生物は捕食者との遭遇確率を最少にするような適応をしているからだろう．捕食者の密度や捕食効率が低い場所を選ぶ**空間的避難**（spatial refuge），捕食者の活動が活発なときには活動しない**時間的避難**（temporal refuge），背景と混ざるような体色を持つ**隠蔽**（crypsis）などは，いずれも捕食者との遭遇確率を減らすよう働く．そこで，これらの戦略について詳しく見ていくことにする．

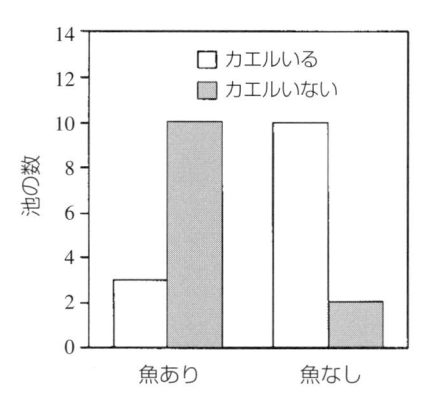

図 4.24 魚のいる池といない池でのヨーロッパアマガエル（*Hyla arborea*）の繁殖利用度の違い．白抜きは繁殖するアマガエルがいる池を，灰色はいない池を示す．Brönmark and Edenham（1994）による．

● **空間的避難**

　たとえば，捕食者が避ける酸素濃度の低い場所に分布すれば，餌生物は捕食による死亡を最小限に抑えることができる．しかし，捕食者と被食者が共有する生活空間にも逃げ場はあるかもしれない．一般に，**構造的に複雑**な空間ほど逃げ場は多く，そこでは捕食者の摂食効率は下がる．陸域や水域を対象とした理論研究や実験研究では，被食者の逃げ場が増えると捕食-被食関係が弱まり，捕食者と被食者が共存するようになることが示されている．湖沼の沿岸帯は，構造的に複雑な空間である．吹きさらしの開けた岸辺でも，粗い石が多ければ空間的に複雑な場所となる．風から遮られた岸辺では，堆積物が蓄積し，そこに繁る沈水植物や抽水植物によって複雑な空間構造がつくられる．

　底生性の大型無脊椎動物の分布を調べた研究によれば，水生植物のない場所に比べ，水生植物が繁茂する場所では大型無脊椎動物の出現数が多く，また種多様性も高いという（Soszka 1975）．種々の水生植物が繁茂し複雑な空間構造ができる場所や，沈水植物と抽水植物が一緒に繁茂する場所は，たとえばガマだけが繁茂する場所よりも複雑性の高い生息場所となるであろう．

　湖や池に設置した隔離水界を用いると，捕食圧を一定に保ちながら，たとえば水生植物の密度を変えることにより，生息場所の複雑さを実験的に操作することができる．このような隔離水界実験により，生息場所の複雑さが高いほど，底生性の大型無脊椎動物の種類が多くしかも密度も高いことが示されている（Gilinsky 1984；Diehl 1992）．生息場所の複雑さが増すと，視界が悪くなったり遊泳速度が遅くなったりするため，捕食者の探索時間が増加する．その結果，餌生物と捕食者の遭遇確率は低くなる．生息場所の複雑さは，捕食者に対する餌生物の逃避成功度を増やし，さらに捕食者の餌処理時間にも影響を及ぼすだろう．

● **時間的避難**

　捕食者との遭遇確率を減らすため，餌生物は活動を減らして目立たないようにすることを選ぶかもしれない．動いていると，捕食者に発見されやすい．オタマジャクシは水中の化学物質（chemical cue）を手がかりに捕食者の存在を知り活動を抑え（Petranka et al. 1987；Laurila et al. 1997），ザリガニは魚による捕食の危険があると不活発になり避難場所に潜む時間が増えるという（Stein and Magnuson 1976）．また，餌生物は，捕食者が活動していない，あ

るいは捕食者がいない時間帯や季節に活動するよう行動パターンや生活史を変えるかもしれない．**日周鉛直移動**（diel vertical migration）や**休眠**（diapause）は，それぞれ短い時間スケールと長い時間スケールでの餌生物の時間的避難の例である．

日周移動　24時間にわたり，湖のさまざまな水深で動物プランクトンを採集すると，たいていの場合，ミジンコのような枝角類プランクトンの主な分布深度が昼と夜で違うことを見つけるだろう（図4.25）．これは，多くの淡水動物プランクトン（特に枝角類）が，1日の間で水柱を鉛直的に移動するからである．夜明けには暗い底層に下降し，日暮れには再び表層に上がってくる．このような大きなスケールの移動パターンは，何年にもわたって淡水生物学者の興味を惹きつけ，その適応的意義を説明するいくつもの仮説が提案されてきた．移動行動を誘引する近接要因（proximal cue）は光強度の変化であることが比較的初期の研究で明らかになったが，その究極要因（ultimate cause）は定かではなかった．この行動は，体温調節（thermo regulation）のための適応であり，深い冷たい水に移動することで代謝を最適化していると説明された

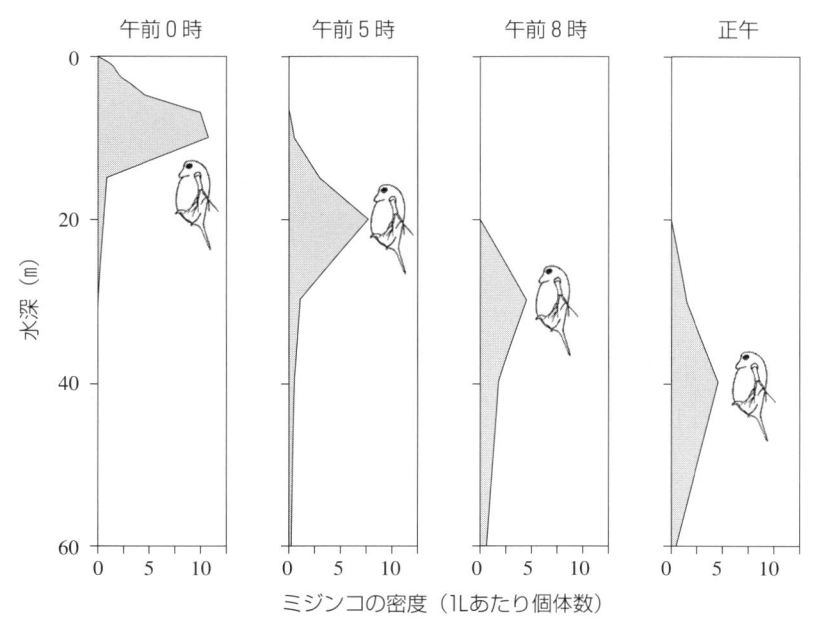

図4.25　Constance湖におけるミジンコ（*Daphnia hyalina*）の日周鉛直分布（1977年7月の例）．Stich and Lampert（1981）による．

り，植物プランクトンの餌としての質が夜間に最も高くなるので，それを消費するために表層に上がってくるのではないかと考えられたりした．しかし，日周移動するミジンコ個体群と移動しないミジンコ個体群を比較したところ，代謝や繁殖の上で移動が有利に働くわけではないことが明らかにされた．移動しないミジンコ個体群の方が，成長速度が速く多くの卵を産んだのである（Dawidowicz and Loose 1992）．良質な餌が豊富にある温かい表層から餌量が少なく質も悪い（ほとんどデトリタス）冷たい底層に，わざわざエネルギーを使って移動することは，むしろ説明しにくい不適応な行動に見える．しかし，死亡率の観点から見ると違って見える．すなわち，日中に下降移動する適応的価値は，視覚を使って餌を探す捕食者を回避するためかもしれない（Stich and Lampert 1981）．確かに，視覚によって餌を探す捕食者（visual predator）の活動が活発な日中は，薄暗い底層がよい逃げ場になる．日中，水温が低く餌条件の悪い場所で過ごしたとしても，その損失は捕食によって死んでしまうことに比べればはるかに小さいものだろう．

　日周鉛直移動は被食回避のための適応であるとする仮説を強力に支持する証拠は，多くの巧妙な室内実験や野外実験で得られている（Lampert 1993による総説を参照）．それらの実験では，捕食者が放出する化学物質が枝角類プランクトンの鉛直移動を誘引することが示されている．魚を飼った水槽の水は動物プランクトンの日周鉛直移動を誘引する．これは，その水に魚の**カイロモン**（kairomone）という化学的信号が含まれるからである．カイロモンはある生物（この場合は魚）から放出され，他の生物（この場合は動物プランクトン）に好都合な情報をもたらす化学物質である．ただし，魚のカイロモンの正確な化学物質組成はまだわかっていない．動物プランクトン食魚，ベントス食魚，魚食魚などさまざまな魚が，何を食べたかにかかわらず，カイロモンを放出する．魚から放出されるカイロモンは，微生物によってすぐに分解される．このため，カイロモンはすぐ直前に魚が存在したことを示す確かな情報になるのである．

　捕食者からの化学的な信号を受けて移動パターンを変えるのは，枝角類プランクトンだけではない．フサカ（*Chaoborus* sp.；図 3.20）は，日中に魚のカイロモンにさらされると，底に移動し，堆積物中に潜伏する（Dawidowicz et al. 1990）．興味深いことに，Neil（1990）は，カイアシ類のヒゲナガケンミジンコの仲間が逆の鉛直移動パターンを示し，昼に表層に移動し夜に深層に移動す

ることを見つけた．Neil は，この行動がヒゲナガケンミジンコを捕食するフサカによって引き起こされること，そこにはやはり化学的な信号が関与していることを示した．フサカを飼育した水で実験を行うと，ヒゲナガケンミジンコは実際にフサカ個体がいるときと同じような移動パターンを示したのである．フサカは通常の日周鉛直移動を見せるので，ヒゲナガケンミジンコの逆の日周鉛直移動パターンは，フサカによる捕食を減らすための適応だと説明できるだろう．

　浅く成層しない湖や池では，動物プランクトンは変水層や深水層に移動して捕食を回避することができない．しかし，浅い湖で行った研究によれば，動物プランクトンは構造的に複雑な水生植物のある沿岸帯に日中集まるという．たとえば，水生植物が繁茂する場所でのオオミジンコ（*Daphnia magna*）の密度は，昼間の方が夜間に比べて20倍も高いという（Lauridsen and Buenk 1996）．これは，鉛直移動が制限される湖や池では，動物プランクトンは，魚に捕食されるリスクを減らすため，構造的に複雑な水生植物群落に水平移動することを示唆している．鉛直移動と同様に，魚から放出される化学物質にさらされると，動物プランクトンによる水生植物帯の利用が増えるという研究もある（Lauridsen and Lodge 1996）．

　被食回避行動は動物に一般的であるが，藻類にもみられる．鞭毛を持つ藻類種（たとえば *Gonyostomum* 属や *Peridinium* 属；図3.6）は，水中の動物プランクトン密度が高いと堆積物表面にとどまり，捕食される危険が少ないと水中に浮上する（Hansson 2000）．室内実験を行ったところ，動物プランクトンのいない対照区では多数の *Gonyostomum* 細胞が堆積物から水中に泳ぎ出たが，動物プランクトンを入れた小さな籠を吊した実験区では，少数の細胞しか堆積物から泳ぎ出なかったという（図4.26）．死んだ動物プランクトンを使っても同様の結果が得られている．したがって，水中に泳ぎ出た藻類細胞が少なかったのは，動物プランクトンにより食べられてしまった結果ではない．動物プランクトンが水中に化学的な信号を放出し，それに藻類が反応して行動を変えたのであろう．

　休眠　ここまで見てきた捕食者からの時間的避難は，短い時間スケール（1日程度）で見られる行動の変化である．捕食者の密度や活動が季節的によって大きく変化する場合，餌生物は捕食から逃れる適応として**休眠**を使うかもしれない（Gyllström and Hansson 2004 による総説を参照）．休眠は，成長

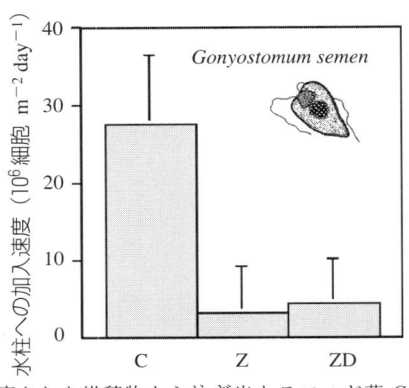

図 4.26 室内実験で観察された堆積物から泳ぎ出たラフィド藻 *Gonyostomum semen* の細胞数．対照区（C）には動物プランクトンがおらず，多くの *G. semen* が堆積物から水柱に泳ぎ出たが，生きたオオミジンコ（*Daphnia magna*）を入れた水槽（Z）や，死んだオオミジンコを入れた水槽（ZD）では，泳ぎ出た細胞数は少なかった．Hansson（1996）による．

や発達の一時的な中断である．Hairston（1987）は，魚による捕食圧の変化に応答して，池に棲むカイアシ類が異なる種類の卵を産むことを見つけた．そのカイアシ類は，春のはじめにはすぐに孵化する通常の卵を産むが，水温が上昇し魚の活動が活発になると，代わりに休眠卵を産み始めるという．この休眠卵は，水温が再び下がり魚の活動が低下する秋まで孵化しない．面白いことに，自然の実験ともいうべき偶発的なイベントにより，対捕食者適応としての休眠の適応的意義が確かめられた．ある年，厳しい乾燥により池が干上がり，魚がいなくなった．すると，カイアシ類の休眠時期が1ヶ月も遅くなった．カイアシ類は，夏の高水温でも豊富な餌資源を利用して個体数を増やすことができたのである．

隠蔽　　多くの淡水生物は地味な色彩の見かけをしており，たとえば熱帯のサンゴ礁に棲む派手な海の生物と好対照である．淡水魚の中には，産卵期に明るい体色となる種もいるが，明るい色をした無脊椎動物はおそらく赤いミズダニ（water mite）だけだろう．このミズダニの赤色は，毒素を持ちまずい餌であることを知らせる警告信号だと指摘されている（Kerfoot 1987）．しかし，背景とはっきり区別がつく淡水生物はほとんどおらず，多くは，その場の環境や背景にとけ込むよう自らの体を**隠蔽**している．

　水生動物はたいてい丸みのある体を持ち，さらに上から光を浴びているので，体の腹側にできる影は捕食者に見つけられやすい．水生動物の多くの隠蔽

色は，この影をなくそうとするもので（背側が濃く腹側が薄い），腹側の影を不明瞭にする．色素を持つ生物も，視覚により餌を探す捕食者に見つかりやすい．魚のいる湖では動物プランクトンはたいてい透明だが，たとえば北極や南極の魚のいない湖沼では，動物プランクトンは植物プランクトン由来の色素を体に持ち，よく目立つ（Luecke and O'Brien 1981）．また，抱卵している雌の動物プランクトンは魚に見つかりやすく，卵を持たない個体よりも捕食されやすい（Hairston 1987）．大きく色素のある目も捕食者に発見されやすい．このため，魚と共存する動物プランクトン個体は，魚のいない環境の同種個体よりも小さな目を持つことが多い（Zaret 1972）．

二次的防衛

　捕食者に発見され攻撃されても，餌生物が被食回避に成功するようないくつかの形質がある．多くの餌生物は素早く逃げたり飛んだりできる．また，逃げ場の近くにいたり，捕食者が予測できないような不規則な逃避行動（erratic escape movement）をすることで，捕食を回避する確率を増大させている．たとえば，ミズスマシは，通常は水面でゆるい群れをつくって泳いでいるが，捕食者が現れると不規則で素早い動きを見せ始める．ハネウデワムシ（*Polyarthra* 属）は，カイアシ類のような捕食者に攻撃されると，突然'ジャンプ'して逃げる．餌生物の中には，捕食者が近づくと隠遁（retreat）するものもいる．ザリガニは堆積物に穴を掘ったり，岩の割れ目に隠れたりする．巻貝や二枚貝は硬い殻の中に閉じこもる．トビケラは棲管をつくり，しっかりした基質にその管を付着させる．貝殻やトビケラの棲管は，捕食者に捕まっても食べられにくくする，防衛のための形態的な適応と見ることができる．

　棘などの形態的構造は，捕食者の餌処理時間を長くするので，捕食者がその餌を拒否したり避けたりする可能性を増大させる．トゲウオは真っ直ぐに固定できる棘を持っており，魚食魚が処理するのを難しくしている．Hoogland et al.(1957) による古典的な実験では，棘を持たないコイ科のミノーと 10 本の小さい棘を持つトゲウオ科のトミヨ，および同じトゲウオ科であるが 3 本の長い棘を持つイトヨをパイク（カワカマス科）に与えた．すると，ミノーはすぐに食べられ，イトヨは一番長く生き残ったという（図 4.27）．ノーザンパイク（キタカワカマス）はブルーギルよりコイ科魚類のファットヘッドミノーを好んで食べるが，これはミノーの体形が細く鰭に棘がないからであろう（Wahl

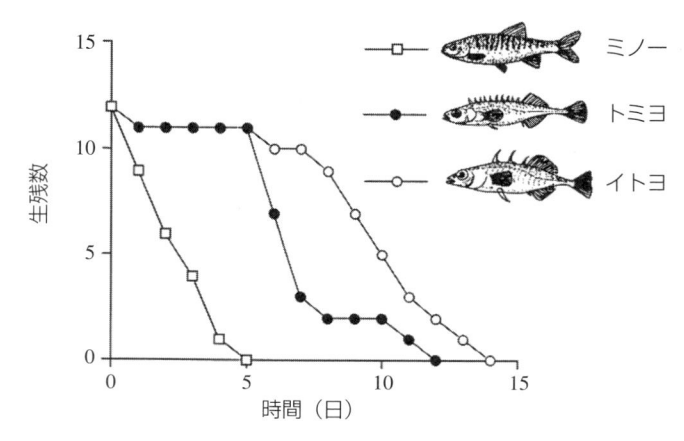

図 4.27 小型コイ科魚類のミノー（*Phoxinus phoxinus*），10 本の棘を持つトゲウオ科のトミヨ（*Phygosteus pungitius*），3 本の大きな棘を持つイトヨ（*Gasterosteus aculeatus*）に対するパイク（*Esox lucius*）の捕食速度．Hoogland et al.(1957) を改変．

and Stein 1988)．

　沿岸帯に棲む大型で活発に動く生物の多くは，魚の捕食に対して化学的な防衛を行う（Scrimshaw and Kerfoot 1987）．ゲンゴロウ，ミズスマシ，マツモムシ（図 3.19）は，魚に攻撃されると分泌物を出す腺を持っている．この分泌物はさまざまな化学物質からなることがわかっており，ステロイド，アルデヒド，エステル，有機酸が含まれる．これらの分泌物は，魚が極端に嫌うので，とても有効な防衛物質である．たとえば，ゲンゴロウは魚に捕まると，この分泌物を出し，魚はすぐにゲンゴロウを拒否して吐きもどす．捕まった餌生物が出す物質として，魚に麻酔をかけるものもある．しかし，これらの化学物質は生産するのに大きなコストがかかり，餌生物自身にも大きな負担があるかもしれない．興味深いことに，ある端脚類がフェノールの多く含まれる植物を食べると，その端脚類に対するゲンゴロウやイトトンボの捕食率が 50% 減少することが最近わかった（Rowell and Blinn 2003）．植物が持つ二次代謝化学物質を蓄積し，捕食者への防衛として転用することは，陸上の植食者ではよく知られているが，淡水では初めて見つかった例である．

微小生物の被食防衛

　藻類や細菌などの小さな生物は，捕食者を回避するために逃げ場や隠蔽を使うことはあまり期待できない．しかし，これらの小さな生物にとっても，捕ま

りにくくなったり，処理されにくくなったり，あるいは不快な味を持ったりすることで，食べられる危険を減らしているようである．藻食者は特定の藻類を避ける傾向がある．特定の藻類とは，毒を持つもの，処理しにくい大きさや形をしているもの，などである．進化的な観点からは，餌生物はこれらの防衛方法を利用して利益を得ようとするはずである．藻食性の動物プランクトンにとって最も食べやすい藻類（植物プランクトン）は，棘や粘性の保護物質のない 3〜20 μm の球形をした藻類である．*Cryptomonas* 属や *Cyclotella* 属のような藻類はこのサイズ範囲にあり，食べられやすい藻類に分類されるだろう．濾過食者が摂食できる最大の粒子サイズは，濾過食者の体の大きさ（あるいは甲殻の大きさ）と直線的な関係にあり（図 4.28），大きな藻類ほど藻食者に食べられる可能性は小さくなる．したがって，被食圧を減らす 1 つの方法は大きくなることで，そうなれば大きな藻食者にしか食べられなくなる．小さな細胞が集まって形成される群体（コロニー）も同様の役割をし，大きな群体を形成する藻類は大型の藻食者にしか食べられない！　その顕著な例として，ラン細菌（ラン藻類）である *Aphanizomenon* 属による束状の群体形成がある（図 3.7）．*Aphanizomenon* は増殖してブルームを形成すると，肉眼で見えるほど大きな束状の群体となる．その様子は，湖面に切り草をまいたようである（Andersson and Cronberg 1984）．形態的な防衛は細菌にも見られ，大きならせん状や糸状の細胞になることがある（Jürgens and Güde 1994）．防衛戦略として，非

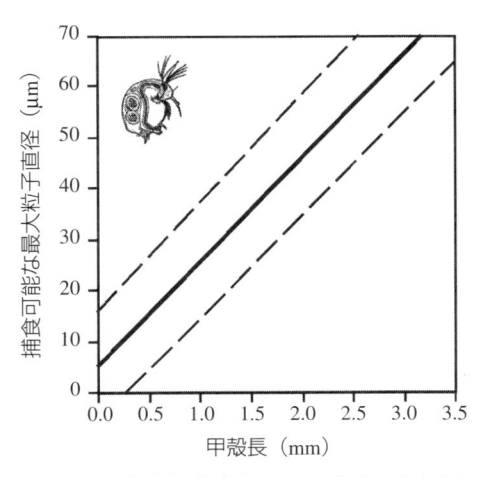

図 4.28　枝角類プランクトンの体サイズ（甲殻長）と捕食可能な餌の最大直径との関係．破線は 95% 信頼限界．Burns（1968）による．

常に小さくなることもしばしば有効である．小さな単細胞の細菌は，大型動物プランクトンには摂食されない．そのため，小さな単細胞の細菌は，大型動物プランクトンが多いと，大きな桿状や糸状の細菌よりも優占する．ちょうど先に述べたイトヨの場合のように，多くの藻類は棘（spine）を持ち，濾過食者が処理しにくい細胞となっている．またある藻類（たとえば，*Microcystis*属，*Aphanizomenon*属や*Gymnodinium*属；図3.6と図3.7）は，藻食者に対する毒性を持つ．しかし，この適応がどのくらい重要なのかはまだよくわかっていない．

いくつかの藻類は細胞を粘質物で覆っており，摂食されても消化されることなく，藻食者の消化管を無傷で通り抜けることができる．また，消化管を通過する間に栄養塩を吸収する藻類種さえいる．もちろんこのような形質を持つことは，藻類にとって有利に働く．藻食者によって競争種が消化されていなくなるばかりでなく，枯渇しがちな栄養塩を摂食者の消化管から摂取できるからである．この適応は，Porter（1973）による小型隔離水界実験で初めて示された．その実験では，125 μmより大きな藻食者（主にミジンコとカイアシ類）のいる水界といない水界をつくり，藻類群集の応答が観察された．その結果，大きな藻食者がいると，小さな藻類種の細胞数は低く抑えられた．これらの藻類種は，被食を回避するための適応を持たず，したがって食べられやすい藻類なのであろう．驚くことに，群体を形成するいくつかの緑藻種（たとえば*Sphaerocystis*属）は，藻食者がいても減少せず，逆に細胞数を増加させる種さえあった．これら藻類種は藻食者に食べられはするが，群体を覆う粘液物質の保護により同化されず，糞として排出された後で増殖したのである．

藻食者による摂食を回避する完璧な抵抗策はほとんどない．しかし，わずかな抵抗であっても，藻類が被る摂食圧は軽減され，その個体群維持に大きな役割を果たすのである．

●化学的な闘争 ── ラン細菌対ミジンコの軍拡競走

富栄養化（第6章参照）は，世界のいたる所で植物プランクトン，特にラン細菌（ラン藻類）の大増殖を引き起こし，湖を緑色に変えてきた．このブルームを形成する最も一般的なラン細菌は，*Microcystis*属や*Anabaena*属（図3.6）などである．これらの種は，大きな群体を形成するため，動物プランクトンに食べられにくい．群体のサイズが大きいことに加え，これら藻類種は強力な毒

素を持ち，藻食性動物プランクトンだけでなくイヌ，ウシ，そしてもちろん水を飲んだり泳いだりする人間にも有害である．毒のあるラン細菌にさらされた動物プランクトンは，成長や卵生産を減少させるか，毒の濃度によっては死にいたることもある（Lürling and van Donk 1997；Gustafsson and Hansson 2004）．このような化学物質はラン細菌の生存にとって有利に働き，藻食者に邪魔（摂食）されることなく増殖することを可能にする．しかし，ミジンコ（図3.13）など，少なくともいくつかの藻食者は，ある程度毒に慣れ，摂食し続けることで反撃しているようである（Gustafsson and Hansson 2004）．この軍拡競走が進化的にも重要であることは，異なる深さの堆積物から採集した（つまり年代の異なる）ミジンコの休眠卵（卵殻鞘；図3.13を参照）を使った研究で明らかにされている（Hairston et al. 1999）．採集した休眠卵を実験室で孵化させ，産まれた個体をラン細菌の毒にさらしたところ，ラン細菌のブルームが顕著だった時代のミジンコは，ブルームがまれだった時代のミジンコより抵抗性が強く，よく成長することがわかった（Hairston et al. 1999）．ラン細菌の毒にさらされていたミジンコは，ある程度はこの物質に対抗できるようになったと考えられる．これは，進化的な軍拡競走の例といえるだろう．

恒常的防衛か誘導的防衛か？

　どこで生活しようと，どんな生物と一緒に暮らそうと，トゲウオはいつも棘を持ち，巻貝は殻を持ち，ザリガニは強いはさみを持っている．つまり，これらの防衛は捕食者がいる・いないにかかわらずいつも存在するので，**恒常的防衛**（constitutive defence）と呼ばれる．一方，淡水生物を対象にした最近の研究では，捕食者の存在により餌生物の形態が防衛に適した形に誘導されることが明らかにされている（図4.29）．この**誘導的防衛**（inducible defence）は特別な条件でだけ進化し，その効果は捕食者と餌生物の両方の特性によって決まると考えられている（Adler and Harvell 1990）．誘導的防衛は以下のときに促進される．
　1. 捕食圧に変化がある（つまり，捕食者がいつでもどこでもいるわけではない）．常に捕食者がいるような生息場所では，言うまでもなく恒常的防御を持つ方が有利だろう．
　2. 捕食者の存在を察知する信頼できる手がかり（信号）がある．また，手遅れになる前に防衛形態を誘導できる．

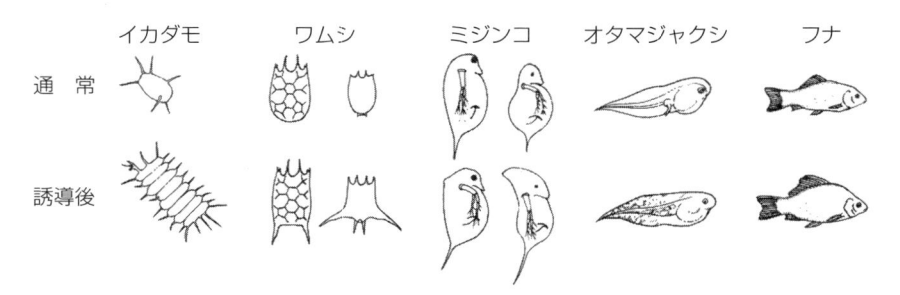

	イカダモ	ワムシ	ミジンコ	オタマジャクシ	フナ
通常					
誘導後					

図 4.29 誘導的防御を持つ生物（捕食者の存在に反応して形態の表現型を変化させる生物）の例．上段は捕食者がいないときの形態，下段は捕食者がいるときの形態．藻類のイカダモ（*Scenedesmus* 属）は藻食者がいるとイカダ状の群体をつくる（Hessen and van Donk 1993）．藻食性のワムシは捕食性のワムシがいると棘をつくる（Stemberger and Gilbert 1987）．ミジンコは無脊椎捕食者がいると背首に歯状突起をつくり，プランクトン食魚がいると長い殻刺と尖頭を発達させる（Havel 1987 の総説を参照）．オタマジャクシは，捕食者であるトンボのヤゴがいると黒い斑点の混ざった赤色で幅が広い尾を発達させる（McCollum and Leimberger 1997）．フナは魚食魚がいると体高が高くなる（Brönmark and Miner 1992）．

3. 誘導的な形態を持つことによって<u>利益</u>がある．捕食者と遭遇したとき，生き延びられる確率がその防御形態によって高められなければならない．
4. 誘導される防衛形態に<u>コスト</u>がかかる．捕食者のいないとき，誘導された防衛形態を持つ個体の適応度は，防衛形態を持たない個体に比べて，低くなければならない．もし防衛形態にコストがかからないなら，餌生物はその防御をいつも持つだろう．

　誘導的防衛を持つ淡水生物は，捕食者から水中に出された化学的信号に応答して防衛形態を発現することが知られている．ミジンコのような枝角類プランクトンでは，魚が放出する化学物質に応答して殻棘や頭部を伸張させたり，捕食者のフサカに応答して背首歯状突起（neck-teeth）をつくる種もいる（図 4.29）．ある原生動物は，捕食性の原生動物がいると，長い突起を発達させる．誘導的防衛の例は無脊椎動物で多く知られているが，近年の研究により，脊椎動物にも誘導的防衛を進化させた種のいることがわかってきた．もともと魚食魚のいない池にパイクを放流すると，フナはわずか数ヶ月で体高の高い形態を発達させた（Brönmark and Miner 1992）．その後の実験室における研究により，この形態変化は捕食者が食べた餌生物に由来する化学物質への応答であることが確かめられた．すなわち，ベントスを食べた捕食者から放出された化学物質はフナの体型変化を誘導しなかったが，魚を食べた捕食者から放出さ

れた化学物質はフナの体高を高くしたのである（Brönmark and Pettersson 1994）。オタマジャクシは，誘導的防衛を持つ脊椎動物のもう1つの例である。トンボの幼虫はオタマジャクシにとって脅威となる捕食者である。McCollum and Leimberger（1997）は，トンボが放出する化学物質にさらされると，アマガエルのオタマジャクシが黒い斑点の混ざった赤色で幅が広い尾を発達させることを見つけた。また，緑藻のイカダモ（*Scenedesmus* 属）では，藻食者の存在に応答して群体を形成し，大きくなって食べられにくくなることが示されている（Hessen and van Donk 1993；図4.29）。

　誘導的防衛を持つことのコストは，いくつかの生物で明らかにされている。たとえば，捕食者のいないときに防衛形態をとると，成長が遅くなったり，卵生産が減少したりするのである。しかし，この結果は一義的に決まるものではないらしい。たとえばミジンコでは，コストの有無，あるいはコストの程度を決めるのに，餌条件が重要であるという。防衛形態を持つことのコストの相対的大きさは，餌の獲得状況に依存するはずである。資源が豊富な場合，生物はそのコストを賄えるだろう。しかし，資源が限られている場合には，防衛形態はコストとして負担になる。フナを使った野外実験では，フナの密度が低いと（餌を巡る競争が弱いと），体高の高い個体は体高の低い個体と同じ成長速度を示した。しかし，フナの密度が高く餌が枯渇しがちになると，体高が高い個体は成長が遅くなったという（Pettersson and Brönmark 1997）。

　生物の形態にかかわるコストと利益は，種間の比較から推測されることが多かった。しかし，種間には注目している形態以外にも違いがあることが一般的で，その場合，注目している形態だけのコストと利益を検討することが難しい。形態防衛の誘導は魅力的な適応であり，詳しく研究する価値がある。特に，系統による制約を受けないため（つまり同種内で比較すればよいので），形態に伴うさまざまなコストと利益を検討する絶好の機会を進化生物学者に提供するだろう。

寄　生

　寄生者は，少なくとも最初のうちは宿主（host）を殺すことなく，宿主から栄養を摂取する生物である。寄生者は，ウイルス，細菌，真菌類，原生動物など**小型寄生者**（microparasite）と，ぜん虫（条虫・吸虫），線虫，甲殻類など

の**大型寄生者**（macroparasite）に分類される．小型寄生者はサイズが小さく世代時間が短いが，そればかりでなく，宿主の中で増殖することで特徴づけられる．大型寄生者は，宿主の中で成長はするが，繁殖のためには他の宿主が必要となる．多くの寄生者は**内部寄生者**（endoparasite）であり，宿主の体内で生活する．一方，**外部寄生者**（ectoparasite）は，宿主の表面で生活する寄生者である．たとえば，魚を宿主とする外部寄生者は，鰓弁やひれに付着したり，体表面についたりする（たとえばウオジラミやヤツメウナギ）．小型寄生者は，宿主から宿主に直接移動することが多いが，大型寄生者は一般的に**ベクター**と呼ばれる他の生物により媒介される．大型寄生者は，しばしば複雑な生活環を持ち，複数の中間宿主それぞれが異なる場所（たとえば水界のみならず陸上など）に生息している場合が多い．

　病原性の細菌やウイルスは，宿主個体群の死亡率を劇的に増加させることがある．たとえば，細菌の *Aeromonas* 属は，パーチのある個体群で 98% の個体に死をもたらしたという（Craig 1987）．寄生者は，宿主である植物プランクトンの細胞数や動物プランクトンの個体数に影響を与えるばかりでなく，個体群を強く制限することさえあることが多くの研究で示されている．藻類はブルームの終盤にしばしばカビに寄生されることがある．このような寄生者が，実際にブルームの崩壊をもたらすのか，それともすでに死にかけている藻類に感染するだけなのかについては，必ずしも明らかではない．Constance 湖に棲むカブトミジンコ（*Daphnia galeata*）の研究によると，原生動物（*Caullerya mesnili*）に内部寄生されたカブトミジンコの割合が 50% に達することもあるという．室内実験により，この寄生者がカブトミジンコの死亡率を劇的に高め，また産卵数を低下させることが示されている（Bittner et al. 2002）．研究室内での飼育実験では，この寄生者はカブトミジンコ個体群を 10〜12 週以内に絶滅させたという．この寄生者が感染すると，カブトミジンコはより目立つ色になるため，視覚を用いて探索するプランクトン食魚に捕食されやすくなる．つまり，飼育実験に比べ，野外では死亡率はさらに高くなるだろう．

　しかし，一般的には，寄生者はもっと緩やかに宿主に影響を与える．寄生されると，宿主個体が獲得するエネルギーが寄生者に搾取されるため，宿主は成長や卵生産に少ししかエネルギーを使えない．このため，感染した個体は，より多くのエネルギーを獲得するよう，行動を変えるかもしれない．条虫の *Schistocephalus solidus* に感染したトゲウオは，感染していない個体よりも餌

を求めるようになり，捕食の危険が高い採餌場所の利用が増える（Milinski 1985）．寄生者は内部器官も変化させることがある．巻貝では，寄生者によって生殖器官が変形・去勢され，個体群の大部分が繁殖不能になることもある．

　複数の生物を宿主とする複雑な生活環を持つ寄生者は，異なる中間宿主の間を移動できるよう，巧妙な適応や戦略を進化させてきたようである．多くの寄生者は，中間宿主（intermediate host）の行動を変えることで，終宿主（final host）に捕食される確率を高めている．寄生者は，中間宿主の運動能力を衰えさせたり，活動レベルを上げ下げしたり，あるいは捕食される危険が高い場所に移動させたりする．たとえば，条虫の *Ligula intestinalis* に感染したローチは，鳥に捕食されやすい浅い沿岸帯を好むようになる．感染したローチは活発でなくなり，水面付近を泳いで鳥の捕食にさらされやすくなることが，実験で示されている（Loot et al. 2002）．このように，寄生者は終宿主に移動できる確率を高めるよう中間宿主の行動を変える．一方，宿主となる生物は，感染した餌を摂食したり感染率の高い場所を避けたりすることで，寄生者と接する機会を少なくするよう適応しているかもしれない．トゲウオは，寄生者のいるカイアシ類を食べず（Wedekind and Milinski 1996），雌のカエルは，吸虫に感染した巻貝のいる池で産卵することを避ける（Kiesecker and Skelly 2000）．この巻貝に感染した寄生虫は，オタマジャクシを終宿主とし，感染したオタマジャクシの成長速度や生残率を減少させるという．

生物表在生物

　生物表在生物（epibiont）は，他の生物の体表面に付着して生きる生物で，寄生の面白い例である．甲殻類プランクトンを宿主生物とする生物表在生物は，細菌，藻類，原生動物，小型の後生動物などである．動く宿主生物に付着した生物表在生物の生活は，成り行き次第といったところだろう．生物表在生物が藻類であれば，藻類の取り込みにより周辺の栄養塩が枯渇したとしても，宿主の移動により新たな栄養塩を期待できるかもしれない．同様に，従属栄養の生物表在生物は，宿主が移動することで新しい餌にありつけることができるだろう．

　生物表在生物の数が多すぎなければ，一般に宿主は何も問題なしに生活を続けられる．しかし，生物表在生物が厚い層に積み重なると，宿主の遊泳速度が遅くなり，そのせいで宿主の摂食速度が減少したり，呼吸によるコストが増加

したり，あるいは捕食者から逃避しにくくなる．

淡水に棲む寄生生物のヒトへの影響

　淡水域での寄生生物の蔓延はヒトに深刻な影響を与える．魚の病気や寄生者は，魚類個体群に壊滅的な衰退をもたらし，食物網をとおして生物群集全体に影響を及ぼすだけでなく，水産業にも影響を与える．特に，養殖業は，病気の流行や寄生者の蔓延に影響を受けやすい．淡水生物を中間宿主とする寄生者も，大きな経済的・医学的問題を起こす．吸虫は寄生性の扁形動物で，ヒツジの肝臓病をもたらす種や，ビルハルツ住血吸虫症を起こす種が含まれる．これらの寄生生物の生活環は複雑で，巻貝や魚といった淡水生物を中間宿主に持つ1つの例として，熱帯特有の病気，ビルハルツ住血吸虫症（ドイツ人病理学者のTheodor Bilharzにちなんだ病名）を引き起こすシストゾマ住血吸虫（*Schistozoma mansoni*）の生活史を紹介する．

　成熟した住血吸虫は，宿主の血管系を生息場所とし，たいていは腸に近い静脈に分布している．産まれた卵は腸管を通過し，糞や尿に混ざって宿主から排出される．卵は水に浸かると孵化し，繊毛を持つミラシジア幼生（miracidia）に発達する．この幼生は，数時間のうちに中間宿主に適した貝を見つけ，それに侵入しなければならない．貝の中でミラシジアはスポロシスト（sporocyst）に発達し，約1ヶ月後にはセルカリア（cercaria）となり，貝から去る．セルカリアは水中を自由に遊泳するが，短い間に次の宿主を見つけ侵入しなければならない．セルカリアは終宿主（ヒト）で成虫に成熟し，終宿主の心臓，肺，肝臓から，小腸の静脈に移動する．ビルハルツ住血吸虫症は，消化管壁や肝臓・肺の血管に卵を産卵し，それらの部位に損傷を与える．この病気は熱帯の多くの国で深刻な問題であり，特に灌漑用の運河，養魚池，貯水池など，人造の水域近くでよく発症する．ビルハルツ住血吸虫症の流行を抑えるため，この寄生者の生活史を遮断するようさまざま方法を組み合わせた確固たる取り組みが行われてきた．薬物治療，教育，感染地域の人々への水資源の供給，中間宿主である巻貝を根絶するプログラムなどである．特定の巻貝を殺す化学物質の散布，水生植物が繁茂しないような水環境への改変，寄生者が宿主として利用しない捕食種（魚・甲殻類）や競争種の導入などにより，中間宿主となる巻貝種の個体群は減少してきている．

共　生

　広義には，共生は，お互いに負の影響を与えずともに生活している生物間の相互作用と定義される．もし2つの生物間の関係が両者にとって有益であるなら，すなわち，単独で生きている場合に比べてともに生きる方が，お互いの成長速度が高い，死亡率が低い，あるいは産卵数が多いなら，この相互作用は**相利共生**と呼ばれる．相利共生は，この関係なしでは両者が生きられないときは絶対的（obligate）である．共生関係にあればよく成長できるが単独でも生き残り繁殖できるなら，それは条件的（facultative）である．**片利共生**は，片方はその関係により利益を受けるが，もう一方は何ら影響されない相互作用である．淡水生物の共生関係やその重要性に関する知見は一般的に少なく，競争や捕食に関する研究に比べると，共生関係の研究は極めて少ない．しかし，淡水でも共生関係を見ることができる．ある種の藻類とシダ植物，あるいは藻類と無脊椎動物の関係が典型な例である．

　淡水の水表面に成育するシダ類のアカウキクサ（*Azolla*属）は，葉に特別な空洞があり，そこに窒素固定するラン細菌（*Anabaena*属）が棲んでいる．このシダは，必要とする窒素のすべて，あるいは大部分をこのラン細菌から得ており，シダは代わりに有機物をラン細菌に与えている．窒素固定するラン細菌との共生によりアカウキクサは窒素含有量が多く，たとえばベトナムや中国では水田への肥料として利用されている．

　淡水の原生動物，カイメン，ヒドロ虫などは，クロレラ（*Chlorella*属）の藻類と密接な共生関係を持ち，藻類が宿主細胞内に内部共生している．これら無脊椎動物と藻類は，互いに密接な栄養関係を結んでおり，両者とも利益を受けている．宿主の無脊椎動物は栄養塩（リンや窒素）と二酸化炭素を藻類に供給し，反対にクロレラは光合成によりつくられた有機物質を宿主に提供している．この共生によって，宿主は生残や成長のために外部の餌にそれほど依存しなくてもよくなる．したがって，このような共生は，特に餌が少ない場所や季節に競争的に有利となる（Stabell et al. 2002）．

　共生のもう1つの例として，淡水カイメンと共生藻類との関係があげられる．実験によれば，共生藻類を持つ淡水カイメンを完全な暗所で飼育すると，その共生藻類は死んでしまうという．共生藻類がいなくなったカイメンと共生

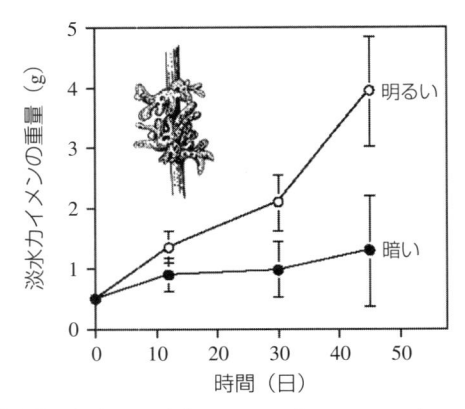

図 4.30 明条件と暗条件で飼育した淡水カイメン (*Spongilla* sp.) の成長速度．共生藻類による正の効果がみられる．Frost and Williamson (1980) を改変．

藻類のいる通常のカイメンの成長速度を比較したところ，この共生藻類はカイメンの成長速度を 50〜80％ ほど増加させていることがわかった (Frost and Williamson 1980；図 4.30)．

実験と観察

機能的反応

背景 機能的反応は，消費者 1 個体の餌の摂食速度と餌密度の関係を記述したものである．機能的反応の形は，消費者の種類によって異なるばかりでなく，同じ消費者でも餌生物の防衛適応や消費者個体間の関係，餌場の複雑さや他の餌の存在量によって変わる．

実習 トゲウオ，ブルーギル，グッピーのような観賞魚など，容易に手に入る魚を消費者として用いる．実験では，水槽などの容器にさまざまな密度で餌生物を入れ，捕食者の摂食速度を測定する．まず，魚を容器に入れ，しばらくその環境に慣れさせる．次いで，餌生物を容器に入れ，魚の摂食速度を測る．摂食速度が餌の枯渇や捕食者の飽食に影響を受けないよう，実験時間は短くする．以下のように，餌の種類や設定する環境条件を変えて，実験を行ってみる．

1. 異なる餌生物：餌として異なる種を使う．たとえば，ミジンコ類，カイアシ類，フサカ，イトミミズ，カゲロウなど．
2. 異なる捕食者密度：捕食者の個体間関係がどのように機能的反応に影響するかを調べる．容器に入れる捕食者の個体数を多くしたり，少なくしたりして実験を行う．魚1個体あたりの消費速度に注目する．
3. 摂餌場所の複雑さ：たとえば水草を容器に加え，空間の複雑さを高めてみる．ビニール製ロープの片端を石にくくりつけ，もう片端のよりをほどいて，人工的な植物を簡単につくって加えてもよい．
4. 他の餌の影響：実験容器に異なる2種の餌を入れ（たとえば，ミジンコとイトミミズ），捕食者の摂食速度を測る．2種の割合をいろいろ変えれば，餌の密度や割合によって，利用する餌のスイッチングがどう起きるか調べることができる．

議論　実験を終えたら，単位時間あたりに捕食者1個体が食べた餌の数（摂食速度）を計算し，機能的反応をグラフにプロットする．機能的反応は，I型・II型・III型のうちのどれだろうか（図4.20）？　他の餌の存在や摂餌場所の複雑さは，機能的反応をどう変えただろうか？　また，なぜそのような変化が見られるのだろうか？　濾過食者（たとえば，二枚貝や動物プランクトン）や捕食性の無脊椎動物（ゲンゴロウなど）を使って再度実験し，魚と同じパターンが得られるかどうか確かめてみるのもよい．

巻貝による捕食者の探知

背景　巻貝のウスカワヒダリマキガイ（*Physa fontinalis*）[*3]は指状に伸びた外套膜を持っており，殻の一部を覆っている．この伸長部分は，触感の刺激にとても敏感である．伸長部分に捕食者が触ると，巻貝は一連の行動を始める．最初は殻をゆっくりと揺り動かし，されに触られ続けると，より頻繁により大きく揺り動かすようになる．最後には，巻貝は基質から離れて表面に浮かび，激しく振動する．

実習　異なる捕食者がこの貝の行動にどのような影響を与えるか調べる．野外で，巻貝と捕食者（ヒル，ヒラムシ，ゲンゴロウの幼虫など）を採集

[*3]　訳注：サカマキガイでもよい．

する．池の水を浅く張った容器に巻貝を入れ，しばらく慣れさせる．巻貝が動き回るようになったら，捕食者をピンセットでつまみ，巻貝の伸長部分に捕食者を触れさせる．ピンセットの端で触ったときと，捕食者で触ったときの反応を比べる．また，きれいなピンセットで最初に触り，次に捕食者を挟んでいたピンセット（捕食者なし）で触ってみる．

議論　巻貝はどの捕食者にも反応するだろうか？　もし，捕食者によって巻貝の反応に違いがあったとすれば，それはなぜだろうか？　巻貝は，物理的な刺激に反応しているのだろうか，それとも化学的な刺激に反応しているのだろうか？

鉛直移動

背景と実習　魚のいる湖や池では，ミジンコなど多くの動物プランクトンが水柱内を鉛直移動し，昼間は深層にいて夜になると表層に浮上する．魚から放出される化学物質が，この行動を引き起こすと示唆されている．この魚の信号とその影響は，簡単な室内実験で確かめることができる．ガラスか透明なプラスチックの筒を複数用意し，アルミホイルで周りを包む．よく曝気した水道水とミジンコを筒に入れる．筒は4つの実験群に分ける．2群にはミジンコを餌として飼育した魚の飼育水を適量加え，残りの2群には曝気した水道水を同様に適量加える．魚の飼育水を加えた1群と曝気水道水のみを入れた1群には照明をあて，他の2群には蓋をして光が入らないようにする．数時間そのままの状態を保ち，その後ホイルを静かにはがして動物プランクトンの鉛直的な場所を記録する．ミジンコの代わりにフサカを用いてもよい．

議論　動物プランクトンの移動に影響する近接要因は何だろうか？　このミジンコが示した行動にはどのような意味があるのだろうか？　この行動のコストはどのようなものか？

ザリガニによる餌選好

背景　一般的にザリガニは雑食者で，デトリタス，水生植物，付着藻類，底生性の大型無脊椎動物などを食べていると考えられている．ザリガニが高密度でいると，水生植物の現存量や分布に大きな影響を与える．しかし，おそらくザリガニにも餌の好き嫌いがあるため，すべての水生植物

が同様な影響を受けるわけではないだろう．

実習　水生植物のさまざまな性質（形状，噛みごたえ，沈水か抽水かなど）が，どのようにザリガニの摂食速度に影響するかを調べる．近くの湖や池から，種々の水生植物を採集する（たとえば，マツモ，コカナダモ，センニンモ，ミクリ，ガマ，アシなど）．各水生植物の重量を測定し，1つの実験水槽にすべての水生植物を1株（一片）ずつ入れる．24時間餌を与えず空腹にしたザリガニを実験水槽に入れ，一晩放置する．その後，ザリガニを取り除き，残っていた各植物の重量を測定する．各植物について，入れたときの重量と残っていた重量から，摂食による減少量を計算する．

議論　どの水生植物が好まれたか？　好まれなかった水生植物はどのような性質を持っているだろうか？　水生植物は，直接摂食された以外に，ザリガニからどのような影響を受けただろうか？

区域制限探索

背景　資源はしばしばパッチ状に分布しており，それを効率よく利用するためには，消費者は資源の多寡に応じて摂餌行動を変えねばならない．摂食行動に及ぼす資源の多寡の影響は，池に生息する藻食性のモノアラガイ（*Lymnaea stagnalis*）を使って調べられる．

実習　容器の底に素焼きのタイルを並べ，湖や池で採取した水を張る．沈水植物や石に付着している藻類をブラシで擦り取り，容器内に添加する．一緒に植物育生用の栄養塩（市販の植物栽培用液体肥料など）を数滴加え，容器を明るい場所に置いてタイルの上に付着藻類を繁茂させる．1週間にわたって2日ごとにタイル入り容器を用意すれば（あるいは，2日ごとに新しいタイルを容器に入れれば），付着藻類の生物量が異なるタイルが得られる．付着藻類の生えたタイルを実験水槽に静かに置き，24時間餌を与えず空腹にしたモノアラガイを入れる．巻貝の移動パターンを観察し，一定の時間ごとに位置を記録する．この記録から，移動速度，ターンの数，移動距離などを計算する．

議論　資源の多寡に応じて，モノアラガイは摂餌行動を変えるだろうか？　モノアラガイが付着藻類のパッチ（タイル）を見つけると，何が起こるだろうか？

藻類の被食防衛

背景 ある藻類はほかの藻類に比べて藻食者に食べられにくい．この実験の目的は，動物プランクトンの摂食が藻類群集をどのように変えるかを明らかにすることである．

実習 富栄養の湖（池）から湖水（池水）を採取する．大型の動物プランクトンを取り除くため，採取した水を 100 μm メッシュサイズのネットで濾過する．その濾過水を瓶や水槽などの容器に入れ，栄養塩を添加する（市販の植物栽培用液体肥料を数滴）．湖水を入れた容器に光をあて，温度を 18～25℃ に保ち，水が緑色になるまでおよそ1～2週間放置する．その間，再度湖に出かけ，動物プランクトンを採集する．容器で増やした藻類の培養液を2つの新しい容器（瓶または水槽）に分け入れ，片方に採集した動物プランクトンを入れ実験区とし，もう一方は対照区としてそのままにする．統計的な差を検出したいのなら，実験区・対照区ともに容器を少なくとも3つずつ用意して行うとよい．容器を数日間放置する．各容器から試料を採集し，ルゴール液で固定した後，試料を観察する．どの試料に藻類が最も多く見られるだろうか？ 対照区では，どの藻類群やどんな形態の藻類が優占しているだろうか．動物プランクトンのいる実験区では，どんな藻類が優占しているだろうか．

この実験は，あらかじめ動物プランクトンを異なる体サイズ群に分けて行うことができる．まず，採集した動物プランクトンのいる水を静かに，最初は 200 μm メッシュで濾過し（主に大型のミジンコが分けられる），次に 100 μm メッシュで濾過し（主に小型の枝角類やカイアシ類），最後に 50 μm メッシュで濾過する（カイアシ類のノープリウス幼生やワムシ）．各サイズのメッシュで濾し分けた動物プランクトンを，別々の容器に藻類と一緒にいれて実験を行えばよい．

議論 動物プランクトンの体サイズが異なると，藻類群集の変化はどう異なるだろうか？ どのような形状を持つ藻類が，摂食されにくいだろうか？ 動物プランクトンの体サイズが異なると，なぜ異なる藻類群が優占するのだろうか？

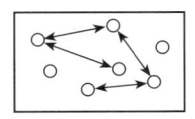

5 食物網動態

はじめに

　これまでの章において，非生物的要因，すなわち物理・化学的要因の重要性と，淡水生物の特徴，競争，捕食，植食などの生物間相互作用について紹介した．本章では，淡水生態系の構成要素全体を複雑な統合体としてとらえ（上図），生物間および生物と生息環境との結びつきを俯瞰的に見ていくことにする．まず，湖沼の生物は互いに影響し合いながら生活しており，藻類の生物量ははるか上位の栄養段階の生物にさえ影響を受けているという見方（Andersson 1984）に触れておきたい．このような見方の妥当性は当初から論争の的となり，かつての研究者にはあまり受け入れられなかった．第2章と第4章で見たように，藻類の生物量（クロロフィル a 量）とリンの負荷量には強い相関がある（たとえば Vollenweider 1968；図5.1）．実際，小規模な隔離水界実験でも大規模な湖全体の操作実験（Schindler 1974）でも，栄養塩を添加すると，藻類の生物量が増加することが示されている．このような結果は，藻類の生物量は栄養塩供給量によって一義的に決まるという印象を与える．しかし，水中のリン濃度と藻類現存量との相関関係をよく見てみると，同じリン濃度でも生物量は湖沼によって大きく異なっている（図5.1）．対数変換したデータで相関関係を見ると，相関の良し悪しは大きい値よりも小さい値によって決定づけられるので，生物量の違いは見かけ上小さくなる．対数変換していないデータで相関関係を見ると，リン濃度と藻類生物量との関係には，かなりばらつきのあることが見て取れる（図5.1）．このようなばらつきはどのような理由によるものなのだろうか？　この疑問に答えるため，さまざまな理論・実証研究が盛ん

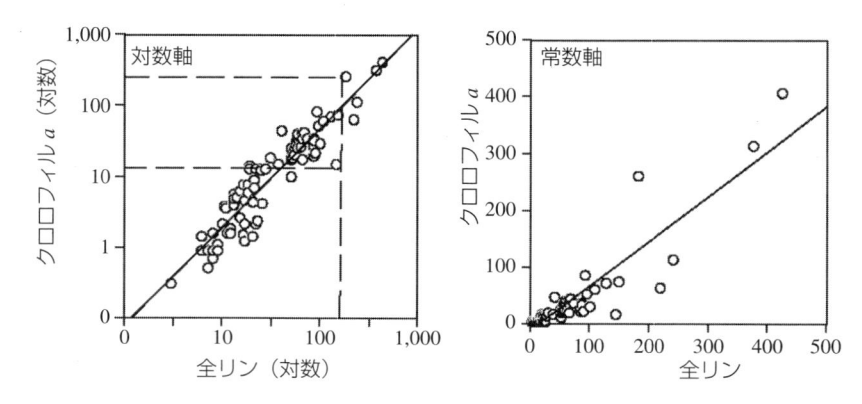

図 5.1 湖における全リン濃度とクロロフィル a 濃度の関係．対数軸と常数軸のグラフを比べると，特定のリン濃度でクロロフィル a 濃度のばらつきが顕著になることがわかる．破線はリン濃度が $200\,\mu\mathrm{g\,L^{-1}}$ のときにクロロフィル a 濃度が $15\sim280\,\mu\mathrm{g\,L^{-1}}$ と大きくばらつくことを示している．

に行われるようになった．その結果，栄養塩濃度が同じでも，動物プランクトンや魚などの高次栄養段階の生物が異なれば藻類の生物量も異なることが明らかとなった（Carpenter et al. 1985；Kerfoot and Sih 1987；Carpenter and Kitchell 1993）．淡水生物群集の構造決定に，生物間の相互作用が重要であると認識されるようになったのである．

淡水における生物間の複雑な関係や間接相互作用に関する知見の多くは，プランクトンを対象とした沖帯での研究によって得られたものである．しかし，沖帯のプランクトンは構造的に複雑な沿岸帯や深底帯の生物と密接に関係している．また，食物網を介して微生物群集とも結びついている．これらのかかわりについても後に深く掘り下げていくが，ここでは，興味深い食物網理論のルーツから述べることにする．

生態系へのアプローチ

ナチュラリストや自然の中で過ごす時間の多い人たちは，生物が周囲の環境や他の生物とかかわり合って生活していることを，直感として知っている．実際，Forbes は，今から 120 年も前に，淡水生物の生活史を理解するためには周囲の環境条件だけでなく種間の相互作用についても研究せねばならない，と述べている（Forbes 1925/1887）．生態学の黎明期，種の分布や個体数は密度

に依存しない非生物的な要因によって決まっているのか，あるいは密度に依存した生物的な要因によって決まっているのかという論争が繰り返し行われた．1960年，Hairston, SmithとSlobodkinは，この対立する視点を調和させる概念的なモデルを提案した．それは，生物群集の構造決定に捕食–被食などの栄養関係（trophic interaction）が重要であるとするものであった．このHairston et al. (1960) の論文は，データが全くなく，純粋な科学論文というよりはむしろ哲学的な思索に近いものであったが，それでも大きな影響を及ぼすものであった．その思索的な意図は，論文題目を当初単に'Étude'（フランス語で学問という意味）と名づけたところからも明確にうかがうことができる．出版される際に削除されてしまったが，彼らは最初の章で次のように述べていた．「ここで用いる観察は，自明なほど普遍的なものである．この普遍的な観察に基づいていることが理論の真価である」．実際，重要な理論的帰結は自明な観察から得られるものなのかもしれない．その1例として，観察や実験による研究と理論的研究が，相互に影響し合いながら，いかに現代生態学の大きな潮流を導いたかを見ることにする．

理論のはじまり

「なぜ地球は緑なのか？」という問いかけからすべては始まった．なぜ植食者はすべての植物を，あるいはその大部分を，食べつくすことができないのだろうか？ Hairston et al. (1960) は，植食者はその個体群を捕食者によって制御されているため，植物を食いつくすほどの密度に到達できない，と論じた．すなわち，3栄養段階からなる食物連鎖では，捕食者は餌資源（植食者）に，植食者はその捕食者に，植物は光や栄養塩などの資源に制限されるという（図5.2）．この理論によれば，個体群の成長を制限する支配的な要因は，その個体群がどの栄養段階に属するかによって変わり，その支配要因が食物連鎖に沿って資源から捕食へと交互に置き換わることで群集全体の構造が決まることになる．つまり，捕食者は資源をめぐる競争に，植食者は捕食者に，一次生産者は再び資源をめぐる競争により，その生物量や個体数が制限されるというのである．この連鎖を考えると，草や木や藻類など，緑の植物の生物量は，それらを直接利用しない鳥や狼やパイク（カワカマス）など肉食者の活動や個体数と密接に関係していることになる．これは非常に単純なモデルであるが，生態学における最も影響力のあるモデルの1つとして，著者たちの頭文字にちなみHSS

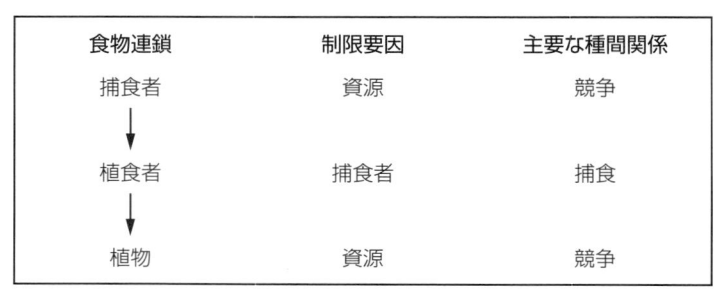

食物連鎖	制限要因	主要な種間関係
捕食者	資源	競争
↓		
植食者	捕食者	捕食
↓		
植物	資源	競争

図 5.2 HSS モデルから予測される,3栄養段階からなる食物連鎖の各栄養段階の制限要因と主要な生物間相互作用.

モデルと呼ばれるようになった.もちろん彼らの主張は批判を受けなかったわけではなく,多くの反論を招いた.植食者が植物を制限できない理由としてほかのさまざまな説明がいくつもあげられた.たとえば,植物は化学的な防衛(植物の二次代謝産物)をしているため,植食者は植物を食いつくせないという主張などである.また,そもそも栄養段階という概念が生態学的に意義あるものなのかという点についても問われた.激しい議論の中,結局 HSS モデルは,忘れられることはなかったものの,他の仮説に取って変わられるようになった.その結果,自然界の群集のパターンと構造を決める要因として,群集生態学者らは長い間,競争に注目することになったのである.

実証研究のはじまり

その間,J. Hrbácek 率いるグループは,旧チェコスロバキアの養魚池で,魚の少ない池ではミジンコ(*Daphnia* 属)など大きな動物プランクトンが増え,同時に藻類の生物量が減少して透明度がよくなること,しかし魚の多い池では,ゾウミジンコ(*Bosmina* 属)などの小型動物プランクトンが優占し,植物プランクトンの生物量が高くなることを観察した(Hrbácek et al. 1961).この現象の背後にあるメカニズムはその時点では明らかでなかった.しかし,1965 年,Brooks と Dodson らがサイズ効率仮説(size-efficiency hypothesis)という理論を提案し,この現象を生み出すメカニズムについて説明した.彼らは,ミジンコなど大型の甲殻類プランクトンはプランクトン食魚に食べられやすく,魚が高密度のときには食われにくい小型の動物プランクトンが優占するのではないかと考えた.大型の動物プランクトンは摂食速度が大きく,幅広い大きさの懸濁粒子を食べることができ,さらに体重あたりの代謝速度が低いた

め，餌を巡る競争に有利である．もしそうであれば，魚の密度が低いとき，すなわち捕食者が少ないときは，餌を巡る競争の上で優位な大型の動物プランクトンが優占することになる．このサイズ効率仮説は，プランクトン食魚が多いと，摂食効率の低い小型動物プランクトン種が優占し藻類の生物量は多くなるが，プランクトン食魚が少ないと，摂食効率の高い大型の動物プランクトンが優占し藻類の生物量は少なくなると予測した．

栄養関係のカスケード

　驚くことに，その後数十年間，食物連鎖理論はほとんど進展しなかった．しかし，1980年代初頭，食物網と生物間相互作用に関する知見が集積し，HSSモデル，Hrbáčekの池の実験，サイズ効率仮説を基礎に，カスケード相互作用の概念が生まれた（Carpenter et al. 1985）．カスケード（cascade）とは'滝'の意味である．栄養カスケード（trophic cascade）は直線的な食物連鎖での間接相互作用によって特徴づけられ，捕食者A種が植食者B種を減らすことで植物C種に間接的な正の効果をもたらす，というものである．捕食者A種の植物C種への間接的な正の効果が，植食者B種の行動が変わることで生じる場合は，行動カスケード（behavioural cascade）と呼ばれる（Romare and Hansson 2003）．栄養カスケードを栄養段階間に適用すると，栄養塩の負荷量だけでは説明できなかった一次生産のばらつきが説明できる．栄養段階の最上位に位置する魚の群集構造が変わると，その効果は下位栄養段階へと滝のように流れ，最終的に一次生産者まで及ぶことになるからである．たとえば，単純な食物網において(図5.3)，魚食魚が増えると，プランクトン食魚の密度が減少し，フサカ（$Chaoborus$ 属）などの無脊椎動物の捕食者が増加する．その結果，無脊椎動物による小型動物プランクトンへの捕食と，動物プランクトン種間の餌をめぐる消費型競争によって，ミジンコ（$Daphnia$ 属）などの大型動物プランクトンが優占するようになる．大型の動物プランクトンはさまざまな大きさの植物プランクトンを幅広く摂食することができ，さらに体重あたりの栄養塩排泄量も少ない．すなわち，彼らは栄養塩をゆっくりと回帰するため，植物プランクトンは成長を抑えられ，ますます減少することになる．魚食魚の減少は，逆の効果をもたらすことになる．すなわち，プランクトン食魚が増加するため，小型動物プランクトンが優占し，結果として植物プランクトン

が増加する．栄養カスケードによるこのような予測は，さまざまなスケールの操作実験を世界のいたるところで実施させることとなった（Carpenter and Kitchell 1993）．そこで次に，淡水生態系の食物網で生物間相互作用の重要性を示した研究をいくつか紹介し，その批判と進展について述べることにする．

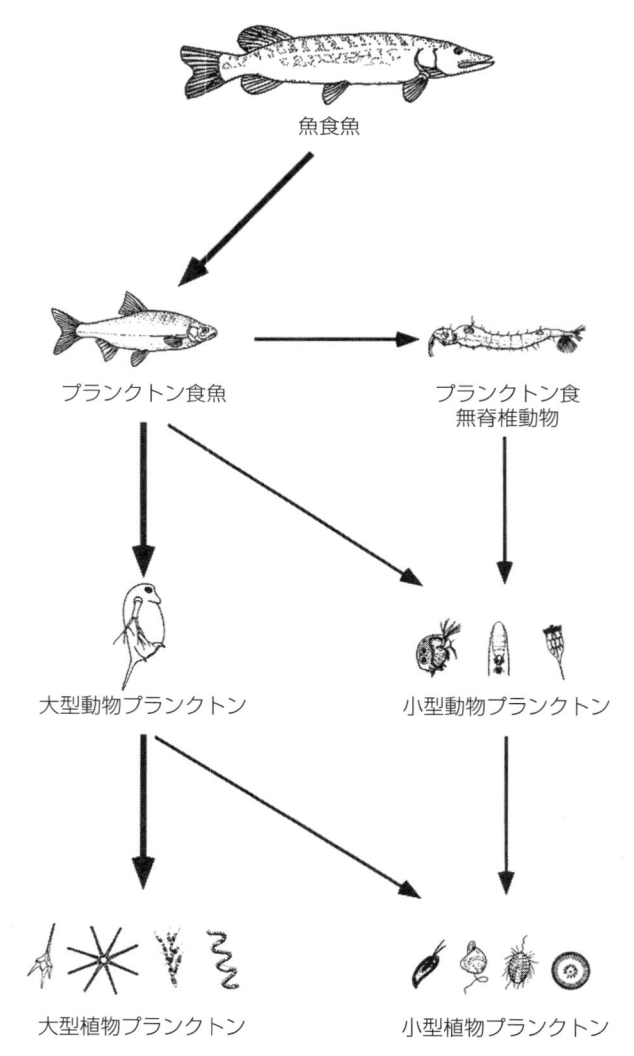

図5.3 沖帯食物網を簡略化した模式図．矢印の太さは関係の強さを表す．Carpenter and Kitchell（1993）より改変．

実験による栄養カスケードの検証

●小規模な実験

上位栄養段階の生物が藻類生物量やリン濃度にどのような影響を及ぼすかを調べた初期の研究の1つは，スウェーデン南部のTrummen湖という富栄養湖で行われた実験である（Andersson 1984）．その研究では，プランクトンを含む湖水を満たしたプラスチック製の隔離水界（エンクロージャー）を湖の開放水域に複数設置し，そのうちのいくつかの隔離水界にコイ科魚類のローチ（*Rutilus rutilus*；図3.21）とブリーム（*Abramis brama*；図3.21）を単独あるいは両種ともに加えて実験を行った．すると，隔離水界の間で顕著な違いが現

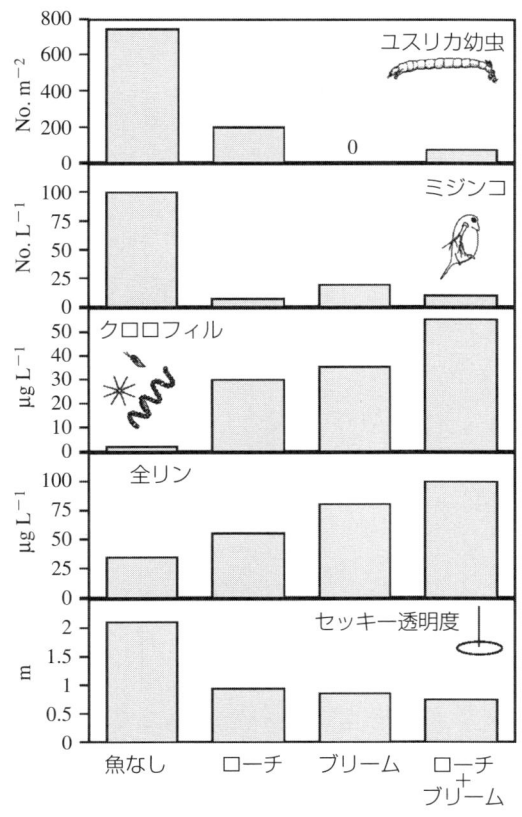

図5.4 コイ科魚類ローチ（*Rutilus rutilus*）とブリーム（*Abramis brama*）のユスリカ幼虫・ミジンコ・クロロフィル濃度・全リン濃度・透明度への影響．1978年に実施した隔離水界実験によるデータ（Andersson 1984）．

れ，ミジンコやユスリカ幼虫の密度は，魚を入れた隔離水界で減少した（図5.4）．魚の存在は，捕食による動物プランクトンやユスリカに対する直接的な影響だけでなく，藻類生物量（クロロフィル量）や全リン量にも大きな影響を及ぼし，魚を入れた隔離水界ではクロロフィルや全リンは非常に高い濃度となり，透明度は1m以上も低下した．この実験は，初期の研究ではあるが，上位栄養段階の生物の影響が，藻類さらには栄養塩量にまで，滝のように伝搬することを見事に示すものであった．しかし，実験は外部と遮断されたプラスチック製の小さな水界で行われたものであり，小規模実験の長所はあるものの，湖全体で働いているかもしれない補償的な機構（compensatory mechanism）が作用しないため，魚を加えるという操作影響が人為的に強調されすぎている可能性がある．

●大規模な実験

　栄養カスケードの理論的予測を自然の状態で検証するため，CarpenterとKitchell，およびその共同研究者らは，アメリカのミシガン北部にある2つの湖で魚類群集を操作し，何も操作を加えなかった湖と比較した（Carpenter and Kitchell 1993）．はじめに，実験対象とした2つの湖間で生息している魚を交換する実験を行った．Tuesday湖にはもともと魚食魚はおらず，プランクトン食魚であるコイ科のミノーが高密度で生息していた．そこで，ミノー個体を90％取り除き，代わりに魚食魚であるオオクチバスを導入した．この操作はプランクトン群集に劇的な変化をもたらした．すなわち，優占する動物プランクトンはケンミジンコやワムシ類，ゾウミジンコなどの小型種からミジンコなどの大型の甲殻類プランクトンへと変化し，植物プランクトンの生物量や生産量は著しく減少した．一方，Peter湖ではオオクチバスが本来優占していたが，操作によって90％のバス個体が取り除かれ，代わりに49,601匹（！）ものミノーがTuesday湖から導入された．しかし，Peter湖における操作の効果は予想とは反するものであった．実験初期には，プランクトン食魚の個体数は増加したが，プランクトン群集への影響はみられず，動物プランクトンはミジンコやホロミジンコ（*Holopedium*属）などの大型の甲殻類プランクトンが変わらず優占し，植物プランクトンの生物量も低いままであった．夏の終わりになって，やっとミジンコの密度が減少し，植物プランクトンの生物量が劇的に増加したのである．大型動物プランクトンが当初減らなかったのは，多少

残っていたオオクチバスが，移入したミノーに強く影響していたためである．ミノーは残存していたオオクチバスに捕食され，また生き残ったミノーも被食回避のために浅い沿岸帯へ移動し沖帯からほとんど姿を消してしまった．バスの残存個体群は繁殖し，当年魚を多数産んだ．夏になると，この若いバス個体の多くは沖帯に移動し，動物プランクトンを捕食し始めた．その結果，夏の終わりになって，動物プランクトンや植物プランクトンに顕著な影響が現れたのである．このように，Tuesday 湖における魚類操作（魚食魚の導入とプランクトン食魚の除去）の効果は，栄養カスケードの理論的予測どおり，下位栄養段階へと伝搬したが，Peter 湖の残存魚食魚の行動がもたらした影響はこの理論からでは予測できないものであった．

栄養カスケードの自然実験

　気象や自然災害による魚類群集の変化は，自然界の'実験'として食物連鎖理論を検証する絶好の機会となる．北米 Mendota 湖で起こった猛暑による魚の夏期大量斃死はその例の1つである（Vanni et al. 1990）．1987年の夏，おそらく異常な高い水温と深水層の酸素欠乏によって，それまで卓越していたプランクトン食魚のコクチマス（*Coregonus artedii*）が壊滅的に減少した．その結果，動植物プランクトンに劇的な変化が現れた．まず，ミジンコ（*Daphnia* 属）の中でも体サイズの小さいカブトミジンコ（*Daphnia galeata*）が大型種であるプリカリアミジンコ（*Daphnia pulicaria*）に置き換わった．その結果，動物プランクトンの植物プランクトンへの摂食圧が増加し，藻類，とりわけラン細菌（ラン藻類）の生物量が著しく減少した．魚の大量斃死前後で，栄養塩濃度や他の物理的要因には変化はみられなかった．したがって，Mendota 湖で起こった植物プランクトン生物量の減少は栄養カスケード効果によるものと結論づけられる．

ボトムアップ・トップダウン理論

　栄養カスケードの理論は，ほかにも多くの研究によって実証されたが，その概念はすべての研究者に受け入れられたわけではなかった．栄養カスケードの理論と並行して，ボトムアップ・トップダウン（bottom-up・top-down）という概念が登場した（McQueen et al. 1986）．この概念は，捕食圧（魚などによる食物連鎖の上位から下方向への効果：トップダウン）と資源供給量（食物連

鎖の下位から上方向へ向かう効果：ボトムアップ）から予想される双方の効果を組み合わせたもので，栄養塩の供給量は到達可能な最大の生物量を決め，実現される生物量はボトムアップとトップダウン効果の両方が組み合わさって決まると予測した．栄養カスケードの理論と異なり，ボトムアップ・トップダウンの考えでは，食物連鎖の下位栄養段階ほどボトムアップ効果に強く影響され，逆にトップダウン効果は連鎖の上位栄養段階ほど顕著で，下方の栄養段階ではさほど効果を発揮しなくなるという．さらに，ボトムアップ・トップダウンの考えでは，たとえば富栄養湖などの栄養塩濃度の高い環境では，群集全体は主にボトムアップ効果に支配され，魚の影響は藻類には現れないという．すなわち，魚の影響が藻類まで顕著に波及するのは，生産の低い貧栄養な環境に限られることになる．

　湖における食物連鎖の構造や動態に，どちらの要因が重要であるかについて，しばらくの間，論争が繰り広げられた．極端な研究者は，トップダウン効果のみが重要な支配的要因だと主張し，他方の極端な研究者は，ボトムアップ効果こそ重要だと主張した．現在では，淡水研究者の多くは，栄養塩も食物網構造も湖沼生態系で観察される生物群集に重要であるという考えで合意している．したがって，どちらの考えが正しいかという議論の代わりに，現在では，捕食や植食（藻食）などの生物的な要因と栄養塩供給量といった非生物要因が，いつ，どこで，どの程度，重要になるかが問われるようになっている．

理論の発展

　HSSモデルは本来，陸域生態系の3栄養段階からなる食物連鎖を対象にしていた．しかし，Fretwell (1977) と Oksanen et al.(1981) は，生態系が持つ潜在生産力と，栄養段階の数や各栄養段階の平衡生物量（equilibrium biomass）との関係をさらに理論化した生態系消費仮説（ecosystem exploitation hypothesis）を提示した．彼らは，生態系の潜在生産力が高くなるほど（湖の場合，リンなどの栄養塩負荷量が増加するほど），栄養段階の数は増加すると論じた（図5.5）．この Fretwell–Oksanen モデルによると，栄養塩の供給量が極端に少ない生態系では植物プランクトンなどの基礎生産者しか生存できない．潜在生産力，すなわち栄養塩供給量が増加すると，植物プランクトンの生産量が増え，その生物量は藻食者（動物プランクトン）個体群を支えられるレベルに達する．さらに生産力が増加すると，動物プランクトンの生物量が増加し，その

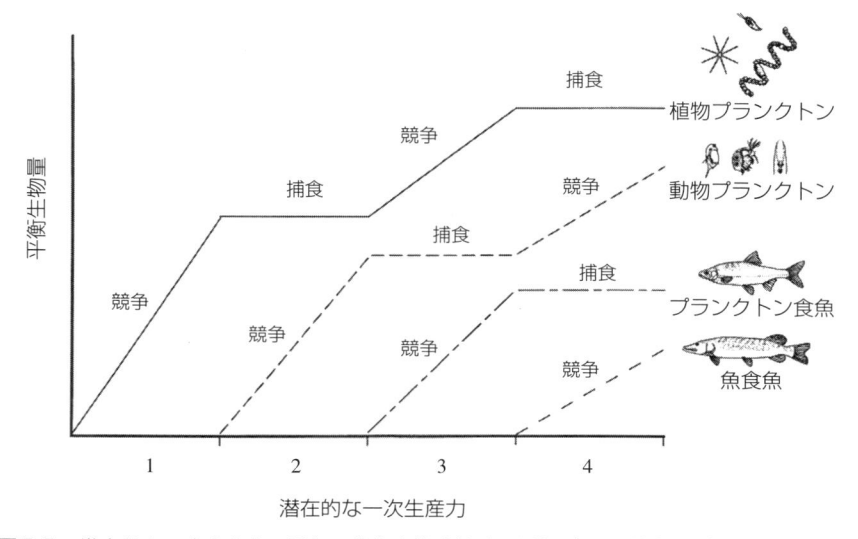

図 5.5 潜在的な一次生産力の増加に伴う食物連鎖長の増加（1→4 栄養段階）と植物プランクトン，動物プランクトン，プランクトン食魚および魚食魚の平衡生物量の関係．この図は生態系消費仮説（Oksanen et al. 1981）を示しており，図中の競争と捕食は，それぞれ資源をめぐる競争と捕食が各栄養段階の種組成を決める上で重要となることを意味している．Mittelbach et al. (1988) より改変．

摂食圧の増加によって，植物プランクトン生物量は一定レベルに抑えられるようになる．さらに潜在生産力が増加し，一次捕食者（たとえばプランクトン食魚）が定着できるほど動物プランクトンが増えると，今度はプランクトン食魚が動物プランクトン生物量を抑え始めるため，植物プランクトンの生産量が増加しても動物プランクトン生物量は増加しなくなる．その結果，植物プランクトン生物量は，潜在生産力の増加に伴って，再び増加し始める．モデルの最終段階として，4番目の栄養段階，二次捕食者すなわち魚食魚が現れる．潜在生産力がこの段階にくると，魚食魚はプランクトン食魚の生物量を一定レベルに抑え，その結果動物プランクトン生物量は増加し，植物プランクトン生物量は一定となる．

　この理論から導かれる予測は，群集構造の決定に果たす競争と捕食の相対的な重要性は栄養段階に依存する，というものである（Persson et al. 1988）．生産力の低い（栄養塩濃度の低い）湖は，1つの栄養段階のみ存在し，植物プランクトンは資源をめぐる競争によって制限される（図5.5）．生産力の増加に伴って動物プランクトンが加わると，動物プランクトンは餌（植物プランクト

ン）を巡る競争によって制限され，植物プランクトンは資源ではなく動物プランクトンによる捕食によって制限されるようになる．このパターンは，生産力の増加に伴い，上位の栄養段階が加わっても続き，最上位栄養段階の生物は常に資源を巡る競争に，その直下の栄養段階は捕食圧によって制限されることになる（図5.5）．

　ヨーロッパの浅い富栄養湖で行った研究では，栄養塩負荷量が非常に高くなると，生物群集は4栄養段階から動物プランクトン食のコイ科魚類（ローチなど）が優占する3栄養段階へ逆戻りすることが示されている（Persson et al. 1988）．この現象は，おそらくいくつかの生物過程によるものであろう．たとえばローチがラン細菌（ラン藻類）を餌として利用できることも理由の1つである．さらに，幼魚期のローチとの餌を巡る競争により，パーチが魚食段階へ成長するのを制限され，捕食圧が減少することでローチの優位性がさらに増加したという可能性もある．また，パーチとローチは動物プランクトンも餌とするので，それら魚種の個体数が増えると，効率のよい藻食者である大型動物プランクトンが減少し，その結果，植物プランクトン生物量が増加したのかもしれない．カワカマス科のパイクのような視覚で餌を捕らえる魚食魚は，藻類が増加すると水が濁り透明度が低くなるので，餌の捕獲効率が低下する．実際，そのような湖では，大抵，魚食魚の割合は魚類全体量の10％以下である．このような生物過程のため，魚食魚はプランクトン食魚の生物量を制限するほど機能を発揮できず，湖の生物群集は3栄養段階へと逆戻りするのだろう．

● **競争と捕食の相対的重要性と生産力の勾配**

　前節で，生産力の増加に伴う生物量の増加により，階段状に次の栄養段階が加わるというFretwell-Oksanenモデルの理論を紹介した．この理論に従えば，栄養段階が奇数（1,3）の食物連鎖であれば植物プランクトン生物量は基礎生産量に伴って増加し，栄養段階が偶数の食物連鎖であれば生産量が増加しても植物プランクトン生物量は増加しないことになる．はたして，この予測は自然界でも成り立つのだろうか．これは，相関関係を見ること，すなわち異なる栄養塩負荷量を持つ湖沼間で植物プランクトンの平衡的な生物量を比較解析すること，あるいは実験的に調べる，すなわち食物連鎖の数を操作したり，栄養塩を添加したりしたときの植物プランクトン生物量の変化を見ることで検証できるだろう．しかし，生産力が増加すると，高次栄養段階の生物が周辺湖沼

から容易に侵入してくるために，この予測を実際の湖沼で検証するのは難しいかもしれない．実際，生産力が異なり，しかも2栄養段階しかない湖を数多く見つけるのは一般に困難である．

　幸いなことに，南極の湖は，生物地理学的な理由から魚が生息しておらず，2栄養段階しかない．多くの湖は，氷解水を湛えているため生産力は極度に低いが，海岸近辺にはアザラシや鳥が頻繁に訪れ水遊びや排泄をするので，生産力が高くなる湖がある．したがって，南極には，超貧栄養から富栄養まで生産力が異なる湖があり，しかも個々の湖の食物連鎖は2栄養段階（藻類と動物プランクトン）しかない．このような南極にある2栄養段階の湖を生産力（ここでは全リン濃度として現す）に沿って温帯域にある3栄養段階の湖と比較すれば，食物連鎖の理論を検証することができる．3栄養段階の湖では，全リン濃度の増加とともに，植物プランクトン生物量は増加すると期待される．一方，2栄養段階の湖では，藻食者（動物プランクトン）の摂食に制限されるため，植物プランクトン生物量は生産力が増加しても増加しないと予想される（図5.6の予測ラインを参照）．実際に湖で起こっていたのは次のようであった．3栄養段階の湖では，予想どおり植物プランクトン生物量は全リン濃度に伴って増加した．一方，2栄養段階の南極の湖では，植物プランクトンの応答は予想と異なっていた．微妙ではあるが，植物プランクトン生物量は生産力の高い湖沼ほど高

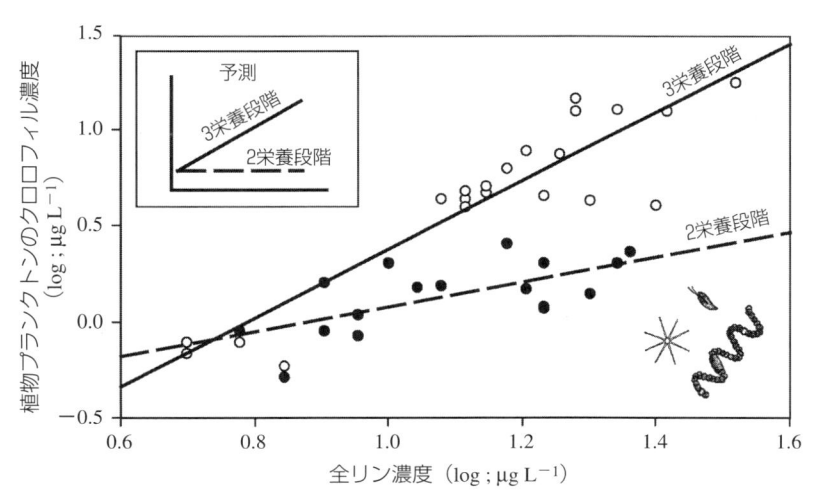

図5.6　2栄養段階の湖（魚や捕食性無脊椎動物のいない南極の湖）と3栄養段階の湖（温帯および亜北極の湖）での全リン濃度とクロロフィル濃度の関係．挿入図は食物網理論から予測される関係を示す．Hansson（1992b）による．

くなる傾向がみられたのである.このことは,2栄養段階の湖でも,植物プランクトンは資源(栄養塩)の増加に応じて生物量が増えることを意味している(Hansson 1992b).しかし,南極の湖の回帰直線の傾きは3栄養段階の湖に比べて緩やかであり,高いリン濃度の湖では,植物プランクトン生物量は南極の方が低い.たとえリン供給量が同じであったとしても,2栄養段階しかない南極の湖では植物プランクトン生物量は動物プランクトンによって低く抑えられていたのである.この結果から導かれる結論は,湖沼の植物プランクトン生物量を決める上で捕食と栄養塩はともに重要である,というものである.

同様に,イギリスのCockshoot Broadで行った研究も,植物プランクトンの生物量がリン濃度だけで決まっているわけではないことを示している(Moss et al. 1996).この湖では,ある年にはミジンコ(*Daphnia* sp.)は少なく('ミジンコ少産年'),ほかの年にはミジンコが多かった('ミジンコ多産年').リン濃度と植物プランクトン現存量は年によって大きく変動し,ミジンコ少産年にはクロロフィル濃度(植物プランクトン生物量の指標)はリン濃度と比例し(図5.7),リンとクロロフィルの関係(図5.1)から予測されたとおりとなった.しかし,ミジンコの多い年には,リン濃度は50〜170 µg L^{-1}の間を変動したものの,クロロフィル濃度は常に約20 µg L^{-1}程度であった.最

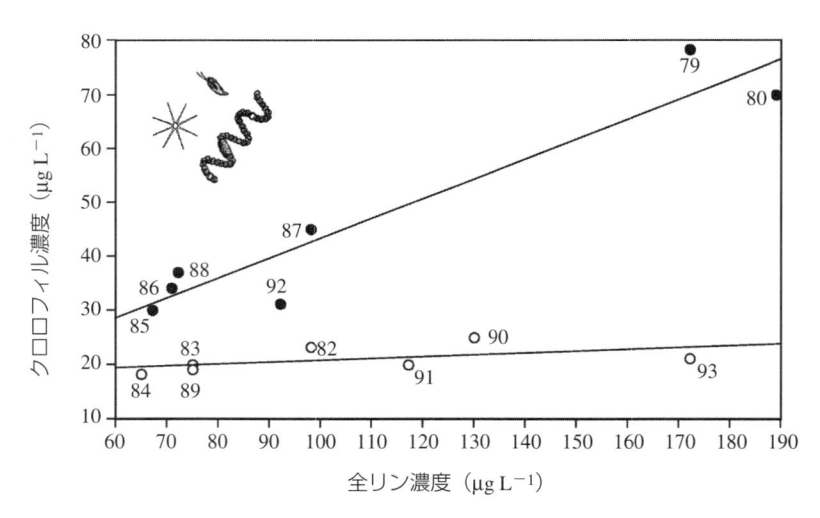

図5.7 イギリスCockshoot Broadにおける全リン濃度とクロロフィル濃度の関係.○は動物プランクトンが多い年を,●は少ない年を表す.同じ湖で全リン濃度が同じであっても,藻食者である動物プランクトンの現存量によって植物プランクトン現存量が大きく変わっている.Moss et al. 1996による.

も妥当な説明は，ミジンコが高密になると，植物プランクトンの増加分はこの藻食者の生物量へと転換されるというものである．すなわち，大型の動物プランクトンが増加すると，栄養塩濃度が高くても植物プランクトンは食べられてしまうため低い生物量に抑えられてしまうのである．

ベントスの食物連鎖にみられる複雑な相互作用

　これまで見てきたように，生物群集における栄養関係，すなわち捕食-被食関係の重要性は，湖沖帯の食物連鎖を対象とした研究によって主に示されてきた．栄養カスケードの研究が特に沖帯のような開放水域で行われてきたのは，生物試料を採集しやすいこと，群集が比較的単純であること，さらに陸水学者は古くから沖帯を対象に研究してきたこと，などの理由によるのだろう（Lodge et al. 1988）．しかし，沖帯は閉鎖系ではなく，湖の沿岸帯と機能的につながっており，周囲の集水域とも密接に関係している．沿岸帯は，空間構造の複雑な，典型的なパッチ環境である．

　栄養関係など，生物間の相互作用の強さは，複雑な生息環境では弱まると考えられてきた．しかし，ベントス（底生生物）の食物連鎖においても，高次栄養段階の生物を操作すると，カスケード効果が働くことが示されている．Brönmark et al.(1992) は，北米ウィスコンシン州北部にある2つの湖に網柵でつくった隔離水界を設置し，サンフィッシュ科のパンプキンシード（*Lepomis gibbosus*）の食物連鎖に対する直接的および間接的な影響を調べた．パンプキンシードは，巻貝を噛み砕く筋肉の発達した顎と咽頭歯を持っており，餌の80％以上は巻貝であるという．パンプキンシードを入れた隔離水界では，巻貝の生物量は著しく減少し，種構成も，大きく殻の薄い種から殻の硬い小型種へと変化した．さらに，巻貝の密度が減少したため，巻貝の主要な餌であった付着藻類が増加した．巻貝食者の密度を操作すると，その影響は付着藻類まで波及んだのである（図5.8）．このような結果は，レッドイヤーサンフィッシュ（*Lepomis microlophus*）の密度を人為的に操作した Martin et al. (1994) の研究や，フナに似たコイ科のテンチ（*Tinca tinca*）を対象にした Brönmark (1994) の研究でも示されている．

　これら研究によれば，巻貝食の魚がいない隔離水界では，沈水植物であるイバラモ科の仲間（*Najas* 属）やカナダモ（*Elodea canadensis*）が増加したという．これはおそらく，沈水植物上の付着藻類を巻貝が盛んに摂食することによ

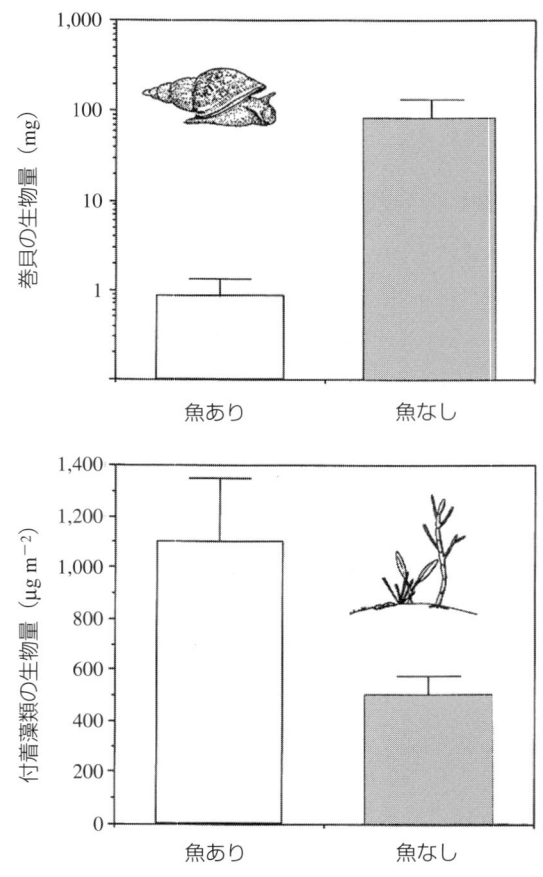

図5.8 パンプキンシードがいる場合といない場合での人工基質（プラスチック製のテープ）上の巻貝と付着藻類の生物量の違い．Brönmark et al.(1992) より改変．

り，沈水植物の葉の受光量を増加させたり，付着藻類と沈水植物との間の栄養塩を巡る競争を緩和させたりしたからだろう．室内実験でも，付着藻類が沈水植物の受光量を減らすことや（Sand-Jensen and Borum 1984），巻貝が付着藻類を除去することで間接的に沈水植物の成長を促進させることが示されている（Brönmark 1985）．

● **雑食性ベントスによる直接効果と間接効果**

ザリガニは，サイズが大きくベントスを主な餌とするため，ベントスの食物連鎖に大きな影響を及ぼすと予想される．ザリガニは本来**雑食者**であり，水生

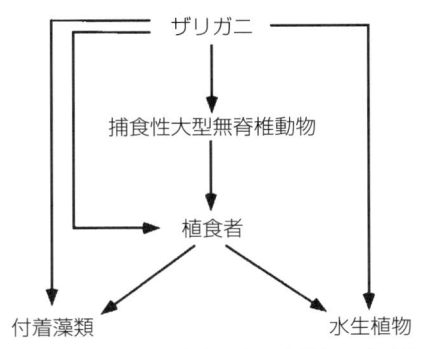

図 5.9 ザリガニを最上位捕食者とする食物網の生物間相互作用

植物や付着藻類，底生性の大型無脊椎動（ベントス）など，異なる栄養段階から餌資源を得るばかりでなく，腐植物質（植物の遺骸）や魚の死骸さえも食べる．このような雑食者が卓越した群集では，食物連鎖に沿った直接効果は間接効果によって緩和される可能性があり，食物連鎖に及ぼす相互作用は弱いものであるかもしれない．また，雑食者であるため，仮にザリガニの密度を実験的に操作しても，それが下位の栄養段階へどのように波及するか，直感的に予想するのは難しい．先に紹介したパンプキンシードやテンチのように，ザリガニも巻貝の密度を減らし，付着藻類の生物量を増加させ，沈水植物の成長を抑制させるかもしれない．あるいは，ザリガニは沈水植物と付着藻類をともに摂食することで，両者に負の影響を及ぼすのかもしれない（図5.9）．Lodge et al. (1994) はザリガニの仲間，ライティークレイフィッシュ（*Orconectes rusticus*）の個体群密度を実験的に変えることで，その下位栄養段階への直接的な効果と間接的な効果を調べた．その結果，このザリガニは，巻貝と沈水植物の現存量を減少させたが，付着藻類を増加させたという．この沈水植物の減少は，付着藻類が増えたことによる間接的な効果の結果ではなく，ザリガニ自身の直接的な摂食によるものであった．よく似た結果は，スウェーデンで行われた研究でも見られ，在来のザリガニであるノーブルクレイフィッシュと外来種であるウチダザリガニは，巻貝やシャジクモの1種 *Chara hispida* などの沈水植物を減少させ，間接的に付着藻類を増加させた（Nyström et al. 1999）．

行動を介した相互作用

　これまで紹介した湖沼生態系の食物連鎖に沿った強いカスケード効果は，餌生物に対する捕食者の致死的な作用によって引き起こされるものであった．しかし，捕食者は餌生物の<u>行動</u>にも影響し，餌となる生物の活動範囲を狭めたり，物陰に潜む時間を長くさせたり，あるいは生息場所そのものを変えさせたりする．最上位の捕食者によってもたらされる中間消費者の生息場所の変更は，その餌生物へも順次影響を及ぼすことになり，結果として，食物連鎖に沿った相互作用の強さや方向をも変化させる可能性がある．たとえば，魚食魚であるオオクチバス（*Micropterus salmoides*；図3.21）は，サンフィッシュの幼魚（*Lepomis* spp.；図3.21）の生息場所を変えてしまうことがある．サンフィッシュの幼魚はバスのいない湖沼では沖帯を好むが，バスのいる湖沼では水草が繁茂する沿岸域に生息場所を変更し，底生性の大型無脊椎動物を餌とするようになる（Werner et al. 1983）．さらに，大型無脊椎動物に対するサンフィッシュ幼魚の摂食圧が高くなると，大型無脊椎動物の平均体サイズは小さくなるという（Mittelbach 1988）．このように，魚食魚は，中間消費者の行動を変化させることで，先の例ではオオクチバスがサンフィッシュ幼魚の生息場所を変更させることで，沿岸帯に生息する底生性の大型無脊椎動物へ間接的に影響を与えるのである．同じように，Turner（1996, 1997）は，巻貝食魚であるパンプキンシードが，藻食性の巻貝と付着藻類の相互関係に影響を及ぼすことを示している．パンプキンシードのいる湖の巻貝は，パンプキンシードのいない湖に比べ，物陰に潜む時間が長くなる．室内実験によれば，この巻貝はパンプキンシードが排出する化学物質に反応して生息場所の選好性を変えるという．そこで，Turnerは，すりつぶした巻貝をさまざまな量で実験池に加え，この巻貝が知覚する被食リスクの情報量を操作した．その結果，被食リスク（知覚情報）が増えるほど巻貝の物陰に潜む時間が増え，石などの基質表面にある付着藻類の生物量が増加したという（図5.10）．捕食者から出た化学物質が情報となって巻貝の行動が変化し，間接的に一次生産者に強い影響を与えたのである．

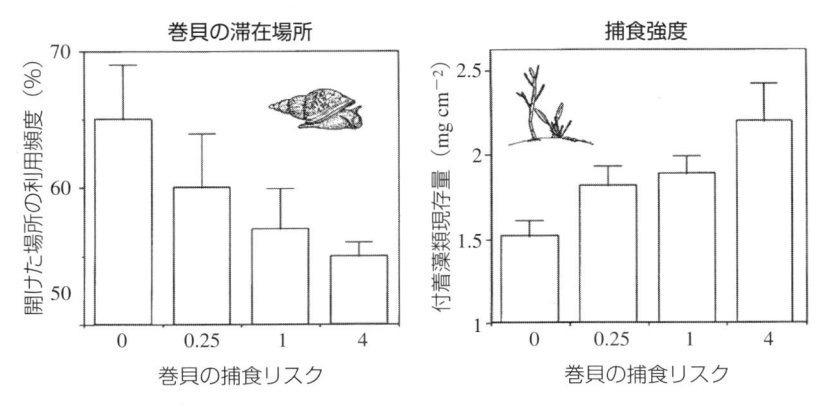

図 5.10 パンプキンシードの排出する化学物質が巻貝の隠れ場所利用頻度に及ぼす影響と，その付着藻類への間接的な行動カスケード効果．Turner（1997）による．

2つの安定状態

　気候変動や栄養塩の負荷，汚染など，環境条件が徐々に変化した場合，生態系はどのような応答を示すだろうか．ある生態系では一定方向に緩やかに変化するかもしれないが（図5.11a），他の生態系では環境変化に応じてこれまでと全く異なる状態に一挙に変化するかもしれない．理論研究によれば，自然界には2つの安定状態（alternative stable states）があり，ある安定状態から他方の安定状態への変化は徐々に起こるのではなく，急激に，しかも飛躍的に起こると予測されている（たとえばMay 1977）．近年，砂漠から珊瑚礁にいたるさまざまな生態系で，このような異なる2つの安定状態のあることが確認されている（Scheffer and Carpenter 2003）．2つの異なる安定状態が生じるのは，環境要因の徐々な変化に対して生態系の応答が連続的でない場合，つまり応答が折り返し曲線（図5.11b）となるような場合である．そのような生態系では，ある環境要因（たとえば栄養塩負荷量）の影響が徐々に大きくなっても（図5.11bの矢印1）ある閾値，すなわち分岐点Aを越えるまでは状態ほとんど変化しない．しかし，その環境要因の影響が閾値を超えると，生態系は急激に他の状態へと移行し（矢印2），環境要因の影響がそれ以上大きくなっても，あまり変化しない状態となる．このような生態系応答の重要な特徴の1つは，生態系に変化が起こった状態（A点）まで環境要因の影響を削減し生態

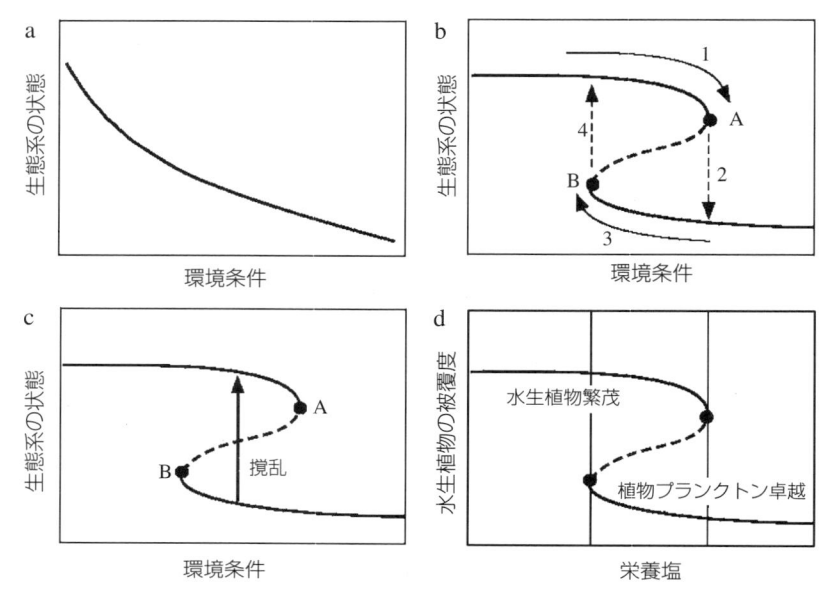

図 5.11 環境変化に伴う生態系の状態変化．(a)環境変化に伴い緩やかに状態が変化する生態系，(b)2つの安定状態が存在する生態系：分岐点（A，B）までは環境が変化しても状態はほとんど変化しないが（矢印1,3），その分岐点を超える環境変化が生じると，生態系は他の状態へ急激に移行する（矢印2,4）．(c)大きな撹乱によって他の状態へと移行する生態系．(d)浅い富栄養湖で2つの安定状態（水生植物が繁茂する状態と植物プランクトンが卓越する状態）が存在する例：2本の縦線の間では，生態系は2つの状態のどちらかになる．Scheffer and Carpenter (2003) より改変．

系を回復させようとしても，容易にはもとの状態に戻らないことである．生態系をもとの状態に戻すには（矢印4），もう1つの分岐点Bまで環境要因の影響を削減せねばならない（矢印3）．このように，ある生態系では，環境要因の影響範囲の中で，相変異する2つの安定状態が存在する（図5.11）．各々の状態が安定なのは，各状態特有の緩衝機構によるためである．したがって，もし各々の状態が持つ緩衝機構を超えるほどの深刻な撹乱が生じると，生態系はこれまで馴染んでいた状態から全く異なった状態へと急激に変化することになる（図5.11c）．

浅い富栄養湖の2つの安定状態

　ある安定状態から他方の安定状態に急激に移行する代表的な例の1つに，栄養塩の負荷量が増加した浅い湖での研究があげられる（Jeppesen et al. 1998；

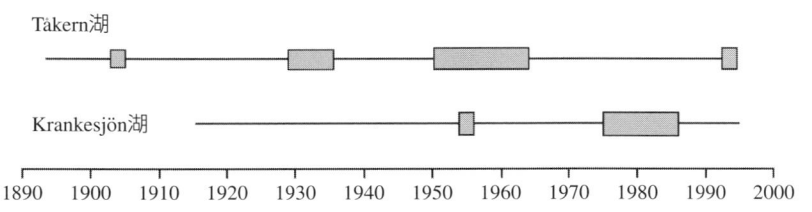

図 5.12 スウェーデン南部の2つの浅い中栄養湖，Tåkern 湖と Krankesjön 湖における透明な年（—）と濁った年（■）の長期記録．Blindow et al. (1998) による．

Scheffer and Carpenter 2003)．浅い湖，すなわち夏期にも湖水が完全に鉛直混合する湖では，リン濃度が $25 \sim 1{,}000\ \mu\mathrm{g\ L^{-1}}$ の範囲で2つの異なる安定状態が存在するという（Moss et al. 1996；図 5.11d）．スウェーデン南部の2つの浅い湖，Tåkern 湖と Krankesjön 湖の長期データによると（Blindow et al. 1998），これらの湖では，少なくとも20世紀の初頭から，透明な状態と濁った状態が繰り返し生じた（図 5.12）．もともと栄養塩の負荷量が少なかったときは，湖は透明で大型動物プランクトンが卓越し，植物プランクトンの生物量は低く，湖面の多くは沈水植物に覆われ，魚食魚が豊富であったという．しかし，栄養塩負荷量が増加すると，植物プランクトンが急激に増加して大きな群体を形成するラン細菌（ラン藻類）が卓越するようになり，湖は濁り，沈水植物は枯れ，動物プランクトンは小型で少なくなり，魚類群集ではベントスやプランクトンを食べるコイ科魚類が優占するようになった．透明な状態と濁った状態は，各々やや複雑な複数のフィードバック機構によって維持されるようである．透明な状態では，水生植物が繁茂して風による底泥の再懸濁を減少させるとともに，栄養塩の過剰摂取やある種の有機物質（他感物質：allelopathic substance）を放出することで植物プランクトンの増殖を抑え，藻食者に餌（葉に繁茂する付着藻類）と隠れ家を提供する．このような水生植物の機能が，栄養塩負荷量の増大を緩衝するように働くのである．一方，植物プランクトンが優占する濁った状態では，遮光によって水生植物の芽生えや生育が阻害されるため，藻食者の隠れ場所がなくなり，ベントス食魚による底泥の再懸濁が助長され，大型の食べられにくい植物プランクトンが優占するようになる．このため，栄養塩の負荷量が多少削減されたとしても，濁った状態が続くようになるのである．

何が安定状態を変えるのか？

　植物プランクトンの増殖による'濁った状態'は栄養塩負荷量が多いと非常に安定であるため，湖沼を透明な状態に戻すには相当の努力が必要となる．人間にとって湖沼は透明な状態であるということが望まれるため，濁った湖を透明な状態へ戻そうと，多くの資金が費やされてきた．栄養塩濃度の多少の減少は十分ではなく，たとえば第6章で見るように，コイ科魚類を人為的に減少させるなど，思い切った処置（生物操作：Hansson et al. 1998b）が必要になる．コイ科魚類のようなプランクトン食魚の減少は，動物プランクトンを増加させ，植物プランクトン生物量を減少させることになる．また，ベントス食魚を除去することで，水生植物が根こそぎにされるのを防ぎ，底泥の再懸濁（まき上げ）を減らすことができる．これらすべてが水生植物の繁殖を促進する．水生植物が卓越する状態から植物プランクトンが卓越する状態への移行機構はあまりよくわかっていない．Hargeby et al. (2004) は，強い風が底泥をまき上げて水を濁らし，さらに春に水温が低いと水生植物の発芽や生育が遅れるので，植物プランクトンが優占する状態になるのではないかと考えている．Brönmark and Weisner (1992) は，冬期大量斃死のような偶発的な撹乱イベントで魚食魚が減ると，プランクトン食魚やベントス食魚が優占するようになることを，概念的なモデルによって示している．すでに述べてきたように，このような上位捕食者（魚食魚）の減少は，食物連鎖の下位に位置する生物に強い間接効果を及ぼす．沖帯の食物連鎖では，植物プランクトンの生物量が増加し，水生植物へ到達する光量が減少するであろう．さらに重要なことは，ベントス食魚は藻食者である大型無脊椎動物，特に巻貝の密度を減らすことで，付着藻類を増加させ，その遮光効果と栄養塩を巡る競争によって水生植物の成長が抑えられることである．巻貝による摂食は，葉の付着藻類を減らすことで，水生植物の成長を促進することが実験的に示されている（Brönmark 1985）．また，実験によるものではあるが，貝食魚の密度が増加すると，ベントスの食物連鎖を介して間接的に水生植物が減少することも示されている（Martin et al. 1994；Brönmark 1994）．このような実験と理論研究の予測を検証するため，Jones and Sayer (2003) は魚の密度や栄養塩濃度が異なるさまざまな浅い湖で調査を行った．その研究によれば，水生植物（水草）の生物量は付着藻類の生物量と負の関係にあったが，植物プランクトン生物量や栄養塩濃度とは何の

関係もみられなかったという．一方，付着藻類の生物量は，やはり栄養塩濃度との間に何ら関係はみられなかったが，藻食者である大型無脊椎動物の密度が高い湖で少なかった．また，この大型無脊椎動物の密度は魚の多い湖で少なかった．その結果，付着藻類の生物量は魚の密度と正の，水生植物とは負の関係にあった．この一連の観察結果は，実験結果と同様に，栄養塩濃度にかかわらず，魚はベントスの食物連鎖に沿ったカスケード効果を通じて水生植物に影響を及ぼすという理論を支持している．

器（うつわ）の中のビー玉モデル

2つの安定状態とその状態間の移行は，器の中のビー玉モデルによっても表すことができる（Scheffer 1990；図5.13）．まず，このビー玉の位置は，栄養塩濃度が高く植物プランクトンが優占する濁った湖を表しているとしよう．もし，ビー玉が予期せず動いたとしても，すぐに濁ったもとの状態へ戻ってしま

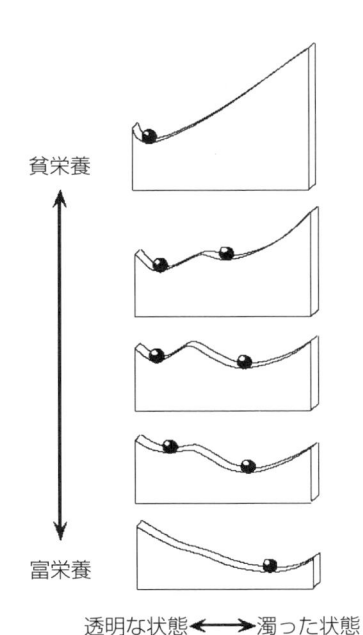

図5.13 器（うつわ）の中のビー玉モデル．例として，異なる5つの栄養塩レベルにおける安定状態（凹部）を考える．栄養塩レベルが非常に低い場合，ビー玉（すなわち湖沼）は透明な状態に位置する．栄養塩レベルが少し高くなると，透明な状態と濁った状態の2つが安定な状態となる．栄養塩レベルが非常に高くなると，濁った状態のみが安定となる．Scheffer（1990）より．

うだろう（図5.13下部）．いくぶん栄養塩濃度が低くなると，2つの異なる安定状態が'丘'の両側にある2つの窪みとして表れてくる．そうなると，ビー玉（湖）は，透明な状態へ押し出されることも可能となるが，多くの場合，もとの位置に戻ってしまうだろう．さらに栄養塩濃度が減少すると，湖は濁った状態からより簡単に押し出されるようになり，透明な状態に移行する可能性が高くなる．最後に，栄養塩濃度が非常に低くなると，湖は透明な状態としてのみ存在するようになるだろう（図5.13上部）．このモデルはいくつかの興味深い問題を指摘している．すなわち，(1)食物連鎖の影響(魚による動物プランクトンの捕食,動物プランクトンによる藻類の摂食)だけでなく，水生植物も2つの状態の移行に重要な役割を担っていること，(2)低い栄養塩濃度では湖は透明な状態へ戻る機会が増えることである．

微生物

　生態系の動態に関する議論や，とりわけ食物網の理論では，これまで多くの場合，細菌，繊毛虫，鞭毛虫といった微生物は除外されてきた．その主な理由は，微生物レベルでの生物過程を量的に見積もることや，相互関係を研究する方法が確立されていなかったためである．しかし，今日では，これから見ていくように，生態系に及ぼす微生物の役割はきわめて大きいものであることが次々に明らかにされている．微生物群集は，大型の生物と比べて，時間や空間スケールが異なり，生物過程は日にち単位ではなく秒単位であり，生息空間はメートルではなくミリメートル単位で変化する．それ以外は，大型生物と同様に，微生物は同じような環境要因によって制限され，また他の生物と相互作用して生活している．水圏の微生物生態学に大きな突破口が開かれたのは，従来の食物網の中に，微生物ループ(microbial loop)があると認識されたことである．

微生物ループ

　沖帯の食物網に沿ってエネルギー（炭素）転移量が測られるようになると，植物プランクトンが生産した生物量だけでは食物網の上位に位置する動物の成長を支えられないことが，さまざまな湖で明らかとなった．エネルギー流を見積もる際に見逃していた要素があり，それが細菌，鞭毛虫，繊毛虫からなる微

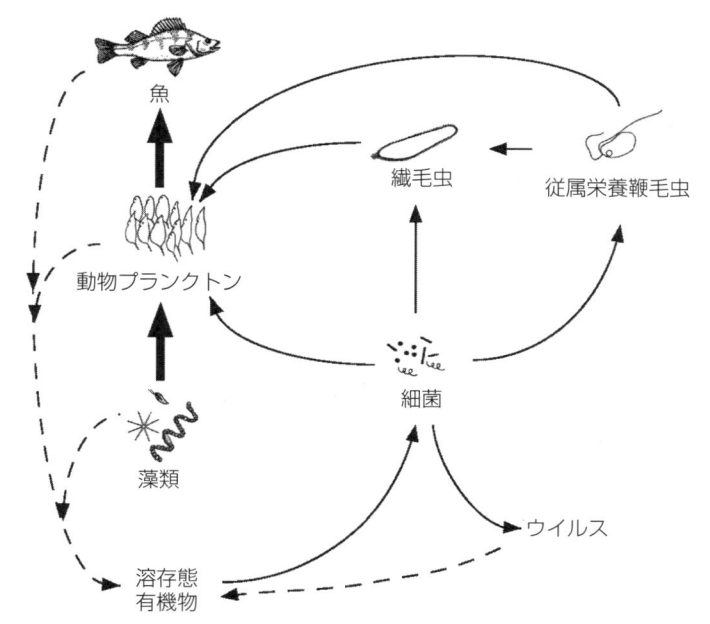

図 5.14 微生物ループにおける炭素・栄養塩の流れ（細い実線矢印）と，藻類−動物プランクトン−魚からなる従来の食物連鎖（太い実線矢印）との関係．細菌は，生物から排泄される溶存態有機物（破線矢印），あるいは集水域から供給される溶存態有機物を消費し，従属栄養鞭毛虫や動物プランクトンに食べられる．従属栄養鞭毛虫は繊毛虫に捕食され，それらはともに動物プランクトンの餌となる．さらにたとえば細菌がウイルスに感染することで，溶存態有機物や栄養塩が放出される．このように微生物によって炭素や栄養塩が高次栄養段階へと運ばれるループが形成される．

生物群集であったのである．これらは，水中に高密度で存在するものの，主に藻類，動物プランクトン，魚からなる湖沼の古典的な食物網には含まれていなかった生物である（図5.3）．微生物が量的に多い生物群であることが注目されるようになると，動植物プランクトンや魚が溶存有機態炭素（DOC）として排出する炭素の一部を，細菌が回収していることが明らかになった．かつては，このような溶存有機態炭素は，いずれ沖帯生態系から消失していくものだと考えられていた．しかし，細菌は従属栄養の鞭毛虫や繊毛虫に食べられ，それらはワムシや甲殻類プランクトン，場合によっては小魚にさえ食べられる．したがって，沖帯の生物から失われた炭素の一部は，微生物群集によって古典的食物網に戻されることになる．この炭素のリサイクル過程は，'微生物ループ'と名づけられ，湖のエネルギー（炭素）収支に関する謎の多くを解決するもの

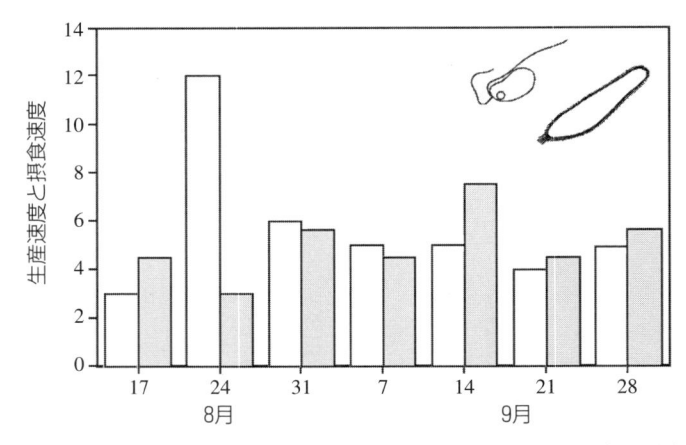

図 5.15 オランダ Vechten 湖の成層期表水層における細菌の生産速度(白抜き)と従属栄養鞭毛虫・繊毛虫の細菌摂食速度(灰色).細菌生産速度を上回る摂食速度がしばしば観察されている.値は平均値,単位は摂食速度と生産速度とも 10^6 cells L^{-1} h^{-1}. Bloem et al. (1989b) による.

となった(図 5.14).

今日では,藻類の一次生産によって固定された炭素のうち,最大 50% が有機物として排出され細菌に利用されていることが明らかとなっている.このことは,細菌が取り込む炭素の大部分は藻類から得ていることを示唆している.実際,一次生産の高い夏や,藻類が大繁殖した後に衰弱していく時期は,細菌の炭素源として藻類から排出される有機物が特に大きな割合を占める.もちろん,魚や動物プランクトンなど高次栄養段階の生物による有機物の排出も,微生物ループへの重要な供給源である(図 5.14).

微生物の相互関係

従属栄養鞭毛虫は細菌を主な餌とし,摂食速度は種や水温,細菌量によって異なるものの,鞭毛虫 1 細胞あたり 1 日に 100〜1,000 細胞の細菌を捕食する.細菌生産量の 30〜100% が鞭毛虫に消費されてしまうほど捕食圧は強く,このため水中の細菌量は鞭毛虫の捕食によって制限されていることが多い.原生動物(従属栄養鞭毛虫と繊毛虫)全体の細菌摂食量は,時として細菌の生産量を上回ることもある.たとえば,図 5.15 に示したオランダの Vechten 湖で観察した細菌の被食量と生産量を比較してほしい(Bloem et al. 1989b;図 5.15).

繊毛虫は,主に藻類や従属および独立栄養の鞭毛虫を餌としているが,多く

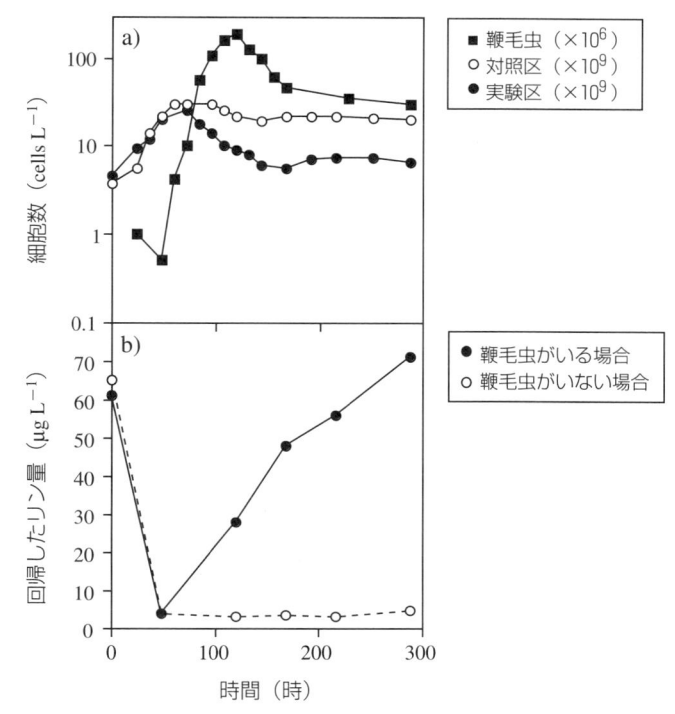

図 5.16 (a) 捕食者である従属栄養鞭毛虫（HNF）がいる実験区（●）といない対照区（○）での細菌密度の変化．従属栄養鞭毛虫の密度（■）も示している．(b) ある実験での細菌を捕食した従属栄養鞭毛虫のリン回帰量（●）．鞭毛虫のない対照区（○）ではリンは細菌体へ取り込まれたままで，食物連鎖の高次栄養段階に転位しない．データは Bloem et al. (1989a) による．

の繊毛虫は細菌も摂食する（図5.14）．繊毛虫は，鞭毛虫とほぼ同じ速度で細菌を摂食し，繊毛虫1細胞あたり1日に100〜1,000細胞の細菌を捕食する．しかし，普通繊毛虫の生物量は，従属栄養鞭毛虫に比べ20倍ほど低いため，細菌群集への影響はさほど大きくないと考えられている．

栄養塩の回帰

● 細 菌

植物プランクトンの死骸や他の有機物が細菌に分解される際，栄養塩はほんのわずかしか環境中へ回帰されない．それは，得られる栄養塩をまず細菌が自身の生物体として取り込むからである．しかし，このような細菌群集に取り込まれた大量の栄養塩は，従属栄養鞭毛虫に摂食されることで回帰される．この

様子は，従属栄養鞭毛虫と細菌を使った図5.16に示した実験で観察できる．この実験では，細菌だけしかいない湖水では，リン酸（PO_4）は回帰されなかったが，従属栄養鞭毛虫がいると大量のリン酸が回帰された．ただし，細菌にとって十分にリンがある場合には，細菌自身もリンを水中へ放出するようである．

●消費者による栄養塩放出 —— 間接的なボトムアップ効果

微生物ループで見てきたように，上位捕食者はDOCを排出し，排出されたDOCは細菌の基質（エネルギー源）として利用される．同様に，リンや窒素などの栄養塩も消費者，とりわけ魚などの大型の生物によって大量に排出される（Vanni 1996）．したがって，プランクトン食魚が増えると，その捕食によって動物プランクトンが減る（'トップダウン効果'）だけでなく，利用可能なリン量が増えるため，植物プランクトンの成長がより促進されることになる（間接的なボトムアップ効果）．

藻食者や肉食者の排泄による栄養塩の回帰は，藻類や細菌の成長が栄養塩に律速されているときに重要となる．たとえば，珪藻類の*Cyclotella*属がある藻食者に選択的に食べられている場合，その藻食者から回帰された栄養塩は餌として好まれないラン細菌（ラン藻類）の*Aphanizomenon*属に利用されることになる．このように，藻食者の摂食は，特定の藻類種を減らすだけでなく，餌として好まれにくい他の藻類（競争種）に栄養塩を供給することで，藻類の群集構造に大きな影響を及ぼすことになる．栄養塩は，通常，リン酸やアンモニアのように利用されやすい形で排出され，速やかに細菌や藻類に取り込まれる．比較的短い時間スケールでは，単位生物量あたりの栄養塩回帰量は，ミジンコの方がケンミジンコ類よりも多い．ミジンコは下痢状の糞をするため，糞から栄養塩が溶出しやすいが，ケンミジンコの糞は細長く締まったペレット状であるため栄養塩が溶出しにくく，しかも多くの糞粒は栄養塩が溶出する前に湖底へと沈んでしまうからである．

食物連鎖における相互関係の強さ

栄養カスケードの概念は，広く研究者に受け入れられたが，批判を受ける話題でもあった（Strong 1992；Polis and Strong 1997）．Strong（1992）は総説

の中で，栄養カスケードの効果は，強い相互作用を持つ少数の種からなる群集，すなわち捕食者あるいは植食者が**キーストーン種**（keystone species）であり，食物連鎖の底辺が藻類で構成されているような群集でのみ，顕著にみられると結論づけた．種数の多い生態系では，下位栄養段階での補償的な種構成の変化，時間的・空間的不均一性，雑食者の存在などが緩衝作用となって栄養カスケード効果が緩和されるかもしれない．腐食連鎖，隣接生態系からの栄養物質の流入，餌生物の適応的防衛なども食物連鎖の栄養カスケード効果を弱めるように働くだろう（Polis and Strong 1997）．そこで，淡水生態系の食物連鎖における相互作用の強さを決める要因について考えてみることにする．もし，上記のように食物網が複雑なら，栄養段階を明瞭に分けることはできるのだろうか？　あるいは，栄養段階は単に操作的な概念にすぎず，複雑な自然界とは何の関係もないのだろうか？　まず，この基本的な問いから検討することにする．

栄養段階は存在するか？

　食物連鎖の理論は，生物は栄養段階に分けられ，ある栄養段階に属する生物は直下の栄養段階に属する生物を食べ，直上の栄養段階に属する生物によって捕食される（すなわち食物連鎖は直線的である；図5.17），という考えを基礎としている．野外で観察されるパターンは，われわれが望むような，あるいは理論から導かれるような，明瞭なものでは当然ない．比較的単純な池の生物群集の捕食–被食関係の概略図でさえ，相互作用の数は多く複雑である（図5.17）．これら淡水生物を特定の栄養段階にうまく分けたり，直線的な食物連鎖に沿って並べたりすることは，明らかに困難である．むしろ，多くの生物は一次生産者や捕食者，デトリタス食者など他のさまざまな生物と関係を持っており，生物間の栄養関係は網目状であると考えた方がよいだろう．いわゆる，食物網（food web）である．小さな池の単純な食物網でさえ，非常に複雑である．したがって，群集構造やその決定要因を一般化することは困難であり，群集のある一部に変化が生じた場合，それが群集全体にどう波及するかを予測するのは全く不可能ではないかとさえ思える．しかし，状況は見かけよりは絶望的でない．図5.17に示したような食物網は，生物間の捕食–被食関係を示したもので，関係の強さを表すものではない．ミズムシ（*Asellus* sp.）の胃にユスリカが入っていれば，両者は捕食–被食関係にあるという証拠になる．しか

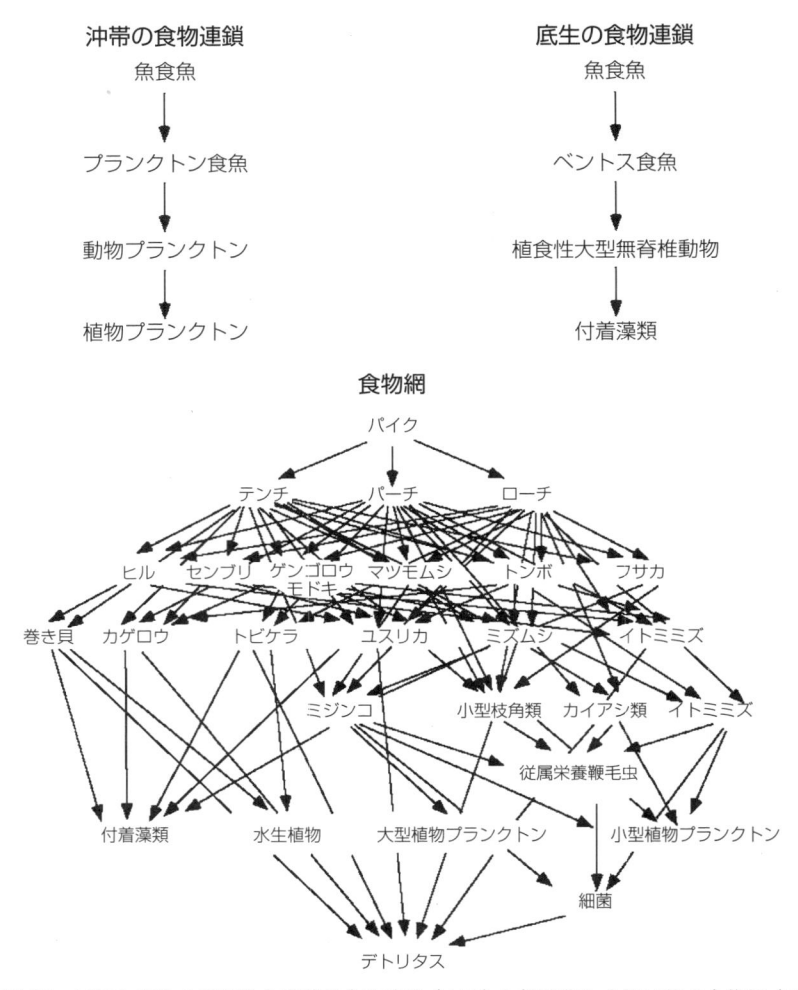

図 5.17 沖帯と底生の理想的な直線的食物連鎖（上図）と簡略化した網目状の食物網（下図）．

し，ミズムシの主な餌は，実際には藻類やデトリタスである．したがって，自然界では，すべての相互作用が同じように重要なわけではなく，相互作用の強さには大きな違いがある．また，多くの種は，**機能群**（functional group）や**ギルド**（guild）といった，同じ種類の資源を利用し，ある環境変化に同じように反応するグループに分けることができる．食物網をいったん崩し，強いつながりを持つグループの相互関係へと変換すれば，生物群集は解析しやすくなり，たとえば，ある撹乱が特定のグループにどのような影響を及ぼすか，といった予想も可能となる（図 5.17）．

食物網を食物連鎖へ簡略化する場合，各生物は一次生産者，植食者（藻食者），捕食者といった特定の栄養段階へ割り当てられる．しかし，雑食や複雑な栄養特性のため，ある生物が2つの栄養段階に属してしまう結果になることもある．安定同位体分析は，特定の生物の栄養関係の位置（trophic position）を決める方法の1つであり，それは連続的な値として測られる（Fry 1991）．餌生物と消費者の間で窒素安定同位体存在比 $\delta^{15}N$ が3〜4‰濃縮されることを利用して，生物の栄養関係の位置を決めるのである．餌生物と消費者が直線関係にある単純な食物連鎖では，栄養段階ごとに $\delta^{15}N$ は3〜4‰上昇する．しかし，この区分は，複雑な食物網では曖昧になる．たとえば，複数の栄養段階から餌を消費する雑食者（以下参照）の場合，窒素安定同位体存在比の濃縮度合いは3‰よりも低くなるであろう．したがって，安定同位体分析によって決められる栄養関係の位置は，摂食した餌の相対的な窒素転換量を反映したものである．Vander Zanden et al. (1999) は，レイクトラウトを最上位捕食者とするカナダの湖沼で研究を行い，どのような中間消費者が見られるかによって湖沼をまず次の3タイプに分類した．すなわち，1番目のタイプは3つの栄養段階からなる単純な直線的食物連鎖（図5.18 A），2番目のタイプは4つの栄養段階（B），3番目のタイプは5つの栄養段階（C）からなる湖沼である．次いで，安定同位体分析を行い，それぞれの生物の栄養段階を求め，同じ栄養段階の生物を栄養ギルドとしてひとまとまりに分類し，より具体的な網目状の食物網構造を描いた（図5.18）．その結果，実際に見られた食物連鎖の長さは，同じタイプの湖沼間でも大きく異なることが明らかとなった．すなわち，実際の食物連鎖の長さは，3栄養段階からなると推定された1番目のタイプの湖沼では3.0〜4.8であり，2番目のタイプの湖では3.8〜4.4，3番目のタイプでは4.3〜4.6であった．また，安定同位体分析による窒素転換量から，食物網の各相互関係の強さを決定することも可能となった（図5.18）．この栄養関係の位置は，個々の生物種を特定の栄養段階に分けることが困難であること，むしろ雑食や複雑な相互作用のため食物連鎖上での位置は同じ種でも湖沼によって変化することを示している．

捕食者の特性と複数種による捕食

　上の例で見たように，機能群という考え方は，自然界の食物網の複雑性に対する当惑を軽減し，食物連鎖の複雑な相互作用を理解するのに有効である．し

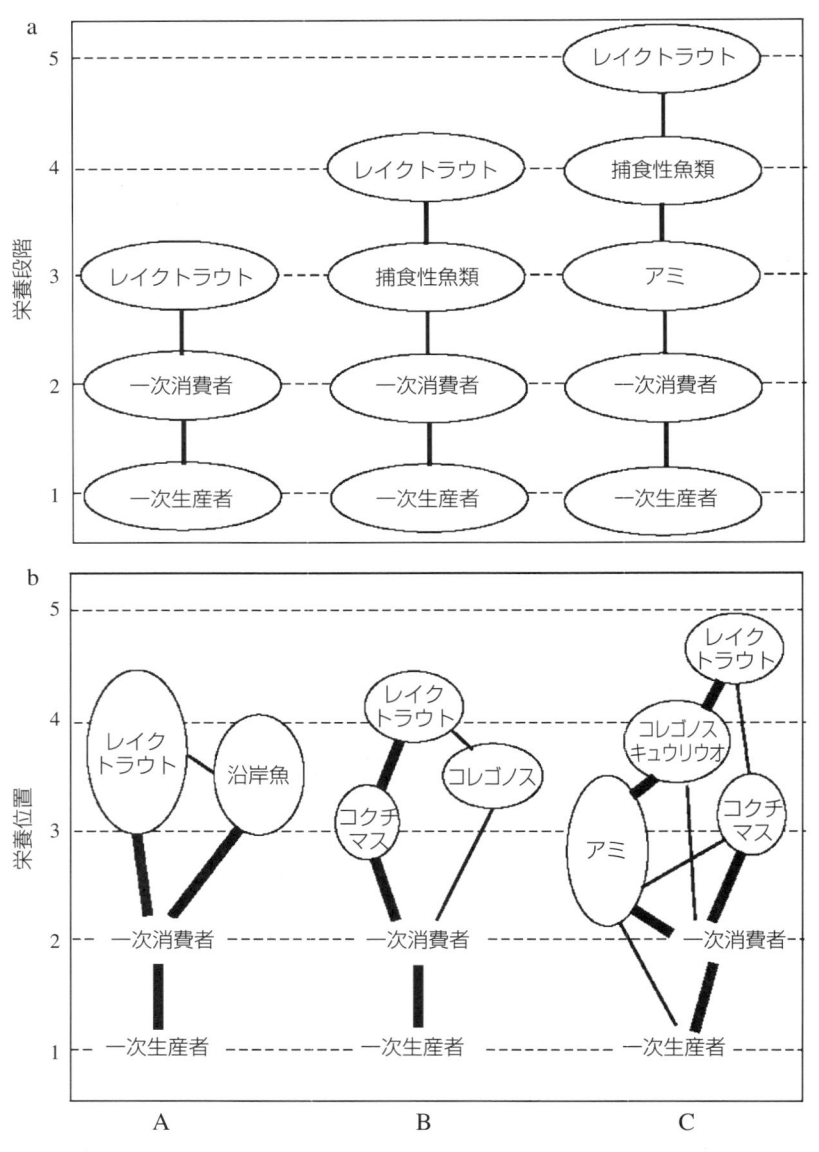

図 5.18 (a) 中間消費者の違いによって分類された3つの湖沼（A〜C）の沖帯食物連鎖モデル．(b)安定同位体分析に基づいた実際の生物の栄養関係の位置．線の太さは栄養関係の強さを表す．Vander Zanden et al.(1999) による．

かし，植食者（藻食者）や捕食者といった同じ機能群に分類される種の間でも，群集全体への影響は異なることがある．たとえば，摂食速度の高い大型動物プランクトンの植物プランクトン群集に対する影響は，小型動物プランクトンの場合とは異なっている（第4章参照）．また，最上位の捕食者が，魚かトンボのヤゴかによって，餌生物は異なった影響を受ける（McPeek 1998）．したがって，ある生物種の生物量が変化したとき，食物網内の他の生物がどのような影響を受けるかを予測するには，より細かい解像度で個々の種の食物網内における栄養関係を決める必要があるだろう．分類や形態，餌や生息地などが似ている生物種は，群集に同じような影響を及ぼしている可能性が高いと考えられる．たとえば，トンボの種間で比べた方がトンボと魚で比べたときよりも，その群集への影響はより似ているだろう．また，口器のサイズが似ていれば捕食の影響は似ているだろうし，底生性の捕食者の間の方が，底生性と遊泳性の捕食者の間よりも群集に及ぼす影響は似ているだろう．

　食物連鎖における捕食者の影響を調べた実験の多くはたった1種類の捕食者を対象にしていることが多く，捕食者複数種の影響を同時に調べた実験も多少あるが，それらも実験的に操作するのは1種ないし2種の捕食者に限られている．したがって，これら実験は，さまざまな種が捕食者として共存しているという，一般的な自然界の事実に合致したものではない．最近の研究によれば，餌生物個体群や餌生物群集に及ぼす多種からなる捕食者群集の影響は，個々の捕食者の影響を加算したものではないこと，すなわち多種捕食者群集は餌生物群集に予期しない影響を及ぼすことが明らかにされている（Sih et al. 1998）．多種からなる捕食者群集の影響は，餌生物の被食リスクを増加させることもあれば，逆に軽減させることもある．被食リスクが軽減されるのは，捕食者種間の相互作用によって，一方または両種の捕食圧が低くなる場合である．Fauth (1990) が行った実験によれば，オタマジャクシの死亡率は，捕食者であるザリガニとサンショウウオが一緒にいる場合，どちらか一方しかいない場合の被食率を加算した予測値よりも低くなるという（図5.19）．両方の捕食者がいるとオタマジャクシの死亡率が予測値より低くなるのは，捕食者間の干渉的な相互作用，すなわち，ザリガニによってサンショウウオが傷つけられるためである．一方，被食リスクの拡大（risk enhancement）は，餌生物がある特定の捕食者に特異的な反応を持つ場合に起こりやすい．その捕食者に対する適応的防衛と引き替えに，他の捕食者に食べられやすくなるためである．たとえば，コ

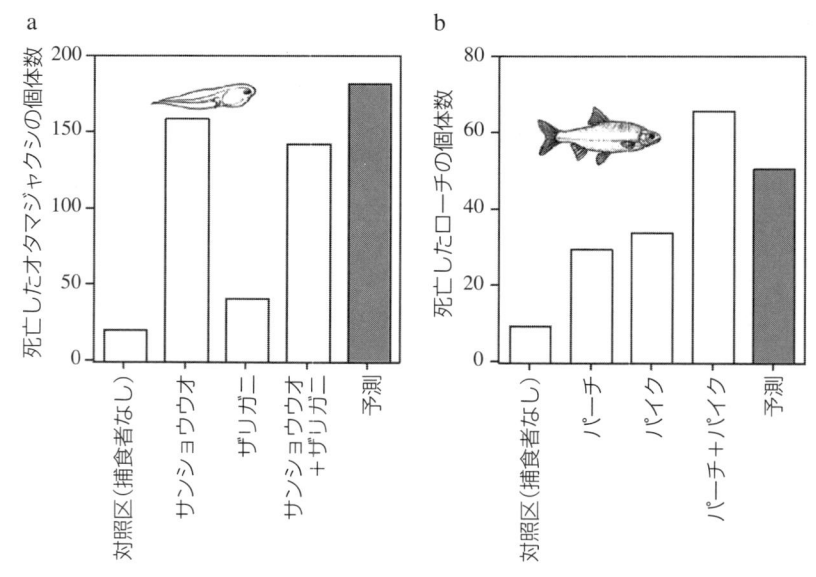

図 5.19 捕食者1種または2種にさらされたときのオタマジャクシとローチ（コイ科）の死亡率．(a) ザリガニとサンショウウオによるオタマジャクシの死亡率．(b) パーチ（パーチ科）とパイク（カワカマス科）によるローチの死亡率．両図とも右端（灰色）は捕食者を単独で与えた実験結果を足し合わせた値から対照区の値を差し引いた予測死亡率である．Fauth (1990), Eklöv and VanKooten (2001) より．

イ科のローチの被食率は，捕食者のパーチとパイクがともにいる場合の方が，それぞれの捕食者が単独でいる場合の被食率を加算した予測値よりも高い（図5.19；Eklöv and VanKooten 2001）．パーチは探索型で開けた水域の捕食者であるのに対し，パイクは典型的な待ち伏せ型の捕食者で，水生植物帯の中や周辺で主に採餌する．ローチは，パーチがいると水生植物帯へ移動し開けた水域を避けるが，パイクがいる場合には水生植物帯を避け開けた水域に移動する．このように，捕食者によって生息域を変えることがローチのリスクを拡大させ，パイクとパーチがともにいると被食率が高くなるのである．これら魚食魚によるローチの個体数や行動の変化は，大型無脊椎動物や動物プランクトンへも波及することになる．

雑　食

　機能群やギルド，あるいは強い栄養関係によって複雑な食物網（図5.17）を単純化したとしても，間接的な相互作用の強さに影響を及ぼす複雑な要素はま

だほかにもあるだろう．たとえば，もし生態系に雑食者が高い割合で存在するならば，食物連鎖理論で予測されるパターンは不明瞭になるはずである．雑食は自然界ではまれであり，生物群集の動態にあまり重要ではないのではないかと，長い間考えられてきた．しかし，雑食はかつて考えられていたよりも広くみられることが，最近の研究により明らかになっている．Diehl (1993) は関連する文献を調べ，雑食者がいる食物連鎖では，栄養段階間でみられる生物の体サイズの違いによって，最上位捕食者による下位栄養段階への直接効果と間接効果の相対的な強さが変わるのではないかと示唆している．もし，中間消費者とその餌生物との間で体サイズが似ており，かつ両者とも上位捕食者に比べて体サイズがはるかに小さいなら――それは湖沼の食物連鎖で普通にみられることであるが（捕食性や藻食性の無脊椎動物は魚に比べて体サイズははるかに小さい）――上位捕食者は雑食者としてそれ以下の栄養段階に直接的な影響を及ぼし，栄養カスケードのような間接的効果は相対的に弱くなるというのである．しかし，Diehl (1993) が調べた研究事例では一次生産者への影響を考慮したものはなかった．雑食性のザリガニに対する付着藻類の応答を調べた研究例では，栄養カスケード効果はきわめて顕著であり，雑食は必ずしも間接効果を弱めるわけでないことが示されている (Lodge et al. 1994; Nyström et al. 1999).

サイズ構造のある個体群と成長に伴うニッチシフト

同種内の個体は，生息場所や餌の好み，捕食者を回避する方法などについてすべて同じように振る舞うと，これまで仮定してきた．これはもちろん単純化した全体像である．同種の個体でも，ある欲求や恐怖に直面したとき，それぞれ異なった振る舞いをするかもしれない．たとえば，同じ場所で採集した魚種の胃内容物を調べてみると，ある個体は特定の餌しか食べていないが，他の個体はさまざまな餌を食べている，ということがよくある．また，同種個体でも，成長に伴って生息地や好む餌が変わることが普通にみられる．いわゆる，**個体の成長に伴うニッチシフト**（ontogenetic niche shift）である．多くの魚種は，稚魚や幼魚のときは動物プランクトンを捕食するが，成長するにつれて大型の無脊椎動物も捕食するようになる．パーチでは，さらに大きく成長すると魚を捕食するようになる（図3.22）．このような成長に伴う生息場所や餌の変化は，捕食-被食関係の強さを刻々と変化させ，予想もつかない種間相互作

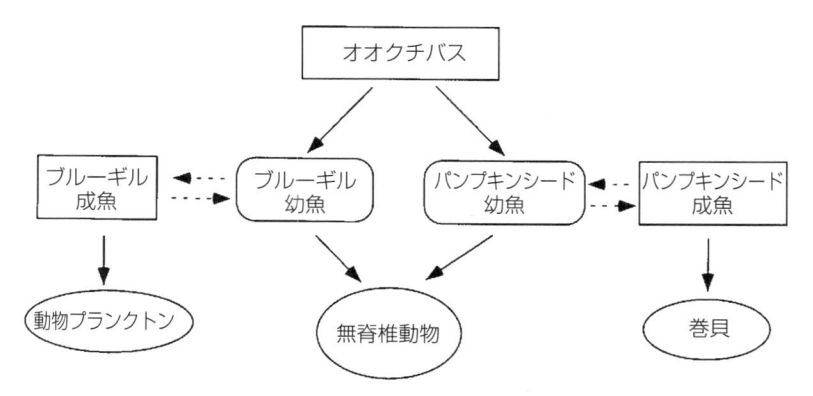

図 5.20 魚食魚（オオクチバス）と2種のサンフィッシュ（ブルーギルとパンプキンシード）の幼魚と成魚，およびその餌生物との相互作用．破線の矢印は，繁殖と成魚への加入を表す．Osenberg et al. (1992) による．

用が最終的に生態系全体へ波及することになるだろう．

●成長に伴うニッチシフトの例

　北米で Mittelbach とその共同研究者らは，サンフィッシュ科のブルーギル，パンプキンシード，オオクチバスを対象に，魚の体サイズを考慮した種間相互作用について研究を行った（たとえば Mittelbach and Chesson 1987；Osenberg et al. 1992；Mittelbach and Osenberg 1993；Olson et al. 1995；図 5.20）．魚食性のオオクチバスがいると，ブルーギルの幼魚は沿岸帯へ移動し，貧毛類などの体の軟らかいベントスを餌とするようになる．バスは口の大きさに見合う魚しか捕食できないので，大型のブルーギルはバスに捕食されにくい．このため，大型のブルーギルは水生植物が繁茂していない沖の開放水域で，動物プランクトンを摂食することができる．パンプキンシードの成魚は巻貝の捕食に特化しているが，幼魚は巻貝を壊すことができないため，主な餌は体の軟らかい無脊椎動物である．このように，バスのいる湖沼では，ブルーギルもパンプキンシードも，体サイズ，すなわち成長段階に応じて異なる生息域や餌ニッチを占めることになる．両種は，成魚になると動物プランクトンと巻貝を食い分けるが，幼魚のときは共通の餌である体の軟らかいベントスを巡って競争せねばならない．そのような場合，一方の種の幼魚個体数は，同種の成魚への加入個体数を決めるだけでなく，幼魚期の餌資源を巡る競争を通じて，他方の種の密度も変化させることになる．

生活史のある時期に競争関係にある2種の生物が，他の時期になると捕食-被食関係になることもある．その例は魚でみられ，オオクチバスは体サイズが大きくなると魚を捕食するが，幼魚期は無脊椎動物を主に食べている．したがって，オオクチバスは生後1年ほどの間，餌である無脊椎動物をめぐって，ブルーギルやパンプキンシード幼魚と競争関係にあることになる．Olson et al. (1995) は，ブルーギルの幼魚が増えると，バス幼魚の成長速度が有意に減少することを野外実験で示している．また，ある魚類調査によれば，バス1年魚の体サイズはブルーギル幼魚の密度と負の関係にあること，一方，体サイズの大きいバス個体の成長速度はブルーギルの密度が高い湖で高くなることが示されている．これらの結果によれば，ブルーギルの多い湖では，オオクチバスは幼魚期の成長速度の低下により魚食へ移行するのが遅れるが，ひとたび大きな体サイズに成長して魚食になると，餌資源が豊富であるため，高い成長速度と繁殖力を得ることになる．

　幼魚期の餌を巡る競争が強すぎるために，魚食への移行が制限されるという場合もあるだろう．このような<u>幼魚期の競争によるボトルネック</u>は，富栄養湖のローチとパーチの種間相互作用で示されている（Persson 1988；Persson and Greenberg 1990）．ローチ（図3.21）はコイ科の魚であり，動物プランクトンのほかに，大型の無脊椎動物や水生植物を摂食する雑食者である．パーチは，幼魚期は動物プランクトンを食べ，成長すると大型の無脊椎動物を餌とするようになり，最終的に魚食となる．ローチは動物プランクトンを効率よく摂食し，パーチは大型のベントスを効率よく捕食する．したがって，ローチの密度が増加すると餌となる動物プランクトンが枯渇し，パーチは早い時期に餌をベントスへ切り替えるようになる．その場合，ベントスを餌とする期間が通常よりも長くなるので，十分に大きく成長できる個体数は少なくなる．結果として，魚食段階へ移行できるパーチ個体数は減少する．

他生性物質の流入と食物連鎖の結合

　われわれは湖沼を閉鎖系と考えがちである．もちろん湖沼は，多くの陸上生態系に比べれば閉鎖的であるが，その境界を越えた物質の移出入があるという点では，開放系である．陸上から直接，あるいは河川を通じて，湖へ流入してくる他生性物質は多くの湖沼生態系を支える重要なエネルギー源である（第2章参照）．近年，沖帯食物網を支える炭素のうち，植物プランクトンが固定し

たもの（自生性物質）と，陸上由来のもの（他生性物質）がそれぞれどれくらいなのかについて議論されている．富栄養湖はおそらく自生性の生産が卓越しているが，貧栄養湖，特に腐植栄養湖では一般に他生性物質の流入が重要であろう．他生性の有機態炭素は，懸濁有機態炭素（POC）や溶存有機態炭素（DOC）として湖に流入する．湖に流入してくるDOCの多くは，難分解性で同化されにくいため，湖の食物網にすぐに組み込まれることはない．しかし，そのようなDOCでも，たとえば紫外線などによって分解されると，細菌が利用できる形となる．安定同位体の分析によれば，ある湖沼では動物プランクトンの炭素生物量に含まれる陸上由来炭素の割合が50％にも達することが示されている（Grey et al. 2001；Pace et al. 2004）．集水域から流入する有機態炭素は，湖の食物網を支える重要な補給源なのである．

　近年の陸水学では，1つの同じ湖でも，生息場所によって食物網を独立に扱う傾向にあった．たとえば，沖帯と湖底の生物はそれぞれ異なる食物連鎖，すなわち沖帯食物連鎖と底生食物連鎖として扱われ（図5.17），この2つの食物連鎖の間のエネルギー交換は無視されてきた．湖沼の食物連鎖に関するこれまでの研究では，主に沖帯食物連鎖の生物間相互作用や物質生産に焦点があてられてきた．しかし，最近では，底生の付着藻類による炭素固定や同化も湖沼の生物生産として重要であること，底生と沖帯の食物連鎖は多少なりとも複雑に結びついて一体化していることが示されている．近年，このような底生食物連鎖と沖帯食物連鎖の繋がりは，<u>底生-浮遊結合</u>（benthic-pelagic coupling；Vadeboncoeur et al. 2002）と呼ばれている．湖沼の一次生産を調べた研究によれば，水生植物と付着藻類を合わせた底生の一次生産量は，沖帯の植物プランクトンによる一次生産量と同じか，あるいはそれ以上にもなるという．また，有機態炭素の由来を表す炭素安定同位体存在比（$\delta^{13}C$）によれば，沖帯の炭素の多くが底生由来であることも示されている．底生と沖帯の食物連鎖を強く結びつける要素の1つが魚である．魚の餌を分析したある研究によれば，湖に生息する魚の餌のうち，およそ65％は直接あるいは間接的にベントスに由来していたという（Vander Zanden and Vadeboncoeur 2002）．すなわち，ベントスから魚を介した沖帯食物連鎖へのエネルギーや物質の転移量は無視できないほど大きいのである．したがって，付着藻類，藻食やデトリタス食のベントス，およびそれらの捕食者である魚との間の栄養関係は，湖全体の生物生産やエネルギー動態を考える上できわめて重要である．一方，物質やエネルギー

は沖帯食物連鎖からベントスへも流れる．たとえば，深底層の軟らかい底泥に生息しているユスリカ幼虫や貧網類などのベントスの多くは，沖帯食物連鎖から落ちてきた沈降物を栄養・エネルギー源としている．このように，湖内の別の食物連鎖や陸上生態系から供給される物質は，湖沖帯で生産される有機物量が支えられる以上に食物連鎖内の消費者を増加させ，栄養カスケードの強さに影響を及ぼすことになる（Polis and Strong 1997）．

捕食者に対する適応的防衛

生態系全体で強い栄養カスケードが働くためには，同じ栄養段階に属する種の多くが同じように捕食されなければならない．そうでなければ，その栄養段階の種組成が補償的に変わることになり，栄養カスケードの効果は希釈されてしまうからである．餌となる生物種の適応的な防衛は，捕食者と被食者の個体群動態を分断し，食物連鎖上の直接・間接的な相互作用を弱めるように働く．淡水生物は捕食者に対して形態的・化学的あるいは行動的に多様な防衛機構を進化させてきたようである（第4章参照）．

●藻　類

沖帯の食物連鎖において，植物プランクトンの食われやすさが変化すると，栄養カスケードの効果は弱くなると考えられてきた．第4章で見てきたように，小型で捕食されやすい植物プランクトン種は，成長速度が速いため，大型の藻食性動物プランクトンが少ないと優占する（図4.16）．それに対し，藻食者が多いときは，たとえば繊維状に長い種，大きな棘を持つ種，あるいは大きい種などの被食されにくい形態を持つ種が増える．このような形態的な被食防衛のため，動物プランクトンの種構成が小型種から摂食効率のよい大型種へ移行したとしても，藻類全体の生物量は期待どおりに激変するとは限らない．時として藻類全体の生物量は変わらず，藻類群集は単に食われやすい種から食われにくい種へ変わるだけかもしれない．このように，食べられにくい形態を持つ種へと推移することがあるため，食物網理論は自然界で起こる現象の予測にしばしば失敗するのである．

●細菌の被食防衛

微生物ループで見たように，細菌は従属栄養鞭毛虫や繊毛虫だけでなくミジ

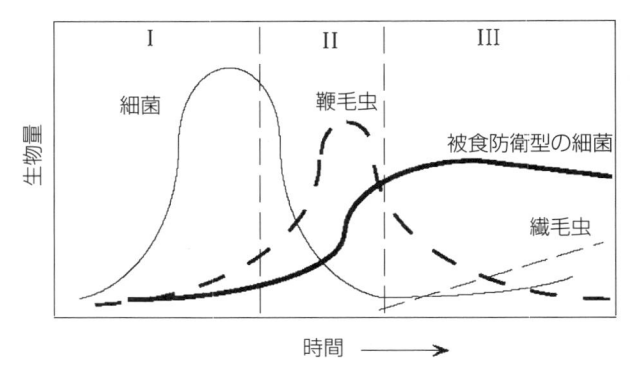

図5.21 微生物群集の遷移．遷移第1段階では，細菌の成長速度は高く，細菌を捕食する従属栄養鞭毛虫の生物量が増加する．第2段階では，細菌の生物量が減少し，従属栄養鞭毛虫の生物量は最大に達するが，餌不足により最終的に減少する．しかし，やがて細長い糸状やらせん状など被食防衛型の細菌が増える．第3段階では，被食防衛型の細菌をも捕食する繊毛虫が増加する．Jürgens and Güde（1994）より改変．

ンコのような大型の動物プランクトンからも強い捕食圧を受けている．細菌もこのような被食を防御する適応をしている可能性がある．細菌は，おそらく地球上で最初の生物であり，捕食に対する適応を進化させる十分な時間があったはずである．彼らの世代時間は非常に短く，洗練された適応が進化する時間さえあったであろう．しかし，驚くことにこれは細菌にはあてはまらない．他の複雑な生物に比べ，細菌が被食を回避する方法はあまり効率的でない．他の餌生物のように，細菌が被食を避ける方法の1つは，捕食者である従属栄養鞭毛虫や繊毛虫の最適摂餌サイズより小さくなるか大きくなるかである．従属栄養鞭毛虫や繊毛虫は，後述する魚のように口器のサイズに明瞭な制限があるとはいえないが，非常に小さく，あるいは非常に大きくなることで，細菌はこれら原生動物の最適な餌サイズの範疇から外れ，捕食されにくくなるかもしれない．細菌は非常に小さい球状（$0.05\,\mu m^3$以下）になったり，あるいは長く伸びた糸状やらせん状，細菌細胞が集まった集合状など，大きくなったりするものもいる．Jürgens and Güde（1994）は，室内実験によって細菌とその捕食者（従属栄養鞭毛虫や繊毛虫）の遷移パターンを一般化しようと試みた（図5.21）．彼らは遷移過程を3つの段階に分けた．第1段階では，小さな桿状の細菌の生物量が増加する．第2段階では，従属栄養鞭毛虫が増え桿状細菌の生物量が低く抑えられるようになる．鞭毛虫の生物量が高い状態のままで，細菌の生物量は再び増加するが，この段階ではらせん状や糸状，集合状など複雑な

形態を持つ細菌により群集が形成されるようになる．これは，おそらくこの細菌群集が鞭毛虫に食べられにくいためであろう．実際，第3段階になるとこのような複雑な形態を持つ細菌がさらに増え，鞭毛虫の生物量は減少する（図5.21）．この段階の終盤になると繊毛虫が増え始めるが，それは防衛形態を持つ細菌でも繊毛虫は捕食できるからだろう．このように細菌の生物量は時間とともにあまり変動はしないが，群集組成は異なる形態を持つ細菌により構成されるようになる．長く伸びた糸状あるいは細胞が集まった集合状の細菌は，捕食圧が高いときには有利であるが，球状や桿状の細胞に比べて基質（substrate）をめぐる競争で不利なのであろう．細菌にも，多くの生物と同様，十分に餌を食べるべきか，それとも捕食者に食べられてしまう危険性を減らすべきかというトレードオフがあるのだろう．

●魚類にみられる口器サイズによる餌の制限

多くの魚は餌を丸ごと食べるため，食べられる最大の餌サイズは口の大きさに制限される．このような捕食者は，口器サイズに制限のある捕食者（gape-limited predator）と呼ばれる．捕食者の口器サイズよりも大きな餌は，完全な回避サイズ（size-refuge）に達したことになり，捕食されることはない．Hambright et al. (1991) は，この回避サイズが淡水食物連鎖の相互作用に重要な意味を持つと述べている．口器サイズに制限のある魚食魚がいると，その捕食を回避するため，体高の高いプランクトン食魚が優占する場合がある（Hambright et al. 1991；Hambright 1994）．体高の高いプランクトン食魚も動物プランクトンを効率よく摂食するため，特に大型の甲殻類プランクトンの密度が減少し，その結果，植物プランクトンの生物量は増加する．仮に魚食魚を放流したとしても，プランクトン食魚がサイズ回避するようになるなら，栄養カスケード効果は食物連鎖の途中で寸断されてしまうだろう（図5.22）．

空間の複雑性

空間構造が非常に複雑な場合，捕食者の捕獲効率が低下したり，餌生物の逃げ場が増えたりするため，捕食-被食関係が弱まり，栄養カスケードなどの間接的な相互作用の効果が減少することがある．沖帯の細菌にとって，唯一の空間的な逃げ場は，浮遊している懸濁粒子（デトリタスなど）であり，多くの細菌がそれを利用している．これら懸濁粒子は，原生動物の捕食に対する避難場

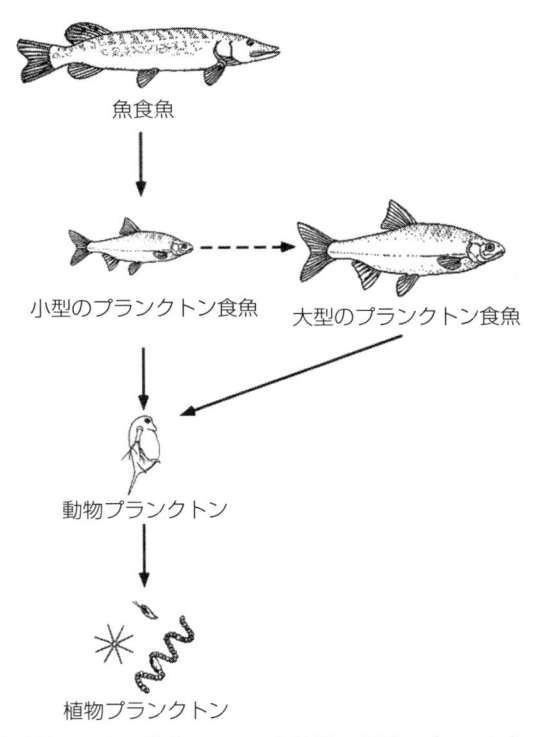

図 5.22 沖帯食物連鎖における栄養カスケード効果の分断．プランクトン食魚は，口器サイズに制限のある魚食魚の捕食から回避できるまで成長すると，魚食魚の存在下でも食物連鎖へ顕著な影響を及ぼす．破線はプランクトン食魚の成長を表す．

所になるかもしれないが，ミジンコによる捕食を回避するにはあまり役立たないだろう．しかし，底泥の表面にあるより大きな粒子であれば，それら捕食者から逃れるのに十分である．さらに，都合よいことに，そこでは有機物や栄養塩を豊富に得ることができる．このため，底泥の表面には水中に比べて多くの細菌が分布している．

　大型の生物にとって，空間的に最も複雑な生息場所は，一般に沈水植物や抽水植物の繁茂する沿岸帯である．無脊椎動物の記載的研究によれば，水生植物帯では大型ベントスの多様性が高く，生物量も多いことが明らかとなっている（たとえば Soszka 1975；Dvorac and Best 1982）．Diehl（1988）によると，ユスリカ幼虫の密度は，沈水植物が繁茂する空間的に複雑な場所で高く（図5.23a），それはパーチのようなベントス食魚の捕獲効率が低下するためであるという（図5.23b）．

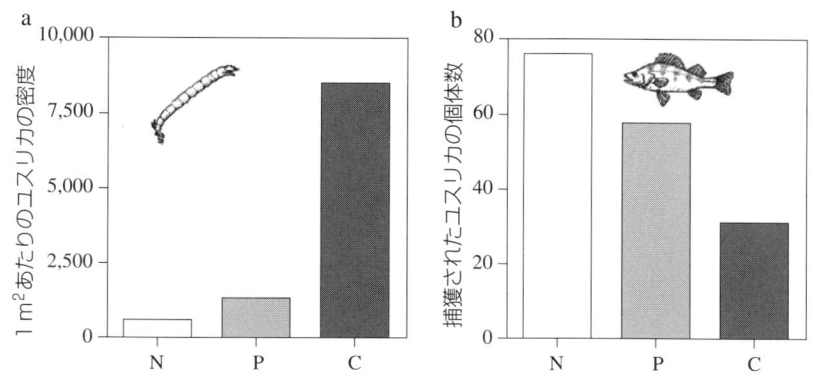

図5.23 （a）沈水植物の植生とユスリカの密度，（b）ユスリカを捕食するパーチの捕獲効率．N：沈水植物が生育していない場所，P：ヒルムシロ帯，C：シャジクモ帯．Diehl（1988）による．

遷 移

　季節的な遷移（succession）は，湖沼における最も明瞭な規則的現象の1つである．ある生物は常に春に出現するが他の生物は夏や秋に出現し優占する，といった季節による遷移が毎年繰り返される．さまざまな要因がこの季節遷移に関与している．その1つは生活史で，たとえばユスリカ幼虫は底泥表面 $1 m^2$ あたり何千個体も出現するが，ある時期になると突然いなくなる．その時期に彼らは羽化し，上陸して成虫となるからである．遷移に関与する要因は，ほかにも水温や栄養塩など，種特異的な物理・化学的適域や餌の好みなどがあげられる．捕食や藻食，競争といった生物間相互作用も重要である．湖沼生物の季節的な消長を調べると，非生物的（理化学的）要因と生物的な要因がともに季節遷移を決めるのに重要であることがわかる．季節遷移は，湖で観察される現象がどのように理化学的環境と生物間相互作用によって生じているかを理解するよい図解といえよう．

遷移を駆動する要因

　水温や栄養塩供給などの理化学的要因により競争の優劣が変化し，それが藻類の遷移を生み出すという例が，北米の3つの湖（Superior湖，Michigan湖，Eau Galle貯水池）の藻類群集を用いた室内培養実験によって示されている

(Tilman et al. 1986).この研究では，2つの温度条件（9℃，15℃）で，いくつかのケイ素（Si）：リン（P）供給比で藻類を培養した．その結果，9℃では，Si：P比が1に近いとき，緑藻類と珪藻類は藻類全体の半々を占めたが，Si：P比がさらに高くなると珪藻類が卓越し緑藻類は減少した．しかし，水温が高いと（15℃），Si：P供給比が約5でも緑藻類が卓越し，Si：P比が70近くにならないと珪藻類は優占しなかった．この実験は，どのような藻類が優占するかは栄養塩を巡る競争によって決まるが，競争結果は水温などの非生物要因に左右されることを示している．すなわち，生物群集の季節遷移を生み出す要因は複雑で多いが，それは個々に独立して作用するではなく，共役的に作用しているのである．

　湖沼のプランクトン群集の季節遷移を機能的に説明する綿密な試みの1つとして，各国のプランクトン研究者が集まり，議論を通じて構築したPEGモデル（Plankton Ecology Group Model）がある（Sommer et al. 1986）．このモデルは，湖沼のプランクトンの一般的な季節的消長に基づいた24の記述からなっている．以下に，典型的な湖で見られる冬から春，夏，秋，そして次の冬にいたる季節遷移に関するこの簡略版として13の記述を紹介する．

● PEGモデル
冬
A. 冬が終わりに近づくと，光量が増加し，栄養塩も豊富なため植物プランクトンは制限を受けずに増殖を開始する．特に珪藻など成長速度の高い小型の藻類種が優占する．
B. 次いで，小型藻類種を餌とする藻食性の動物プランクトンが増加し，優占する．

春
C. 動物プランクトンによる摂食が植物プランクトンの生産を上回るようになると，藻類の生物量は減少する．その結果，透明度が高くなる．この時期は**澄水期**（clear water phase）と呼ばれる．動物プランクトンによる摂食により栄養塩は回帰され，水中に蓄積するようになる．

夏
D. やがて藻食性動物プランクトンは餌不足となり，魚の捕食圧も（水温上昇に伴う活動の増加と当年魚の成長によって）大きくなるため，動物プラン

クトンの体サイズや密度が減少する．

E. 栄養塩の増加と動物プランクトンによる摂食圧の低下により，摂食されやすいクリプト藻類（*Cryptomonas* 属など；図3.6）などの小型藻類や，摂食されにくい大型群体を形成する緑藻類など，多様な種からなる植物プランクトン群集が形成される．

F. その後，藻類の成長はまずリンに律速されるようになり，群体を形成する緑藻類は大型の珪藻類に置き換わる．

G. ケイ素が枯渇すると，大型珪藻は渦鞭毛藻類やラン細菌（ラン藻類）に置き換わる．

H. さらに窒素も枯渇すると，優占種は繊維状の群体を形成し窒素を固定するラン細菌（ラン藻類）へと移行する．

I. 動物プランクトン群集は，小型の甲殻類プランクトンやワムシ類など，魚に捕食されにくい種が優占する．

秋

J. 気温が低下し湖水が鉛直循環するようになると，それに伴って栄養塩が補給される．大型の単細胞藻類や繊維状の群体を形成する藻類，時には珪藻が優占するようになる．

K. この時期の植物プランクトン群集には食われやすい小型藻類が含まれている．水温低下により魚の捕食活動が鈍るため，大型の動物プランクトンが増え，動物プランクトン生物量は秋のピークを形成する．

L. 水温と光量がさらに減少すると，一次生産量は下がり，それに伴って藻類の生物量は減少する．

M. 多くの動物プランクトン種の繁殖率も下がり，一部の種は休眠状態になったり休眠卵を産卵したりする．しかし，ケンミジンコの仲間（cyclopoid）の中には，プランクトンとして水中で越冬する種もいる．

遷移を駆動する要因の相対的な強さ

　動植物プランクトンの生物量の変動に対する，物理的要因（主に光と水温），化学的要因（主に栄養塩を巡る競争）および捕食圧の相対的な影響度合を図5.24に模式的に示した．物理的要因の影響度は相対的に秋と冬に高い．一方，捕食や藻食など生物間相互作用の影響は春と夏に主に顕著となる．富栄養湖では，春の藻類の増殖（ブルーム）に続いて動物プランクトンが増加し，

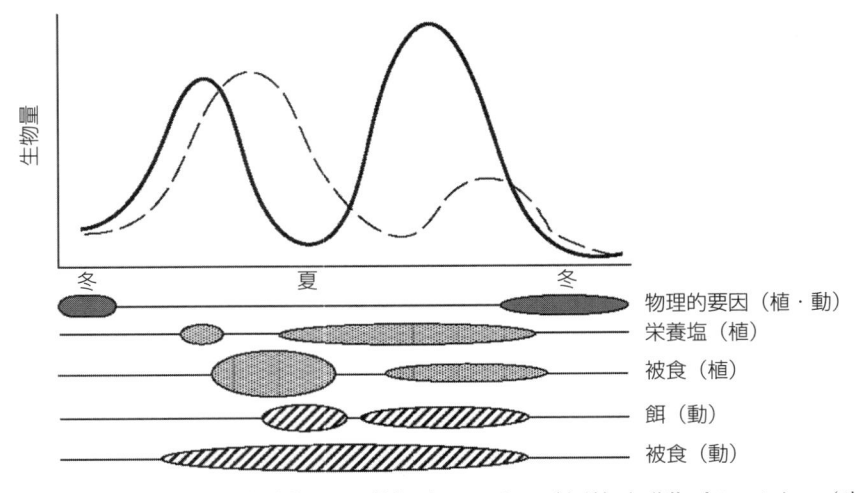

図 5.24 上図：成層する富栄養湖での植物プランクトン（太線）と動物プランクトン（破線）の季節変化の模式図．下図：楕円の大きさは，植物プランクトン（植）と動物プランクトン（動）に対して理化学的要因（水温や栄養塩）や生物的要因（餌，藻食，被食）が重要になる季節とその影響の大きさを示している．Sommer et al. (1986) に基づく．

短期間ではあるが動物プランクトンの生物量が高くなる（'澄水期'）．温帯域では，実際に PEG モデルで述べられたようなパターンが多くの湖でみられる．しかし，PEG モデルのパターンからはずれる例も多い．自然界にはわれわれの想像を超えたさまざまな現象が存在する．しかし，その多様な現象から一般的なパターンを抽出することは，生態系がいかに機能しているかを理解するための重要な手がかりとなる．

生物による理化学的環境の改変

歴史的に，水界生態系には静的な見方が適用されてきており，生物が適応すべき枠組みは理化学的要因（すなわち化学的・物理的な環境）によってすでに決められているというのが暗黙の了解であった．このような静的な見方は部分的には正しく，たとえば極地の湖へ侵入しようとする生物は低い水温と長く暗い冬に適応せねばならない．同様に，小さな池で生きる生物は，偶発的な干ばつに対して何らかの対処策を持っていなければならない．しかし，生物活動は色々な側面で理化学的環境に影響を及ぼしその枠組みを改変している．生物誕

生以前の地球上に見られた生物のいない湖沼を想像してみる．そのような湖沼では，化学・物理過程はいかなる生物の影響も受けていないであろう．そこに，たとえば藻類のような一次生産者を加えると変化が起こり始める．まず，光合成によって酸素濃度が上昇し，化学成分間の酸化還元反応に影響が及ぶ．もし，藻類が底泥表面に付着したならば，光合成により底泥の表面は酸化され，三価鉄（Fe^{3+}）がリンを吸着して底泥にとどめるため，水中へのリン溶出量は減少する（第2章参照）．また，一次生産者が光合成のために二酸化炭素（CO_2）を水中から取り込むと，pHが上昇する．光合成は日中にのみ行われるため，湖のpHは日周変動し始める．その変動は，植物プランクトンの光合成が旺盛な富栄養湖で特に顕著だろう．同様の理由で，温帯域の湖では，pHは冬期より夏期の方が一般的に高くなるだろう．このように，一次生産者は化学環境を改変し，周期性を生み出すことによって，他の生物の生活に間接的に影響を及ぼす．以下に，生物が理化学的環境を改変する驚くべき例をいくつか紹介する．

水温に及ぼす生物の影響

　魚類など高次の生物を考慮に入れることで，生物がいかに周囲を取り巻く物理・化学環境に影響を及ぼしているか，わかる場合がある．その驚異的な例の1つは，魚が多いと水温が低下し物理環境が変わるという報告である．この理論的裏づけは，魚は植物プランクトンの生物量を減らす動物プランクトンを食べてしまうというところにある．魚の密度が高いと，植物プランクトンが繁殖して水が緑色となり，太陽光は透明な湖に比べて深くまで到達しない．そのような濁った湖では，太陽放射の多くが植物プランクトン粒子によって大気中へ散乱し，それによって熱の吸収率は透明な湖に比べて低くなる．このため，魚が全くいない湖に比べ，魚のいる湖では**水温躍層**が浅い水深に形成されるようになる．その顕著な例が，カナダの湖で行われた研究である（Mazumder et al. 1990）．この研究によれば，魚が高密度で存在する湖や隔離水界では，水の透明度（セッキー深度）や水温・熱含有量は，魚が少ない湖や魚の全くいない隔離水界に比べて低いという（図5.25）．この違いは特に7月～8月に大きく，魚が高密度でいる湖や魚を入れた隔離水界では，たとえばある水深での水温は5℃以上も低く，水温躍層は2mも浅くなったという．

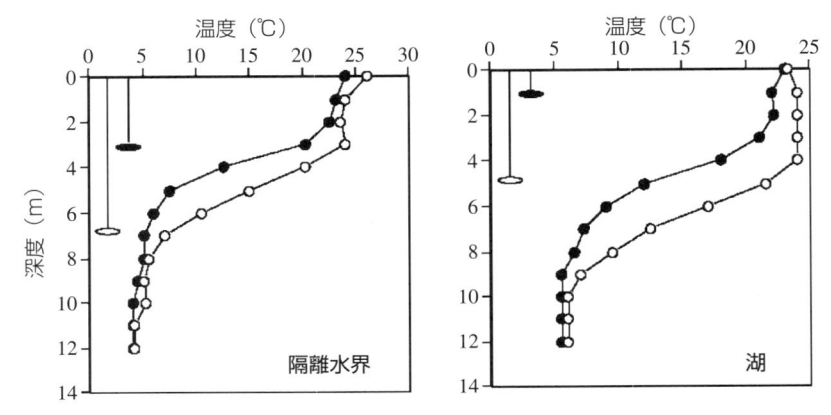

図 5.25 プランクトン食魚のいる隔離水界と（●）いない隔離水界（○），およびプランクトン食魚の多い湖（●）と少ない湖（○）の水温分布と透明度（セッキー深度，○，●）．Mazumder et al. (1990) による．

大気からの炭素流入と生物間相互作用

　Schindler et al. (1997) は，プランクトン食魚がたくさんいる湖では，プランクトン食魚が少ない湖に比べて，小型の動物プランクトンが卓越し一次生産量が増加することを，一連の研究により示している．この結果は意外ではなく，食物網理論の予測と合致している．しかし，単にそれだけでなく，彼らは一次生産量が増加すると大気から湖への炭素の流入量が増加することも示した（すなわち一次生産速度の増加により大気中の二酸化炭素が湖により多く"引っ張りこまれた"のである）．大気由来の炭素は藻類だけでなく，動物プランクトンや魚の中にも検出された（Schindler et al. 1997）．この結果は，湖の魚の密度は生物地球化学的な炭素循環過程へも影響を及ぼし，その影響は大気を通じて他の生態系にも及ぶ可能性を示唆している．

　これらは，生物をとりまく理化学的環境は静的ではなく，湖沼に生息する生物によって変化するものであることを示している．ある湖で，そこに生息している生物が理化学的環境にどのような影響を及ぼしているか，この本から得られる知識と自分自身の想像によって追加例を加えることができるであろう．たとえば，水生植物によって大気から取り込まれた酸素が，その根を通じて底泥へ拡散した場合，どのような現象が根の周囲の生物に起こるだろうか．ラン細菌が底泥表層で栄養塩を吸収した後に水中へ浮上し，そこで死亡した場合，水中の栄養塩濃度にはどのような影響が出るだろうか？

このような自然界で繰り広げられる現象を思い浮かべながら，次の章では，近年，淡水生態系の理化学的環境や生物間相互関係に最も深刻な影響を与えていると考えられる生物，すなわち人間（*Homo sapiens*）の影響について考えることにする．

<u>実験と観察</u>

食物連鎖内の非致死的効果

　背景と実習　捕食者がいると，藻食者やデトリタス食者の行動（活動レベル）が変わることで，一次生産者の生物量や蓄積するデトリタスの量が変化するかもしれない（たとえば Turner 1997）．そこでこの実験では，腐植葉の分解速度に対する魚の影響を，魚を飼育した水を使って調べることにする．複数の容器各々に，池または湖の水と，あらかじめ乾燥し重さを測った古い葉っぱを一定量入れる．ある容器には操作区として破砕食者（たとえばトビケラや甲殻類のミズムシ，ヨコエビなど）を加え，他の容器は対照区として破砕食者を加えずにおく．実験期間中，操作区・対照区ともに半数の容器に魚の入った水槽の水を1日に適量加える．いくつかの容器で，腐植葉に対する破砕食者の影響が顕著になった時点で実験を終了する．腐植葉を取り除き，乾燥させ，再び重さを量り，各容器の腐植葉の消失量を計算する．なお，実験期間中，魚の飼育水を加えた容器と加えない容器の破砕食者の活動状況（たとえば動いている個体の数など）の違いを観察してみるとよい．被食防衛の様式が異なる破砕食者（たとえばトビケラに対してヨコエビなど）を用いて，実験を繰り返すこともできる．また，容器に加える水として，異なる魚種や，飢えている魚とよく餌を与えられた魚，違う餌を食べた魚を入れた水槽の水を用いることで，魚の影響度合を変えることも可能かもしれない．

　議論　操作区と対照区の間で，腐植葉の破損状態にどのような違いが見られただろうか？　その違いはどのような理由によるものだろうか？　このような小規模実験からどのような結論を導けるだろうか？

沖帯の食物連鎖

背景 沖帯の食物連鎖ではプランクトン食魚は強い影響を持ち，ミジンコなど大型動物プランクトンの密度を減らすことで，植物プランクトンの被食圧を低下させる．このことはさまざまな規模の実験で示されてきたが，多くは野外の隔離水界実験によるものである．しかし，小規模な室内実験でも，強い栄養カスケードの効果が生じるかもしれない．

実習 一定の複数の容器（水槽や大きなバケツなど）を用意し，プランクトンネットなどで動物プランクトンを濾過除去した湖水または池水を満たす．藻類を成長させるため，市販の植物栽培用液体肥料を各容器に数滴加える．容器を3つのグループに分け，最初のグループはそのままにする（すなわち藻類のみ，1栄養段階）．2つめのグループには大型のミジンコ（魚のいない池で採集できる）を1リットルあたり約30個体の割合で加える（2栄養段階）．3つめのグループには，動物プランクトンとともに1～2匹，小型の魚（トゲウオやグッピー）を加え，3栄養段階とする．2週間後実験を終了し，動物プランクトンの密度と植物プランクトンの生物量を調べる．またどのような植物プランクトン種が優占したかを調べてもよい．加える栄養塩量を変えることで，トップダウンの効果が栄養塩濃度によって異なるかどうかを調べてみるのもよいだろう．

議論 植物プランクトンの生物量はどの実験区で最も高いだろうか？ 植物プランクトンの生物量に影響を及ぼした要因は何だろうか？ トップダウン効果とボトムアップ効果のどちらが重要だろうか？

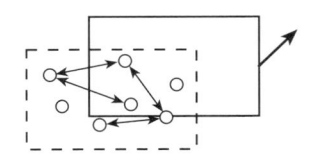

6 生物多様性と環境の変化

はじめに

　湖沼を湛えている水は，地球上にある淡水のごく一部分にすぎない．淡水資源の多くは南北両極や高緯度地域の氷や雪（総水量の約77％）として，または利用できない地下水（同じく約22％）として存在しており，生物が利用可能な淡水は0.5％以下である．淡水資源は文明発展の礎である．しかし，文明発展により人口が増加したため，飲料用水・衛生用水・工業用水・農業用水など，各種用途への水需要が劇的に増加した．現在，人類による水消費量は，すでに利用可能な総水資源量の約50％に達していると推定されている（Szöllosi-Nagy et al. 1998）．今後のさらなる人口増加，それに伴う経済発展や生活様式の変化は，淡水資源への需要をこれまで以上に増大させるだろう．このため，淡水資源の利用可能量が21世紀の人類にとって大きな問題となることは間違いない（Johnson et al. 2001）．さらに，淡水生物（魚，水生植物，無脊椎動物）は人間の食糧資源でもあり，多くの地域で貴重な栄養源として消費されている点についても考慮しておかなくてはならない．

　質の高い淡水資源へのアクセスが人類にとって最も重要な問題となっているが，われわれは何世紀にもわたって誤った水利用を続けてきた．多くの淡水生態系が，富栄養化や化学物質（除草剤，除虫剤，重金属）による汚染，酸性化，下水・排水，灌漑，廃棄物の埋立て，外来種の移入など，人間活動によって著しく撹乱されている．このような人為的撹乱は，人間による淡水生態系の資源利用に影響するだけでなく，淡水域に暮らす生物群集の健全性にも影響を及ぼしている．淡水生態系には独特で多様な生物種が生息しており，動物につ

いてみると現存種のおよそ15％もが淡水域に暮らしている．これまで，16門・570科に属する70,000種以上の淡水生物が記載されているが（Strayer 2001），分類や分布に関する知見が乏しい地域が多いことから，同程度の新種または未記載種がいる可能性が高い．湖沼の生物を見ると，ほとんどの種は甲殻類，ワムシ類，昆虫類，貧毛類のいずれかに属している．浮遊性または付着性の藻類や，さまざまな生活型を持つ水生植物にも，数多くの種が見られる．しかし，このような淡水域の多様な種，時には群集全体までもが，いまや大変な速度で絶滅しつつある．地球上で最も人間活動の影響を受けている生態系は熱帯多雨林と考えられているが，淡水生態系における種の絶滅速度は熱帯多雨林のそれと同じくらいに高い（Ricciardi and Rasmussen 1999）．最近のデータでは，過去30年間の淡水域における生物多様性の喪失速度が海洋や陸上生態系よりも早いことが示されている（Jenkins 2003）．現在のところ，1,100種以上の淡水産無脊椎動物が絶滅の危機に瀕しているとみられているが，小型で目立たない種や経済的に重要でない種の知見は少なく，多くの地域で淡水生物のモニタリングが行われていないことを考えると，この推定値が低すぎるのは間違いないだろう（Strayer 2001）．また，淡水生物の中でも，ある特定のグループがより絶滅の危機に瀕しているようである．たとえば，北米産の淡水二枚貝類297種のうち21種がすでに絶滅し，120種以上が絶滅の危機に瀕している．淡水魚では，北米産の30％，ヨーロッパ産の40％の種が絶滅の危機に瀕していると考えられている．両生類は特に深刻で，急速な生息個体数の減少が世界各地で大きな問題となっている（たとえばHoulahan et al. 2000）．

このような生物多様性の減少には，数多くの要因がかかわっている．なかでも，土地利用の変化や大気のCO_2濃度上昇，窒素降下物量の増加，酸性雨，気候変動，侵入種などが，地球規模で生物多様性に影響を及ぼす脅威となっている（Sala et al. 2000）．特に土地利用の変化や外来種の侵入は，今後も湖沼生態系の生物多様性を減少させ続ける要因であろう．実際，農業活動に伴うノンポイント汚染（面源負荷），外来種の侵入や生息地の分断化は，淡水動物相に対する最大の脅威となっている（Richter et al. 1997）．また，いくつかの脅威が複合的に影響して，種を絶滅に導くこともある．たとえば，アメリカの淡水産絶滅危惧種に影響を及ぼす脅威の数は，1種につき1～5，平均で4.5も存在すると報告されている（Richter et al. 1997）．本章では，このような湖沼生態系に対するさまざまな脅威について紹介するが，その前に生物多様性の定

義や多様性に影響を及ぼす要因，生物多様性の時空間パターンについて解説する．なぜなら，生物多様性は，自然生態系に対する人間活動の影響を定量的に評価できる最適な応答変数と考えられるからである．次いで，湖沼生態系を脅かす重大な環境影響について解説し，このような人為撹乱を受けた湖沼を復元する（restoration）ことや修復する（rehabilitation）ことの可能性についても紹介していきたい．

湖沼の生物多様性

多様性の定義

　生物多様性という言葉は，今では日常語として用いられており，ほとんどの人が直感的にその意味を理解することができる．しかし，その言葉の指し示す内容をここで明確にしておきたい．生物多様性は，すべての生物の間の違いや変異性であり，すべての生物とそれらを取り巻く生態的な複雑性を指す．この定義に従えば，生物多様性は遺伝子から種，生態系にいたるさまざまな階層での多様性を包含する概念である．遺伝的多様性（genetic diversity）は，ある1つの種の集団内，あるいは集団間における，遺伝子型や遺伝子頻度の変異性を指す．たとえば，魚の場合，異なる湖や異なる集水域の集団間でみられる遺伝的差異などである．遺伝的多様性を保全することは，ある種が高い遺伝的変異性を有している場合，たとえば，局所環境への適応によって集団間で形態や生活史に大きな差異がみられる場合，特に重要である．なぜなら，遺伝的多様性の喪失は，人為的あるいは自然の環境変化に対する個々の種の適応能力を低下させてしまうからである．種多様性（organismal diversity）は，1つの湖のように，ある一定空間内に生息する種の数を指し，生態系多様性（ecosystem diversity）は，ある地域における生息地や生態系の多様性のことである．生物多様性という語は，種レベルの多様性に対して最もよく用いられており，本章でも特にこの種レベルの多様性に焦点をあてる．しかし，人間活動は種多様性だけでなく，生態系レベルの多様性をも変化させてしまうことを忘れてはならない．たとえば，排水や埋立てなど，人間活動による生息地破壊は，地域内の淡水生息地を減少させるだけでなく，それによって生態系多様性にも影響することになる．一方，栄養塩の滞留を高めるための湿地の造成・修復のような生態系の回復事業は，生態系多様性の維持や増加につながるだろう．

生物多様性の指標

　種多様性が生態系間でどの程度異なっているのか，あるいは人間活動によって生物多様性がどのような影響を受けているのかといった問題に答えるためには，まず生物多様性を数値によって表現しなくてはならない．種の豊かさ (species richness) は，ある環境に生息する種の総数を示し，生物多様性を表現する最も単純な指標である．しかし，種の数のみをもとにしたこの尺度では，ある種は生物群集の中で普通にみられるが，他の種はまれにしかみられないといった，種ごとの個体数分布の違いを評価できないという問題がある．例として，7種の淡水魚が合計100個体生息する2つの池を想像してみよう．1つめの池では，7種の個体数がほぼ均一に分布している．一方，もう1つの池では1種が優占しており，他の6種の個体数は非常に少ない（図6.1）．直感的には，1種のみが優占している2つめの池よりも1つめの池の方が多様性は高いと思われる．しかし，種の豊かさを用いると，2つの池の生物多様性は同じになってしまう．このような池間の多様性の違いを表すためには，各々の種の相対頻度を考慮した多様度指数が有効となる．種ごとの個体数の分布を考慮した多様度指数として，シンプソンの指数 D (Simpson's index) やシャノン・ウィーバーの指数 H (Shannon-Weaver index) がよく使われる．双方とも，集団における種 i の相対頻度 p_i（種 i の個体数を群集全体の総個体数で割った値）を用いている．すなわち，

$$D = \frac{1}{\Sigma (p_i)^2}$$

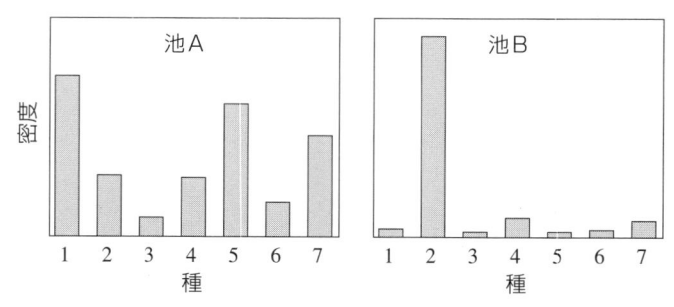

$$H = -\Sigma\, p_i \ln p_i$$

図6.1　2つの池の魚類密度の比較．種の豊かさは同じ7種だが，シャノン・ウィーバーの指数による多様度は2つの池で異なっている．

この多様度指数を先ほどの池に対して用いると，1つめの池の多様度指数 H は 1.77, 2つめの池の多様度指数 H は 0.76 となり，種の豊かさでは表せない多様度の違いを示すことができる．

　生物多様性を表現するためには，このように種の豊かさよりは多様度指数を用いた方がよいが，これでも十分ではない場合がある．例として，再び5種の淡水魚が生息する2つの池を考えてみよう．1つめの池には，5種のプランクトン食魚がほぼ同じ頻度で生息している．2つめの池には，2種のプランクトン食魚，1種のベントス食魚および2種の魚食魚が，こちらも各種ほぼ同じ頻度で生息しているとする．この場合，直感的には生物間の特性に違いのある2つめの池の方が多様性は高そうだが，種の豊かさやシャノン・ウィーバーの指数で比較すると2つの池で多様性は同じとなる．このように，特性が異なる生物の多さは，単純な多様度指数では表現できないことが往々にしてある．この例では，1つめの池では沖帯で動物プランクトンを採餌する魚種のみが生息しているのに対し，2つめの池にはさまざまな場所でさまざまな栄養段階の餌を食べる複数の魚が生息しており，機能の多様性（functional diversity）がより高いといえる．2つめの池の方が，種プール（species pool）にみられる形質の範囲が広いと言い換えることもできる．生態系過程の速度や効率を考える際には，種数が多いことより，機能の多様性が高いことの方が重要である場合が多い（本章「生物多様性と生態系機能」を参照）．

湖沼における生物多様性の決定要因

　ある湖沼の種の豊かさは，移入や絶滅のような地史的あるいは広域的なスケールで作用する要因から，局所環境で作用する非生物要因や生物間相互作用のようなものまで，多様な時間・空間スケールで作用する生態過程の結果として決まる．このような複雑な生態過程を理解するには，ある1つの湖の種組成は，広域的なスケールから局所的なスケールの順に'異なるふるい'が作用して形成されている，との見方が有効である（Tonn et al. 1990；Rahel 2002；図 6.2）．たとえば，競争や捕食といった局所スケールで作用する要因は，地域の種プールから移入してきた種に対してのみ作用する．一方，地域の種プールの大きさや組成，すなわちその地域のすべての湖に生息する種の集まりは，地理的または地史的スケールで作用する要因によって決まっている．このような生物地理学的なスケールとして最大のものは，プレートテクトニクスにおける大

```
全体の種プール    a b c d e f g h i j k
```

生物地理学的過程

```
地域の種プール    a   c d e f g h   j
```

非生物的要因

生物間相互作用

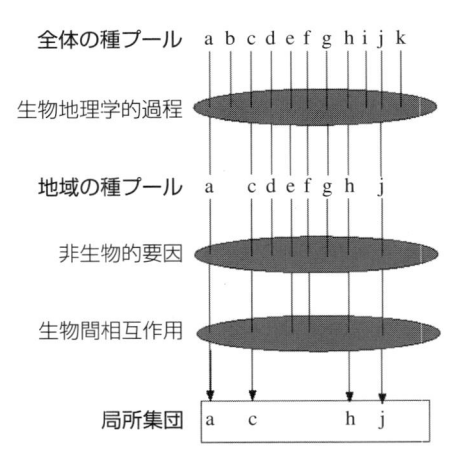

```
局所集団         a  c        h  j
```

図 6.2 異なる空間スケールで作用する種の選別過程とそこに関与する要因を示した概念図. Tonn et al.(1990) および Rahel (2002) を改変.

陸プレートであり，プレートの移動と衝突が，各大陸にみられる分類群を決めている．その大陸の中では，種分化や絶滅，気候要因，生息域の拡大・縮小，氷河作用，移動分散の障壁といった要因が，地域の種プールに入る種を決めていると考えられるだろう．"地域"とは，その中に生物の移動分散を妨げるような大きな障壁が存在しない地理区分として定義することができる．多くの淡水生物にとって，集水域がこれに相当する．淡水生物の移動分散には，能動分散と受動分散がある（Bilton et al. 2001）．能動分散（active dispersal）とは，生物個体が自力で水域間を移動分散することである．羽化した水生昆虫が，幼虫期を過ごした場所とは異なる水域へと飛翔し，そこで産卵を行うことも能動分散の1つである．受動分散（passive dispersal）は，生物個体が他の輸送手段に依存して移動分散することを指す．淡水生物の受動分散については，逸話的なものも含め，古くから数多くの記録が残されてきた（Bilton et al. 2002）．巻貝や二枚貝，端脚類などは，水鳥や両生類，昆虫類に付着して移動分散することが知られている．しかし，このような他の動物に便乗した受動分散の重要性については，よくわかっていない．動物プランクトンのようにさらに小さな生物では，風による移動分散も重要な役割を果たしていると考えられている（Cohen and Shurin 2003）．

　小さな空間スケールでは，非生物的要因と生物間相互作用の双方が生物多様性に影響する．まず，各湖沼の持つ非生物的要因の枠組み（第2章）によっ

て，移住可能な種とそうでない種が選別される（図6.2）．この非生物的要因としては，水温やpH，栄養塩濃度，生息場所の安定性や複雑性などがある．多くの種は，その分布域の中でも比較的狭い環境条件の範囲でしか成長・繁殖できず，冬期や夏期の水温が極端な湖沼や，pHが著しく低い湖沼などでは，個体群を維持できないことが多い．このように非生物的要因の枠から外れる種は，その湖沼に定着することができない．生息場所の複雑性も，種多様性に大きく影響する非生物的要因の1つである．たとえば，大型の沈水植物や抽水植物の生育は，湖沼の生息場所構造を複雑にする機能を持つが，これが新たな生物に生息環境や捕食者からの逃げ場を提供するのである．このような空間的な複雑性の増加は，ニッチを拡大することによって，植物表在性の藻類（epiphyton）や無脊椎動物，魚，水鳥などの種多様性を増加させることになる．

ある湖の持つ非生物的要因の枠内に収まるすべての種が，その湖で個体群を維持できるわけではない．湖や池は，陸上の中で個々に隔離された"島"とみなすことができる．そこで，MacArthurとWilsonによる"島の生物地理理論 (island biogeography theory)"（MacArthur and Wilson 1967）を援用して，湖沼における種多様性の決定過程を考えてみよう．この島の生物地理理論では，種プールからある島（この場合では湖）へ新たな種が移入する確率は，その島の種数が増加するに従って減少すると考えている．これは，すでに多くの種が定着している島ほど，移入してくる個体がその島にまだ到達していない種である確率が低くなるからである．一方，島の種数が増加するに従い，絶滅確率は増加する．平衡状態における島の種数は，このような移入確率と絶滅確率がつり合った状態の種数に等しくなる．ここで島の大きさを考えてみると，面積の大きな島ほど移住個体がたどり着きやすいため，移入確率は高くなる．また，個体群が大きいほど絶滅しにくい．したがって，大きな個体群を維持できる大きな島ほど，絶滅確率は低くなる．このように，島の面積とともに移入確率は高く，絶滅確率は低くなるため，島内の種数も増加することになる．このような島の大きさと種多様性の関係は，湖に移入する動物プランクトンや巻貝，魚などの淡水生物にもあてはまることが示されている（Browne 1981；図6.3）．

局所スケールでは，生物間相互作用が重要な過程となる．捕食や競争が種多様性に影響することが多くの研究で示されており，その相互作用の影響は生態系全体の機能や動態に波及する（第4・5章を参照）．たとえば，藻食や捕食は

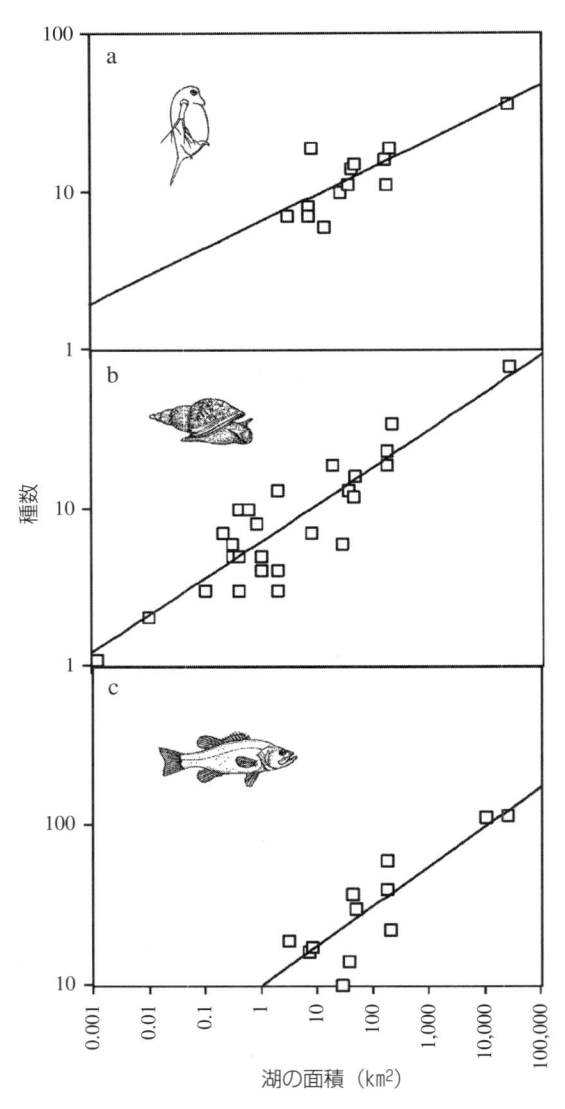

図 6.3 北米で観察された湖の面積に対する (a) 動物プランクトン種数, (b) 巻貝種数, および (c) 魚類種数の変化. Browne (1981) による.

餌種の個体群密度を低下させるといった撹乱の機能を持つが，この摂食圧が中程度のときに餌生物の遷移が止まり，高い種多様性が維持されることが知られている．Connell (1978) は，物理的あるいは生物活動による撹乱が種多様性に重要であると説明する，中規模撹乱仮説 (intermediate disturbance hypothe-

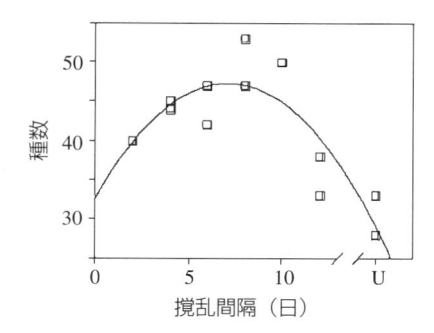

図 6.4　撹乱頻度と植物プランクトン種数の関係．野外に設置した 12 基の隔離水界に異なる時間間隔で圧縮空気を送り込み，人為的に水温躍層を壊すことで物理的撹乱を引き起こしている．U は撹乱操作を行わなかった隔離水界の結果．Flöder and Sommer (1999) による．

sis) を提案した．この仮説では，多様性は撹乱に対してひと山型の分布を示し，中程度の撹乱で種多様性が最大となることを予測している．そのメカニズムは，以下のように説明されている．撹乱がほとんどない生息地では，個体数が増えることで競争が激化し，少数の競争優位種のみが優占する．このため，種多様性は低下する．また，撹乱の強度や頻度がきわめて大きい生息地では，撹乱耐性種や分散能力の高い種のみが生き残るため，やはり種多様性は低く抑えられる．ところが，撹乱の頻度や強度が中程度の生息地では，競争優位種の密度が抑えられるために劣位種も共存することが可能となり，それによって種多様性が高くなるのである．中規模撹乱仮説は，'プランクトンのパラドックス'（第 4 章参照）を説明するメカニズムの 1 つと考えられる．実際，植物プランクトンの培養実験では，中程度の撹乱頻度で種多様性が最大となる結果が得られている（Flöder and Sommer 1999；図 6.4）．

　これまで見てきたように，局所スケールにおける生物多様性は，湖へ移入する種を決める'ふるい'の過程と，それを通過した生物に対する湖の中で起こる'ふるい'の過程によって決まると考えられる．本章の後半で扱う人為撹乱は，各湖沼の非生物的環境の枠組みを大きく変化させる．その結果，新たにその枠から外れた種を生物群集からふるい落とすことになるだろう（図 6.2）．また，両生類や多くの昆虫などのように，生活史のある時期を陸上で過ごす淡水生物が多いことにも注意が必要である．陸上生活期の成長や生残に影響する要因は，水中生活期にも当然波及効果を及ぼす．したがって，周囲の陸上環境

も，淡水の生物多様性に大きな影響を及ぼすふるいになると考えられる．侵入生物の定着も，より大きな空間スケールで作用するふるいの視点から理解することができる．本来の分布域の外からある地域へ生物種を意図的に導入することは，生物地理的スケールにおける自然のふるいを人間が破壊することを意味している．もし，このような外来種が移入先の非生物的・生物的な過程によるふるいの網目を通過してしまうなら，それらは局所集団に定着する侵入種となるのである（本章「外来種」を参照）．

生物多様性のパターン

●緯度に沿った多様性の変化

生物多様性には，地域レベルから局所レベルにいたるさまざまな空間スケールで，それぞれ特徴的な規則性が存在する．生物地理的な空間スケールでみると，種の数は熱帯で最も高く，温帯や極域では低いことがよく知られている．たとえば，ベネズエラでは725種もの淡水魚が記載されているのに対し，スウェーデンではわずか49種の生息しか確認されていない．このような緯度に沿った多様性の変化は，エネルギー投入量，気候の変動パターン，空間構造の不均一性，撹乱，競争の重要性など，さまざまな説明がされている（たとえばKrebs 2001）．実際には，多様性の緯度勾配に影響する要因は分類群によって異なると考えられており，進化的あるいは生態的時間スケールでのさまざまな要因が複雑に相互作用しあった結果とみるべきだろう．淡水生物の多様性についてみると，地球スケールでの明瞭な規則性はみられず，通常みられるような緯度勾配と逆の傾向を示す分類群もある．このような分類群間の違いを比較検討した研究によると，体サイズが緯度勾配の強さに影響しているようである（Hillebrand and Azovsky 2001）．小型の底生動物（メイオベントス）や原生動物，珪藻類のような小さな生物では，緯度と多様性の間に明瞭な相関関係がほとんどみられないのに対し，大型の生物（木本や脊椎動物）では緯度とともに多様性が大きく減少する傾向が認められている．小型の生物ほど分散能力が高く，広い分布域を持つため，生物地理的な分布パターンが顕著にならないのかもしれない．

生物多様性と生産力

生息場所の生産力が増加すると，種の豊かさも変化する．このような生産力

と種多様性の相関関係やその背景にある原因については，さまざまな議論が繰り広げられてきた．生産力の変化に対する生物多様性の応答を理解することは，たとえば富栄養化が生物多様性にどう影響するか，さらにその生態系を管理したり，あるいは保全・修復するにあたって，事前に生物群集の応答を予測するのに不可欠である．例外はあるものの，一般に水界生態系では生産力と種数はひと山型の関係を示し，生産力が中程度のときに種数が最大となる傾向がある（Dodson et al. 2000；Mittelbach et al. 2001）．湖の一次生産量と種数の対応関係を分析した研究によれば，植物プランクトンや水生植物，カイアシ類，ワムシ類，枝角類，魚類ではひと山型の関係が認められるという（図6.5）．分類群ごとに違いはあるものの，一般的には貧栄養から中栄養の湖で種数のピークが出現し，富栄養湖では減少する傾向がみられる．このようなひと山型になる理由として，いくつかの説明がなされている．生産力が低いところから徐々に大きくなると環境収容力が増大し，新たな種や栄養段階を維持できるようになる（Oksanen et al. 1981；図5.5も参照）．しかし，さらに生産力が高くなると，種間競争の強さや捕食圧が大きくなったり，理化学的環境要因の重要性が

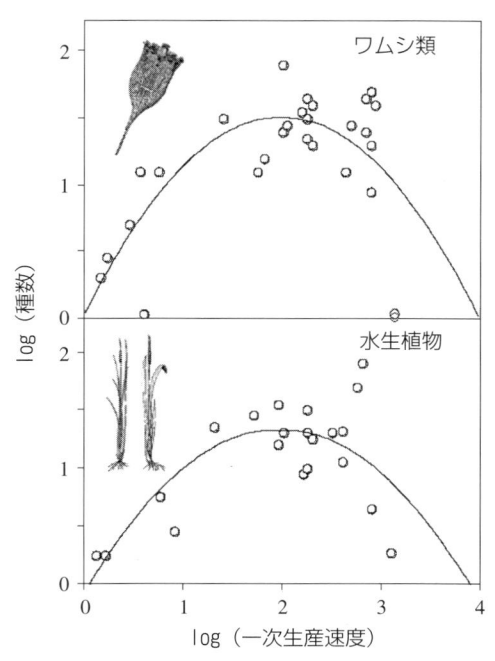

図6.5 一次生産量に対するワムシ類と水生植物の種数の応答．Dobson et al.(2000) による．

変化したりするなどの理由で，多様性は減少するのではないかと考えられている．湖沼についてみると，生産力が高い，すなわち一次生産が非常に大きな過栄養状態では，溶存酸素濃度が低く，pHは上昇し，さらに湖水を透過する光量が著しく減少するといった極端な生息環境となる．それに耐えうる生物はごく少数のため，過栄養湖では種多様性の低い群集が形成されることになる（Dodson et al. 2000）．湖沼を過栄養化させるような人間活動は，同時に毒性物質による汚染を引き起こすことが往々にしてある．こういったことも種多様性の減少に関係しているかもしれない．生産力と種多様性のパターンを生み出すメカニズムは，今後より詳細に明らかにされていくはずであるが，いずれにしても種数は生産力の関数としてとらえてよいだろう．次に，これとは反対の影響，すなわち生物多様性が生産力や生態過程にどのような影響を及ぼすのかについて紹介する．

●生物多様性と生態系機能

種の数や組合せは，生態系機能にどのような影響を及ぼすのだろうか．最近になって，生物多様性の変化に対する生態系の応答に，高い関心が集まっている．多様性が生態系の一次生産に影響することは，古くはDarwinも指摘していた．彼は，全く異なる草本を混栽した畑の方が，1種のみを単一栽培した畑よりも収量が高くなることを発見した．地球規模で生物多様性が加速的に喪失している今日，このような古くからある課題，すなわち種多様性と生態系機能の間の一般法則を解明することが，ますます必要となっている．ここで述べている生態系機能（ecosystem functioning）とは，生態系における生物地球化学的な過程を指し，一次生産や消費，分解，呼吸，栄養塩の取り込みや滞留など，エネルギーや物質の変換にかかわる生物過程のことである．さらに，環境撹乱に対する復元性（resilience）や抵抗性（resistance）といった生態系の安定性に関する属性も，一般に種多様性と密接に関係している．

種多様性と生態系機能の関係については，理論研究や実証研究をもとに，多くの仮説が提案されてきた（たとえばLawton 1994；Loreau et al. 2002；図6.6）．言うまでもなく，それらの研究が検証しようとする帰無仮説（null hypothesis）は，種数が減少しても生態系機能は変化しない，というものである．この帰無仮説に対し，古くはMacArthurが，種数と生態系過程の間に直線的な正の関係があると主張した（MacArthur 1955）．直線的な関係とは，個々の種が生態

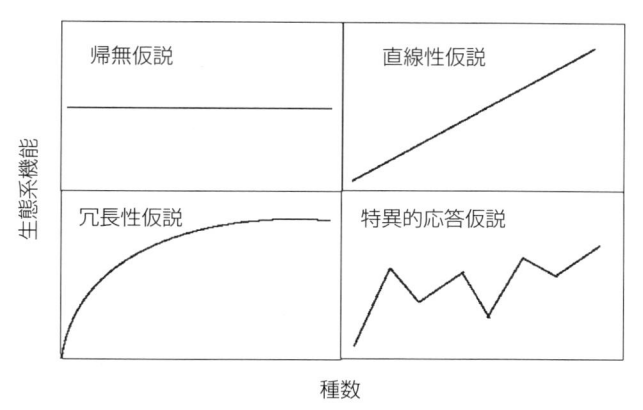

図 6.6 種数の変化に対する生態系機能の応答に関する 4 つの仮説

過程に独自の貢献を果たしていることを意味しており，1 つの種の喪失が生態系機能の変化として表れることを示している．一方，種の冗長性仮説（redundant species hypothesis）では，多くの種は機能的に冗長であるとし，すべての機能群が生態系内に備わっている限り，ある冗長な種が失われたとしても生態系機能は変化しないと予測している（Walker 1992）．この仮説に従えば，当初多くの種が喪失したとしても，生態系機能は変化しないか，あるいはごくわずかしか変化しないはずである．これらとは対照的に，個々の種の機能的役割が複雑で特異的な生態系では，種の喪失による生態系機能の変化とその方向性は予測不可能である．このように，種の喪失に対する生態系の応答は文脈依存的であるとする特異的応答仮説（idiosyncratic response hypothesis）も提示されている（Lawton 1994）．

　生物多様性が高くなると生態系機能が強化される理由として，次の 2 つの可能性が考えられている（たとえば Kinzig et al. 2001）．その 1 つは，ある生態系の種の組合せは，地域の種プールの中からランダムに標本抽出された結果であるとするサンプリング効果（statistical sampling effect）である．ある種が種プールの中から抽出される確率は，多様性が高い生態系ほど高くなるだろう．もし，その 1 種が生態系過程に非常に大きな影響を与えるのだとすれば，種多様性が高い群集ほどその種が含まれる確率が高くなるので，生態系機能は平均的により高いと予測される．生物多様性が高いほど生態系機能が大きくなるもう 1 つの可能性は，ニッチの相補性（niche complementarity）である．資源を巡る消費型競争によって種間でニッチ分化が生じると，群集はニッチが

重複しない種で構成されるようになるかもしれない．もしこれが事実であるなら，多様性の高い群集ほどニッチが細分化されており，資源をより効率的に利用していることになる．一次生産を考えた場合，サンプリング効果による説明では，多様性の高い群集が単一種からなる群集の最大生産速度より高い生産性を示すことは決してない．一方，ニッチの相補性による説明では，2種からなる群集は1種の群集より生産力が高く，3種からなる群集は2種の群集よりも生産が高いことになる．最近の実証研究の多くは，ニッチの相補性による説明を支持している（Kinzig et al. 2001）．

　生態系機能に対する生物多様性の影響を評価した実証研究の多くは，陸上草本群落の一次生産者を対象としたものである．しかし，淡水生態系でもいくつかの研究が行われている．ミクロコスムを用いた微生物の培養実験では，消費者の種数が増加すると一次生産者の生物量が著しく減少することが示されている（図6.7）．これは，消費という生態系過程が消費者の多様性に強く依存していることを意味している（Naeem and Li 1998）．また，種多様性が増加すると，機能群の間で生物量の差異が小さくなり（McGrady-Steed et al. 1997），生態系機能の変動が小さくなることも明らかとなっている．このような生物多様性と生態系機能の密接な関係は，淡水生態系における生物多様性の保全において特に重要な意味を持っている．湖沼や湿原を含む湿地（wetland）は，食糧生産やレクリエーションの場として重要な生態系サービスをわれわれに提供している．最近では，湿地の機能として，農地などから流出する栄養塩を捕

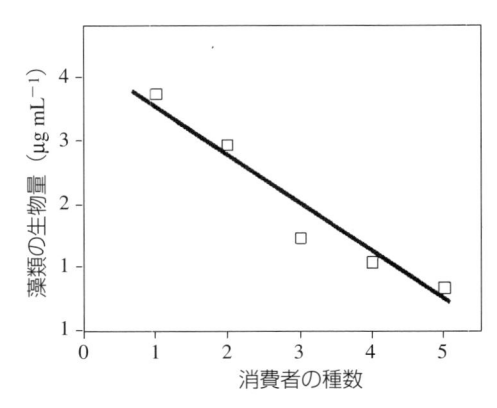

図6.7　消費者群集（鞭毛虫および繊毛虫）の種数と生産者（藻類）の生物量との関係．Naeem and Li（1998）による．

捉・滞留する役割が注目されており，湿地の修復や造成が各地で行われている．このような生態系管理では，栄養塩の捕捉機能を最大限に高めることが課題となっている．ここで，湿地におけるリンの滞留についてみると，沈水植物の種多様性が高い池ほどその滞留時間が長いという（Engelhardt and Ritchie 2001）．水生植物の多様性が高い池では，風などによる撹拌の影響が小さいため，懸濁態粒子に吸着したリンが容易に沈降し，水中から池底へと除去されるからである．また，湖沼の栄養塩循環は，貧毛類や端脚類，二枚貝，巻貝など，ベントスによる堆積物の生物撹拌によっても大きな影響を受ける．これらベントスは，種ごとに堆積物の利用方法や底泥に潜る深さなどが異なっており，種間における機能の冗長性が極めて低い．そのため，ベントス種の減少は，栄養塩循環といった生態系過程の変化を引き起こすことになるだろう（Mermillod-Blondin et al. 2002）．他の淡水生態系について見てみると，河川では腐食性昆虫の多様性が増加するとデトリタスの分解速度が早まることが示されている（Johnson and Malmqvist 2000）．河川の研究結果を単純に湖沼にあてはめることはできないが，湖沼のデトリタス食者にも同様の傾向があるかもしれない．

　水界生態系の特徴は，陸上生態系と異なり，藻類のように非常に小さく摂食されやすい生物が一次生産の多くを担っていることである．このため，消費者（捕食者）と資源（餌生物）の間の相互作用が極めて強く，複雑なトップダウン効果もよくみられる（第5章参照）．たとえば，食物連鎖の上位に位置し，他の生物に強い影響を及ぼすキーストーン種は，カスケード効果を引き起こすことで，複数の下位栄養段階の生物過程を変化させることがある．キーストーン種の多様性が少しでも変化すれば，短期間に生態系機能を大きく変化させることもあるだろう．実際，食物連鎖に沿った種間相互作用や栄養段階数を操作する実験が過去数十年間に数多く行われ，高次栄養段階を操作すると，生物量や一次生産，透明度，さらには栄養塩の滞留時間や底泥からの溶出量といった生態系の重要な特性に大きな変化が生じることが明らかにされてきた．このように，1つの栄養段階における生物多様性の喪失は，種間相互作用の直接的な変化や生態系過程の変化を介した間接的影響によって，他の栄養段階の種に大きな影響を及ぼすのである（Raffaelli et al. 2002）．このことからも，生物多様性を直接的（狩猟や漁業）あるいは間接的（汚染など）に脅かす人間活動が，生態系機能の大きな変化をもたらすことは容易に推測できる．時には，人間活動

によって大きな攪乱を受けた生態系を可能な限り復元する必要さえ生じるのである．

湖沼生態系の復元目標

　攪乱によって劣化した湖沼は，多くの場合，復元することが可能である．水は人間にとって不可欠な資源であるため，人為的な影響を受けた淡水生態系を以前の状態へと修復するさまざまな取り組みが行われてきた．たとえば，酸性化した湖や集水域への石灰の散布，富栄養化した湖への栄養塩流入の抑制，湖沼生態系の構造や動態を変化させるための魚類群集に対する生物操作（biomanipulation），天敵を用いた水生雑草の生物的防除など，さまざまな事例がある．いずれにしても，劣化した湖沼の生態系の復元に取り組む際には，目指すべきゴールを明確にしておかなくてはならない．2000年に採択されたEUによる"水枠組み指令（Water Framework Directive）"では，2015年までにEU水域のすべての湖が"生態学的に健全"であり，かつ化学的な水質基準を満たすことを目標に据えている．この目標を達成するためには，まず'生態学的に健全な状況'とは何かを明確に定義する必要がある．しかし，対象水域について攪乱を受ける以前の状況がわからなければ，それを定義するのは困難である（Moss et al. 2002）．また，個々の生態系の特性を明らかにする必要性や，どの程度歴史を遡れば望ましい生態系の姿が浮き彫りになるのか，といった問題にも直面する．たとえば，産業化以前の水準を本来の湖沼の姿とみなして本当によいのだろうか．あるいは，人類が狩猟採集から農耕生活に移行し，陸上景観を改変し始める以前にまで遡らなくてはならないのだろうか．このような湖沼環境の変遷を分析する有効な手段が，古陸水学である．古陸水学的手法を用いれば，過去から現在にいたる人間活動の影響を分析することで，湖沼本来の特徴を調べることができる．

古陸水学による湖沼環境史の解明

　古陸水学（paleolimnology）は，湖沼の堆積物中に残されている生物の微化石を解析する学問である．集水域に生育する陸上植物の花粉や種子，あるいは湖内に生息する生物の死骸は湖底表面に沈降し，やがて堆積して保存されていく．したがって，それら微化石の時系列変動を分析することで，湖沼の環境変

遷史を復元することができる．堆積物中に最も多くみられる微化石は，花粉や胞子，珪藻の被殻などであり，主にこれらの変動記録が，気候変化（花粉を手がかりとする）や湖沼の富栄養化・酸性化（珪藻を手がかりとする）の歴史的経緯を解明するために用いられてきた．1つの例として，アフリカのVictoria湖の研究を紹介する．この湖は，ここ数十年間に藻類の生産が劇的に増加したが，これが森林伐採や農業活動の拡大による栄養塩の負荷量増大によるものなのか，あるいはアカメ科魚類であるナイルパーチの導入によってカワスズメ科魚類が減少したためなのか（本章「外来種」を参照），よくわかっていなかった．ところが，堆積物記録の分析から，珪藻の現存量は1930年代以降に増加し始めていたことが明らかとなった（Vershuren et al. 2002）．すなわち，Victoria湖の一次生産の増加はナイルパーチの導入以前から起こっていたのである．このことから，藻類生産が増加した主な原因は，栄養塩負荷量の増加によるものであると結論づけられた．また，1980年代後半には珪酸の濃度が減少し，それとともに珪藻類も劇的に減少したことも明らかにされている．富栄養化によって増加した珪藻が湖底に堆積していくことで，水中の珪酸塩濃度が減少したのであろう．珪酸は珪藻類の成長を律速するため，それ以降Victoria湖ではラン細菌（ラン藻類）が植物プランクトンとして優占するようになっている．

堆積物中に含まれる無脊椎動物の遺骸も，湖の古環境復元に用いられている．特に，小型甲殻類の遺骸は，最近になってよく用いられるようになってきた（Jeppesen et al. 2001）．堆積物中では，枝角類など動物プランクトンの硬い殻が長期間保存されており，殻が軟らかい種でも尾爪や顎脚，休眠卵（卵鞘）などが残っている．このような微化石をもとに，各種の個体数やベントス種とプランクトン種の割合を時系列で分析し，水位変動や水質汚染，外来種の影響などを明らかにする試みが行われている．たとえば，水生植物に付随して生活する枝角類の微化石を用いて，過去における沈水植物の生育状況が推測されている．また，プランクトン食魚は大型の動物プランクトンを餌として選択的に捕食することから，大型のミジンコ（*Daphnia*属）と小型のゾウミジンコ（*Bosmina*属）の優占度が，このような魚の個体数変化を示す指標になるともいわれている．

湖底の堆積物記録から古環境を復元するためには，まず各層の年代を決定しなくてはならない．次に，微化石から復元された生物群集と，その時代の環境

を対応させることが必要となる．掘削した湖底堆積物の年代測定にはいくつかの方法がある．主に用いられるのは，同位体分析を用いる方法である．400年以前の古い堆積物は，有機物中の放射性炭素（^{14}C）を用いて年代査定が行われる．より現代に近い過去150年間については，鉛（^{210}Pb）やセシウム（^{137}Cs）によって年代が測定できる．また，懸濁物の沈降速度や組成の季節的な違いが原因で，湖底堆積物に明るい層と暗い層が交互に出現する縞模様が見られることがある．1組の縞が1年間で形成されているものを年縞堆積物と呼び，この場合には，縞を数えることで1年単位の時間分解能で年代測定が可能となる．堆積物の年代決定を行った後には，各年代の湖沼環境の推定を行う．この推定には，いわゆる変換関数（transfer function）がよく用いられる．変換関数は，統計解析により堆積物中の生物遺骸と湖の環境条件を対応づけるものである．たとえば，珪藻群集と全リン濃度の対応関係示す変換関数は，リン濃度が異なるたくさんの湖から水試料と堆積物コアを採取することで構築される．堆積物の表層数cmに含まれる珪藻の種組成と量を解析し，全リン濃度との回帰関係を求めることで，現世の珪藻群集とリン濃度の関係を変換関数として表すことができる．この関数を，堆積物のより深い層の珪藻群集に適用することで，リン濃度の歴史的変遷を復元する，という原理である．

このように，古陸水学は，撹乱を受ける前の湖沼環境をひもとく極めて有効な手法である．しかし，湖沼生態系を復元する際には，いまだ現実的な問題が残されている．われわれは，湖沼生態系を古陸水学的手法で明らかとなった本来の姿に復元させなくてはいけないのだろうか．あるいは，撹乱以前の状態とは多少異なるが，レクリエーションの場としての機能や景観美，漁獲量，飲料水の供給といった生態系サービスの面でより高い価値を持つ湖沼を，復元の目標とすべきなのだろうか．ここで，デンマークの事例について見てみたい．この国では，植物プランクトンが大繁殖している富栄養湖に沈水植物を植え，透明度の高い状態へ復元しようとする生態系管理プログラムが大規模に行われている．しかし，最近の古陸水学研究によると，これら湖沼の本来の姿は，水生植物が非常に少ない貧栄養湖沼であったようだ（N. J. Anderson and E. Jeppesen，私信）．人為影響がなかった本来の姿であろうとみなしていた湖沼環境は，すでに過去の土地利用によって富栄養化した後の湖の姿だったのである．しかし，人為影響を受け続けてきた湖沼を完全にもとどおりにすることはできないし，そのような復元自体が多くの人に望まれているわけではない．水生植

物が繁茂し，たくさんの種類の魚や無脊椎動物が生息する湖沼の方が，より望ましい目標になることもある．以降では，淡水生態系を深刻な危機にさらしているいくつか問題に焦点をあて，その影響を緩和させるための生態系管理手法について紹介する．

富栄養化

1950 年代から 60 年代にかけ，都市部や近代農業が行われている地域で多くの湖沼が劇的な変貌を遂げた．泳げるほど透きとおっていた湖が，わずか数年で藻類が大増殖し，悪臭を放ち，湖底もひどく汚れてしまったという話が各地で語り継がれている．当時，この変化を引き起こした原因はすぐには明らかにならなかったが，未処理の下水や農地で使用される肥料の流入が疑われていた．科学者たちは，リンが富栄養化（eutrophication）の原因であると指摘したが，この主張は特にリンを含む洗剤を製造販売していた業界からの強い反発を招いた．そして，洗剤メーカーやその専門家たちは，炭素や窒素が富栄養化の原因であると主張した．しかし，その仮説が間違っていることが 1 つの湖を対象とした操作実験によって確かめられた．この野外操作実験では，湖を 2 つに分け，一方には窒素と炭素を添加し，もう一方には窒素と炭素に加えリンも添加した．その結果，窒素と炭素を投入した処理区では大きな変化は起こらなかったが，リンを添加した処理区では藻類の大増殖が起こったのである（Schindler 1974）．この実験により，リンによる富栄養化が藻類の大増殖を引き起こす原因であることが突き止められた．

富栄養化の進行過程

多くの場合，湖沼の富栄養化は下水の流入や農地からの肥料流出などによるリン濃度の増加によって引き起こされる．淡水の一次生産者は主にリンによって成長が律速されているため，リンの負荷量増加は一次生産速度を著しく上昇させる．この影響が，湖全体に連鎖的に波及していくのである．富栄養化の初期段階では，付着藻類や沈水植物の増加がみられるのが通常である（図 4.9）．しかし，植物プランクトン（特にラン細菌）が増殖し卓越するようになると，水中への光の透過量が減少するため，付着藻類や沈水植物は減少していく．これと同時に透明度が低下し，大量の植物プランクトンの遺骸が湖底に堆積して

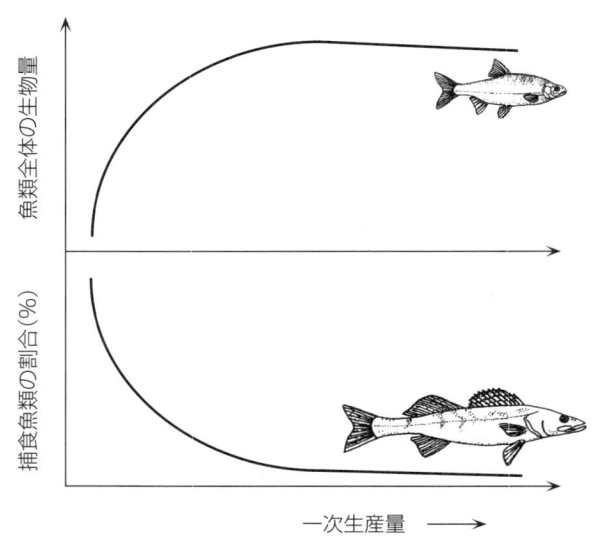

図 6.8 一次生産量の増加（富栄養化）に伴う魚類全体の生物量の増加と捕食性魚類の割合の減少．Jeppesen et al.(1996) をもとに改変．

いく．この湖底に堆積した有機物は，主に細菌などの微生物によって無機化されるが，その分解過程で大量の酸素が消費され，水中の溶存酸素濃度が著しく減少する．このような一連の富栄養化による影響は，特に2回循環湖で著しい．それは，水温躍層が発達する成層期には，溶存酸素濃度の高い表水層の水が躍層以深の水と混合しないからである．著しく富栄養化した湖沼では，溶存酸素濃度の低下によって魚の大量斃死が起こることもまれではない．一方，リン濃度が異なる複数の湖沼（46〜1,000 g P L^{-1}）の調査結果から，富栄養化が進むと一般にコイ科魚類が増加することが示されている（図6.8）．コイ科魚類は動物プランクトンを効率的に捕食するため，植物プランクトンを消費する動物プランクトンは減少することになる．このように，富栄養化は湖沼生態系に大きな変化を引き起こし，それによってレクリエーションの場や魚場，あるいは飲料水源としての湖沼の価値を低下させるのである．

● **リン負荷の抑制**

富栄養化の原因がリンであると突き止められてから，その解決策として，下水・排水を湖に流入させない，あるいは湖に流入する前に処理するといった手法が広くとられるようになった．多くの国々では莫大な費用をかけて下水処理

施設が整備され，その結果，湖沼のリン濃度が減少し，透明度も劇的に改善した．しかし，残念なことに，すべての湖沼が回復するには至らなかった．藻類は増殖し続け，湖底の溶存酸素濃度や透明度も依然低いままの湖が数多くある．下水処理によるリン負荷の抑制が普遍的な解決方法でないことが明らかとなり，富栄養化のメカニズムを探る研究が再び活発に進められるようになった．それらの研究により，湖沼の回復を妨げているのは，湖底に厚く堆積した生物遺体中に含まれる莫大な量の栄養塩であることが突き止められた．底泥から水中へ，栄養塩が回帰（内部負荷）していたのである．リン負荷の抑制を行う際には，内部負荷（internal loading）と外部負荷（external loading：湖周囲からの栄養塩の流入）を区別しておかなくてはならない．下水処理や農耕方法の改良は，外部負荷に対する効果的な対策である．しかし，多くの湖では内部負荷によって数十年，ときには数百年にわたって相当な量の栄養塩が水中へと溶出し続けると予測されている．この発見により，富栄養状態から改善しない湖沼に対しては，内部負荷を軽減するための復元手法が必要であることが明らかとなったのである．

湖沼生態系の修復

富栄養化の対策には数多くの手法が用いられてきた．なかには，よい結果が得られているものもあれば，満足のいく結果が得られていないものもある．以下では，このうち4つの対策法について簡単に紹介する．それは，浚渫（dredging）によって堆積物を除去する方法，化学的処理と微生物を用いる方法（Riplox法），食物網理論をもとに生物間相互作用を操作する方法（生物操作法：biomanipulation），湿地の造成により栄養塩の負荷を抑え，かつ生物多様性を増加させる方法である．

●浚　渫

リンの内部負荷を抑制するための最適な手法は，浚渫によって堆積物を物理的に除去することである（Björk 1988）．具体的には，浚渫船で底泥を採集し，分離槽内で固形粒子を沈降させる作業を行う．固液分離を行った後，水は湖に直接戻すか，あるいは凝集剤として硫酸アルミニウム（$Al(SO_4)_2$）や塩化鉄（$FeCl_3$）を添加してから戻す．リンはアルミニウム（Al）や鉄（Fe）と結合して不溶性の塩類となるため，沈殿槽で分離すれば機械的に取り除くことがで

きる．この方法は，下水処理施設で普通に用いられている方法でもある．浚渫は，技術的・経済的な理由から，小さく浅い湖沼に適した方法である．

● **Riplox 法**

これも内部負荷の抑制を目的に，リンを凝集沈殿させる方法である．まず，ポンプを使って硝酸カルシウム（$Ca(NO_3)_2$）を堆積物中に送り込み，酸素濃度を上昇させる．次に，水酸化カルシウム（$Ca(OH)_2$）を加えてpHを調整する．pHが適切であれば，硝酸カルシウム（$Ca(NO_3)_2$）中の窒素は脱窒菌によってN_2ガスに変換され，大気へと放出されていく（第2章参照）．このようにして底泥表層付近に酸化的環境をつくりだし，そこに塩化鉄（$FeCl_3$）を投入する．リンは鉄と化合し，堆積物表面にリン酸塩として凝集沈殿する．また，これらすべての過程が順調に進めば，堆積物直上を酸化層が蓋をすることになり，底泥から水中へのリン溶出が抑えられることになる．

● **生物操作（バイオマニピュレーション）**

バイオマニピュレーションという言葉は，1970年代半ばにつくられた造語であり（Shapiro et al. 1975），生物相を操作することで人間にとって望ましい状態へ生態系を修復する管理手法を指す．一般的には，富栄養湖の藻類を抑制するために行われる生物相の操作に対して用いられている．生物操作の多くは，魚食魚の導入か漁具などによって，コイ科魚類のような動物プランクトン食魚を減少させる方法がとられる．理論的には，プランクトン食魚が十分に減少すれば，ミジンコ（*Daphnia* 属）などの大型動物プランクトンが増加し，藻類に対する摂食圧が大きくなる．これによって藻類の増殖が抑えられ，透明度が上昇するという原理である（第5章参照）．

生物操作はヨーロッパやアメリカで試みられており，湖によって異なる結果が得られている．期待どおりの結果は，浅い湖沼でプランクトン食魚のバイオマスを80％以上除去した場合に得られている（Hansson et al. 1998b）．しかし，藻類の減少メカニズムは，動物プランクトンの被食減少とそれに伴う藻類への高い摂食圧だけでは説明できないようである．透明度の上昇が沈水植物や付着藻類の増加の引き金となり，これら一次生産者の増加がさらなる水質浄化に寄与している可能性が示されている．たとえば，<u>沈水植物</u>や<u>付着藻類</u>は大量の栄養塩を取り込むため，植物プランクトンの成長を抑制することになる．ま

た，光合成により堆積物表面を好気環境に保つことで，底泥から水中へのリン溶出を抑える役割も果たしている．ベントス食魚を除去することも，底泥表面の撹拌や排泄物の減少をとおして水質を改善させると考えられている．生物操作による魚の除去は，それらの体内に蓄積された大量のリンを湖沼から除去することをも意味している．このような生物体内に蓄積された栄養元素は，もし除去しなければ死亡後にいずれ水中に回帰してゆくものである．

● **湿地造成による栄養塩の捕捉**

　湖沼に流入する栄養塩の多くは，農地から河川や排水路を通じて負荷される．この外部負荷を削減する方策として，発生源やその隣接地に湿地を造成する試みが行われている．水路を流れる水を導き，広く開放した湿地に拡散させると，流速が減少し懸濁粒子が沈降する．懸濁態の粒子は栄養分を多く含んでいるため，湿地での粒子の沈降と捕捉は湖沼流入水の栄養塩濃度を減少させることになる．湿地に生育する沈水植物も，栄養塩の捕捉と滞留に貢献する．浅い湿地では大型水生植物の成長が早いため，生育のために必要な栄養塩が大量に取り込まれる．さらに，水生植物の繁茂により脱窒菌の定着に適した基質面積が増え，大気への窒素除去速度が増加するといった効果もある（第2章「硝化と脱窒」を参照）．このように，湿地は粒子の沈降（sedimentation），脱窒（denitrification），水生植物による直接的な取り込み（uptake）などの機能を高め，栄養塩を大幅に除去すると考えられている．ただし，脱窒や水生植物による取り込み速度には温度依存性があり，湿地の機能は主に夏期に発揮されることに注意しておく必要があるだろう．これ以外にも，湿地は無脊椎動物や両生類などの生息場所として，生物多様性を増加させるという付加的な機能も有している（Zedler 2003）．

酸性化

　酸性雨（acid rain）や酸性化（acidification）といった語は，工業化の進んだ地域でpHの低い雨がしばしば観測されるようになって，広く知れわたるようになった．大気の汚染物質の影響を受けていない雨はやや酸性のpH 5.6 ぐらいを示す．したがって，一般にpH 5.5 以下の雨が酸性雨として定義されている．酸性雨の主な原因は，化石燃料の燃焼によって発生する硫黄酸化物（二

酸化硫黄：SO_2）などである．硫黄酸化物は大気中でオゾン（O_3）と反応して亜硫酸（SO_3）となり，水に溶ける．これによって生成する硫酸（H_2SO_4）などの強酸は，雨の pH を酸性側に大きくシフトさせる．その基本的な化学反応は以下のとおりである．

$$SO_2 + O_3 \longleftrightarrow SO_3 + O_2 \longleftrightarrow SO_3 + H_2O \longleftrightarrow H_2SO_4$$

また，窒素を多く含んだ化石燃料の燃焼によって，二酸化窒素（NO_2）などの窒素酸化物が発生し，これも大気中で水に溶けて硝酸（HNO_3）となる．

$$3NO_2 + H_2O \longleftrightarrow 2HNO_3 + NO$$

このようにして生じる硝酸も，雨を強い酸性にする原因物質である．

淡水生態系への酸性雨の影響

酸性雨の影響は集水域によって大きく異なっている．石灰岩地域のように母岩が炭酸塩鉱物を多く含んでいる集水域では，湖のアルカリ度が高く，酸に対する高い緩衝能力を持つ．このような湖沼は酸性化に対して高い抵抗力を持つことから，酸性雨による大きな被害はみられないことが多い．一方，アルカリ度が低く，酸に対する緩衝能力が低い集水域では，酸性雨が生物相に壊滅的な影響を与えることがある．このような水域では，一般に降水量の多い季節や融雪後の春期に pH の著しい低下がみられる．

● pH の低下による群集構造の変化

湖沼の pH がおよそ 6 を下回るようになると，生物群集の変化が現れ始める．このような生物相の変化には，pH そのものによる直接的影響だけではなく，アルミニウムや重金属などの濃度上昇といった二次的な影響も関係している．およそ pH 5〜6 で，ラン細菌や珪藻類が姿を消し藻類の種多様性が減少する．代わりに渦鞭毛藻類（*Peridinium* 属など）や黄金色藻類（*Dinobryon* 属など）が優占するようになる．藻類の種数や生物量が減少すると，湖沼の透明度は高くなる．酸性化が進むと，付着藻類の種数も減少し，ヒザオリ（*Mougeotia* 属）のような糸状緑藻が優占するようになる．これら糸状緑藻は，湖底の表面を広く覆いつくすこともある．コケ植物も酸性環境に強い耐性を示し，酸性化した湖沼ではミズゴケ（*Sphagnum* 属）などがよく見られる

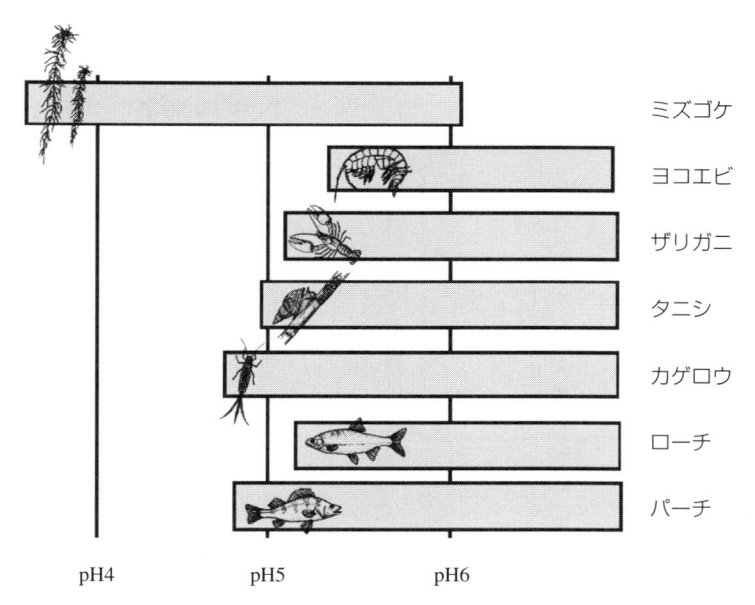

	pH4	pH5	pH6	
				ミズゴケ
				ヨコエビ
				ザリガニ
				タニシ
				カゲロウ
				ローチ
				パーチ

図6.9 各水生生物の好適な pH 環境．ミズゴケ（*Sphagnum* 属）を除くほとんどの生物が pH 6 以上を好む．pH 5〜6 以下になるとヨコエビ，ザリガニ，ローチは生息できなくなるが，カゲロウ類やパーチはおよそ pH 4.8 の湖沼でも繁殖できる．

（図6.9）．

　酸性化湖沼では，動物の多様性も減少する．pH 5〜6になると，多くの動物の繁殖に影響が現れ始める．まず，ヨコエビ（*Gammarus* 属），ザリガニ，ローチ（コイ科の淡水魚）などが姿を消すが，パイク（カワカマス）やパーチ，カゲロウなどは pH 5 以下の湖沼でも生息し続ける（図6.9）．湖の浅い部分ほど pH の変動が激しく，また集水域からの融雪水によって急激に pH が低下することがあるため，動物への影響が大きいようである．一方，堆積物中やその表面に生息する生物は，比較的影響を受けにくい．動物プランクトンでは，ミジンコ（*Daphnia* 属）が酸性化の影響を大きく受けるが，ゾウミジンコ（*Bosmina* 属）（図3.13）など他の枝角類は，酸性化湖沼でも個体数を高く維持し続けるようである．さらに酸性化が進むと，動物プランクトン群集は *Eudiaptomus* 属（図6.10）のような大型のヒゲナガケンミジンコ類が優占するようになる[*1]．カメノコウワムシ（*Keratella* 属）やハネウデワムシ（*Polyarthra* 属）のようなワムシ類，フサカ（*Chaoborus* 属）やミズムシ科などの浮遊生活をしている昆虫の幼虫も酸性湖沼ではしばしば優占する（図6.10）．湖沼の酸

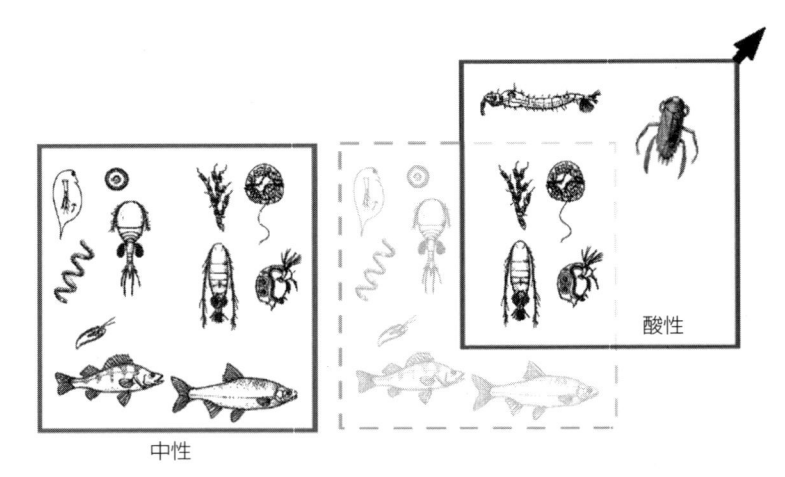

図 6.10 酸性化による湖沼生物群集の変化．酸性化により理化学的環境の枠組みが変化し，魚類，ラン細菌，珪藻類，ミジンコ，ケンミジンコなどが消失する．酸性化湖沼ではヒゲナガケンミジンコが増加し，フサカやミズムシ科の幼虫が主要な捕食者となる．Stenson et al.(1993) による．

性化で最も深刻な影響を受けるのは魚類で，その繁殖が阻害されることで魚類群集が高齢個体のみで構成されることもある．これらがやがて死亡すれば，魚の生息しない湖沼となるのである（図 6.10）．

●群集構造の変化をもたらすメカニズム

これまで見てきたように，湖沼の酸性化は生物群集の構造を大きく変化させる．このような変化は，単に低い pH によってのみもたらされているわけではない．アルミニウムなどの金属や鉛・カドミウムなどの重金属は，酸性環境では水に溶けやすく，強い毒性を発揮する．魚類は特にアルミニウムに対して敏感である．この金属は鰓の上皮細胞に沈着することで呼吸や浸透圧調節に障害を与える．また，リンはアルミニウムイオンなどと結合し沈殿するので，栄養塩が枯渇するようになる（貧栄養化：oligotrophication）．これも，生物群集の変化原因の1つである．魚類がいなくなると，多くの無脊椎動物は高い捕食圧から開放される．フサカ（*Chaoborus* 属）やミズムシ科のような大型の捕食性

---

*1 訳注：日本の酸性化湖沼や高層湿原では，同じヒゲナガケンミジンコの *Acanthodiaptomus* が優占することが多い．

動物プランクトンの個体数が酸性湖沼で多いのは，捕食や種間競争からの解放が関係していると考えられている．

酸性化対策

1970年代から80年代にかけて，酸性雨が淡水生物に大きな被害を与えることが広く認識されるようになった．酸性雨問題の解決を望む強い世論を受け，ヨーロッパや北米では政治的決断が下され，酸性化した淡水生態系を回復させるための対策が講じられた．この酸性化対策は，複数の時空間スケールで実施されている．まず，根本的な問題解決手段として，国境を越えたスケールで政策や法令を改定し，酸性化物質の排出量を削減させる策がとられている．小さなスケールの対策としては，炭酸カルシウム（$CaCO_3$）の散布によって酸性化の影響を軽減させる手法がとられている．炭酸カルシウムの施用は短期間で生態系を改善させるが，あくまでも対症的な療法にすぎない．

●酸性化物質の排出削減

酸性化物質の排出削減は，湖沼の酸性化を継続的に食い止めるための効果的な手段である．しかし，この方策は経済的な意思決定を伴うため，国際レベルにおける長期交渉が必要とされる場合が多い．ヨーロッパや北米では，すでに1970年代からこのような交渉が進められてきた．排出抑制技術の開発や硫黄含量の多い燃料の使用量削減を促進する法律により，北欧や北米では硫黄排出

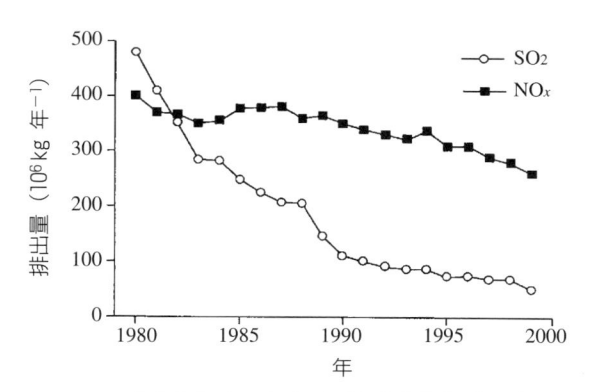

図6.11 スウェーデンの二酸化硫黄（SO_2）および窒素酸化物（NO_x）排出量の推移（1980～1999年）．SO_2排出量は急速に減少しており，NO_x排出量はわずかな減少傾向で推移している．出典：スウェーデン自然保護庁．

量が劇的に減少し（図6.11），それとともに雨水のpHも上昇した（Stoddard et al. 1999）．しかし，硫酸の降下量は大幅に減少したにもかかわらず，酸性化した湖沼の多くではpHはわずかしか上昇しなかった（たとえばGunn and Keller 1990；Stoddard et al. 1999；Jeffries et al. 2003）．湖沼生態系は，化学的環境が回復（化学的回復：chemical recovery）してから，生物学的回復（biological recovery）への道を辿る．その速度は，各生物の酸耐性や湖沼への移入速度に依存し，動物プランクトン群集では3〜10年と考えられるが，魚類では回復にさらに5〜10年を要するといわれている（Driscoll et al. 2001）．硫黄の排出量が減少したにもかかわらず酸性化湖沼の化学的回復がみられないのは，窒素酸化物（NO_x）の排出量が依然高い状態で推移していたことが原因である．スウェーデンでは，NO_x排出量は1990年代以降わずかながらも減少傾向にあるが（図6.11），アメリカの排出量は変化していない（Driscoll et al. 2001）．NO_xの排出量が減少していない理由として，自動車や工業・農業系からの排出が増加していることなどがあげられている．雨水や降下物など，大気からの窒素負荷については，湖沼の酸性化に関連して主に研究されていたが，最近では，淡水生態系の栄養源としての役割に注目した研究も増えている．従来，湖の一次生産はリンによって律速されていると考えられてきたが，最近の研究によると生産性の低い湖沼の多くでは窒素も植物プランクトンの成長律速要因となっているようである（Jansson et al. 1996；Maberly et al. 2002）．窒素酸化物の排出が現在の状態のまま続けば，湖沼は酸性化だけでなく，さらに富栄養化することにもなりかねない．

●石灰の散布

酸性化した湖のpHを上げるため，対象となる湖やその流域に石灰（炭酸カルシウム）を散布する手法が北欧を中心に行われている．スウェーデンでは，17,000以上の湖が酸性化影響を受けていると推定され，過去10〜15年間に面積比としてその90％に相当する7,000以上の湖に石灰が撒かれてきた．この石灰散布には莫大な費用（年間約30億円）が投入されているが，さらに10〜20年間の継続的な散布が必要といわれている．石灰の施与は湖沼のpHを急速に上昇させるが，その効果はやがて消えてしまうため，繰り返し散布することが不可欠なのである．石灰散布による化学的環境の回復は，種多様性や多くの生物の増加につながっている．植物プランクトンや動物プランクトン，大型

水生植物，無脊椎動物などは比較的早く増加するが（Weatherly 1988），魚類の回復はいくぶん遅い．しかし，ある研究では，石灰の散布後に魚類の種数が増加し，10〜20年後には周囲の中性湖沼と同程度にまで回復したことが示されている（Appelberg 1998）．魚類相の回復は主に個体群の移入速度によって律速されていることから，計画的に魚を導入することで回復を早める手段も講じられている．このように石灰散布は特定の湖沼を対象とした回復手法として成功を収めているが，酸性化という問題を本質的に解決するわけではない．酸性雨は，地表や海洋，湖や沼に今も降り続いているのである．

汚 染

水はすぐれた溶媒であり，湖や沼は古くから家庭や農業あるいは工業からの排水を処理する場として利用されてきた．これら排水には，有機物や栄養塩のほかに水生生物に対して毒性を発揮する物質も含まれていることがあった．その汚染物質の中でも，生物に最も重大な影響を及ぼすのは，重金属と有機塩素化合物である．金属は分解されず，また有機塩素化合物は高い保存性を有するため，双方とも長期間にわたって湖沼生態系に滞留し続けるという特徴を持つ．また，いくつかの物質は生物体内に蓄積し，下位栄養段階の生物から上位の肉食動物へと，食物連鎖を経て濃縮・蓄積されていく．これら汚染物質は，懸濁態の粒子にも吸着し沈降するため，湖底の堆積物中にも保存される．堆積物はこれら汚染物質を大量に蓄積するため，二枚貝や貧毛類，ユスリカなど，底泥に生息している生物の体内から高濃度の重金属や有機塩素化合物が検出されることがある．また，堆積物中の汚染物質は，これらベントスの生物撹拌によって再び水中に回帰し，あるいはベントスが他の無脊椎動物や魚類に捕食されることで，沖帯の生物へと濃縮・蓄積していくこともある．重金属や有機塩素化合物は，発がん，神経障害，成長阻害，免疫系障害，生殖機能障害など，慢性的な毒性効果を発揮し，水生生物に甚大な被害を及ぼす．雄性ホルモンや雌性ホルモンの分泌系にも影響し，繁殖障害を引き起こすことも，最近では明らかとなっている（本章「内分泌撹乱化学物質」を参照）．

重金属

重金属は自然界に存在する物質であり，基岩の風化や火山活動などによって

湖沼生態系に流入する．しかし，採鉱や製錬，特殊な工業過程，化石燃料の燃焼，廃棄物の焼却など，人間活動からも流出してくるという事実はより深刻である．湖沼生態系にもたらされる重金属の多くは，特定汚染源からの流出である．しかし，汚染されていないはずの水域でも水銀などが高濃度で検出されることから，大気からの輸送も重要な負荷経路と考えられている．多くの金属は生物にとって必須の元素であるが，高濃度になるとそれらはすべて毒性を発揮する．いわゆる汚染元素として深刻な問題を引き起こすのは，水銀，カドミウム，鉛である．湖の重金属分布を調べた研究によれば，生物体内の蓄積濃度は，pHや溶存有機態炭素（DOC），湖の栄養状態，集水域の土地利用，水温などと相関関係がみられること，食物連鎖に沿った生物濃縮係数が物質ごとに異なることなどが報告されている（Chen et al. 2000）．

有機塩素化合物

　農薬や工業用に使われる有機塩素化合物は，高い保存性と生物に対する強い毒性影響があるために，湖沼生態系を脅かす深刻な環境汚染物質である．疎水性・脂溶性の有機塩素化合物は，生体内で高い安定性を示し，淡水生物の脂質中に高濃度に蓄積していく．マラリア媒介カの殺虫剤として使用されてきたDDT（ジクロロ-ジフェニル-トリクロロエタン）のように，水生生物を抑制するために水域に直接散布された農薬もある．しかし，湖沼に流入する農薬の主な発生源は，農地からの流出である．PCB（ポリ塩化ビフェニル）も，有機塩素系の代表的な汚染物質である．PCBは揮発性が低く，安定性の高い液体であり，作動油や潤滑油，変圧器の絶縁油として，また塗料の可塑剤などに用いられ，その高い生物蓄積性ゆえに淡水生物に重大な被害をもたらしてきた．汚染地域から遠く離れた湖沼でも，生物体内から高濃度の有機塩素化合物が検出されることから，大気からの降下も主な入力経路の1つになっていると考えられている（Muir et al. 1990）．また，アラスカでは，産卵のために川を遡上するサケ科魚類が，海洋生活期に体内に蓄積したPCBやDDTを大量に湖沼へ輸送することも明らかにされている．サケ科魚類によって海から運ばれた汚染物質は，産卵場である湖に蓄積し，食物網内を順次伝搬していく（Ewald et al. 1998）．これら湖沼では，このような生物を媒体とした輸送が大気からの降下よりも大きな有機塩素化合物の供給源となっている．工業国の多くでは，1970年代に施行された規制により有機塩素化合物の使用量が減少し，水環境

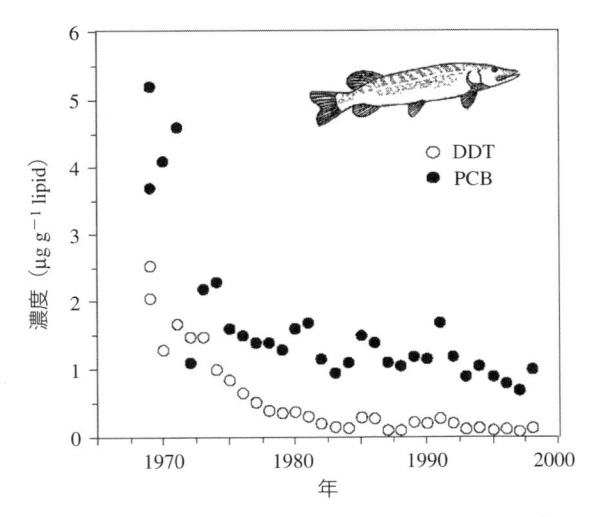

図 6.12 Storvindeln 湖（スウェーデン）で採集したノーザンパイク（*Esox lucius*）の筋肉中の DDT および PCB 濃度（脂肪 1g あたり）．出典：スウェーデン自然保護庁．

中の汚染も減少した．それ以降，魚類（図 6.12）や二枚貝，あるいは他の淡水生物の体内の汚染物質濃度は低下し続けており，特に DDT 濃度の減少速度は PCB よりも早い（Loganathan and Kannan 1994）．このように，有機塩素化合物による水域の汚染は使用規制により局所的に改善するが，大気からの降下は依然続いており，今後も湖沼生態系に影響を及ぼしていくであろう．

内分泌撹乱化学物質

最近になって，内分泌撹乱化学物質（endocrine disruptors）の危険性に対する不安感が高まっている．内分泌撹乱化学物質は，内分泌の変化をもたらして個体やその子孫に悪影響を及ぼすホルモン様物質である．特に関心を集めているのは，ステロイドホルモンに似た作用を誘発するエストロゲン様物質である．水生生物は，特に内分泌撹乱物質の影響を受けやすいようである（Mathiessen and Sumpter 1998 の総説参照）．最初にこの問題が注目されたのは，雄ワニの生殖器でみられた形態異常や魚類・カメ類の雌性化，パルプ製造工場の排水流入水域における魚類の雄性化などの発見であった．その後，内分泌撹乱化学物質が人の精子数を減少させ，睾丸がんや乳がんの原因になると指摘され，急速にこの物質に対する関心が高まった．イギリスでは，下水処理施設から排水が流れ込む水域で，雄でありながら雄と雌の双方の生殖器が発達したコ

イ科魚類のローチが発見されている．この雌性化の程度は，排水の負荷量と相関があり，排水中に含まれる天然のエストロゲンホルモンや避妊用経口ピルに使われている合成エストロゲンが原因物質であると指摘された．その後の室内実験で，これら物質が魚類の繁殖サイクルのさまざまな局面において影響を及ぼすことが示された．エストロゲン類似の構造を持つ有機塩素系殺虫剤やその副生成物，フタル酸化合物，ダイオキシン，PCBなども内分泌撹乱作用を持つことが示されている．また，これら物質の相互作用による複合的な影響も懸念されている．現在のところ，内分泌撹乱化学物質がさまざまな水生生物に影響することは明らかにされつつあるが，個体群や生態系全体にいかに波及するかはいまだ明らかとはなっていない（Mathiessen 2000）．

地球気候変動

温度上昇

　地球温暖化は，近年最も注目を集めている環境問題である．二酸化炭素（CO_2）などの温室効果ガスは，地表面から放射される赤外線をよく吸収する．そのため，それら気体の濃度上昇は，宇宙空間への熱放出を抑えることで気温上昇をもたらす．化石燃料の燃焼が地球温暖化の原因との見方については活発な議論が交わされているが，温室効果ガス濃度と温度変化との間には因果関係があると考えるのが，今日の一般的なコンセンサスである．むしろ，現在の科学的議論の中心は，将来的な温度上昇の予測と温暖化が生態系に及ぼす波及効果にある．湖沼について見ると，温室効果ガスの増加による温度上昇は，水温の季節変化に影響し，湖の成層構造や結氷・解氷時期が変化する可能性が指摘されている．実際，長期観測データから，すでに結氷期間が縮小している湖も報告されている（図6.13）．河川の流量減少や湖の水位低下といった水文過程も影響を受ける可能性がある．このような水文過程の変化のため，湖の容積や成層構造の変化，集水域からのデトリタスや栄養塩流入量の変化，渇水や洪水などの極端なイベントの増加などが予想されている（Sala et al. 2000）．温度上昇と水文過程変化による複合的影響は，湖沼に流入する土砂や栄養塩量を大きく変化させるかもしれない．

　温暖化によってもたらされる湖沼の理化学的環境の変化は，植物プランクトンや動物プランクトン，底生無脊椎動物，魚類などの種組成を変化させ，生物

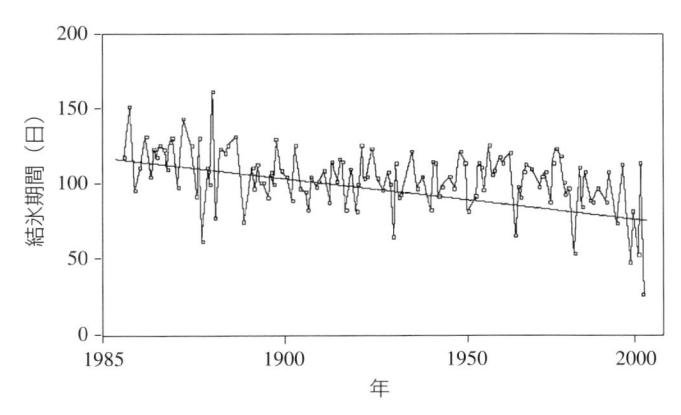

図 6.13 Mendota 湖（北米）における 1800 年代中期以降の結氷期間の推移．Kling et al. (2003) による．

相全体に大きな影響を及ぼす可能性がある（Magnusson et al. 1997）．微生物食物網を対象とした実験では，温度上昇は種数の減少を引き起こし，特に藻食者と捕食者が絶滅しやすいことが示されている（Petchey et al. 1999）．この実験では，高次栄養段階の種の絶滅により，生産者の生物量と一次生産が増加している．一方，アフリカの Tanganyika 湖では，20 世紀の水温上昇により一次生産と魚類の二次生産がともに低下した（O'Reilly et al. 2003）．この貧栄養湖における生産の減少は，水温上昇と風速の減少によって水の鉛直混合が弱まり，深水層から表水層への栄養塩供給が減少したのが原因のようである．大規模な気候変動が，湖沼の生物間相互作用に強い影響を及ぼすこともある．北大西洋振動（NAO）と呼ばれる気候現象はヨーロッパの冬の天候を支配している（Straile 2002）が，NAO の強度は春にみられる澄水期（clear water phase），すなわち湖の透明度が高くなる期間の長さと密接に関係している．NAO の指標が正のときには春期の水温が高く，特にミジンコ（*Daphnia* 属）の成長がよくなることで植物プランクトンが減少し，湖水が透明になるのである．これ以外にも，水温は水生生物の代謝や成長速度などさまざまな生理生態的特性に大きく影響する．水温上昇は，孵化日数や孵化サイズに影響し，その波及効果として利用できる餌量や越冬時の生残率にも影響するかもしれない（Chen and Folt 1996）．また，温暖化による生態系の構造変化は，外来種の侵入を容易にする場合もあるだろう（Kolar and Lodge 2000）．

　温度上昇は，媒介性疾病の分布を変化させることも予測されている．マラリ

ア原虫（*Plasmodium falciparum*）を媒介するカは，分布域をより高緯度地方へ拡大させる可能性があると指摘されている（Martin and Lefebvre 1995）．しかし，媒介動物の分布を決める要因は複雑であるため，温度が上昇したとしてもマラリアの分布はほとんど変化しないとの予測モデルもある（Rogers and Randolph 2000）．

紫外線

　地球上に生命が誕生する以前から，太陽は地球に紫外線（UV）を放射してきた．その後，酸素発生型の光合成生物が出現し，大気上層にオゾン層（O_3）が形成されることで，地表に到達する紫外線放射量が大きく減少した．しかし，クロロフルオロカーボン（CFC）の大気中への放出が成層圏のオゾン量を減少させていることが，最近になって発見された．CFCは成層圏で紫外線によって分解され，塩素原子を放出する．反応性の高い塩素原子は容易にオゾン分子を分解し，酸素分子（O_2）と一酸化塩素（ClO）を生成する．さらに，一酸化塩素は酸素原子と反応して塩素原子を放出し，この塩素が再びオゾンを破壊する．このように，塩素原子は連鎖的に周囲のオゾンを破壊し続け，オゾンホールが形成されていくのである．その結果，特に高緯度地域を中心に，地表に到達する紫外線が増加している．紫外線の増加は生物に極めて有害で，DNAの複製や細胞の代謝など，さまざまな細胞プロセスを妨害することが知られている．

　水中では，紫外線量は深度とともに急速に減衰するため，地表面に到達する量に比べて少ない（たとえばWilliamson et al. 1996）．有害なUV-B放射（波長280〜320 nm）について見ると，透明度の高い湖でも水深8 m以深にはほとんど到達せず，DOC濃度が高い腐植栄養湖ではわずか水深数 cmまでしか透過しない（Williamson 1995；Schindler et al. 1996；図6.14）．しかし，UV-Bにさらされることで難分解性のDOCが低分子量有機物へと分解されるため，腐植栄養湖では分解産物を利用する従属栄養細菌の生産速度が高くなることがある（Williamson 1995；Lindell et al. 1995）．一方，UVとDOCの反応によって水酸化物ラジカルや過酸化水素（H_2O_2）のような有害な物質も生成し，それらが細菌の生長を阻害するともいわれている（Xenopoulos and Bird 1997）．

　紫外線に対する感受性は生物ごとに異なっている．たとえば，底生の付着藻

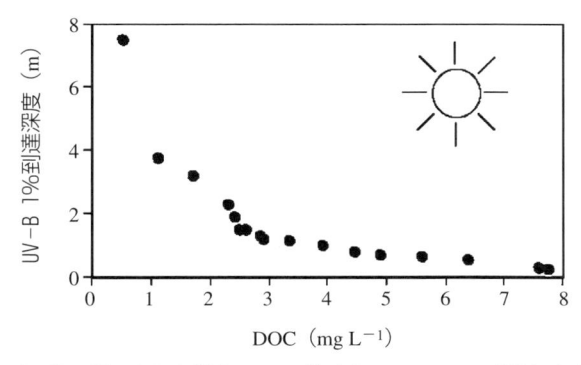

図 6.14 カナダの湖で調べられた湖水の DOC 濃度と UV-B の 1％ 到達深度との関係．Schindler et al.(1996) による．

類は強い紫外線にさらされると生物量が減少するが，ユスリカ幼虫などの底生の藻類食者がいる場合には，逆に増加するという結果が得られている（Bothwell et al. 1994）．付着藻類は紫外線により負の影響を受けるものの，ユスリカの耐性はさらに弱く，その個体数が大きく減少するために藻類が増加するのだと考えられる．このように，紫外線や他の有害物質は，生物ごとの耐性の違いを反映して，機能群間の相互作用に間接的に影響することもある．動物プランクトンの中には，有害な紫外線に対して色素細胞による防御策を持つものもいる．ミジンコ（*Daphnia* 属）では，メラニン色素がその機能を果たしている（Hill 1992）．また，カイアシ類は抗酸化作用を持つアスタキサンチンという赤い色素を有している．この色素は，紫外線によって生成する有害な活性酸素を減少させる役割を果たしているらしい．面白いことに，カイアシ類が持つこの色素の濃度は，環境中の最も大きなリスクに適応して変化するようである．すなわち，視覚によって餌を探す捕食者がいない場合には，紫外線対策を優先して色素を多く持つが，そのような捕食者がいる場合には，紫外線対策を犠牲にして目立たないよう色素を減らし，捕食を回避しているのである（Hansson 2004）．このように，紫外線に対する耐性は種によって異なっているため，紫外線の増加は水生生物群集の組成を変化させるかもしれない．特に，浅くて透明度の高い湖沼でそのような変化は顕著になるだろう．しかし，水は紫外線の多くを吸収することから，水域における紫外線増加の影響は陸上生態系で考えられているほどは大きくないと思われる．

環境変化の複合的影響

これまで解説してきたように，個々の環境変化が生態過程に及ぼす影響は極めて大きい．しかし，これら環境影響の複合的な効果については理解が進んでおらず，より深刻で予測困難な生態系の応答を引き起こす可能性も指摘されている．たとえば，温度上昇は乾燥化と河川の流量減少を引き起こすことで，陸上から湖沼へのDOC負荷量を減少させると予測されている（Schindler et al. 1996）．DOCの減少は，湖の透明度を上昇させることから，紫外線がより深くまで透過するようになる．このような気候変動がもたらす乾燥化と紫外線増加が複合的に影響し，両生類の繁殖に被害を及ぼした例もある．その例では，乾燥化により産卵場の水位が低下したため，卵がより強い紫外線にさらされるようになった．その結果，真菌（*Saprolegnia ferax*）による感染が増加し，胚の死亡率が上昇したのである（Kiesecker et al. 2001）．つまり，温度上昇は卵の紫外線曝露を高め，それによって真菌の感染に対する抵抗性が減少したのである．このように，複数の環境要因が共役的に作用することで強い効果を発揮し，予想できない結末をもたらす可能性があることを覚えておくべきである．

環境変化の時間スケール

進化的時間スケール（数千年）でみれば，湖沼生態系の種構成や動態は一定ではなく，気候変動や火山噴火などの大きな環境変動によって常に変化し続けてきた．この劇的な環境変化をもたらした最たる例として，細菌の突然変異があげられる．酸素発生型の光合成細菌であるラン細菌が地球上に出現したことで，大気中の酸素濃度が上昇し，真核生物が爆発的に進化した．大きな変化としてもう1つ有名なものに，恐竜の絶滅と哺乳類の繁栄をもたらした環境変化がある．しかし，この環境変化の原因についてはまだ解明されていない．これら地質年代的な時間スケールにおける環境の変遷と，現在の環境変化との大きな違いは，今日の変化が非常に短い時間スケールで生じているという事実である．かつては数千年で起きた変化に匹敵するほどの環境変化が，現在ではわずか50年ほどの間に引き起こされている．しかも，本章で紹介した環境変化のすべては，たった1種の生物，ヒト（*Homo sapiens*）によって引き起こされているのである！ さらに重要なことは，われわれは環境を破壊することで地

球上での存続可能性を<u>自ら脅かしている</u>ことに気づいているという点である！

外来種

　海外旅行や国際貿易の活発化に伴って，生物種が本来の分布域外に広く分散するようになり，地球規模での生物相の均質化が急速に進行し始めた．湖沼では，外来種（exotic species）の侵入によって生物多様性の喪失や生態系機能が変化した事例が数多く報告されている．しかし，自然分布域外の生息地に移入したすべての生物が，新たな環境で大きな被害を及ぼすわけではない．ほとんどの外来種は長期にわたって個体群を維持できないか，あるいは大きな被害を及ぼさない程度の低い密度で推移し続ける．また，その多くは，通常定着してから個体数の少ない潜伏期を経験し，そのうち一部の種のみが侵入先で爆発的に増加して被害をもたらす侵略的外来種（invasive alien species）となるのである．水界生態系は外来種による被害を受けやすいが，これは人の手による放流だけでなく，水を媒体とした受動分散によって分布域を急速に拡大することができるからである．

　外来種は，侵入先の生態系のあらゆるレベルに影響を及ぼす（Parker et al. 1999）．個体レベルでは，競争や捕食などの種間相互作用によって在来種の生息場所を変更させ，この行動変化によって成長速度や繁殖の低下をもたらすことがある．自然選択や遺伝子流動（gene flow）の変化，あるいは種間交雑などの遺伝的影響を引き起こす場合もある．個体群レベルでは，在来生物集団の体サイズや齢構造，分布，密度，繁殖速度などを変化させることがあり，時には個体群を絶滅に導くことで群集レベルにおける生物多様性の減少を引き起こすこともある．アメリカでは，絶滅危惧種または危機種にリストアップされている種の40％以上が，外来種との種間競争や外来種による捕食が原因で危機に瀕していると考えられている（Pimentel et al. 2000）．生態系レベルでは，外来種は栄養塩の動態や資源の利用効率，撹乱頻度を変化させたり，生息場所の物理構造を変化させたりすることもある．また，湖沼の生物相に影響を及ぼすだけでなく，生態系サービスの質的低下や対策費用など，莫大な経済的損失も引き起こす．アメリカでは，外来性の水生雑草に対する駆除対策費として年間130億円，魚類に対して年間1,200億円，カワホトトギスガイについては年間120億円を投じているという．しかし，これには種の絶滅や生態系サービス

の低下に伴う損失は含まれていない (Pimentel et al. 2000). そのため, 将来的に侵略的外来生物となる可能性の高い種や, 潜在的に侵入を受けやすい生息場所をあらかじめ特定することが, 環境と経済の双方の観点から重要視されていくに違いない. これまでは, 早い成長速度や短い繁殖サイクル, 環境条件に対する幅広い耐性, 広食性, 効率的な分散メカニズムなどを有する外来種が, 定着に成功しやすいと考えられてきた (たとえば Ricciardi and Rasmussen 1999). しかし, 侵入生物の形質を定量的に分析した結果はこのような予測を支持しておらず, 一般的特徴とするには単純すぎているようである. 侵入の成功要因を明らかにするため, 今では侵入生物だけでなく侵入先の生物群集の特徴をも含めた統合的なアプローチがとられるようになっている. 先に述べたように, 湖沼は'陸上という海の中の島'であり, そのような場所では外来種による被害を特に受けやすい (たとえば Simberloff 2001). さらには, 侵入先の生物群集の多様性も, 外来種に対する抵抗性と関係していると考えられるようになってきた. 多様な種を有する群集ほど, 競争や捕食または寄生などによって外来種を排除することが可能な種を有する確率が高い. '生物学的抵抗 (biotic-resistance)' という考えによれば, 種数が少ない群集は外来種の侵入に対して脆弱だが, 外来種の定着によって種数が増加するとともに新たな外来種の定着速度は減少していくと予測される (図 6.15). これに対し, '侵入生物による生態系の溶融 (invasional meltdown)' という考えでは (Simberloff and Von Holle 1999), 定着に成功した外来種の累積数が増加するほど侵入速度もさらに増加すると予測している (図 6.15). これは, 侵入生物同士に正の種間相互作用関係がある場合に起こりうる. たとえば, 先に定着した外来種が生息地を改変し, 後から侵入する種がその恩恵を受ける場合などである. 初期の侵入者が, 後から侵入してくる捕食性外来種の好適な餌生物になることもありえる. 小規模な実験結果からは, 生物学的抵抗を支持する証拠が得られている. たとえば, 実験池に侵入する動物プランクトンの定着速度は, 動物プランクトンの多様性がはじめから高い池ほど小さい. これは, 生物多様性が侵入種に対して抵抗する機能を持つことを示唆している (Shurin 2000). これとは対照的に, 北米五大湖における外来種の定着過程を分析した研究では, 侵入生物による生態系の溶融を支持する結果が得られている (Ricciardi 2001). この研究では, 侵入生物同士の種間相互作用の多くがプラスであり, ともに定着するような促進作用 (facilitation) が存在することも示されている.

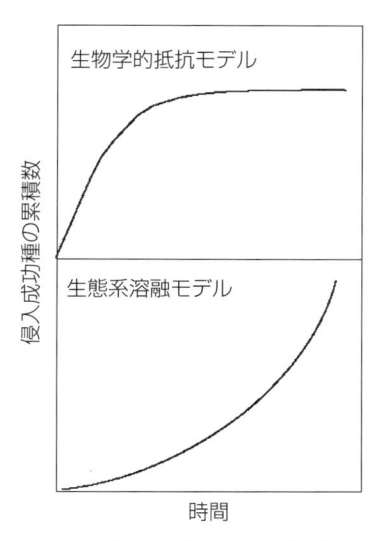

図 6.15 生物学的抵抗モデルおよび侵入生物による生態系溶融モデルによって予測される侵入成功数の累積変化．Ricciardi (2001) による．

　外来種は水産生物の増養殖を目的とした導入であったり，歴史的に見れば，開拓者が自国の生物種を新たに持ち込んだりといったように，人間によって意図的に導入されることが多かった．しかし，最近では意図的でない導入も急速に増加している．水域同士を接続させる運河が生態系間の淡水生物の分散を容易にし，さらに長距離航行する船が数多くの淡水生物が混入したバラスト水を他国の湖沼へ運んでいる．北米五大湖は，このような非意図的な外来種の侵入によって大きな被害を受けており，その侵入生物が莫大な経済的損失をもたらした例もある（五大湖の外来種による被害については，Mills et al. 1994 の総説参照）．ヨーロッパにおける大きな被害として，1900 年代初頭に北米産のザリガニが大増殖して分布を拡大したため，固有のザリガニ種が全滅し，ザリガニ漁が衰退した例があげられる．

　生態系に及ぼす外来種の影響を知り，新たな侵入を食い止める対策を練るためには，より多くの研究が必要である．侵入生物は，どのように在来生物に影響を及ぼすのだろうか．なぜいくつかの外来種は爆発的に分布域を拡大し，在来の生物群集に被害を及ぼすほど大きな個体群を形成できるのだろうか．こういった外来種に関する研究を進めることは，在来生物群集の構造や動態の解明にも繋がるかもしれない（Lodge 1993）．以降では，淡水生態系に大きな被害

をもたらした侵入生物について，3つの事例（水生雑草，カワホトトギスガイ，ナイルパーチ）を紹介する．

水生雑草

水生植物は，時に大繁茂して人間活動の妨げとなることがある．このような水生雑草（aquatic weeds）の多くは，本来の自生地の外に運ばれ，定着し野生化した種である．皮肉なことに，侵入先で雑草とみなされる植物の中には，自生地では貴重とされる種や絶滅の危機に瀕している種もある．たとえば，ヨーロッパでは，浅い富栄養湖に沈水植物を回復させる生態系修復が行われているが（前述の「生物操作」を参照），他の地域では沈水植物は一般に邪魔な植物として扱われている．水生雑草は成長が早く高い分散能力を示す種が多い．これらは，船の航行や用水路の流れを妨げたり，水力発電施設の稼働を邪魔したり，魚類の個体数を減少させたりするなど，多くの被害をもたらすことがある．

ヨーロッパでは，19世紀後半に沈水植物のカナダモ（*Elodea canadensis*）が大陸中に広がり，最近では低地の富栄養化した湖沼でヨシ（*Phragmites australis*）が増加している．北米では，ホザキノフサモ（*Myriophyllum spicatum*；図3.4）が大きな被害を引き起こしている．水生雑草の拡大による最も深刻な影響は，亜熱帯と熱帯から報告されている．浮遊性の雑草は人間活動を大きく妨げるが，熱帯地域では外来の浮漂植物であるホテイアオイ（*Eichhornia crassipes*）とオオサンショウモ（*Salvinia molesta*）が広範囲に被害を及ぼしている．これらの成長速度は極めて早く（最適条件では14日で倍以上に成長する），大繁茂することで淡水域の水面を覆いつくしている．

●水生雑草の抑制

外来の水生雑草を駆除するため，各地で多くの取り組みが行われている．手による除去は，最も単純だが大きな労働力を要する．除去効率を上げるため，小型の刈り取りボートから大型の刈り取り機まで，さまざまな機械が開発されている．除草剤（herbicide）は安価で効率的，しかも場合によっては効果がすぐに現れる方法だが，雑草でない植物や水生無脊椎動物，魚類，時には人間など，対象外の生物に毒性影響を及ぼす可能性が常に存在する．その代替手段として，天敵を用いた生物的防除（biological control）が用いられる場合が多

い．水草の天敵には，自生地に生息している植食昆虫など，駆除対象の植物を専食する動物が一般に用いられる．また，ソウギョや巻貝，マナティのような広食性の植食者も天敵生物として利用されている．特に，シベリアや中国北東部原産のコイ科植食魚類であるソウギョ (Ctenopharyngodon idella) は，水草駆除において各地で成功を収めている．幅広い環境に生息でき，水生植物を貪欲に食べるソウギョは，原産地以外では繁殖しないため，個体群管理が容易である．しかし，このような天敵生物をむやみに放つことは大きな危険性が伴うことに注意しなくてはならない．導入先で天敵生物が分布を拡大し，駆除対象外の農作物などに被害を及ぼすことがあるからである．

　水生雑草の駆除に生物的防除が用いられた例として，オオサンショウモ (Salvinia) がよく知られている (Room 1990 の総説参照)．オオサンショウモは，亜熱帯から熱帯のほとんどに分布を拡大し，深さ 1m にも達する厚いマットを形成しながら，湖沼や流れの緩やかな川を覆いつくしていった．当時一番の問題は，オオサンショウモの地理的起源がわからなかったため，潜在的に優れた能力を持つ天敵生物を見つけられなかったことである．この水生雑草は，1970 年代初頭になって S. molesta として正しく記載されたが，はじめは誤って別の種として記載されていたのである．オオサンショウモの自生地がブラジル南東部にあることがわかり，この水生雑草を餌とする 3 種類の植食者（ゾウムシ，ガ，バッタ）が見つかった．このうち，芽や根を餌とするゾウムシが天敵生物としてオーストラリアの湖に導入された．すると，最初は数千匹だった 1 つの個体群が 1 年で 1 億匹以上に増え，約 3 万トンのオオサンショウモを除去することに成功したのである！　今では，ゾウムシはオオサンショウモの有効な天敵生物として熱帯地域各所で利用されており，およそ 1 年間で対象水域の水草を 99％ も減少させることに成功している．

カワホトトギスガイ

　1988 年に，北米の St Clair 湖で外来性の二枚貝，カワホトトギスガイ (zebra mussel: *Dreissena polymorpha*)（図 3.11）が初めて見つかった．この貝は数年で爆発的に増殖し，五大湖全域とミシシッピ川流域のほとんどに分布を拡大した (Ludyanskiy et al. 1993)．それ以降，カワホトトギスガイは，北米の淡水生態系で最も破壊的で対策費用のかかる侵入生物となった．この貝は他の二枚貝や取水口など，あらゆる硬い基質表面に固着するが，その除去に莫大

な費用が投じられている．カワホトトギスガイは，どこからやってきて，どのようにしてこれほどまで分布を拡大させることができたのだろうか．

　カワホトトギスガイは黒海やカスピ海が原産であり，19世紀にはヨーロッパ各地の水域に分布を拡大していた．そして1986年に，ある船のバラスト水に混入して大西洋を横断し，St Clair湖に持ち込まれたと考えられている．カワホトトギスガイには，侵略的外来種として成功するいくつかの特徴がある．1つは，この貝は足糸（byssus）を使ってさまざまな基質に付着するが，侵入先にこのような形質を持つ大型の濾過食者がいないため，空きニッチを十分に利用できたことである．2つめの特徴は，産卵数が多く（1匹の雌から最高で40,000匹），幼生期は浮遊生活をするため，水域を非常に早く分散することができる点である．さらに，新たな生息地にはカワホトトギスガイの捕食者や寄生者，病気などが存在せず，あってもごく少なかったことがその大増殖をもたらした要因であろう．

　カワホトトギスガイは，取水口への固着以外にも，数多くの被害をもたらしている．個体数密度が極めて高いため（1 m^2 あたり最大700,000個体以上），他の二枚貝を競争排除によって駆逐したり，炭素や栄養塩の循環を変化させたりすることで，侵入先の生態系に影響を与えている．カワホトトギスガイが高密度に生息する場所では，在来の二枚貝は被覆されて摂餌や呼吸，移動が阻害される．このため，多くのイシガイ類が地域から姿を消した．また，カワホトトギスガイが沖合の岩礁に高密度で固着すると，そこを産卵場とするパーチ科のウォールアイ（*Stizostedion vitreum*）など，経済的に重要な魚種に影響するのではないかという強い懸念が生じる．しかし，カワホトトギスガイは，1 m^2 あたり最高334,000個体まではウォールアイの産卵数や卵の生残率，卵への酸素供給量に悪影響を及ぼさないとの報告もある（Fitzsimons et al. 1995）．カワホトトギスガイに引き続き，最近では同胞種（sibling species）であるクワッガガイ（*Dreissena bugensis*）が北米に広がっている．クワッガガイは砂や泥などの軟らかい基質上でも生活することができ，カワホトトギスガイの生息場所より深い所からも見つかっているため，その生態系への影響が懸念されている（Bially and MacIsaac 2000）．

　濾過食性のカワホトトギスガイは，植物プランクトンの生物量にも影響する．濾過速度やエネルギー収支モデル（bioenergetic model）をもとにした理論計算によれば，Erie湖西部の岩礁に固着しているカワホトトギスガイは，1

日に湖盆容積の14倍に相当する水を濾過し，一次生産の約25％に相当する量の植物プランクトンを水中から除去しているとの推定結果が得られている．実際に，本種が侵入した湖の中には，透明度が上昇し光環境が改善されて沈水植物帯が広がった例もある．オランダでは，この驚異的な水質浄化機能を利用した富栄養化対策も試みられている．カワホトトギスガイは植物プランクトンを大量に摂食し自身の生物量を増やすことで，炭素や栄養塩を沖帯から湖底に輸送する．さらに，糞や擬糞を排出することで堆積物中の栄養塩濃度を上昇させ，底生無脊椎動物の生息環境を大きく変化させる．このほかにも，固着によって空間構造を複雑にし，他の底生無脊椎動物が利用可能な基質表面を増やし，捕食者からの避難場所を提供するといった正の影響も与えている (Stewart et al. 1998)．

ナイルパーチ

東アフリカの三大湖（Victoria湖，Tanganyika湖，Malawi湖）は，極めて多様な魚類相を有することで知られている（Kaufman 1992）．アフリカ最大の淡水湖であるVictoria湖では，カワスズメ科の仲間が種類数においても，生物量においても魚類の中で卓越している．この単系統群には300種以上が含まれており，それらの種は過去75万年の間にたった1つの祖先集団から適応放散してきたものと考えられている．このうちのほとんど（90％以上）はVictoria湖でしかみられない固有種であり，湖内でも限られた水域にしか分布していない種もいる．カワスズメ類は外見や形態は類似しているが，デトリタスから魚類にいたる湖内のすべての餌資源を利用するように，さまざまな栄養群へと進化してきた．しかし，その多様性は人間活動によって急速に失われてしまった．

人口増加に伴う漁獲圧の増大と漁獲効率の向上によって大型のティラピア（*Tilapia*属）が乱獲され，1950年代後半には漁獲量は著しく減少した．この時点では，商業漁業の対象でなかった魚種はまだ高いレベルで個体群を維持していたが，1960年代はじめにAlbert湖とTurkana湖からスズキ亜目アカメ科のナイルパーチ（*Lates*属）が導入されると事態は一変したのである．ナイルパーチ導入の目的は，乱獲による漁獲量減少を商業価値の高い魚で補い，漁業収益を上げることにあった．ナイルパーチは貪欲な捕食者であり，大きさの異なるさまざまな生物を餌として利用する．この捕食者は，導入直後にはまば

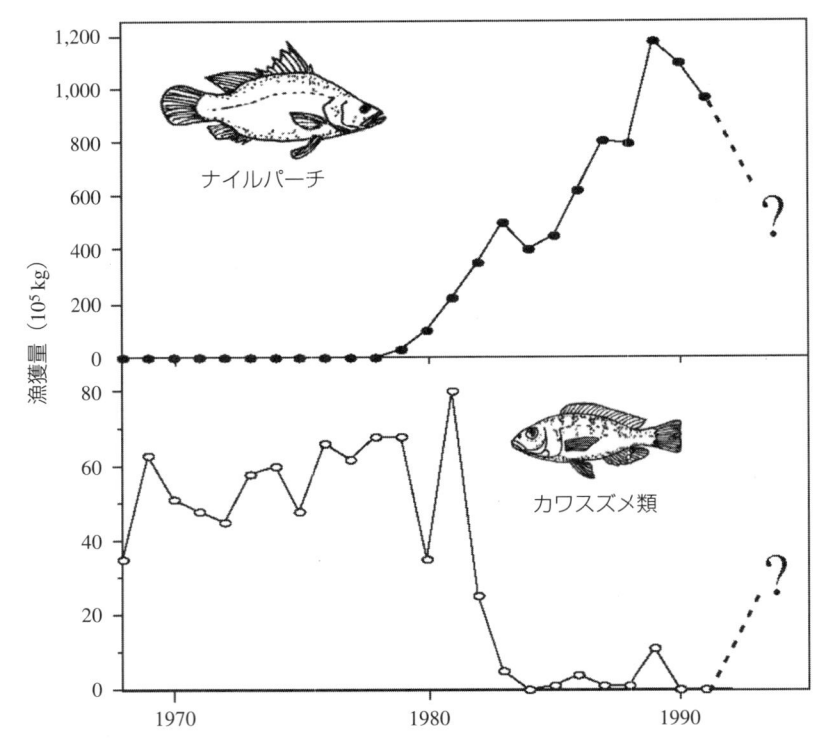

図6.16 1960年代後期以降のVictoria湖（ケニア）におけるナイルパーチとカワスズメ科魚類の漁獲量の推移．1990年代には高い漁獲圧によりナイルパーチが減少し，カワスズメ科魚類の個体数が増加している（破線）．Gophen et al.(1995)による．

らにしかみられなかったが，1980年代はじめに湖全体で急速に増加した．これと同時にカワスズメ類の個体数が劇減し，1980年代後半にはほとんど漁獲されなくなってしまった（図6.16）．乱獲がカワスズメ類の減少のきっかけであったが，ナイルパーチの導入が多くの種を絶滅に追いやった直接の原因と考えられている．その根拠は，商業漁業が行われていない地域でもカワスズメが姿を消したこと，またナイルパーチの消化管を分析したところ主要な餌はカワスズメ類であり，その傾向は絶滅するまでずっと続いていたことである．カワスズメ科の魚は，大型の卵を少数産み，口内保育する．このため繁殖力が低く，捕食に対して脆弱であったことが絶滅を加速させたのであろう．これに加え，カワスズメ類の多様性は富栄養化によっても減少している．この仲間が1つの湖の中で非常に多様性に富んでいるのは，雄の体色に対する雌の選り好み（female mating preference）による交配前隔離が関係しているという（Seehausen et al. 1997)．生殖隔離をもたらす形質がほかに進化しておらず，この雌による選り好みだけで同所的に生息する種間の繁殖隔離が維持されてきたのである．しかし，この体色パターンによる種の識別は，富栄養化に伴う透明度の低下によって阻害されるらしい．さまざまな色の光をあてた水槽での交配実験によると，光によって雄の体色の見分けがつかない場合には雌は選り好みを示さず，他種とも交配することが示された（Seehausen et al. 1997）．このように，濁った水の中では生殖隔離が機能しないため，富栄養化は種間交雑を促進させ，種の多様性を減少させたと考えられている．現在，200種（65％）以上のカワスズメ類がすでに絶滅したか，または絶滅の危機に瀕している．この大量絶滅はわずか10年の間に起こっており，20世紀に起こった脊椎動物の絶滅の中で最大規模の悲劇である．

●ナイルパーチの導入による二次的影響

　ナイルパーチの増加は商業漁業の漁獲高を3〜4倍にも増加させ，現地での新たな雇用を数多く創出した．しかし，1990年代の高い漁獲圧によってその個体群のサイズ構造が変化してきている．今では漁獲個体の70％が未成熟個体で占められており，典型的な乱獲の兆候が認められている．ナイルパーチの減少によって，すでに絶滅したと考えられていたいくつかのカワスズメが再び姿を見せるようになった．しかし，以前のように高い個体数密度に回復している種はごくわずかである．個体群の回復は，漁業や捕食による死亡率の変化や富栄養化など大きな環境変化に対して柔軟な適応能力を持つ種に限られているようである．

　食性調査から，ナイルパーチの未成熟個体は，カワスズメ類が姿を消すと沖帯に生息する小型のコイ科魚類（*Rastrineobola argenta*）や淡水エビ（*Caridina nilotica*）に食性を変化させたことが明らかとなっている．カワスズメ類が減少したため，餌をめぐる消費型競争が緩和され，エビやコイ科魚類が劇的に増加したのであろう．一方，ナイルパーチの大型個体は共食いをするようになった．また，科学的に検証されたわけではないが，Victoria湖生態系でナイルパーチが植物プランクトンや大型の水生植物，多くの大型無脊椎動物を増加させるといった間接効果をもたらした可能性も指摘されている．以前は酸素が豊富にあった深水層が，今では1年中嫌気的な環境となっており，時には魚類の大量斃死も引き起こしている．このような変化にも，ひょっとすると

ナイルパーチによる間接的な影響が関与しているのかもしれない．

　ナイルパーチの導入は，商業漁業の側面においては短期的に成功を収めたが，このまま乱獲が続けば水産資源として長期的に利用し続けることは困難になるだろう．しかし，適切な生態系管理さえ実施すれば，持続的な利用は不可能ではないかもしれない．また，その漁獲圧を十分に上げることができるなら，絶滅したと考えられているカワスズメ類を再び湖に取り戻し，ナイルパーチと共存させることができるかもしれない（Balirwa et al. 2003）．しかし，たとえそれが可能であっても，再び出現するカワスズメは本来の魚類群集の中から'生物学的なふるい'によって選抜された種の集合の一部であり（図6.2），その結果出来上がる食物網は人間が介入する以前のものとは大きく異なっているかもしれない．ナイルパーチの導入は，複雑性に富んだ生態系に不可逆的なダメージを与え，しかもその帰結はいまだわれわれの前に全貌を現してはいない．Victoria湖におけるカワスズメ科魚類の進化メカニズムや形態的に類似した種の共存メカニズムを解明する機会は，永遠に失われてしまったのである．しかし，この生態的な悲劇は，人類の食糧資源の確保や地域の食糧危機という側面からも扱わなければならない問題なのである．

遺伝子組換え生物

　遺伝子組換え生物（genetically modified organism：GMO）とは，遺伝子操作によって人工的に遺伝子の配列を改変された生物を指し，これも自然生態系に外来種と同様の影響を及ぼすことがある．遺伝子組換えは，病気に対する抵抗性の改良や成長速度の増加など，人間の利用に都合がよいよう生物の形質を改善するために行われている．成長ホルモン遺伝子を導入したトランスジェニック魚は，通常より早く，より大型に成長する（たとえばHill et al. 2000）．このような遺伝子導入魚が養殖場から逃げ出せば，自然個体群に何らかの影響を及ぼす危険性がある（Reichhart 2000）．たとえば，多くの魚種では大型の雄ほど高い繁殖成功度を持つことから，成長速度の早いトランスジェニック魚は効果的に自然個体群内に侵入していく可能性がある．また，高い成長速度によってトランスジェニック魚の生残率が高まるとすれば，野生型の適応度が減少することになり，ついには本来の自然個体群が絶滅する可能性がある．この可能性は，理論モデルによって実際に示されている（Hedrick 2001）．

　GMOは潜在的な環境問題の1つである．これが大きな環境問題となるか否

かは，政策立案者や意思決定者，そして消費者市場にかかっている．今では，大豆やトウモロコシなどの遺伝子組換え作物の消費に対する反対運動が全世界に広がっており，トランスジェニック魚の消費に対してもやがて同様の事態が訪れる可能性をほのめかしている（Reichhart 2000）．

環境危機の地域間差

　これまで紹介してきた湖沼における環境危機の例は，その多くが先進国の事例をもとにしている．たとえば湖沼の汚染について見ても，その原因の多くは産業化にあり，少なくとも特定汚染源からの影響を減らすための対策が取られてきたような国々の例である．熱帯地域をはじめとする開発途上国では，これとは全く異なった問題に直面している．都市化の拡大により淡水資源への需要が増し続ける一方，都市からの未処理の排水によってこれら水資源の汚染が進行している．また，植物や無脊椎動物，魚類などの淡水生物は，今も多くの開発途上国では貴重な食糧資源である．これらの国々では，水資源こそが地域発展の制限要因になっており，多様な生物相とその生息場所としての湖沼の重要性といった側面は，人間による利用を主眼とした水域管理と比べれば，二次的な問題にすぎないだろう．

　開発途上国では，森林伐採による水域への土砂の流出，農地拡大による埋立てや灌漑による水位低下など，直接的な湖沼生態系の破壊が大きな問題となっているが，間接的な影響も深刻さを増している．開発途上国の経済は主に農業生産に依存しており，収量を上げるために農薬が大量に使用されているため，淡水域の汚染が深刻化している（Lacher and Goldstein 1997）．開発途上国の農薬使用量は，今では先進国に匹敵するかあるいはそれ以上に達している．また，有機塩素系の農薬使用に対する規制は緩く，環境に配慮した安全基準なども設定されていない地域が多い．そのため，先進国で使用禁止となった有害な化合物や登録されていない新たな合成物質が開発途上国へと輸出されている．マラリアの流行によって，再びDDTが使われている地域もある．先進国の湖沼でさえ，汚染物質の影響に関する知見は不十分である．まして，熱帯地域でそれら汚染物質がどのように作用するのかについて，ほとんど何もわかっていない（Castillo et al. 1997；Lacher and Goldstein 1997）．熱帯の淡水生態系は，物理的，化学的，そして生物学的諸特性が温帯とは大きく異なっている．たと

えば，熱帯では汚染物質の溶解度や生物による取り込み，濃縮過程に高い水温が作用し，その毒性影響をより高めるのではないかと懸念されている．

熱帯域の有機塩素化合物の使用は，その地域における問題だけにとどまらない．有機塩素化合物は，暖かな熱帯域では地表付近で気化し，大気を経て極域地方へと輸送される．そこで水蒸気が凝結して，再び地表に降下するのである．気体から液体へと凝結する地点は化合物ごとに異なっており，これら汚染物質の分布は地球規模となっている (Wania and Mackay 1993)．たとえば，'半揮発性' と考えられている DDT や PCB 同族体は温帯地域に降下しやすく，その発生源地域よりも高濃度で生物に蓄積する可能性があると予想されている (Larsson et al. 1995)．

下水や排水の増加によって，開発途上国の多くの湖が富栄養化するとも考えられている．また，ヨーロッパや北米で減少している硫黄の排出量が（図6.11），開発途上国では産業化の進展によって増加している (Galloway 1995)．このことは，酸性雨の被害を受けていなかった湖沼が，今後さらに深刻な酸性化の危機にさらされる可能性があることを示唆している (Kuylenstierna et al. 2001)．また，湖沼生態系に最も被害を及ぼしてきた外来種問題の多くは，熱帯地域からの報告であり，外来種が熱帯湖沼にさらなる被害を及ぼすおそれはないと信じるに足る理由はないのである．

莫大な経済的損失を被った先進国と同じあやまちを繰り返さないため，開発途上国は適切な環境政策をとるはずだという楽観的な見方もある．開発途上国の政策立案者や意思決定者は，温帯地域の事例を参考にしながら開発を進めることで，いわゆる先進国が犯したあやまちを回避することができるかもしれない．しかし，先に指摘したように，淡水生態系の撹乱に対する応答は熱帯と温帯で異なる可能性があるため，より多くの研究を熱帯湖沼で行うことが必要である．また，環境保全に対する先進国からの経済的援助も必要になるだろう．

より悲観的な見方として，人口増加が著しい地域では25～35年で人口が倍増するため，現在の環境水準を維持するだけでもすべてのインフラを同じ速さで増やす必要があるとの意見がある (Lacher and Goldstein 1997)．環境価値の高い水資源に対して，人間の影響力は今後さらに大きくなり，開発途上国の環境の質は近い将来劣化するよう運命づけられているとの予測もなされている (Lacher and Goldstein 1997)．

環境危機に対する取り組み

　環境問題を引き起こす脅威や汚染の多くは，風や水を媒体として国境を越えて世界中に広がるため，国際的合意のもとに環境問題に取り組むことが最重要課題となる．このような国際的取り組みは，効果が現れるまで時間を要することが多い．しかし，国際的取り組みこそ，地球規模における資源の持続的利用や受容可能な排出量基準を達成するための唯一の方策である（Brönmark and Hansson 2002）．今では，急速に進行しつつある環境問題に直面し，さまざまな国や地域の行政組織が水資源の保全・管理計画を改善し始めてきた．欧州委員会は淡水資源の汚染を完全に阻止することを目的とした戦略プランとして，'水枠組み指令（Water Framework Directive）'（http://europa.eu.int/comm/environment/water/）をすべての加盟国の合意のもとに可決した．この指令は，EUのすべての水域を生態学的に健全な状態とするために，流域単位で水資源管理を実施することを基本に盛り込んでいる．さらに，汚染者負担の原則を導入し，水資源の利用者（汚染者）に対してこの共有資源に及ぼすあらゆる環境影響への対策費用を負担する義務を課している．ほかにも，アジェンダ21（www.igc.org/habitat/agenda21/）や国際連合によるイニシアティブなど，水環境政策にかかわる重要な国際的合意が署名されている．UNESCOの'世界水アセスメント計画（World Water Assessment Programme）'（www.unesco.org/water/wwap）では，淡水資源の持続的な利用と，安全な飲料水にアクセスできない人口を減少させることを目的に，関連する国連諸機関が協力してプログラムを推進している．これまで湖沼生態系の危機的現状について紹介してきたが，このような水環境問題への国際的取り組みが実りある効果を生み出しつつあることを最後に述べておきたい．今日の環境問題への関心の高まりや新たな環境政策の実施は，将来，われわれが環境危機を乗り越える可能性が高まりつつあるよい兆しなのである．

文　　献

Acre, B. G. and Johnson, D. M. (1979). Switching and sigmoid functional response curves by damselfly naiads with alternative prey available. *Journal of Animal Ecology*, **48**, 703–20.

Adler, F. R. and Harvell, C. D. (1990). Inducible defenses, phenotypic variability and biotic environments. *Trends in Ecology and Evolution*, **5**, 407–10.

Andersson, G. (1984). The role of fish in lake ecosystems–and in limnology. *Norsk Limnologforening*, 189–97.

Andersson, G. and Cronberg, G. (1984). *Aphanizomenon flos-aquae* and large *Daphnia*–an interesting plankton association in hypertrophic waters. *Norsk Limnologforening*, 63–76.

Andersson, G., Granéli, W., and Stenson, J. (1988). The influence of animals on phosphorus cycling in lake ecosystems. *Hydrobiologia*, **170**, 267–84.

Appelberg, M. (1998). Restructuring of fish assemblages in Swedish lakes following amelioration of acid stress through liming. *Restoration Ecology*, **6**, 343–52.

Balirwa, J. S., Chapman, C. A., Chapman, L. J., Cowx, I. G., Geheb, K., Kaufman, L., Lowe-McConnel, R. H., Seehausen, O. Wanink, J. H. Welcomme, R. L., and Witte, F. (2003). Biodiversity and fishery sustainability in the lake Victoria basin: an unexpected marriage? *Bioscience*, **53**, 703–15.

Bärlocher, F., Mackay, R. J., and Wiggins, G. B. (1978). Detritus processing in a temporary vernal pond in southern Ontario. *Archiv für Hydrobiologie*, **81**, 269–95.

Begon, M., Harper, C. R., and Townsend, C. R. (1990). *Ecology. Individuals, populations and communities*, (2nd edn). Blackwell, Oxford.

Bergman, E. and Greenberg, L. A. (1994). Competition between a planktivore, a benthivore, and a species with ontogenetic diet shifts. *Ecology*, **75**, 1233–45.

Bially, A. and MacIsaac, H. J. (2000). Fouling mussels (*Dreissena* spp.) colonize soft sediments in lake Erie and facilitate benthic invertebrates. *Freshwater Biology*, **43**, 85–97.

Bilton, D. T., Freeland, J. R., and Okamura, B. (2001). Dispersal in freshwater invertebrates. *Annual Review of Ecology and Systematics*, **32**, 159–81.

Bird, D. F. and Kalff, J. (1986). Bacterial grazing by planktonic lake algae. *Science*, **231**, 493–5.

Bittner, K., Rothhaupt, K.-O., and Ebert, D. (2002). Ecological interactions of the microparasite *Caullerya mesnili* and its host *Daphnia galeata*. *Limnology and Oceanography*, **47**, 300–5.

Björk, S. (1988). Redevelopment of lake ecosystems–A case study report approach. *Ambio*, **17**, 90–8.

Blindow, I., Hargeby, A., and Andersson, G. (1998). Alternative stable states in shallow lakes–what causes a shift? In *The structuring role of submerged macrophytes in lakes*, (eds. E. Jeppesen, M. Søndergaard, and K. Christoffersen), pp. 353–68. Springer, Berlin.

Bloem, J., Albert, C., Bar-Gilissen, M.-J. G. *et al.* (1989a). Nutrient cycling through phytoplankton bacteria and protozoa in selectively filtered Lake Vechten water. *Journal of Plankton Research*, **11**, 119–31.

Bloem, J., Ellenbroek, F. M., Bär-Gilissen, M. J. B., and Cappenberg, T. E. (1989b). Protozoan grazing and bacterial production in stratified Lake Vechten estimated with fluorescently labeled bacteria and by thymidine incorporation. *Applied and Environmental Microbiology*, **55**, 1787–95.

Blomqvist, S., Gunnars, A., and Elmgren, R. (2004). Why limiting nutrients differ between temperate coastal seas and freshwater lakes: A matter of salt. *Limnology and Oceanography* (in press).

Boström, B., Jansson, M., and Forsberg, C. (1982). Phosphorus release from lake sediments. *Archiv für Hydrobiologie, Ergebnisse der Limnologie*, **18**, 5–59.

Bothwell, M., Sherbot, D., and Pollock, C. (1994). Ecosystem response to solar ultraviolet-B radiation: influence of trophic-level interactions. *Science*, **265**, 97–100.

Brönmark, C. (1985). Interactions between macrophytes, epiphytes and herbivores: an experimental approach. *Oikos*, **45**, 26–30.

Brönmark, C. (1994). Effects of tench and perch on interactions in a freshwater, benthic food chain. *Ecology*, **75**, 1818–24.

Brönmark, C. and Edenhamn, P. (1994). Does the presence of fish affect the distribution of tree frogs (*Hyla arborea*)? *Conservation Biology*, **8**, 841–5.

Brönmark, C. and Hansson, L.-A. (2002). Environmental issues in lakes and ponds: current state and future perspective. *Environmental Conservation*, **29**, 290–306.

Brönmark, C. and Miner, J. G. (1992). Predator-induced phenotypical change in crucian carp. *Science*, **258**, 1348–50.

Brönmark, C. and Pettersson, L. (1994). Chemical cues from piscivores induce a change in morphology in crucian carp. *Oikos*, **70**, 396–402.

Brönmark, C. and Weisner, S. E. B. (1992). Indirect effects of fish community structure on submerged vegetation in shallow, eutrophic lakes: an alternative mechanism. *Hydrobiologia*, **243/244**, 293–301.

Brönmark, C., Rundle, S. D., and Erlandsson, A. (1991). Interactions between freshwater snails and tadpoles: competition and facilitation. *Oecologia*, **87**, 8–18.

Brönmark, C., Klosiewski, S. P., and Stein, R. A. (1992). Indirect effects of predation in a freshwater, benthic food chain. *Ecology*, **73**, 1662–74.

Brooks, J. L. and Dodson, S. I. (1965). Predation, body size, and composition of plankton. *Science*, **150**, 28–35.

Browne, R. A. (1981). Lakes as islands: biogeographic distribution, turnover rates, and species composition in the lakes of central New York. *Journal of Biogeography*, **8**, 75–83.

Burns, C. (1968). The relationship between body size of filter-feeding cladocera and the maximum size of particle ingested. *Limnology and Oceanography*, **13**, 675–8.

Canter, H. M. (1979). Fungal and protozoan parasites and their importance in the ecology of phytoplankton. *Freshwater Biological Association* (Annual Report), **47**, 43–50.

Caraco, N., Cole, J. J., and Likens, G. E. (1989). Evidence for sulphate-controlled phosphorus release from sediments of aquatic systems. *Nature*, **341**, 316–18.

Carpenter, S. R. and Kitchell, J. F. (eds.) (1993). *The trophic cascade in lakes*. Cambridge University Press.

Carpenter, S. R., Kitchell, J. F., and Hodgson, J. R. (1985). Cascading trophic interactions and lake productivity: fish predation and herbivory can regulate lake ecosystems. *Bioscience*, **35**, 634–9.

Castillo, L. E., de la Cruz, E., and Ruepert, C. (1997). Ecotoxicology and pesticides in tropical aquatic ecosystems of Central America. *Environmental Toxicology and Chemistry*, **16**, 41–51.

Chambers, P. A. and Kalff, J. (1985). Depth distribution and biomass of submersed aquatic macrophyte communities in relation to Secchi depth. *Canadian Journal of Fisheries and Aquatic Sciences*, **42**, 701–9.

Chen, C. Y. and Folt, C. L. (1996). Consequences of fall warming for zooplankton overwintering success. *Limnology and Oceanography*, **41**, 1077–86.

Chen, C. Y., Stemberger, R. S., Klaue, B., Blum, J. D., Pickhardt, P. C., and Folt, C. L. (2000). Accumulation of heavy metals in food web components across gradients of lakes. *Limnology and Oceanography*, **45**, 1525–36.

Cohen, G. M. and Shurin, J. B. (2003) Scale-dependence and mechanisms of dispersal in freshwater zooplankton. *Oikos*, **103**, 603–17.

Cole, J. J., Pace, M. L., Carpenter, S. R., and Kitchell, J. F. (2000). Persistence of net heterotrophy in lakes during nutrient addition and food web manipulations. *Limnology and Oceanography*, **45**, 1718–30.

Connell, J. H. (1978). Diversity in tropical rain forests and coral reefs. *Science*, **199**, 1302–10.

Craig, J. F. (1987). *The biology of perch and related fish*. Croom Helm, Beckenham, UK.

Cronberg, G. (1982). *Pediastrum* and *Scenedesmus* (Chlorococcales) in sediments from Lake Växjösjön, Sweden. *Archiv für Hydrobiologie*, Supplement, **60**, 500–7.

Cuker, B. (1983). Competition and coexistence among the grazing snail *Lymnea*, Chironomidae, and microcrustacea in an arctic lacustrine community. *Ecology*, **64**, 10–15.

Cummins, K. (1973). Trophic relations of aquatic insects. *Annual Review of Entomology*, **18**, 183–206.

Dacey, J. W. H. (1981). Pressurized ventilation in the yellow waterlily. *Ecology*, **62**, 1137–47.

Dawidowicz, P. and Loose, C. J. (1992). Metabolic costs during predator-induced diel vertical migration in *Daphnia*. *Limnology and Oceanography*, **37**, 1589–95.

Dawidowicz, P., Pijanowska, J., and Ciechomski, K. (1990). Vertical migration of *Chaoborus* larvae is induced by the presence of fish. *Limnology and Oceanography*, **35**, 1631–7.

Dawkins, R. and Krebs, J. R. (1979). Arms races between and within species.

Proceedings of the Royal Society of London, Series B, **205**, 489–511.

Diehl, S. (1988). Foraging efficiency of three freshwater fishes: effects of structural complexity and light. *Oikos*, **53**, 207–14.

Diehl, S. (1992). Fish predation and benthic community structure: the role of omnivory and habitat complexity. *Ecology*, **73**, 1646–61.

Diehl, S. (1993). Relative consumer sizes and the strengths of direct and indirect interactions in omnivorous feeding relationships. *Oikos*, **68**, 151–7.

Dodson, S. I., Arnott, S. E., and Cottingham, K. L. (2000). The relationship in lake communities between primary productivity and species richness. *Ecology*, **81**, 2662–79.

Driscoll, C. T., Lawrence, G. B., Bulger, A. T., Butler, T. J., Cronan, C. S., Eagar, C., Lambert, K. F., Likens, G. E., Stoddard, J. L., and Weathers, K. C. (2001). Acidic deposition in the northeastern United States: sources and inputs, ecosystem effects, and management strategies. *Bioscience*, **51**, 180–98.

Dvorac, J. and Best, E. P. H. (1982). Macroinvertebrate communities associated with the macrophytes of Lake Vechten: structural and functional relationships. *Hydrobiologia*, **95**, 115–26.

Ebenman, B. and Persson, L. (eds.) (1988). *Size-structured populations. Ecology and evolution*. Springer, Berlin.

Edmunds, M. (1974). *Defence in animals*. Longman, Essex, UK.

Ehlinger, T. J. (1990). Habitat choice and phenotype-limited feeding efficiency in bluegill: individual differences and trophic polymorphism. *Ecology*, **71**, 886–96.

Eklöv, P. and Diehl, S. (1994). Piscivore efficiency and refuging prey: the importance of predator search mode. *Oecologia*, **98**, 344–53.

Eklöv, P. and VanKooten, T. (2001). Facilitation among piscivorous predators: effects of prey habitat use. *Ecology*, **82**, 2486–94.

Elliot, J. M. (1981). Some aspects of thermal stress on freshwater teleosts. In *Stress and fish*, (ed. A. D. Pickering, pp. 209–45). Academic Press, London.

Elser, J. J. and Hassett, P. (1994). A stoichiometric analysis of the zooplankton–phytoplankton interaction in marine and freshwater ecosystems. *Nature*, **370**, 211–13.

Engelhardt, K. A. M. and Ritchie, M. E. (2001). Effects of macrophyte species richness on wetland ecosystem functioning and services. *Nature*, **411**, 687–9.

Ewald, G., Larsson, P., Linge, H., Okla, L., and Szarzi, N. (1998). Biotransport of organic pollutants to an inland Alaska lake by migrating sockeye salmon (*Oncorhyncus nerka*). *Arctic*, **51**, 40–7.

Fauth, J. E. (1990). Interactive effects of predators and early larval dynamics of the treefrog *Hyla chrysoscelis*. *Ecology*, **71**, 1609–16.

Fitzsimons, J. D., Leach, J. H., Nepszy, S. J., and Cairns, V. W. (1995). Impacts of zebra mussel on walleye (*Stizstedion vitreum*) reproduction in western Lake Erie. *Canadian Journal of Fisheries and Aquatic Sciences*, **52**, 578–86.

Flöder, S. and Sommer, U. (1999). Diversity in planktonic communities: an experimental test of the intermediate disturbance hypothesis. *Limnology and Oceanography*, **44**, 1114–19.

Forbes, S. (1925). The lake as a microcosm. *Bulletin of the Illinois Natural History Survey*, **15**, 537–50. (Originally published 1887.)

Fox, L. R. and Murdoch, W. W. (1978). Effects of feeding history on short-term and long-term functional responses in *Notonecta hoffmanni*. *Journal of Ecology*, **47**, 945–59.

Frantz, T. C. and Cordone, A. J. (1967). Observations on deepwater plants in Lake Tahoe, California and Nevada. *Ecology*, **48**, 709–14.

Fretwell, S. D. (1977). The regulation of plant communities by the food chains exploiting them. *Perspectives in Medicine and Biology*, **20**, 169–85.

Frost, T. M. and Williamson, C. E. (1980). In situ determination of the effect of symbiotic algae on the growth of the freshwater sponge *Spongilla lacustris*. *Ecology*, **61**, 1361–70.

Frost, T. M., de Nagy, G. S., and Gilbert, J. J. (1982). Population dynamics and standing biomass of the freshwater sponge, *Spongilla lacustris*. *Ecology*, **63**, 1203–10.

Fry, B. (1991). Stable isotope diagrams of freshwater food webs. *Ecology*, **72**, 2293–7.

Fuhrman, J. A. (1999). Marine viruses and their biogeochemical and ecological effects. *Nature*, **399**, 541–8.

Galloway, J. (1995). Acid deposition: perspectives in time and space. *Water, Air and Soil Pollution*, **85**, 15–24.

Gause, G. F. (1934). *The struggle for existence*. Williams & Wilkins, Baltimore, MD.

George, D. G. (1981). Zooplankton patchiness. *Report of the Freshwater Biological Association*, **49**, 32–44.

Gilinsky, E. (1984). The role of fish predation and spatial heterogeneity in determining benthic community structure. *Ecology*, **65**, 455–68.

Giller, P. S. (1984). *Community structure and the niche*. Chapman & Hall, London.

Goldstein, S. F. (1992). Flagellar beat patterns in algae. In *Algal cell motility*, (ed. M. Melkonian), *Current phycology*, Vol. 3, pp. 99–153. Chapman & Hall, New York.

Gophen, M., Ochumba, P. B. O., and Kaufman, L. S. (1995). Some aspects of perturbations in the structure and biodiversity of the ecosystem of Lake Victoria (East Africa). *Aquatic Living Resources*, **8**, 27–41.

Grace, J. B. and Wetzel, R. G. (1981). Habitat partitioning and competitive displacement in cattails (*Typha*): experimental field studies. *American Naturalist*, **118**, 463–74.

Graham, J. B. (1988). Ecological and evolutionary aspects of integumentary respiration: body size, diffusion and the invertebrata. *American Zoologist*, **28**, 1031–45.

Graham, J. B. (1990). Ecological, evolutionary and physical factors influencing aquatic animal respiration. *American Zoologist*, **30**, 137–46.

Grey, J., Jones, R. I., and Sleep, D. (2001). Seasonal changes in the importance of the source of organic matter to the diet of zooplankton in Loch Ness, as indicated by stable isotope analysis. *Limnology and Oceanography*, **46**, 505–13.

Gunn, J. and Keller, W. (1990). Biological recovery of an acidified lake after reductions in industrial emissions of sulphur. *Nature*, **345**, 431–3.

Gustafsson, S. and Hansson, L.-A. (2004). Development of tolerance against toxic cyanobacteria in *Daphnia*. *Aquatic Ecology*, **38**, 37–44.

Gyllström, M. and Hansson, L.-A. (2004). Dormancy in freshwater zooplankton: induction, termination and the importance of benthic–pelagic coupling. *Aquatic Sciences*, **66**, 1–22.

Hairston, N. G., Jr. (1987). Diapause as a predator-avoidance adaptation. In *Predation. Direct and indirect impacts in aquatic communities*, (eds. W. C. Kerfoot and A. Sih), pp. 281–90. University Press of New England, Hanover, NH.

Hairston, N. G., Smith, F. E., and Slobodkin, L. B. (1960). Community structure, population control, and competition. *American Naturalist*, **94**, 421–5.

Hairston, N. G., Jr. van Brunt, R., Kearns, C., and Engstrom, D. R. (1995). Age and survivorship of diapausing eggs in a sediment egg bank. *Ecology*, **76**, 1706–11.

Hairston, N. G., Jr. Lampert, W., Cáceres, C. E., Holtmeier, C. L., Weider, L. J., Gaedke, U., Fischer, J. M., Fox, J. A., and Post, D. M. (1999). Rapid evolution revealed by dormant eggs. *Nature*, **401**, 446.

Hambright, K. D. (1994). Morphological constraints in the piscivore–planktivore interaction: implications for the trophic cascade hypothesis. *Limnology and Oceanography*, **39**, 897–912.

Hambright, K. D., Drenner, R. W., McComas, S. R., and Hairston, N. G., Jr. (1991). Gape-limited piscivores, planktivore size refuges, and the trophic cascade hypothesis. *Hydrobiologia*, **121**, 389–404.

Hansson, L.-A. (1992*a*). Factors regulating periphytic algal biomass. *Limnology and Oceanography*, **37**, 322–8.

Hansson, L.-A. (1992*b*). The role of food chain composition and nutrient availability in shaping algal biomass development. *Ecology*, **73**, 241–7.

Hansson, L.-A. (1996). Behavioural response in plants: adjustment in algal recruitment induced by herbivores. *Proceedings of the Royal Society of London, Series B*, **263**, 1241–4.

Hansson, L.-A. (2000). Synergistic effects of food web dynamics and induced behavioral responses in aquatic ecosystems. *Ecology*, **81**, 842–51.

Hansson, L.-A. (2004). Phenotypic plasticity in pigmentation among zooplankton induced by conflicting threats from predation and UV radiation. *Ecology*, **85**, 1005–16.

Hansson, L.-A., Bergman, E., and Cronberg, G. (1998*a*). Size structure and succession in phytoplankton communities: the impact of interactions between herbivory and predation. *Oikos*, **81**, 337–45.

Hansson, L.-A., Annadotter, H., Bergman, E., Hamrin, S.F., Jeppesen, E. Kairesalo, T., Luokkanen, E., Nilsson, P.-Å., Søndergaard, Ma., & Strand, J. (1998*b*). Biomanipulation as an application of food chain theory: constraints, synthesis and recommendations for temperate lakes *Ecosystems*, **1**, 558–74.

Hargeby, A., Blindow, I., and Hansson, L.-A. (2004). Shifts between clear and turbid states in a shallow lake: multi-causal stress from climate, nutrients and biotic interactions. *Archiv für Hydrobiologie*, (in press).

Havel, J. E. (1987). Predator-induced defenses: a review. In *Predation. Direct and indirect impacts in aquatic communities*, (eds. W. C. Kerrfoot and A. Sih), pp. 263–78. University Press of New England, Hanover, NH.

Hedrick, P. W. (2001). Invasion of transgenes from salmon or other genetically modified organisms into natural populations. *Canadian Journal of Fisheries and Aquatic Science*, **58**, 841–4.

Hessen, D. O. and van Donk, E. (1993). Morphological changes in *Scenedesmus* induced by substances released from *Daphnia*. *Archiv für Hydrobiologie*, **127**, 129–40.

Hill, H. Z. (1992). The function of melanin or six blind people examine an elephant. *BioEssays*, **14**, 49–56.

Hill, J. A., Kiessling, A., and Devlin, R. H. (2000). Coho salmon (*Oncorhyncus kisutch*) transgenic for a growth hormone gene construct exhibit increased rates of muscle hyperplasia and detectable levels of differential gene expression. *Canadian Journal of Fisheries and Aquatic Sciences*, **57**, 939–50.

Hillebrand, H. and Azovsky, A. I. (2001). Body size determines the strength of the latitudinal diversity gradient. *Ecography*, **24**, 251–6.

Holling, C. S. (1959). Some characteristics of simple types of predation and parasitism. *Canadian Entomologist*, **91**, 385–98.

Hoogland, R., Morris, D., and Tinbergen, N. (1957). The spines of sticklebacks (*Gasterosteus* and *Pygosteus*) as means of defence against predators (*Perca* and *Esox*). *Behaviour*, **10**, 205–36.

Houlahan, J. E., Findlay, C. S., Schmidt, B. R., Meyer, A. H., and Kuzmin, S. L. (2000). Quantitative evidence for global amphibian population decline. *Nature*, **404**, 752–5.

Hrbácek, J., Dvorakova, M., Korínek, V., and Procháková, L. (1961). Demonstration of the effect of the fish stock on the species composition of zooplankton and the intensity of metabolism of the whole plankton association. *Verhandlungen Internationale Vereinigung für Theoretische und Angewandte Limnologie*, **14**, 192–5.

Hutchinson, G. E. (1957). Concluding remarks. *Cold Spring Harbor Symposium on Quantitative Biology*, **22**, 415–27.

Hutchinson, G. E. (1961). The paradox of the plankton. *American Naturalist*, **95**, 137–45.

Hutchinson, G. E. (1967). *A treatise on limnology*. Vol. II. *Introduction to lake biology and the limnoplankton*. Wiley, New York.

Hutchinson, G. E. (1993). *A treatise on limnology*. Vol. IV. *The zoobenthos*. Wiley, New York.

Jansson, M., Blomqvist, P., Jonsson, A., and Bergström, A.-K. (1996). Nutrient limitation of bacterioplankton, autotrophic and mixotrophic phytoplankton, and heterotrophic nanoflagellates in lake Örträsket. *Limnology and Oceanography*, **41**, 1552–9.

Jeffries, D. S., Clair, T. A., Couture, S., Dillon, P. J., Dupont, J., Keller, W., McNicol, D. K., Turner, M. A., Vet, R., and Weeber, R. (2003). Assessing the recovery of lakes in southeastern Canada from the effects of acidic deposition. *Ambio*, **32**, 176–82.

Jeffries, M. J. and Lawton, J. H. (1984). Enemy free space and the structure of ecological communities. *Biological Journal of the Linnean Society*, **23**, 269–86.

Jenkins, M. (2003). Prospects for biodiversity. *Science*, **302**, 1175–7.

Jeppesen, E., Jensen, J., Søndergaard, M., Lauridsen, T., Junge Pedersen, L., and Jensen, L. (1996). Top–down control in freshwater lakes: the role of fish, submerged macrophytes and water depth. *Hydrobiologia*, **342/343**, 151–64.

Jeppesen, E., Søndergaard, M. A., Søndergaard, M. O., and Christoffersen, K. (eds.) (1998). *The structuring role of submerged macrophytes in lakes*. Springer. NewYork.

Jeppesen, E., Leavitt, P., De Meester, L., and Jensen, J. P. (2001). Functional ecology and paleolimnology: using cladoceran remains to reconstruct anthropogenic impact. *Trends in Ecology and Evolution*, **16**, 191–8.

Johansson, F. (1992). Effects of zooplankton availability and foraging mode on cannibalism in three dragonfly larvae. *Oecologia*, **91**, 179–83.

Johnson, M. and Malmqvist, B. (2000). Ecosystem process rate increases with animal species richness: evidence from leaf-eating, aquatic insects. *Oikos*, **89**, 519–23.

Johnson, N., Revenga, C., and Echeverria, J. (2001). Managing water for people and nature. *Science*, **292**, 1071–2.

Jones, J. I. and Sayer, C. D. (2003). Does the fish–invertebrate–periphyton cascade precipitate plant loss in shallow lakes? *Ecology*, **84**, 2155–67.

Jones, R. I. (2000). Mixotrophy in planktonic protists: an overview. *Freshwater Biology*, **45**, 219–26.

Jürgens, K. and Güde, H. (1994). The potential importance of grazing-resistant bacteria in planktonic systems. *Marine Ecology Progress Series*, **112**, 169–88.

Kaufman, L. (1992). Catastrophic change in species-rich freshwater ecosystems. *Bioscience*, **42**, 846–58.

Kerfoot, W. C. (1987). Cascading effects and indirect pathways. In *Predation. Direct and indirect impacts in aquatic communities* (eds. W. C. Kerfoot and A. Sih), pp. 57–70. University Press of New England, Hanover, NH.

Kerfoot, W. C. and Sih, A. (eds.) (1987). *Predation. Direct and indirect impacts on aquatic communities*. University Press of New England, Hanover, NH.

Kiesecker, J., Blaustein, A., and Belden, L. (2001). Complex causes of amphibian population declines. *Nature*, **410**, 681–3.

Kiesecker, J. M. and Skelly, D. K. (2000). Choice of oviposition site by gray treefrogs: the role of potential parasitic infection. *Ecology*, **81**, 2939–43.

Kinzig, A. P., Pacala, S. W., and Tilman, D. (eds.) (2001). The functional consequences of biodiversity. Princeton University Press, Princeton and Oxford.

Kling, G. W., Hayhoe, K., Johnson, L. B., Magnuson, J. J., Polasky, S., Robinson, S. K., Shuter, B. J., Wander, M. M., Wuebbles, D. J., Zak, D. R., Lindroth, R. L., Moser, S. C., and Wilson, M. L. (2003). Confronting climate change in the Great Lakes region: impacts on communities and ecosystems. Union of Concerned Scientists, Cambridge, MA, and Ecological Society of America, Washington, DC (www.ucsusa.org/greatlakes/).

Kolar, C. S. and Lodge, D. M. (2000). Freshwater nonindigenous species: interactions with other global changes. In *Invasive species in a changing world*, (eds. H. A. Mooney and R. J. Hobbs), pp. 3–30. Island Press, Washington, DC.

Krebs, C. J. (2001). *Ecology*, (5th edn.). Benjamin Cummings, San Francisco, USA.

Kuylenstierna, J., Rodhe, H., Cinderby, S., and Hicks, K. (2001). Acidification in developing countries: ecosystem sensitivity and the critical load approach on a global scale. *Ambio*, **30**, 20–8.

Lacher, T. E. and Goldstein, M. I. (1997). Tropical ecotoxicology: status and needs. *Environmental Toxicology and Chemistry*, **16**, 100–11.

Lampert, W. (1993). Ultimate causes of diel vertical migration of zooplankton: new evidence for the predator-avoidance hypothesis. *Archiv für Hydrobiologie Beiheft Ergebnisse der Limnologie*, **39**, 79–88.

Lampert, W. (1994). Phenotypic plasticity of the filter screens in *Daphnia*: adaptation to a low food environment. *Limnology and Oceanography*, **39**, 997–1006.

Lampert, W., Rothhaupt, K. O., and von Elert, E. (1994). Chemical induction of colony formation in a green alga (*Scenedesmus acutus*) by grazers (*Daphnia*). *Limnology and Oceanography*, **39**, 1543–50.

Langeland, A., L'Abée-Lund, J. H., Jonsson, B., and Jonsson, N. (1991). Resource partitioning and niche shift in arctic charr *Salvelinus alpinus* and brown trout *Salmo trutta*. *Journal of Animal Ecology*, **60**, 895–912.

Larsson, P., Berglund, O., Backe, C., Bremle, G., Eklöv, A., Järnmark, C., and Persson, A. (1995). DDT – fate in tropical and temperate regions. *Naturwissenschaften*, **82**, 559–61.

Lauridsen, T. L. and Buenk, I. (1996). Diel changes in the horizontal distribution of zooplankton in the littoral zone of two shallow eutrophic lakes. *Archiv für Hydrobiologie*, **137**, 161–76.

Lauridsen, T. L. and Lodge, D. M. (1996). Avoidance by *Daphnia magna* of fish and macrophytes: chemical cues and predator-mediated use of macrophyte habitat. *Limnology and Oceanography*, **41**, 794–8.

Laurila, A., Kujasalo, J., and Ranta, E. (1997). Different antipredator behaviour in two anuran tadpoles: effects of predator diet. *Behavioural Ecology and Sociobiology*, **40**, 329–36.

Lawton, J. H. (1994). What do species do in ecosystems? *Oikos*, **71**, 367–374.

Lean, D. R. S. (1973). Phosphorus dynamics in lake water. *Science*, **179**, 678–80.

Lehman, J. T. and Sandgren, C. D. (1985). Species-specific rates of growth and grazing loss among freshwater algae. *Limnology and Oceanography*, **30**, 34–46.

Lindell, M. J., Granéli, W., and Tranvik, L. J. (1995). Enhanced bacterial growth in response to photochemical transformation of dissolved organic matter. *Limnology and Oceanography*, **40**, 195–9.

Lodge, D. M. (1993). Biological invasions: lessons for ecology. *Trends in Ecology and Systematics*, **8**, 133–7.

Lodge, D. M., Brown, K. M., Klosiewski, S. P., Stein, R. A., Covich, A. P., Leathers, B. K., and Brönmark, C. (1987). Distribution of freshwater snails: spatial scale and the relative importance of physiochemical and biotic factors. *American Malacological Bulletin*, **5**, 73–84.

Lodge, D. M., Barko, J. W., Strayer, D., Melack, J. M., Mittelbach, G. G., Howarth, R.W. *et al.* (1988). Spatial heterogeneity and habitat interactions in lake communities. In *Complex interactions in lake communities*, (ed. S. R. Carpenter), pp. 181–209. Springer, New York.

Lodge, D. M., Kershner, M. W., and Aloi, J. (1994). Effects of an omnivorous crayfish (*Orconectes rusticus*) on a freshwater littoral food web. *Ecology*, **75**, 1265–81.

Loganathan, B. G. and Kannan, K. (1994). Global organochlorine contamination trends: an overview. *Ambio*, **23**, 187–91.

Loot, G., Aulagnier, S., Lek, S., Thomas, F., and Guégan, J.-F. (2002). Experimental demonstration of a behavioural modification in a cyprinid fish, *Rutilus rutilus* (L.), induced by a parasite, *Ligula intestinalis* (L.). *Canadian Journal of Zoology*, **80**, 738–44.

Loreau, M., Naeem, S., and Inchausti, P. (2002). *Biodiversity and ecosystem functioning*. Oxford University Press.

Ludyanskiy, M. L., McDonald, D., and MacNeill, D. (1993). Impact of the zebra mussel, a bivalve invader. *Bioscience*, **43**, 533–44.

Luecke, C. and O'Brien, W. J. (1981). Phototoxicity and fish predation: selective factors in color morphs in *Heterocope*. *Limnology and Oceanography*, **26**, 454–60.

Lürling, M. and van Donk, E. (1997). Life history consequences for *Daphnia pulex* feeding on nutrient-limited phytoplankton. *Freshwater Biology*, **38**, 639–709.

Maberly, S. C., King, L., Dent, M. M., Jones, R. I., and Gibson, C. E. (2002). Nutrient limitation of phytoplankton and periphyton growth in upland lakes. *Freshwater Biology*, **47**, 2136–52.

MacArthur, R. H. (1955). Fluctuations of animal populations and a measure of community stability. *Ecology*, **36**, 533–6.

MacArthur, R. H. and Wilson, E. O. (1967). *The theory of island biogeography*. Princeton University Press, Princeton, NJ.

Madsen, J. D. and Adams, M. S. (1989). The light and temperature dependence of photosynthesis and respiration in *Potamogeton pectinatus*. *Aquatic Botany*, **36**, 23–31.

Magnuson, J. J., Crowder, L. B., and Medvick, P. A. (1979). Temperature as an ecological resource. *American Zoologist*, **19**, 331–43.

Magnuson, J. J., Beckel, A., Mills, K., and Brandt, S. B. (1985). Surviving winter hypoxia: behavioral adaptations of fishes in a northern Wisconsin winterkill lake. *Environmental Biology of Fishes*, **14**, 241–50.

Magnusson, J. J., Webster, K. E., Assell, R. A., Browser, C. J., Dillon, P. J., Eaton, J. G., Evans, H. E., Fee, E. J., Hall, R. I., Mortsch, L. R., Schindler, D. W. and Quinn, F. H. (1997). Potential effects of climate changes on aquatic systems: Laurentian Great Lakes and precambrian shield region. *Hydrological Processes*, **11**, 825–71.

Malinen, T., Horppila, J., and Liljendahl-Nurminen, A. (2001). Langmuir circulations disturb the low-oxygen refuge of phantom midge larvae. *Limnology and Oceanography*, **46**, 689–92.

Martin, P. and Lefebvre, M. (1995). Malaria and climate: sensitivity of malaria potential transmission to climate. *Ambio*, **24**, 200–7.

Martin, T. H., Crowder, L. B., Dumas, C. F., and Burkholder, J. M. (1994). Indirect effects of fish on macrophytes in Bays Mountain Lake: evidence for a littoral trophic cascade. *Oecologia*, **89**, 476–81.

Mathiessen, P. (2000). Is endocrine disruption a significant ecological issue? *Ecotoxicology*, **9**, 21–4.

Mathiessen, P. and Sumpter, J. P. (1998). Effects of estrogenic substances in the aquatic environment. In *Fish ecotoxicology*, (eds. T. Braunbeck, D. Hinton, and B. Streit), pp. 319–335. Birkhauser Verlag. Basel, Switzerland.

May, R. (1977). Thresholds and breakpoints in ecosystems with a multiplicity of stable states. *Nature*, **269**, 471–7.

Mazumder, A. and Taylor, W. D. (1994). Thermal structure of lakes varying in size and water clarity. *Limnology and Oceanography*, **39**, 968–76.

Mazumder, A., Taylor, W., McQueen, D., and Lean, D. (1990). Effects of fish and plankton on lake temperature and mixing depth. *Science*, **247**, 312–15.

McCollum, S. A. and Leimberger, J. D. (1997). Predator-induced morphological changes in an amphibian: predation by dragonflies affect tadpole shape and color. *Oecologia*, **109**, 615–21.

McGrady-Steed, J., Harris, P. M., and Morin, P. J. (1997). Biodiversity regulates ecosystem predictability. *Nature*, **390**, 162–5.

McPeek, M. A. (1998). The consequences of changing the top predator in a food web: a comparative experimental approach. *Ecological Monographs*, **68**, 1–23.

McQueen, D. J., Post, J. R., and Mills, E. L. (1986). Trophic relationships in freshwater pelagic ecosystems. *Canadian Journal of Fisheries and Aquatic Sciences*, **43**, 1571–81.

Mermillod-Blondin, F., Gerino, M., Creuze des Chatelliers, M., and Degrange, V. (2002). Functional diversity among three detritivorous hyporheic invertebrates: an experimental study in microcosms. *Journal of the North American Benthological Society*, **21**, 132–49.

Meyer, A. (1987). Phenotypic plasticity and heterochrony in *Cichlasoma managuense* (Pisces, Cichlidae) and their implications for speciation in cichlids fishes. *Evolution*, **41**, 1357–69.

Middelboe, A. L. and Markager, S. (1997) Depth limits and minimum light requirements of freshwater macrophytes. *Freshwater Biology*, **37**, 553–68.

Milinski, M. (1985). Risk of predation of parasitized sticklebacks (*Gasterosteus aculeatus* L.) under competition for food. *Behaviour*, **93**, 203–16.

Milinski, M. and Heller, R. (1978). Influence of a predator on the optimal foraging behaviour of sticklebacks (*Gasterosteus aculeatus* L.). *Nature*, 275, 642–4.

Mills, E. L., Leach, J. H., Carlton, J. T., and Secor, C. L. (1994). Exotic species and the integrity of the Great Lakes. *Bioscience*, **44**, 666–75.

Mittelbach, G. G. (1988). Competition among refuging sunfishes and effects of fish density on littoral zone invertebrates. *Ecology*, **69**, 614–23.

Mittelbach, G. G. and Chesson, P. L. (1987). Predation risk: indirect effects on fish populations. In *Predation: direct and indirect effects*, (eds. W. C. Kefoot and A. Sih), pp. 315–22. University Press of New England, Hanover, NH.

Mittelbach, G. G. and Osenberg, C. W. (1993). Stage-structured interactions in bluegill: consequences of adult resource variation. *Ecology*, **74**, 2381–94.

Mittelbach, G. G., Osenberg, C. W., and Leibold, M. A. (1988). Trophic relations and ontogenetic niche shifts in aquatic ecosystems. In *Size-structured populations. Ecology and evolution*, (eds. B. Ebenman and L. Persson), pp. 219–35. Springer, Berlin.

Mittelbach, G. G., Steiner, C. F., Scheiner, S. M., Gross, K. L., Reynolds, H. L., Waide, R. B., Willig, M. R., Dodson, S. I., and Gough, L. (2001). What is the observed relationship between species richness and productivity? *Ecology*, **82**, 2381–96.

Moss, B. (1980). *Ecology of fresh waters*. Blackwell, Oxford.

Moss, B., Jones, P., and Phillips, G. (1994). August Thienemann and Loch Lomond – an approach to the design of a system for monitoring the state of north-temperate standing waters. *Hydrobiologia*, **290**, 1–12.

Moss, B., Stansfield, J., Irvine, K., Perrow, M., and Phillips, G. (1996). Progressive restoration of a shallow lake: a 12-year experiment on isolation, sediment removal and biomanipulation. *Journal of Applied Ecology*, **33**, 71–86.

Moss, B., Stephen, D., Alvarez, C., Becares, E., van de Bund, W., van Donk, E., de Eyto, E., Feldmann, T., Fernández-Aláez, C., Fernández-Aláez, M., Franken, R. J. M., García-Criado F., Gross, E., Gyllström, M., Hansson, L-A., Irvine, K., Järvalt, A., Jenssen, J-P., Jeppesen, E., Kairesalo, T., Kornijow, R., Krause, T., Künnap, H., Laas, A., Lill, E., Luup, H., Miracle, M. R., Nõges, P., Nõges, T., Nykannen, M., Ott, I., Peeters, E.T.H.M., Phillips, G., Romo, S., Salujõe, J., Scheffer, M., Siewertsen, K., Tesch, C., Timm, H., Tuvikene, L., Tonno, I., Vakilainnen, K., and Virro, T. (2002). The determination of ecological quality in shallow lakes – a tested expert system (ECOFRAME) for implementation of the European Water Framework

Directive. *Aquatic Conservation*, **13**, 507–49.

Muir, D. C. G., Ford, C. A., Grift, N. P., Metner, D. A., and Lockhart, W. L. (1990). Geographic variation in chlorinated hydrocarbons in burbot (*Lota lota*) from remote lakes and rivers in Canada. *Archives of Environmental Contamination and Toxicology*, **5**, 29–40.

Murdoch, W. W., Scott, M. A., and Ebsworth, P. (1984). Effects of a general predator, *Notonecta* (Hemiptera), upon a freshwater community. *Journal of Animal Ecology*, **53**, 791–808.

Naeem, S. and Li, S. (1998). Consumer species richness and autotrophic biomass. *Ecology*, **79**, 2603–15.

Neill, W. E. (1990). Induced vertical migration in copepods as a defence against invertebrate predation. *Nature*, **345**, 524–6.

Neverman, D. and Wurtsbaugh, W. A. (1994). The thermoregulatory function of diel vertical migration for a juvenile fish, *Cottus extensus*. *Oecologia*, **98**, 247–56.

Nilsson, N.-A. (1965). Food segregation between salmonid species in north Sweden. *Reports from the Institute of Freshwater Research, Drottningholm*, **46**, 58–78.

Nyström, P., Brönmark, C., and Granéli, W. (1999). Influence of an exotic and a native crayfish species on a littoral benthic community. *Oikos*, **85**, 545–53.

Oksanen, L., Fretwell, S. D., Arruda, J., and Niemela, P. (1981). Exploitation ecosystems in gradients of primary productivity. *American Naturalist*, **118**, 240–61.

Olson, M. H., Mittelbach, G. G., and Osenberg, C. W. (1995). Competition between predator and prey: resource-based mechanisms and implications for stage-structured dynamics. *Ecology*, **76**, 1758–71.

O'Reilly, G. M., Allin, S. R., Pilsnier, P.-D., Cohen, A. S., and Mckee, B. (2003). Climate change decreases aquatic ecosystem productivity of Lake Tanganyika, Africa. *Nature*, **424**, 766–8.

Osenberg, C. W., Mittelbach, G. G., and Wainwright, P. C. (1992). Two-stage life histories in fish: the interaction between juvenile competition and adult - performance. *Ecology*, **73**, 255–67.

Pace, M. L., Cole, J. J. Carpenter, S. R., Kitchell, J. F., Hodgson, J. R., Van de Bogert, M. C., Blake, D. L., Kritzberg, E. S., and Bastviken, D. (2004). Whole-lake carbon-13 additions reveal terrestrial support of aquatic food webs. *Nature*, **427**, 240–3.

Parker, I. M., Simberloff, D., Lonsdale, W. M., Goodell, K., Wonham, M., Kareiva, P. M., Williamson, M. H., Von Holle, B., Moyle, P. B., Byers, J. E., and Goldwasser, L. (1999). Impact: toward a framework for understanding the ecological effects of invaders. *Biological Invasions*, **1**, 3–19.

Peckarsky, B. L. (1984). Predator–prey interactions among aquatic insects. In *The ecology of aquatic insects*, (eds. V. H. Resh and D. M. Rosenberg), pp. 196–254. Praeger, New York.

Persson, L. (1988). Asymmetries in competitive and predatory interactions in fish populations. In *Size-structured populations. Ecology and evolution* (eds. B.Ebenman and L. Persson), pp. 203–18. Springer, Berlin.

Persson, L. and Greenberg, L. (1990). Juvenile competitive bottlenecks: the perch (*Perca fluviatilis*)–roach (*Rutilus rutilus*) interaction. *Ecology*, **71**, 44–56.

Persson, L., Andersson, G., Hamrin, S. F., and Johansson, L. (1988). Predator regulation and primary productivity along the productivity gradient of temperate lake ecosystems. In *Complex interactions in lake communities*, (ed. S. R. Carpenter), pp. 45–65. Springer, New York.

Petchey, O., McPhearson, P. T., Casey, T. M., and Morin, P. J. (1999). Environmental warming alters food-web structure and ecosystem function. *Nature*, **402**, 69–72.

Petranka, J. W., Kats, L. B., and Sih, A. (1987). Predator–prey interactions among fish and larval amphibians: use of chemical cues to detect predators. *Animal Behaviour*, **35**, 420–5.

Pettersson, L. B. and Brönmark, C. (1997). Density-dependent costs of an inducible morphological defense in crucian carp. *Ecology*, **78**, 1805–15.

Pimentel, D., Lach, L., Zuniga, R., and Morrison, D. (2000). Environmental and economic costs of nonindigenous species in the United States. *Bioscience*, **50**, 53–65.

Polis, G. A. and Strong, D. R. (1997). Food web complexity and community dynamics. *American Naturalist*, **147**, 813–46.

Porter, K. (1973). Selective grazing and differential digestion of algae by zooplankton. *Nature*, **244**, 179–80.

Raffaelli, D., van der Putten, W. H., Persson, L., Wardle, D. A., Petchey, O. L., Koricheva, J., van der Heijden, M., Mikola, J., and Kennedy, T. (2002). Multi-trophic dynamics and ecosystem processes. In *Biodiversity and ecosystem functioning*, (eds. M. Loreau, S. Naeem and P. Inchausti), pp.147–54. Oxford University Press, Oxford.

Rahel, F. J. (2002). Homogenisation of freshwater faunas. *Annual Review of Ecology and Systematics*, **33**, 291–315.

Reichhart, T. (2000). Will souped up salmon sink or swim? *Nature*, **406**, 10–2.

Reynolds, C. S. (1984). *The ecology of freshwater phytoplankton*. Cambridge University Press.

Ricciardi, A. (2001). Facilitative interactions among aquatic invaders: is an 'invasional meltdown' occurring in the Great Lakes? *Canadian Journal of Fisheries and Aquatic Sciences*, **58**, 2513–25.

Ricciardi, A. and Rasmussen, J. B. (1999). Extinction rates of North American freshwater fauna. *Conservation Biology*, **13**, 1220–2.

Richter, I. D., Braun, D. P., Mendelson, M. A., and Master, L. L. (1997). Threats to imperiled freshwater fauna. *Conservation Biology*, **11**, 1081–93.

Rogers, D. and Randolph, S. (2000). The global spread of malaria in a future, warmer world. *Science*, **289**, 1763–6.

Romanovsky, Y. E. and Feniova, I. Y. (1985). Competition among cladocera: effect of different levels of food supply. *Oikos*, **44**, 243–52.

Romare, P. and Hansson, L-A. (2003). A behavioral cascade: top-predator induced behavioral shifts in planktivorous fish and zooplankton. *Limnology and Oceanography*, **48**, 1956–64.

Room, P. M. (1990). Ecology of a simple plant–herbivore system: biological control of *Salvinia*. *Trends of Ecology and Evolution*, **5**, 74–9.

Rothhaupt, K–O. (1996). Laboratory experiments with a mixotrophic chrysophyte and obligately phagotrophic and photographic competitors. *Ecology*, **77**, 716–24.

Rowell, K. and Blinn, D. W. (2003). Herbivory on a chemically defended plant as a predation deterrent in *Hyalella azteca*. *Freshwater Biology*, **48**, 247–54.

Rundel, P., Ehleringer, J., and Nagy, K. (eds.) (1988). *Stable isotopes in ecological research*. Springer, Berlin.

Sala, O. E., Chapin F. S., III, Armesto, J. J., Berlow, E., Bloomfield, J., Dirzo, R., Huber-Sanwald, E., Huenneke, L. F., Jackson, R. B., Kinzig, A., Leemans, R., Lodge, D. M., Mooney, H. A., Oesterheld, M., Poff, N. L., Sykes, M. T., Walker, B. H., Walker, M., and Wall, D. H. (2000). Global biodiversity scenarios for the year 2100. *Science*, **287**, 1770–4.

Sand-Jensen, K. and Borum, J. (1984). Epiphyte shading and its effect on photosynthesis and diel metabolism of *Lobelia dortmanna* L. during the spring bloom in a Danish lake. *Aquatic Botany*, **20**, 109–19.

Savino, J. F. and Stein, R. A. (1989). Behavioural interactions between fish predators and their prey: effects of plant density. *Animal Behaviour*, **37**, 311–21.

Scheffer, M. (1990). Multiplicity of stable states in freshwater systems. *Hydrobiologia*, **200/201**, 475–86.

Scheffer, M. and Carpenter, S. R. (2003). Catastrophic regime shifts in ecosystems: linking theory to observation. *Trends in Ecology and Evolution*, **18**, 648–56.

Schindler, D. E., Carpenter, S. R., Cole, J. J., Kitchell, J. F., and Pace, M. L. (1997). Influence of food web structure on carbon exchange between lakes and the atmosphere. *Science*, **277**, 248–51.

Schindler, D. W. (1974). Eutrophication and recovery in experimental lakes: implications for lake management. *Science*, **184**, 897–9.

Schindler, D. W., Curtis, P. J., Parker, B. R., and Stainton, B. R. (1996). Consequences of climate warming and lake acidification for UV-B penetration in North American boreal lakes. *Nature*, **379**, 705–8.

Scrimshaw, S. and Kerfoot, W. C. (1987). Chemical defenses of freshwater organisms: beetles and bugs. In Predation: *direct and indirect impacts on aquatic communities*, (eds. W. C. Kerfoot and A. Sih), pp. 240–62. University Press of New England, Hanover, NH.

Seehausen, O., van Alphen, J. J. M., and Witte, F. (1997). Cichlid fish diversity threatened by eutrophication that curbs sexual selection. *Science*, **277**, 1808–11.

Semlitsch, R. D., Scott, D. E., and Pechmann, J. H. K. (1988). Time and size at metamorphosis related to adult fitness in *Ambystoma talpoideum*. *Ecology*, **69**, 184–92.

Shapiro, J., Lamarra, V., and Lynch, M. (1975). Biomanipulation: an ecosystem approach to lake restoration. In *Proceedings of a symposium on water quality management through biological control*, (eds. P. L. Brezonik and J. L. Fox), pp. 85–96. University of Florida, Gainesville, FL.

Shurin, J. B. (2000). Dispersal limitation, invasion resistance, and the structure of pond zooplankton communities. *Ecology*, **81**, 3074–86.

Sih, A. (1980). Optimal behavior: can foragers balance two conflicting demands. *Science*, **210**, 1041–3.

Sih, A., Englund, G., and Wooster, D. (1998). Emergent impacts of multiple predators on prey. *Trends in Ecology and Evolution*, **13**, 350–5.

Simberloff, D. (2001). Introduced species, effects and distribution. *Encyclopedia of Biodiversity*, **3**, 517–29.

Simberloff, D. and Von Holle, B. (1999). Positive interactions of nonindigenous species: invasional meltdown? *Biological Invasions*, **1**, 21–32.

Slusarczyk, M. (1995). Predator-induced diapause in *Daphnia*. *Ecology*, **76**, 1008–13.

Sommer, U. (1989). *Plankton ecology: succession in plankton communities*. Springer, Berlin.

Sommer, U., Gliwicz, Z. M., Lampert, W., and Duncan, A. (1986). The PEG-model of seasonal succession of planktonic events in freshwaters. *Archiv für Hydrobiologie*, **106**, 433–71.

Soszka, G. J. (1975). The invertebrates on submerged macrophytes in three Masurian lakes. *Ekologia Polska*, **23**, 371–91.

Southwood, T. R. E. (1988). Tactics, strategies and templets. *Oikos*, **52**, 3–18.

Stabell, T., Andersen, T., and Klaveness, D. (2002). Ecological significance of endosymbionts in a mixotrophic ciliate–an experimental test of a simple model of growth coordination between host and symbiont. *Journal of Plankton Research*, **24**, 889–99.

Ståhl-Delbanco, A. and Hansson, L.-A. (2002). Effects of bioturbation from benthic invertebrates on recruitment of algal resting stages from the sediment. *Limnology and Oceanography*, **47**, 1836–43.

Stein, R. A. and Magnuson, J. J. (1976). Behavioral response of crayfish to a fish predator. *Ecology*, **57**, 751–61.

Stemberger, R. S. and Gilbert, J. J. (1987). Defenses of planktonic rotifers against predators. In *Predation. Direct and indirect impacts in aquatic communities* (eds. W. C. Kerfoot and A. Sih), pp. 227–39. University Press of New England, Hanover, NH.

Stenson, J. A. E., Svensson, J.-E., and Cronberg, G. (1993). Changes and interactions in the pelagic community in acidified lakes in Sweden. *Ambio*, **22**, 277–82.

Stephens, D. W. and Krebs, J. R. (1986). *Foraging theory*. Princeton University Press, Princeton NJ.

Sterner, R. W. and Elser, J. J. (2002). *Ecological stoichiometry. The biology of elements from molecules to the biosphere*. Princeton University Press, Princeton, NJ.

Stewart, T. W., Miner, J. G., and Lowe, R. L. (1998). Quantifying mechanisms for zebra mussel effects on benthic macroinvertebrates: organic matter production and shell-generated habitat. *Journal of North American Benthological Society*, **17**, 81–94.

Stich, H-B. and Lampert, W. (1981). Predator evasion as an explanation of diurnal vertical migration by zooplankton. *Nature*, **293**, 396–8.

Stoddard, J. L., Jeffries, D. S., Lükewille, A., Clair, T. A, Dillon, P. J., Driscoll, C. T., Forsius, M., Johannessen, M., Kahl, J. S., Kellogg, J. H., Kemp, A., Mannio, J., Monteith, D. T., Murdoch, P. S., Patrick, S., Rebsdorf, A., Skjelkvåle, B. L., Stainton, M. P., Traaen, T., van Dam, H., Webster, K. E., Wieting, J., and Wilander, A. (1999). Regional trends in aquatic recovery from acidification in North America and Europe. *Nature*, **401**, 575–8.

Straile, D. (2002). North Atlantic Oscillation synchronizes food-web interactions in central European lakes. *Proceedings of the Royal Society of London, Series B*, **269**, 391–5.

Strayer, D. (2001). Endangered freshwater invertebrates. *Encyclopedia of Biodiversity*, **2**, 425–39.

Streams, F. A. (1987). Within-habitat spatial separation of two *Notonecta* species: interactive vs. noninteractive resource partitioning. *Ecology*, **68**, 935–45.

Strong, D. (1992). Are trophic cascades all wet? Differentiation and donor control in speciose ecosystems. *Ecology*, **73**, 747–54.

Suttle, C. A. (1994). The significance of viruses to mortality in aquatic microbial communities. *Microbial Ecology*, **28**, 237–243.

Szöllosi-Nagy, A., Najlis, A., and Björklund, G. (1998). Assessing the world's freshwater resources. *Nature and Resources*, **34**, 8–18.

Thingstad, T. F. (2000). Elements of a theory for the mechanisms controlling abundance, diversity, and biogeochemical role of lytic bacterial viruses in aquatic systems. *Limnology and Oceanography*, **45**, 1320–8.

Tilman, D. (1980). Resources: a graphical-mechanistic approach to competition and predation. *American Naturalist*, **116**, 362–93.

Tilman, D. (1982). Resource competition and community structure. *Monographs in Population Biology*. Princeton University Press, Princeton NJ.

Tilman, D., Kiesling, R., Sterner, R., Kilham, S. S., and Johnson, F. A. (1986). Green, blue-green and diatom algae: taxonomic differences in competitive ability for phosphorus, silicon and nitrogen. *Archiv für Hydrobiologie*, **106**, 473–85.

Tittel, J., Bissinger, V., Zippel, B., Gaedke, U., Bell, E., Lorke, A., and Kamjunke, N. (2003). Mixotrophs combine resource use to outcompete specialists: implications for aquatic food webs. *Proceedings of the National Academy of Sciences, USA*, **28**, 12776–81.

Tonn, W. M., Magnuson, J. J., Rask, M., and Toivonen, J. (1990). Intercontinental comparison of small-lake fish assemblages: the balance between local and regional processes. *American Naturalist*, **136**, 345–75.

Tonn, W. M., Paszkowski, C. A., and Holopainen, I. J. (1992). Piscivory and recruitment: mechanisms structuring prey populations in small lakes. *Ecology*, **73**, 951–8.

Tonn, W. M., Holopainen, I. J., and Paszkowski, C. A. (1994). Density-dependent effects and the regulation of crucian carp populations in single-species ponds. *Ecology*, **75**, 824–34.

Tranvik, L. J. (1988). Availability of dissolved organic carbon for planktonic bacteria in oligotrophic lakes of differing humic content. *Microbial Ecology*, **16**, 311–22.

Travis, J. (1983). Variation in growth and survival of *Hyla gratiosa* larvae in experimental enclosures. *Copeia*, **1983**, 232–7.

Turner, A. M. (1996). Freshwater snails alter habitat use in response to predation. *Animal Behaviour*, **51**, 747–56.

Turner, A. M. (1997). Contrasting short-term and long-term effects of predation risk on consumer habitat use and resources. *Behavioural Ecology*, **8**, 120–5.

Turpin, D. H. (1991). Physiological mechanisms in phytoplankton resource competition. In *Growth and reproductive strategies of freshwater phytoplankton*, (ed. C. D. Sandgren), pp. 316–68. Cambridge University Press.

Vadeboncoeur, Y., Vander Zanden, M. J., and Lodge, D. M. (2002). Putting the lake back together: reintegrating benthic pathways into lake food web models. *Bioscience*, **52**, 44–54.

Vander Zanden, M. J. and Vadenboncoeur, Y. (2002). Fishes as integrators of benthic and pelagic food webs in lakes. *Ecology*, **83**, 2151–61.

Vander Zanden, M. J., Shuter, B. J., Lester, N., and Rasmussen, J. B. (1999). Patterns of food chain length in lakes: a stable isotope study. *American Naturalist*, **154**, 406–16.

Vanni, M. (1996). Nutrient transport and recycling by consumers in lake food webs: implications for algal communities. In *Food webs. Integration of patterns and dynamics*, (eds. G. A. Polis and K. O. Winemiller), pp. 81–95. Chapman & Hall, New York.

Vanni, M. J., Luecke, C., Kitchell, J. F., Allen, Y., Temte, J., and Magnusson, J. J. (1990). Effects on lower trophic levels of massive fish morality. *Nature*,

344, 333–5.
Vershuren, D., Johnson, T. C., Kling, H. J., Edgington, D. N., Leavitt, P. R., Brown, E. T., Talbot, M. R., and Hecky, R. E. (2002). History and timing of human impact on Lake Victoria, east Africa. *Proceedings of the Royal Society London, Series B*, **269**, 289–94.
Vollenweider, R. A. (1968). *Scientific fundamentals of the eutrophication of lakes and flowing waters, with particular reference to nitrogen and phosphorus as factors in eutrophication*. DAS/CSI/68.27. Organization for Economic Cooperation and Development (OECD), Paris.
Voltaire, F. M. A. (1759). *Candide, où la optimisme*. Cramer, Geneva.
Wahl, D. H. and Stein, R. A. (1988). Selective predation by three esocids: the role of prey behavior and morphology. *Transactions of the American Fisheries Society*, **117**, 142–51.
Wainwright, P. C., Osenberg, C. W., and Mittelbach, G. G. (1991). Trophic polymorphism in the pumpkinseed sunfish (*Lepomis gibbosus* Linnaeus): effects of environment on ontogeny. *Functional Ecology*, **5**, 40–55.
Walker, B. H. (1992). Biodiversity and ecological redundancy. *Conservation Biology*, **6**, 18–23.
Wania, F. and Mackay, D. (1993). Global fractionation and cold condensation of low volatility organochlorine compounds in polar regions. *Ambio*, **22**, 10–8.
Weatherly, N. S. (1988). Liming to mitigate acidification in freshwater ecosystems: a review of the biological consequences. *Water, Air and Soil Pollution*, **39**, 421–37.
Webb, P. W. (1984). Body form, locomotion and foraging in aquatic vertebrates. *American Zoologist*, **24**, 107–20.
Wedekind, C. and Milinski, M. (1996). Do three-spined sticklebacks avoid consuming copepods, the first intermediate host of *Schistocephalus solidus*? An experimental analysis of behavioural resistance. *Parasitology*, **112**, 371–83.
Weisner, S. E. B. (1987). The relation between wave exposure and distribution of emergent vegetation in a eutrophic lake. *Freshwater Biology*, **18**, 537–44.
Weisner, S. E. B. (1993). Long term competitive displacement of *Typha latifolia* by *Typha angustifolia* in a eutropic lake. *Oecologia*, **94**, 451–6.
Werner, E. E. (1988). Size, scaling, and the evolution of complex life cycles. In *Size-structured populations. Ecology and evolution*, (eds. B. Ebenman and L. Persson), pp. 60–81. Springer, Berlin.
Werner, E. E. and Hall, D. J. (1974). Optimal foraging and the size selection of prey by the bluegill sunfish (*Lepomis macrochirus*). *Ecology*, **55**, 1042–52.
Werner, E. E., Gilliam, J. F., Hall, D. J., and Mittelbach, G. G. (1983). An experimental test of the effects of predation risk on habitat use in fish. *Ecology*, **64**, 1540–8.
Wetzel, R. G. and Likens, G. E. (1991). *Limnological analyses*. Springer-Verlag, New York.
Wiggins, G. B., Mackay, R. J., and Smith, I. M. (1980). Evolutionary and ecological strategies of animals in annual temporary pools. *Archiv für Hydrobiologie*, Supplement, **58**, 97–206.
Wilbur, H. M. (1976). Density-dependent aspects of metamorphosis in *Ambystoma* and *Rana sylvatica*. *Ecology*, **57**, 1289–96.
Wilbur, H. M. (1980). Complex life cycles. *Annual Review of Ecology and Systematics*, **11**, 67–93.

Wilbur, H. M. (1984). Complex life cycles and community organization in amphibians. In *A new ecology: novel approaches to interactive systems* (eds. S. W. Price, C. N. Sloboschikoff, and W. S. Gaud), pp. 195–233. Wiley, New York.

Williamson, C. E. (1995). What role does UV-B radiation play in freshwater ecosystems? *Limnology and Oceanography*, **40**, 386–392.

Williamson, C. E., Stemberger, R. S., Morris, D. P., Frost, T. M., and Paulsen, S. G. (1996). Ultraviolet radiation in North American lakes: attenuation estimates from DOC measurements and implications for plankton communities. *Limnology and Oceanography*, **41**, 1024–34.

Wimberger, P. H. (1992). Plasticity of fish body shape. The effects of diet, development, family and age in two species of *Geophagus* (Pisces: Cichlidae). *Biological Journal of the Linnaean Society*, **45**, 197–218.

Wommack, K. E. and Colwell, R. R. (2000). Virioplankton: Viruses in aquatic ecosystems. *Microbiology and Molecular Biology Reviews*, **64**, 69–114.

Xenopoulos, M. A. and Bird, D. F. (1997). Effects of acute exposure to hydrogen peroxide on the production of phytoplankton and bacterioplankton in a mesohumic lake. *Photochemistry and Photobiology*, **66**, 471–8.

Yentsch, C. (1974). Some aspects of the environmental physiology of marine phytoplankton: a second look. *Oceanography Marine Biology Annual Reviews*, **12**, 41–75.

Zaret, T. M. (1972). Predators, invisible prey, and the nature of polymorphism in the cladocera (class Crustacea). *Limnology and Oceanography*, **17**, 171–84.

Zedler, J. B. (2003). Wetlands at your service: reducing impacts of agriculture at the watershed scale. *Frontiers in Ecology and the Environment*, **1**, 65–72.

さらに学びたい方へ

各章でとりあげた話題について関係する書籍をあげた．
今後の学習の参考にしてほしい．

陸水学とその研究方法

Barnard, C., Gilbert, F., and McGregor, P. (1993). *Asking questions in biology—design, analysis and presentation in practical work*. Longman, Harlow, Essex, UK.
Hutchinson, G. E. (1975). *A treatise on limnology*. Vol. III. *Limnological methods*. Wiley, New York.
Rosenberg, D. M. and Resh, V. H. (eds.) (1993). *Freshwater biomonitoring and benthic macroinvertebrates*. Chapman & Hall, New York.
Schreck, C. B. and Moyle, P. B. (eds.) (1990). *Methods for fish biology*. American Fisheries Society, Bethesda, MD.
Underwood, A. J. (1997). *Experiments in ecology*. Cambridge University Press.
Wetzel, R. G. and Likens, G. E. (1991). *Limnological analyses*. Springer-Verlag, New York.

湖沼の物理・科学環境

Håkansson, L. and Jansson, M. (1983). *Principles of lake sedimentology*. Springer, Berlin.
Hutchinson, G. E. (1957). *A treatise on limnology*. Vol. I. *Geography, physics and chemistry*. Wiley, New York.
Kirk, J. T. O. (1983). *Light and photosynthesis in aquatic ecosystems*. Cambridge University Press.
Sterner, R. W. and Elser, J. J. (2002). *Ecological stoichiometry, the biology of elements from molecules to the biosphere*. Princeton Univeristy Press, Princeton, NJ.
Williams, D. D. (1987). *The ecology of temporary waters*. Croom Helm, Beckenham, UK.
Wetzel, R. G. (2001). Limnology. 3rd ed. Academic Press, SanDiego, Ca.

湖沼の生物について

Canter-Lund, H. and Lund, J. W. G. (1995). *Freshwater algae—their microscopic world explored*. Biopress, Bristol, UK.

Dusenbery, D. B. (1996). *Life at a small scale—the behavior of microbes*. Scientific American Library, New York.

Hutchinson, G. E. (1967). *A treatise on limnology*. Vol. II. *Introduction to lake biology and the limnoplankton*. Wiley, New York.

Hutchinson, G. E. (1993). *A treatise on limnology*. Vol. IV. *The zoobenthos*. Wiley, New York.

Maitland, P. S. and Campbell, R. N. (1992). *Freshwater fishes*. HarperCollins, London.

Nilsson, A. (1996). *Aquatic insects of north Europe—a taxonomic handbook*, Vols. I and II. Apollo Books, Stenstrup, Denmark.

Owen, M. and Black, J. M. (1990). *Waterfowl ecology*. Blackie and Son, Ltd, Glasgow, UK.

Patterson, D. J. and Hedley, S. (1992). *Free-living freshwater protozoa—a colour guide*. Wolfe, Aylesbury, UK.

Reynolds, C. S. (1984). *The ecology of freshwater phytoplankton*. Cambridge University Press.

Sandgren, C. D. (1991). *Growth and reproductive strategies of freshwater phytoplankton*. Cambridge University Press.

Stebbins, R. C. and Cohen, N. W. (1995). *A natural history of amphibians*. Princeton University Press, Princeton, NJ.

Thorp, J. H. and Covich, A. P. (eds.) (1991). *Ecology and classification of North American freshwater invertebrates*. Academic Press, San Diego, CA.

Wootton, R. J. (1990). *Ecology of teleost fishes*. Chapman & Hall, London.

The Freshwater Biological Association has produced a series of identification keys to a whole range of freshwater organisms. These can be obtained from the Freshwater Biological Association, The Ferry House, Far Sawrey, Ambleside, Cumbria, LA22 OLP, UK.

生物の相互作用

Harris, G. P. (1986). *Phytoplankton ecology—structure, function and fluctuation*. Chapman & Hall, New York.

Keddy, P. A. (1989). *Competition*. Chapman & Hall, New York.

Kerfoot, W. C. and Sih, A. (eds.) (1987). *Predation. Direct and indirect impacts on aquatic communities*. University Press of New England, Hanover, NH.

Laybourn-Parry, J. (1992). *Protozoan plankton ecology*. Chapman & Hall, London.

Stevenson, R. J., Bothwell, M. L., and Lowe, R. L. (eds.) (1996). *Algal ecology—*

freshwater benthic ecosystems. Academic Press, San Diego, CA.

Tilman, D. (1982). *Resource competition and community structure.* Monographs in population biology, No. 17. Princeton University Press, Princeton, NJ.

食物網動態

Carpenter, S. R. (ed.) (1987). *Complex interactions in lake communities.* Springer, New York.

Carpenter, S. R. and Kitchell, J. F. (1993). *The trophic cascade in lakes.* Cambridge University Press.

Polis, G. A. and Winemiller, K. O. (eds.) (1996). *Food webs. Integration of patterns and dynamics.* Chapman & Hall, New York.

Scheffer, M. (1998). *Ecology of shallow lakes.* Chapman & Hall, London.

湖沼生態系と保全

Goldschmidt, T. (1996). *Darwin's dreampond. Drama in Lake Victoria.* MIT Press, Cambridge, MA.

Kitchell, J. F. (ed.) (1992). *Food web management—a case study of Lake Mendota.* Springer, New York.

Loreau, M., Naeem, S., and Inchausti, P. (2002). *Biodiversity and ecosystem functioning.* Oxford University Press, Oxford.

参考となる日本語書籍

湖沼や生物の生態をさらに学び理解するために，日本語で出版されている参考となる主な書籍をあげた．

陸水学関係

アレキサンダー・J・ホーン，チャールス・R・ゴールドマン（手塚泰彦訳）（1999）陸水学，京都大学学術出版会

西条八束，三田村緒佐武（1995）新編湖沼調査法，講談社

南川雅男，吉岡崇仁（編著）日本地球化学会（監修）（2006）地球化学講座5 生物地球化学，培風館

藤永太一郎（監修），宗林由樹，一色健司（編）（2005）海と湖の化学 微量元素で探る，京都大学学術出版会

T. アンダーセン（山本民次訳）（2006）水圏生態系の物質循環，恒星社厚生閣

熊谷道夫（編）（2006）世界の湖沼と地球環境，古今書院

武田博清，占部城太郎（編著）（2006）地球環境と生態系——陸域生態系の科学，共立出版

日本陸水学会（2006）陸水の事典，講談社

日本微生物生態学会教育研究部会（2004）微生物生態学入門——地球環境を支えるミクロの生物圏，日科技連出版社

生態学関係

マイケル・ベゴン，コリン・タウンゼント，ジョン・ハーパー（堀道雄 監訳）

（2003）生態学――個体・個体群・群集の科学，京都大学学術出版会
宮下直，野田隆史（2003）群集生態学，東京大学出版会
嶋田正和，粕谷英一，山村則男，伊藤嘉昭（2005）動物生態学，海游舎
酒井聡樹，近雅博，高田壮則（1999）生き物の進化ゲーム――進化生態学最前線生物の不思議を解く，共立出版
松田裕之（2004）環境生態学序説，共立出版
巌佐庸（1998）数理生物学入門――生物社会のダイナミックスを探る，共立出版
松田裕之（2000）環境生態学序説――持続可能な漁業，生物多様性の保全，生態系管理，環境影響評価の科学，共立出版
鷲谷いづみ（1999）生物保全の生態学――新生態学への招待，共立出版
ジョン・V・アンダーミア，デボラ・E・ゴールドバーグ（佐藤一憲　他訳）（2007）個体群生態学入門――生物の人口論，共立出版
ゼロからわかる生態学――環境・進化・持続可能性の科学，共立出版

用語解説

1回循環湖 [monomictic lake]
1年に1回，水面から湖底まで水が鉛直的に全層循環する湖

2回循環湖 [dimictic lake]
1年に2回，春と秋に水面から湖底まで水が鉛直的に全層循環する湖

アデノシン三リン酸 [ATP：adenosine triphospate]
細胞代謝におけるエネルギー運搬物質

アルカリ度 [alkalinity]
ある水が酸を中和できる容量．一般に，その水に含まれる炭酸，重炭酸，水酸化物の総量と関係している

池・沼 [pond]
面積が小さく，水深が浅い水体．池・沼では，風の影響よりも水温変化によって水の鉛直混合が起こる

異質細胞 [heterocyte]
ラン細菌（ラン藻）の特定種に見られる細胞で，窒素固定を行う

一次生産者 [primary producer]
光合成によって光エネルギーを化学エネルギーに変換する生物

異葉性 [heterotrophylly]
水生植物において，1株上に沈水葉と抽水葉などの異なる形態の葉を生じる現象

陰イオン [anion]
負の電荷を帯びたイオン

栄養状態 [trophy]
貧栄養や富栄養など，湖や池沼の栄養状態

栄養段階 [trophic level]
食物網における栄養関係をもとにした生物の機能的な類型様式．第1栄養段階は一次生産者，第2段階は一次生産者を食う植食者（動物プランクトンなど），第3段階は植食者を食う小型の捕食者（プランクトン食魚など），第4段階は小型の捕食者を食う捕食者（魚食魚など），などのように分ける

沿岸帯 [littoral zone]
湖や池の沿岸で，光合成を行うのに十分な光が水底まで透入する浅い部分

沖帯（漂泳帯） [pelagic zone]
湖や池の中で，水生植物が分布せず，水面が開放している部分

外部寄生虫 [ectoparasite]
宿主の体表面に生息する寄生虫

外部負荷 [external loading]
湖沼外部から供給される栄養塩

カイロモン [kairomone]
ある生物の適応的反応（行動や形態）を

誘発する他の生物から放出される化学物質

干渉型競争［interference competition］
直接的な干渉行動によって相手の資源利用を妨げる競争

キーストーン種（中枢種）［keystone species］
種間相互作用を介して他の生物種へ強い影響を与えることで，群集構造の決定に主要な役割を果たしている種

寄生者［parasite］
他の生物を即座に殺すことなく摂食する生物．一般に，寄生者は宿主より体サイズが極めて小さい

機能群［functional group］
似たような方法で餌（栄養）を摂取・獲得する生物群（例：濾過摂食者，植食者，捕食者）

機能的反応［functional response］
消費者個体の餌の消費速度と餌密度との関係

基本ニッチ［fundamental niche］
種間相互作用の影響がない条件で生息できる生活資源や環境要因の範囲

休眠［diapause］
生活環の一部として不活動状態になること

狭温性生物［stenotherm］
比較的狭い水温範囲でしか生息できない生物

共生［symbiosis］
異種の生物が互いに利益を得る相互関係．相利共生（mutualism）と同義的に使われることが多い

魚食者［piscivore］
魚類を摂食する生物

ギルド［guild］
共通の資源をよく似た摂食方法で利用している生物群

ケトル湖［kettle lake］
氷河が残した氷塊の溶解によって形成される小さな湖．ポットホール湖とも呼ばれる

原核生物［prokaryote］
核膜で包まれた核を持たない生物．生体膜で区画された他の細胞小器官も持たない

原生動物［protozoa］
単細胞の真核生物のうち，従属栄養によってエネルギーや栄養を摂取する生物．アメーバや鞭毛虫，繊毛虫などが含まれ，光合成を行う藻類は含まない

広温性生物［eurytherm］
広い温度耐性を持つ生物

光合成［photosynthesis］
植物が光エネルギーを使って無機態の炭素から有機態の化合物を合成する過程

光合成栄養性，光栄養性［phototrophic］
炭素を摂取するために光合成を行うこと（摂食栄養性も参照）

恒常的な消費者［homeostatic consumer］
食物の化学組成にかかわらず，自身の体の化学組成を一定に保つ消費者

後生動物［metazoa］
多細胞性の真核生物

個体発生［ontogeny］
生活環に沿った生物個体の発育

骨針［spicula］
珪酸で構成された淡水カイメンの針状骨格

混合栄養生物［mixotrophic organism］
エネルギーの獲得法として光合成（独立栄養）と有機栄養分の吸収（従属栄養）をあわせて行うことのできる生物

細胞溶解［lysis］
細胞が破裂・溶解すること．ウイルスの感染などにより起こる

雑食者［omnivore］
複数の栄養段階に属する生物（たとえば植物と植食者）を餌とする生物

砂粒表存性［episammic］
砂上に生育すること

酸化還元電位［redox potential］
酸化還元反応の強さの尺度．溶液中の物質の電子の受け取りやすさ，または放出しやすさを表す

資源［resource］
生物の成長，生存，繁殖にとって必要な要素のうち，利用することで減るもの

自生性物質（内生成物質）［autochthonous material］
注目している生態系（湖）の中で生成された有機物

実現ニッチ［realized niche］
他種が存在する条件でも生息できる生活資源や環境要因の範囲

集水域［catchment area, drainage area］
1つの湖沼に流れ込む降水由来の地表水を集める全地域

従属栄養性［heterotrophic］
他の生物がもつ有機物（生物そのものまたはデトリタス）をエネルギー源や栄養源にすること

種間競争［interspecific competition］
異種個体間の競争

種内競争［intraspecific competition］
同種個体間の競争

純一次生産［net photosynthesis］
総一次生産と呼吸の差

硝化作用［nitrification］
細菌がアンモニアを硝酸に変える作用

消費型競争［exploitation comeptition］
共通の制限的な資源を消費し減少させることで生じる生物間の競争

植食者（藻食者）［herbivore］
一次生産者を餌にする生物

植物表在性［epiphytic］
植物上に生育すること

植物プランクトン［phytoplankton］
水中を浮遊して生活する一次生産者

食物連鎖［food chain］
一次生産者（植物や藻類）から植食者（藻食者），捕食者へ至るエネルギーの流れをたどった鎖状の生物関係

真核生物［eukaryote］
核膜に包まれた核を持つ生物

深水層［hypolimnion］
水温躍層より下の水層

深底帯［profundal zone］
一次生産者が生育できない湖底や水深の深い部分

水温躍層［thermocline］
表水層と深水層の間に発達し，水温が急激に変化する層．変水層と同義語

水生植物［macrophytes］
水中，水辺に生活する高等植物

静振［seiche］
水に吹き寄せられることで生じる水面や水温躍層の傾き．風が弱まると水はもとに戻ろうと逆に動き，それによって定常波（振動）が発生する

生態系 [ecosystem]
　湖や沼のように，ある限られた地域に生息するすべての生物とそれをとりまく物理・化学的（非生物的）環境

生物撹拌 [bioturbation]
　生物による基質の物理的な撹拌．たとえばベントス（底生生物）による堆積物の撹拌など

生物間相互作用 [biotic interactions]
　生物の間で生じる相互作用のこと（競争，捕食，共生など）

生物多様性 [biodiversity]
　さまざまな時空間スケールにおける，遺伝的・分類的・生態的な異質性や変異性の程度

生物表在生物 [epibiont]
　他の生物に体表面に付着して生活する生物

生物量 [biomass]
　単位面積あたり，あるいは単位体積あたりに生息する生物の総量

セッキー深度 [secchi depth]
　白い透明度盤（セッキー盤）を水中に沈めていき，それが見えなくなる深さのこと．水中における光の透過量の指標で，一般的な透明度を指す

摂食栄養性 [phagotrophic]
　炭素を摂取するために他の生物を摂食すること（光合成栄養性も参照）

遷移 [succession]
　群集の種組成や構造が時間とともに変化すること

総一次生産 [gross photosynthesis]
　純一次生産と呼吸の合計

走光性生物 [phototactic organism]
　光に向かう性質をもつ生物

相利共生 [mutualism]
　2種の個体群の双方が利益を得る種間関係

側線 [lateral line]
　魚類の体表側面にある線状の感覚器官で，振動を感知する

咀嚼嚢 [mastax]
　ワムシ類でみられる筋肉性の消化器官

堆積物表在性 [epipelic]
　堆積物上に生育すること

他感作用 [allelopathy]
　植物が放出した化学物質が他の動植物の生育・繁殖に負の影響を与えること

多循環 [polymictic]
　年に3回以上，水面から湖底まで水が全層循環すること

他生性物質（外来性物質）[allochthonous material]
　注目している生態系（湖）の外で生成された有機物

単為生殖 [parthenogenesis]
　卵が受精を経ずに発生を始め，新個体を形成すること

澄水期 [clear water phase]
　藻類の減少により湖水が非常に透明になる時期．春にみられることが多い

適応 [adaptation]
　ある生物がその環境中でより有利になるような遺伝する形質

適応度 [fitness]
　ある遺伝子型が次世代に残せる遺伝子の数

デトリタス [detritus]
　生物体の死骸や破片など

デトリタス食者 [detrivore]
　デトリタスを餌とする生物

等深線［isocline］
水深が同じ場所を線で繋いだもの．地図の等高線に相当する

動物プランクトン［zooplankton］
水中を浮遊または漂流して生活する動物

独立栄養生物［autotropic organism］
光をエネルギー源とし，無機態炭素から有機態の炭素化合物を合成する生物

内部寄生虫［endoparasite］
宿主の体内に生息する寄生虫

内部負荷［internal loading］
湖や池の堆積物から供給される栄養塩

微生物［microbe］
単細胞の生物で，細菌，ラン細菌，藻類，原生動物が含まれる．ウイルスを含むこともある．

非生物的要因（理化学的要因）［abioticfactor］
物理的および化学的要因

非対称的競争［asymmetric competition］
片方の競争者が他方の競争者より一方的に有利となる競争

皮膚呼吸［integumental respiration］
体表面から直接酸素を摂取すること

表水層［epilimnion］
変水層より上の，温かくよく混ぜられた水の層

貧栄養湖［oligotrophic lake］
栄養塩供給量が低く生物の生産力が小さい湖．一般に生物群集は自生性の有機物に依存して成立している（低栄養を意味するギリシャ語 *oligotrophus* が語源）

富栄養湖［eutrophic lake］
栄養に富み，生産性が高い湖，湖の生物は主に自生性の有機物，すなわち光合成によって生産された有機物に依存する

腐植栄養湖［dystrophic lake］
生物生産が主に他生性の物質に依存する湖

腐植質［humic substances］
有機物の分解によって生成された高分子，難分解性物質．腐植湖を茶色にさせる物質

腐生植物［saphrophyte］
生物遺体から栄養を摂取する植物

付着生物［periphyton］
基質上に付着して生活する生物で，藻類，菌類，細菌，原生動物などが含まれる．ドイツ語では Aufwuchs と称す．

プランクトン［plankton］
水中を浮遊または漂流して生活する生物

プランクトン食者［planktivore］
動物プランクトンを餌にする生物

ベクター［vector］
病原体（ウイルス，細菌，寄生性原生動物など）を媒介する生物

変温生物［poikilothermic organism］
周囲の環境温度とほぼ同じ体温をもつ生物

片害作用［amensalism］
2種の個体群間の相互作用のうち，片方が負の影響を受けるのに対し，他方は何の影響も受けないもの

ベンケイソウ型有機酸代謝（多肉植物有機酸代謝）［CAM：crassualacean acid metabolism］
夜間に吸収した二酸化炭素を有機酸として貯蔵し，昼間の光合成に利用して糖を合成する代謝経路

変水層［metalimnion］
　水温躍層と同義語
変態［metamorphosis］
　個体発生における形態上の顕著な変化
補償深度［compensatory depth］
　光合成速度と呼吸速度がつり合う深度
捕食者［predator］
　他の動物を餌にする生物
ポットホール湖［pothole lake］
　ケトル湖と同義
無光層［aphotic zone］
　表面光の1％以下の光強度になる水深．光の量は光合成に不十分となる
有光層［photic zone］
　水面から植物が光合成により成長できる深さまでの層．相対照度が表面光の約1％となる深さまでに相当
陽イオン［cation］
　正の電荷を帯びたイオン
溶存無機態炭素［DIC：dissolved inorganic carbon］
　水中に溶けて存在している無機態の炭素で，二酸化炭素（CO_2），炭酸（H_2CO_3），炭酸水素イオン（HCO_3^-），炭酸イオン（CO_3^{2-}）が含まれる．
溶存有機態炭素［DOC：dissolved organic carbon］
　水中に溶けて存在している有機態の炭素．便宜的に 0.2〜0.45μm の孔径のフィルターを通過する物質を指すことが多い．このようなフィルター上に捕集される有機態の炭素は懸濁有機態炭素（POC：particulate organic cabon）と呼ばれ，特に浮遊しているものはセストン（seston）と称する．
卵鞘［ephippium］
　多くの枝角類でみられる受精した耐久卵を包む堅固な殻
陸水学［limnology］
　淡水生物群集と，その物理・化学・生物的環境要因との相互作用に関する学問
レッドフィールド比［Redfield ratio］
　植物プランクトンの平均的な元素組成で炭素：窒素：リン比＝106：16：1（原子比）

監訳者あとがき

　本書は，オックスフォード大学出版のBiology of Habitatsシリーズ，The Biology of Lakes and Ponds第2版の全訳である．

　よい教科書は，その分野を発展させる．この仮説を検証することが，本書を翻訳した理由の1つである．もちろん，そうならなかったとしても，この仮説が即座に棄却されたとはいえない．よき教科書ではなかった，つまり仮説検証の実験に堪えうる材料ではなかったという可能性が残るからである．しかし，その可能性は，本書についていえば全くないだろう．本書は，欧米の大学で，主に学部学生を対象とした陸水学や水界生態学のスタンダードな教科書として広く利用されており，その採択率の高さが本書の教科書・入門書としての評価を物語っている．国際的なスタンダードから学ぶことは，世界に通用する研究者となり，新しいアイデアや視点を生み出す第1歩である．湖沼はそれぞれの地域の財産ともいえる生態系であるが，そこに棲む生物の生き方や生物と環境の相互作用は，知的好奇心を駆り立てる普遍的な問題である．また，近年の人間活動の高まりによる生態系の変化は，どの国も直面している環境問題である．このような問題を紐解き，解決するため，基礎・応用を問わず，野外科学でも国際的に研究を進めていくことが必要となっている．そのためには，将来を担う学生に初期の段階から国際的なスタンダードを提供せねばならない．これが，本書を翻訳したもう1つの理由である．

　湖沼の生物学には，2つの入り口がある．その1つは陸水学である．陸水学には多くの優れた英文教科書があり，邦訳されている書籍もある．しかし，陸水学は物理・化学・生物のすべてを対象とした総合学問であるため，どの教科書も分厚く必ずしも入門向きではない．もう1つの入り口は生態学である．生態学にも数多くの優れた教科書が出版されている．しかし，生態学の教科書で

は，水生生物の理解に不可欠な水界の物理・化学過程はほとんど触れられていない．著者らが冒頭で述べているように，本書は陸水学と生態学の間にあるニッチの教科書である．本書でも紹介されているように，湖沼で顕在化している環境問題は深刻の一途を辿っており，いずれの場合もすべて生物過程が関与している．したがって，このニッチは今後ますます重要なものとなっていくだろう．

　本書が教科書や入門書として優れている点は，明確なコンセプトのもと，生物の適応や生活史，生物間相互作用，群集理論，保全の問題がいかに密接に関係しているかをわかりやすく紹介していることにある．陸水学の教科書では，物理や化学過程は生物と独立に紹介されることが多いが，本書では適応と関連づけて述べられている．したがって，水生生物に興味を持つ読者は水界の物理・化学過程の重要性に気づくだろうし，一方，水界の物理や化学過程に興味を持つ読者は，いかに生物に関与しているかを知ることで，さらに物理・化学過程への興味を深めるだろう．また，本書は，生態学，特に生物間相互作用や生物群集の中心理論について具体例をあげながら，その背景をも含めて紹介している．湖沼生態系や水生生物は，生態学のさまざまな理論を検証するモデルとして，あるいは理論を導く対象として，過去においても，また現在においても主要な研究対象となっている．したがって，本書は，水生生物を対象としているものの，生態学の基礎とセンス（見方）を学ぶ上でも優れた教科書である．

　近年の地球環境変化や生物多様性の喪失は，生態系の保全へと私たちの目を向けさせるようになった．今や，生態系の保全は私たちの最大の関心事となっている．しかし，本書にもあるように，湖沼の保全に必要な生態系の理解や処方は，保全を目的として生まれたのではなく，いわば知的好奇心のドライブによって浮かび上がってきたものである．生物の適応や生物群集への知的好奇心こそ，生態系保全のエネルギー源である．過去の研究がそうであったように，今後も知的好奇心を満たす基礎研究の積み重ねが，よりよい保全へと私たちを向かわせるだろう．このような生物への好奇心と将来への期待は，本書の中で「環境変化のすべては，たった1種の生物，ヒト（*Homo sapiens*）によって引き起こされている」という著者らの言葉に強く表されている．その意味で，本書は湖沼の保全に関心あるすべての人に役立つだろう．

　本書が教科書として優れているもう1つの点は，124枚にも及ぶ豊富な図表

とイラストである．これらイラストは，陸水学や生態学の講義で大いに活用できるものとなっている．また，各章末にある「実験と観察」は，大学で開講される実験や実習の課題として利用できる内容である．高校の生物クラブで取り組める課題もあるだろう．したがって，本書は高校や大学で理科教育に携わる方にも役立つだろう．

著者，Christer BrönmarkとLars-Anders Hanssonは，ともにスウェーデンのルンド大学の教授であり，年齢も近く経歴もよく似ている．Brönmark教授は貝類や魚類を対象とした生物間相互作用に関する研究を，Hansson教授は藻類を中心とした群集構造に関する研究を行い，本書でも紹介されているように，多数の優れた論文を発表してきた．もちろん，2人が共同で行った研究も多い．Brönmark教授は子供の頃から湖沼の生物に興味を持っていたらしく，大学で陸水学を専攻するのは，極めて自然な成り行きであったという．一方，Hansson教授は野山が好きで，当初，大学では鳥の個体群研究を志していたが，アルバイトで湖沼研究に触れる機会があり，そのとき自分が本当にやりたい研究に気づいたという．互いに知り合ったのは学生の頃，きっかけはもはや覚えていないそうである．一方は動物，一方は藻類を対象に自身の研究をスタートさせたが，今では互いの興味の間に垣根はないようである．その結果が本書である．

本書は，1998年に第1版が出版され，2005年に内容が増補され，この第2版が出版された．第1版が出版された頃，監訳者である私は最新の生態学の知見を取り込んだ陸水学の入門書を執筆したいと考えていた．しかし，第1版を読み，すぐにその熱は冷めてしまった．考えていたアウトラインとよく似ていただけでなく，それ以上の内容と構成に，もはや執筆する意欲をなくしてしまったのである．その代わり，本書第1版を，当時在職していた京都大学生態学研究センターの研究室セミナーで用いることにした．その研究室のメンバーが，本書の翻訳分担者たちである．翻訳にあたって，第1章と第2章は占部，第3章は石川，第4章は吉田，第5章は鏡味，第6章は岩田が分担して草案をつくった．草案は，監訳者が目を通し，原文にあたりながら内容を検討し，文章を練り直して全体の草稿を作った．その草稿を分担者が検討し，最後に監訳者が用語や表現を統一し文章を整えた．したがって，訳出の誤りや不備があるとすれば，それはすべて監訳者である私の責任である．読者に間違いなどをご教示していただければ幸いである．

著者らの意向に添って，訳出は平易で理解しやすい文章になるよう心がけた．専門用語は，岩波書店の『生物学辞典（第4版）』と『陸水学事典』，共立出版の『生態学事典』に従った．ただし，日本語訳のなかった用語は，内容に合致するよう新たに日本語をあてたものもある．たとえば，澄水期（clear water phase）などである．また，専門用語には，初出時に英文も括弧書きで添えた．そうすることで，読者が次の段階，すなわち原著論文や英語教科書を読む際に役立つと考えたからである．極めてまれであるが，本書には，日本の湖沼に適合しない内容や，他の教科書と食い違っている事項があった．それらには，訳者による脚注を記した．生物名は，学名で表記されているものは学名で示したが，英語名で表記されているものは，読者がイメージできるよう，可能なかぎり和名をあてた．本書に登場する生物のほとんどは，ヨーロッパや北米に生息している生物である．そのため，適切な，あるいは学会で認知されているような，和名のない生物も多い．そのような生物は属名や分類群名で表記し，〜の1種，あるいは〜の仲間として記した．また，英文名が一般的な種はカタカナで表現するとともに，読者がイメージできるよう，和名のある科などに遡ってそれらを添えた．たとえば，本書でしばしば登場する，パーチ（スズキ亜目パーチ科）などである．なお，論文には学名を記すが，英会話では，生物名や分類群は慣用的な英語名で呼ぶことが多い．訳者らも，英語名がわからず，会話に窮することがあった．そこで，翻訳時に和名をあてた生物のいくつかには，英語名も括弧書きで添えた．アメンボ（water-strider）などである．外国人との会話の際に役立ててほしい．

本書第2版には，米国コーネル大学のNelson Hairston Jr.教授による「まえがき」が添えてあるが，著者の色彩を濃くするために，日本語版では割愛した．興味のある方は原書をあたってほしい．なお，巻末には著者らが選んだ参考となる英語書籍があげられているが，これとは別に本書の内容に関連している日本語書籍を記した．今後の学習の参考となれば幸いである．

本書の翻訳は，2006年1月から始めたが，その間を含め，分担者すべてが出版までに常勤の大学教員あるいは研究所の研究員として就職が決まった．本書から学んだかつての大学院生が，今では第一線の研究者として活躍し，また教育者として後人の指導にあたっている．冒頭の仮説を検証するには，幸先のよいスタートとなった．

最後に，翻訳にあたって何人かの方に深くお世話になったことを記しておき

たい．著者，Brönmark教授とHansson教授は，私の問合せや雑多な質問にいつも気軽に答え，日本語版のための序文も書いてくださった．京都大学生態学研究センターの山村則男教授は，訳出について的確な助言をしてくださった．東北大学生命科学研究科マクロ生態学分野の学生・大学院生は，日常的な会話の中で，私の理解を手助けしてくれた．共立出版(株)の信沢孝一さんは，ある日の私の何気ない希望に応え，オックスフォード大学出版と交渉し，本書の出版を実現してくださった．池尾久美子さんは，丹念に原稿に目を通し，多大な編集の労を執ってくださった．心からお礼申し述べたい．

2007年3月

訳者を代表して　占部城太郎

索　　引

[あ]

秋溜まり池 ……………………………68
亜硝酸 …………………………………46
アスタキサンチン …………………23, 271
アデノシン三リン酸 …………………311
アフリカ地溝帯 ………………………13
アミ類 ………………………………107
アルカリ度 …………………40, 260, 311
アンモニウム …………………………46

[い]

育房 …………………………………105
池 ………………………………7, 311
異質細胞 …………………47, 91, 311
異所的 ………………………………128
一次生産者 …………………………311
一次生産速度 ………………………59
一次的防衛 …………………………164
1回循環湖 ………………………20, 311
一定の見放し時間 …………………158
一夫一妻制 …………………………122
遺伝子組換え生物 …………………282
遺伝子流動 …………………………273
遺伝相関 ……………………………71
遺伝的多様性 ………………………239
異葉性 ……………………………36, 311
陰イオン ……………………………311
咽頭歯 ………………………………118
隠遁 …………………………………171
隠蔽 …………………………165, 170

[え]

HSSモデル …………………………189
栄養塩循環 …………………………49
栄養カスケード ……………………191
栄養関係の位置 ……………………217
栄養状態 ……………………………311
栄養段階 ……………6, 190, 215, 311
液胞 ……………………………………9
餌処理時間 …………………………166
餌要求量の閾値 ……………………129
エストロゲン様物質 ………………267
エネルギー収支モデル ……………278
沿岸帯 …………………………56, 311
エンクロージャー …………………193

[お]

大型寄生者 …………………………178
大型無脊椎動物 ……………………79
沖帯 …………………………………311
沖帯食物連鎖 ………………………244
オックスボウ湖 ……………………14
尾爪 …………………………………253
温室効果ガス ………………………268
温度成層 ……………………………17

[か]

害虫 …………………………………116
回避サイズ …………………………227
外部寄生者 …………………………178
外部寄生虫 …………………………311
外部負荷 …………………………257, 311

外来種	246, 273
外来性物質	314
カイロモン	168, 311
過栄養	46
過栄養湖	248
化学的回復	264
化学的な防衛	172
化学量論	43
夏期大量斃死	61, 195
芽球	95
隔離水界	145, 193, 201
火口湖	14
可視光	27
過剰摂取	53, 131
カスケード効果	251
カスケード相互作用	191
ガス胞	9
仮足	84
カルデラ湖	14
環境価値	284
環境収容力	132
稈茎	65
干渉型競争	128, 312
緩衝機構	206
間接効果	203
間接相互作用	191
完全変態	110

[き]

キーストーン種	215, 251, 312
寄生	125, 145
寄生者	177, 312
偽足	84
北大西洋振動	269
機能群	216, 312
機能的反応	161, 312
機能の多様性	241
擬糞	100, 279
基本ニッチ	127, 312
帰無仮説	248
逆列成層	18
究極要因	167
吸血性	98
休眠	167, 169, 312
休眠細胞	56
休眠卵	23, 56, 253
狭温性生物	21, 312
共進化	147
共生	126, 181, 312
共生藻類	181
競争	125
競争係数	133
競争排除則	128, 134
魚食者	312
魚食性	118
魚類操作	195
ギルド	216, 312
近接要因	167

[く]

区域制限探索	158
食いこぼしの多い採餌者	150
空間的避難	165, 166
掘潜活動	24
グロキディウム幼生	100
クロロフルオロカーボン	270
軍拡競走	147, 175
群集呼吸速度	38

[け]

形態的な防衛	173
形態輪廻	103
ケトル湖	13, 312
嫌気呼吸	58, 143
嫌気代謝	67
絹糸腺	113
懸濁有機態炭素	38, 224

[こ]

広温性生物	21, 312
甲殻類プランクトン	104, 190
好気呼吸	58
好気代謝	67
光合成	312
光合成栄養性	312
恒常的	43
恒常的な消費者	312
恒常的防衛	175
高層湿原	33
行動カスケード	191

口内保育	280	自生胞子	90
小型寄生者	177	歯舌	99
小型ベントス	80	肢節量	14
呼吸管	63	持続感染	81
コケ	30	湿圧	65
湖沼型	34	実験湖沼群	51
湖沼操作実験	51	実現ニッチ	127, 313
個体発生	312	湿地	250, 259
骨針	312	至適温度	21
コペポディット幼生	107	島の生物地理理論	243
湖盆形態	14	遮光効果	208
古陸水学	252	シャノン・ウィーバーの指数	240
根茎	64	重金属	265
混合栄養生物	36, 313	収集者	149
		終宿主	179
[さ]		集水域	32, 313
鰓弓	63	従属栄養	83, 313
サイズ効率仮説	190	従属栄養生物	36
最適摂餌理論	157	雌雄同体	72
鰓耙	100, 118	修復	239
鰓弁	63	周辺値の原則	158
細胞溶解	81, 313	種間競争	128, 143, 313
雑食	150, 202, 221, 313	宿主	177
砂粒表在性	93	種子バンク	85
砂粒表存性	313	種多様性	239
酸化還元電位	53, 313	出生速度	135
酸化還元反応	53	受動分散	242
三価鉄	54, 233	種内競争	128, 143, 313
酸性雨	259	種の冗長性仮説	249
酸性化	259	種の豊かさ	240
酸性湖	261	種プール	241
酸素飽和度	58	種分化	242
サンプリング効果	249	純一次生産	313
		順化	23
[し]		純光合成速度	59
ジェネラリスト	3, 155	純従属栄養	38
紫外線	27, 270	純従属栄養生態系	38
時間的避難	165, 166	純生態系生産	38
ジクロロージフェニルートリクロロエタン	266	浚渫	24, 257
資源分割	128	純増殖速度	163
刺細胞	96	純独立栄養	38
糸状鰓	62	純独立栄養生態系	38
シスト	23	硝化	48
自生性炭素	34	消化管内容物	155
自生性物質	33, 224, 313	硝化作用	313

硝酸 ………………………………… 46
消散係数 ……………………………… 28
消費型競争 …………………… 128, 313
植食 …………………… 118, 146, 313
食性調査 …………………………… 281
植物表在性 ……………………… 93, 313
植物プランクトン … 89, 137, 196, 208, 230, 313
食物網 ………………………………… 6, 215
食物連鎖 ……………………… 6, 215, 313
食物連鎖理論 ……………………… 191
除草剤 ………………………………… 276
真菌 ……………………………………… 272
深水層 ………………………………… 18, 313
深底帯 ………………………………… 56, 313
侵入種 ………………………………… 246
シンプソンの指数 …………………… 240
侵略的外来種 ……………………… 273

[す]

水温躍層 ……………………… 18, 233, 313
水色 ……………………………………… 33
水生雑草 ……………………………… 276
水生植物 …………………… 85, 139, 276, 313
水素イオン濃度 ……………………… 39
吹送距離 ……………………………… 20
水面採餌のカモ ……………………… 121
水文過程 ……………………………… 268
数理モデル …………………………… 132
ストークの法則 ………………………… 8
スノーアルジー ……………………… 23
スペシャリスト …………………… 3, 155

[せ]

静振 …………………………………… 11, 313
生態化学量論 ………………………… 43
生態系 ………………………………… 314
生態系管理 ………………… 254, 282
生態系機能 ………………………… 248
生態系消費仮説 …………………… 196
生態系多様性 ……………………… 239
生態系の溶融 ……………………… 274
生物学的回復 ……………………… 264
生物学的抵抗 ……………………… 274
生物撹拌 …………………………… 55, 314
生物操作 ………………… 208, 252, 258

生物多様性 ………………… 6, 239, 314
生物地球化学 ……………………… 234
生物的防除 ………………………… 277
生物濃縮 ……………………………… 266
生物表在生物 ……………………… 179, 314
生物膜 ………………………………… 148
生物量 ………………………………… 314
世界水アセスメント計画 …………… 285
赤外線 …………………………………… 27
積算温度 ………………………………… 25
堰止め湖 ………………………………… 14
石灰 …………………………………… 264
セッキー深度 ……………… 31, 233, 314
摂餌選択性 ………………………… 153
摂食栄養性 ………………………… 314
絶対的 ………………………………… 181
セルカリア …………………………… 180
ゼロ純増殖線 ……………………… 135
遷移 ………………………………… 229, 314
潜在生産力 ………………………… 196
全循環 ………………………………… 18
全循環湖 ……………………………… 21
潜水性のカモ ……………………… 121
川跡湖 ………………………………… 14
選択圧 ………………………………… 146
全炭酸 ………………………………… 39
繊毛 ……………………………………… 84

[そ]

総一次生産 ………………………… 314
総光合成速度 ………………………… 59
走光性 ……………………………… 30, 314
藻食 ………………………………… 118, 313
増殖速度 ……………………………… 132
早成性 ………………………………… 122
増大胞子 ……………………………… 93
相利共生 …………………… 126, 181, 314
足糸 …………………………………… 278
促進効果 ……………………………… 143
促進作用 ……………………………… 275
側線 ………………………………… 152, 314
咀嚼嚢 ………………………………… 314
咀嚼板 ………………………………… 101

[た]

ダイオキシン … 268
体温調節 … 167
耐久卵 … 101
堆積物表在性 … 93, 314
太陽放射 … 17
他感作用 … 314
他感物質 … 207
多型 … 153
多循環 … 314
多循環湖 … 21
他生性炭素 … 34, 156
他生性物質 … 33, 224, 314
脱窒 … 48, 259
多肉植物有機酸代謝 … 315
多量元素 … 49
単為生殖 … 72, 314
ターン湖 … 13
探索型の捕食者 … 150
探索時間 … 166
淡水資源 … 237
炭素循環 … 234

[ち]

地域 … 242
地殻活動 … 13
地球温暖化 … 268
致死効果 … 146
中栄養 … 45
中間宿主 … 179
中間消費者 … 204
中規模撹乱仮説 … 244
抽水植物 … 85, 140
中枢種 … 312
澄水期 … 230, 269, 314
蝶番靭帯 … 99
超貧栄養 … 46
直腸ポンプ … 63
沈降速度 … 8
沈水植物 … 87, 139, 201

[つ・て]

ついばみ食者 … 148
抵抗性 … 248

底生食物連鎖 … 224
底生生物 … 118, 201
底生-浮遊結合 … 224
泥炭地 … 39
適応 … 314
適応度 … 120, 157, 314
適応放散 … 279
デトリタス … 314
デトリタス食 … 69, 118, 314
天敵回避空間 … 146
天敵生物 … 277

[と]

冬期大量斃死 … 60, 142, 208
等脚類 … 108
同所的 … 128
等深線 … 14, 315
動物食性 … 118
動物プランクトン … 153, 167, 190, 196, 230, 315
同胞種 … 278
透明度 … 31, 233
特異的応答仮説 … 249
毒性効果 … 265
独立栄養 … 36, 315
トップダウン効果 … 196, 214
共食い … 119, 144
トランスジェニック魚 … 282
トレードオフ … 159

[な]

内生成物質 … 313
内風 … 65
内部寄生者 … 178
内部寄生虫 … 315
内部静振 … 11
内部負荷 … 54, 257, 315
内分泌撹乱化学物質 … 267

[に]

2回循環湖 … 20, 311
二価鉄 … 54
肉食 … 145
二次鰓弁 … 63
二次的防衛 … 164, 171
2種-2資源モデル … 135

日周鉛直移動	167
ニッチ	126
ニッチシフト	118, 221
ニッチの相補性	249
ニトロゲナーゼ	47

[ぬ・ね]

沼	8, 311
熱遷移	65
熱帯湖沼	284
年縞堆積物	254
年代測定	254

[の]

能動分散	242
農薬	283
ノープリウス幼生	104
ノンポイント汚染	238

[は]

パイオニア種	94
バイオマニピュレーション	258
貝蓋	99
背首歯状突起	176
剥ぎ取り者	149
破砕者	149
発酵	67
発達的反応	162
パッチネス	136
春溜まり池	68
繁殖速度	135
晩成性	122

[ひ]

PEG モデル	230
光栄養性	312
光阻害	30
光分解	35
尾肢	113
被子植物	30
比重	9
被食リスク	219
微生物	315
非生物的要因	315
微生物ループ	81, 210

非対称的競争	315
避難場所	227
比熱	16
皮膚呼吸	61, 315
非平衡	137
肥満度	144
漂泳帯	311
表現型の可塑性	153
表水層	18, 315
氷雪藻	23
表面食者	148
微量元素	49
ビルハルツ住血吸虫症	180
貧栄養化	262
貧栄養湖	34, 315

[ふ]

Fretwell–Oksanen モデル	196
フィコビリン	91
富栄養化	255
富栄養湖	34, 315
不完全変態	110
不規則な逃避行動	171
復元	239
復元性	248
腐植栄養湖	34, 315
腐植質	315
腐植物質	33, 203
腐生植物	315
腐生性	83
2つの安定状態	205
付着生物	315
付着藻類	30, 93, 137, 201
浮標植物	87
部分循環湖	21
浮遊生物	8
浮遊適応	9
浮葉植物	87, 139
プラストロン呼吸	64
プランクトン	8, 315
プランクトン食	118, 315
プランクトンのパラドックス	136
ブルーム	51, 231

[へ]

平衡生物量 ……………………………… 196
平衡点 ……………………………………… 135
ベクター ……………………………… 69, 178, 315
pH ………………………………………… 39
ヘモグロビン …………………………… 67
変温生物 ……………………………… 16, 315
片害作用 ……………………………… 126, 315
ベンケイソウ型有機酸代謝 ……… 35, 315
変水層 ……………………………………… 18, 316
変態 ……………………………………… 70, 316
ベントス ……………………………… 118, 201
ベントス食 ……………………………… 118
鞭毛 ……………………………………… 10, 84
片利共生 ……………………………… 126, 181

[ほ]

防衛物質 ………………………………… 172
放射性炭素 ……………………………… 254
補償深度 ……………………………… 29, 316
補償的な機構 ………………………… 194
補償点 …………………………………… 59
捕食者 …………………………………… 316
捕食のサイクル ……………………… 147
ポットホール湖 ……………………… 13, 316
ポテンシャルエネルギー ……………… 27
ボトムアップ効果 ……………… 196, 214
ボトムアップ・トップダウン ……… 195
ボトルネック …………………………… 223
ポリ塩化ビフェニル ………………… 266

[ま・み]

待ち伏せ型の捕食者 ………………… 150
マルスピウム ………………………… 108
三日月湖 ………………………………… 14
ミクロコスム ………………………… 250
湖 …………………………………………… 7
水溜まり池 ……………………………… 67
水枠組み指令 ………………………… 252, 285
ミラシジア幼生 ……………………… 180

[む・め・も]

無限成長 ………………………………… 118
無光層 …………………………………… 29, 316

無性生殖 ………………………………… 72
メイオファウナ ………………………… 80
メイオベントス ……………………… 246
メラニン色素 ………………………… 271
面源負荷 ………………………………… 238
モレーン湖 ……………………………… 13

[や・ゆ]

野外操作実験 ………………………… 255
有機塩素化合物 ……………… 266, 284
有光層 ……………………………… 29, 316
湧昇流 …………………………………… 10
誘導的防衛 …………………………… 175

[よ]

陽イオン ………………………………… 316
溶解感染 ………………………………… 80
葉状鰓 …………………………………… 62
溶存無機態炭素 ……………… 39, 316
溶存有機態炭素 ……… 34, 211, 224, 316

[ら]

乱獲 ……………………………………… 280
ラングミューア循環 ………………… 10
卵鞘 ……………………………… 24, 105, 253, 316
卵包 ……………………………………… 97

[り]

理化学的環境 …………………………… 1
理化学的要因 ………………………… 315
陸水学 …………………………………… 316
Riplox 法 …………………………… 258
リン酸 ………………………………… 45, 213
輪盤 …………………………………… 101

[れ・ろ]

レッドフィールド比 ……………… 44, 316
濾過食者 ……………………………… 148
濾過スクリーン ……………………… 153
ロトカーヴォルテラ ………………… 132

[欧文]

acclimatization ……………………… 23
acidification ………………………… 259

acid rain	259	clear water phase	230, 269
active dispersal	242	coevolution	147
actively searching predator	150	collector	149
aerobic metabolism	67	commensalism	126
aerobic respiration	58	compensation point	59
allelopathic substance	207	competition	125
allochthonous carbon	156	competitive exclusion principle	128
allopatric	128	constitutive defence	175
alternative stable states	205	consumption	146
altricial	122	corona	101
ambush predator	150	crassulacean acid metabolism	35
amensalism	126	crustacean zooplankton	104
anaerobic metabolism	67	crypsis	165
anaerobic respiration	58	cyclomorphosis	103
angiosperm	30	cyst	23
aphotic zone	29	DDT	266
aquatic weeds	276	degree-days	25
area restricted search	158	denitrification	48, 259
arms race	147	detritivorous	118
asexual reproduction	72	developmental response	162
autospore	90	diapause	167
autumnal pond	68	dimictic lake	20
auxospore	93	dissolved organic carbon	34
ballast molecule	9	DOC	34, 211, 224
behavioural cascade	191	dredging	257
benthic-pelagic coupling	224	dystrophic lake	34
benthivorous	118	ecological stoichiometry	43
bioenergetic model	278	ecosystem diversity	239
biological control	277	ecosystem exploitation hypothesis	196
biological recovery	264	ecosystem functioning	248
biomanipulation	252, 257	ectoparasite	178
biotic-resistance	274	emergent macrophyte	85
bioturbation	55	endocrine disruptors	267
bog lake	33	endoparasite	178
bottom-up · top-down	195	enemy-free space	146
byssus	278	ephippium	24, 105
CAM	35	epibiont	179
cannibalism	144	epilimnion	18
carnivorous	118	epipelic	93
carnivory	145	epiphragm	70
carrying capacity	132	epiphytic	93
cercaria	180	epiphyton	243
CFC	270	epipsammic	93
chemical recovery	264	equilibrium biomass	196
chronic infection	81	equilibrium point	135

erratic escape movement	*171*
eurytherm	*21*
eutrophication	*255*
eutrophic lake	*34*
exotic species	*273*
exploitation competition	*128*
external loading	*257*
facilitation	*275*
facilitative effect	*143*
facultative	*181*
fetch	*20*
fill tufft	*62*
filter feeder	*148*
final host	*179*
fitness	*157*
floating-leaved macrophyte	*87*
food web	*215*
free-floating macophyte	*87*
functional diversity	*241*
functional group	*216*
functional response	*161*
fundamental niche	*127*
gape-limited predator	*227*
gas vesicle	*9*
gemmule	*95*
gene flow	*273*
genetically modified organism	*282*
genetic diversity	*239*
gill arche	*63*
gill filament	*63*
gill plate	*62*
gill tufft	*62*
glochidia	*100*
GMO	*282*
gross photosynthesis rate	*59*
guild	*216*
herbicide	*276*
herbivorous	*118*
herbivory	*145*
hermaphroditism	*72*
heterocyte	*47, 91*
heterophylly	*36*
heterotrophy	*83*
holomictic lake	*21*
homeostatic	*43*
host	*177*
humic substance	*33*
hygrometric pressure	*65*
hypertrophic	*46*
hypolimnion	*18*
ice-formed lake	*13*
idiosyncratic response hypothesis	*249*
indeterminate growth	*118*
inducible defence	*175*
integumental respiration	*61*
interference competition	*128*
intermediate disturbance hypothesis	*244*
intermediate host	*179*
internal loading	*54, 257*
internal seiche	*11*
internal wind	*65*
interspecific competition	*128*
intraspecific competition	*128*
invasional meltdown	*274*
invasive alien species	*273*
inverse stratification	*18*
kairomone	*168*
keystone species	*215*
lamella	*63*
langmuir rotation	*10*
littoral zone	*56*
Lotka-Volterra	*132*
luxury uptake	*53, 131*
lysis	*81*
lytic infection	*80*
macroinvertebrates	*79*
macronutrients	*49*
macroparasite	*178*
marginal value theorem	*158*
marsupium	*108*
mastax	*101*
mating preference	*280*
meiofauna	*80*
meromictic lake	*21*
mesotrophic	*45*
metalimnion	*18*
metamorphosis	*70*
microbenthos	*80*
microbial loop	*81, 210*
micronutrients	*49*

microparasite	177	polymorphism	153
miracidia	180	potential energy	27
monomictic lake	20	precocial	122
mutualism	126	primary defence	164
NAO	269	primary production rate	59
nauplii	104	profundal zone	56
neck-teeth	176	prokaryotic organisms	81
NEP	38	pro-legs	113
net-autotrophic	38	prosobranch	99
net ecosystem production	38	proximal cue	167
net-heterotrophic	38	pseudofaeces	100
net photosynthesis rate	59	radula	99
niche	126	raptorial feeder	148
niche complementarity	249	realized neche	127
niche shift	118, 221	rectal pump	63
nitrification	48	Redfield	44
nitrogenase	47	redox potential	53
non-equilibrium	137	redox reaction	53
null hypothesis	248	reduction	53
obligate	181	redundant species hypothesis	249
oligotrophicatin	262	rehabilitation	239
oligotrophic lake	34	resilience	248
omnivore	150	resistance	248
operculum	99	resource partitioning	128
optimal forager	157	respiratory siphon	63
optimal foraging theory	157	restoration	239
organismal diversity	239	rhizome	64
oxidation	53	risk enhancement	219
paleolimnology	252	sanguivorous	98
parasitism	126, 145	saprophytic	83
parthenogenesis	72	scraper	149
passive dispersal	242	secondary defence	164
PCB	266	sedimentation	259
periostracum	99	selection pressure	146
periphytic algae	30, 93	selective force	146
periphyton	94	Shannon-Weaver index	240
phenotypic plasticity	153	shredder	149
photic zone	29	sibling species	278
phytoplankton	89	Simpson's index	240
piscivorous	118	sit-and-wait predator	150
planktivorous	118	size-efficiency hypothesis	190
Plankton Ecology Group Model	230	size-refuge	227
plastron respiration	64	solar radiation	17
POC	38, 224	spatial refuge	165
polymictic lake	21	species pool	241

species richness	240
sporocyst	180
statistical sampling effect	249
stenotherm	21
stoichiometry	43
submersed macrophyte	87
summerkill	61
surface feeder	148
symbiosis	126
sympatric	128
systematics	77
temporal refuge	165
temporary pond	67
thermal stratification	17
thermal transpiration	65
thermocline	11, 18
thermo regulation	167
threshold food level	129
transfer function	254
trophic cascade	191
trophic interaction	189
trophic position	217
ultimate cause	167
ultraoligotrophic	46
UV-B	271
vacuole	9
vector	69
vernal pond	68
vertical migration	167
Water Framework Directive	285
wetland	250
winterkill	60
World Water Assessment Programme	285
zero net growth isocline	135
ZNGI	135

[生物名・学名]

アオウキクサ	87
アオミドロ	91
アカウキクサ	181
アジサシ	121, 122
アビ	121
アマガエル	177
アメーバ	67, 83, 148
アメンボ	71, 110, 115, 152
アライグマ	101
イエローパーチ	22
イカダモ	9, 92, 176, 177
イシガイ	56, 100, 101, 278
イトトンボ	62, 63, 112, 151, 172
イトミミズ	62, 97, 160
イトヨ	171, 172
イバラモ科	201
ウ	122
ウイルス	78–81, 177, 178, 211
ウオジラミ	178
ウォールアイ	278
渦虫類	97
渦鞭毛藻類	89, 90, 93, 260
ウチダザリガニ	109, 203
ウナギ	109
黄金色藻類	90, 91, 260
オオクチバス	117, 151, 194, 204, 222, 223
オオサンショウモ	276, 277
オオバコ科	35
オオバン	150
オオミジンコ	169, 170
オオユスリカ	67
オカメミジンコ	162
オタマジャクシ	120, 142
斧足類	99
カ	63, 116
カイアシ類	103, 105, 107, 148, 149, 164, 168, 170, 171, 174, 179, 247, 271
カイツブリ	121
カイメン類	36
カエル	119, 120
カオジロトンボ	151
カゲロウ	62, 63, 129, 261
カゲロウ目	110, 111, 149
カナダモ	201, 276
カブトミジンコ	178, 195
ガマ	66, 141
カメノコウワムシ	261
カメムシ目	110, 114
カモ	121, 122
カモメ	121
カラスガイ	100
カワウソ	101

カワカマス	117, 189, 220, 261	シマイシビル	98
カワコザラガイ	99	ジャコウネズミ	101
カワスズメ類	253, 280-282	シャジクモ	31, 203
カワセミ	121	条虫類	97, 177-179
カワホトトギスガイ	100, 276-279	シラサギ	121
ガン	101, 121-123	真核生物	29, 83, 313
キタカワカマス	171	真菌類	177
吸虫	97, 177	スイレン	87
キンポウゲ	36	スギナモ	36
クモ類	103	前鰓類	99
クリプト藻類	82, 89, 231	線虫	95, 177
クリプトモナス	164	ぜん虫	177
グリーンサンフィッシュ	22	センブリ	112
クロレラ	23, 181	繊毛虫類	36, 67, 82, 84, 96, 148, 210-213, 225-227
クワッガガイ	278	ソウギョ	150, 277
珪藻類	90, 92, 94, 214, 230, 231, 260, 262	双翅目	109
原核生物	29, 81, 312	ゾウミジンコ	105, 190, 194, 253, 261
ゲンゴロウ	120, 172	ゾウリムシ	84, 133, 134
原生動物	67, 83, 148, 177-179, 181, 212, 226, 312	ソコミジンコ	106
ケンミジンコ	42, 105-107, 149, 194, 214, 231, 262	タイコウチ	63, 115
コイ	22	端脚類	108
甲殻類	82, 148, 177	淡水カイメン	95, 181, 182
後生動物	95, 312	チスイビル	98
甲虫目	110	チドリ	101
コウホネ	66, 87	ツヅミモ	90, 92
コガラシミズムシ	115	ツマグロトビケラ	113
コクチバス	109	ティラピア	150, 279
コクチマス	195	テマリワムシ	101, 148
コケ植物	260	テンチ	117, 155, 201, 203
細菌	177-179, 210, 211, 213, 214, 226	トゲウオ	119, 160, 165, 171, 179
サカマキガイ	63	トビイロカゲロウ	111
サギ	121	トビケラ	63, 71, 98, 171
サヤツナギ	37, 91	トビケラ目	110, 113, 149
ザリガニ	41, 70, 72, 96, 99, 101, 103, 109, 142, 150, 156, 159, 166, 171, 175, 202, 203, 219-221, 261, 275	ドブガイ	100
		ドブシジミ	100, 101
		トミヨ	171, 172
サンショウウオ	119, 120, 219, 220	トンボ	110, 112, 120, 151, 176, 177, 219
サンフィッシュ	117, 204	ナイルパーチ	253, 276, 279-282
シオグサ	143	ニジマス	22
枝角類	103, 104, 148, 247	二枚貝	99, 148, 149, 161
シギ	101, 121	ネコゼミジンコ	130, 131
シクリッド	153, 160	ノーザンパイク	171, 267
シストゾマ住血吸虫	180	ノーブルクレイフィッシュ	203
		ノロ	105

パイク …117, 118, 147, 151, 171, 172, 189, 198, 220, 261
パイクパーチ ……………………………117
ハエ ………………………………109, 110, 116
ハクチョウ ………………………121, 122, 150
ハクトウワシ ………………………………121
バス ………………………………………222
ハゼ科魚類 …………………………………26
パーチ…109, 117, 119, 144, 151, 178, 198, 220, 223, 228, 261
ハナカジカ ………………………………25-27
ハネウデワムシ …………………………171, 261
バン ………………………………………121
パンプキンシード ……99, 118, 153, 155, 201, 203, 204, 222, 223
ヒゲナガケンミジンコ ……24, 105, 149, 168, 169, 262
ヒゲナガトビケラ …………………………113
ヒザオリ …………………………………260
ヒドロ虫 ………………………………96, 181
ヒメカゲロウ ………………………………111
ヒメマス …………………………………141
ヒメゾウリムシ ……………………………134
ヒラマキガイ ………………………………67
ヒルムシロ ………………………………87
ヒル類 …………………………………72, 97, 98
貧毛類 …………………………………56, 95, 97
ファットヘッドミノー ………………………171
腹足類 ……………………………………98
フクロワムシ ……………………………102
フサカ…10, 11, 110, 116, 168, 169, 191, 261, 262
フタバカゲロウ ……………………………111
フナ ………………………………143, 144, 176, 177
ブユ ……………………………………98, 116
ブラインシュリンプ …………………………70
ブラウントラウト …………………………23, 129, 130
プラナリア …………………………………97
フラミンゴ …………………………………121
プリカリアミジンコ ……………………161, 195
ブリーム ………………………………117, 193
ブルーギル ……117, 119, 153, 158, 159, 171, 222, 223
ヘビトンボ ……………………………110, 112
ペリカン …………………………………121, 122
扁形動物 …………………………………61, 96

鞭毛虫 ………36, 37, 67, 82, 84, 148, 210-214, 225-227
ホウネンエビ ………………………………70
ホザキノフサモ ……………………………276
ホッキョクイワナ …………………………130
ホテイアオイ ………………………………276
ホロミジンコ ………………………………194
巻貝 …94, 98, 118, 126, 142, 155, 179, 203, 277
マダラカゲロウ ……………………………111
マツモムシ …71, 114, 120, 128, 159-162, 172
マナティ …………………………………277
マメシジミ …………………………………100
マラリア ……………………………………69
マラリア原虫 ………………………………269
マルミジンコ ………………………………105
ミサゴ ……………………………………121
ミジンコ …24, 41, 42, 104, 105, 130, 131, 146, 148, 153, 158, 161, 162, 167, 168, 174-177, 190, 191, 193-195, 200, 201, 214, 225, 228, 253, 258, 261, 262, 269, 271
ミズアブ類 …………………………………63
ミズカマキリ ………………………………63
ミズグモ …………………………………64
ミズゴケ ………………………………39, 260
ミズスマシ ……………………………110, 115, 172
ミズダニ ………………………………95, 170
ミズニラ …………………………………35
ミズミミズ …………………………………98
ミズムシ ……57, 108, 115, 133, 215, 216, 262
ミズムシ科 …………………………261, 262
ミツウデワムシ ……………………………148
ミドリムシ …………………………………93
ミドリムシ藻類 ……………………………93
ミノー ………………………………171, 172, 194
ムシクイ …………………………………121
モノアラガイ ………………………………142
ヤツメウナギ ………………………………178
有肺類 …………………………………67, 99
ユスリカ…48, 56, 57, 63, 94, 98, 116, 142, 193, 215, 228, 271
ヨコエビ ……………………108, 129, 132, 133, 261
ヨシ ……………………………65, 66, 85, 150, 276
ヨーロッパアマガエル …………………164, 165
ヨーロッパゲンゴロウモドキ ………………115
ヨーロッパザリガニ ………………………109

索引 ● 335

ヨーロッパミズヒラマキガイ ……………98
ヨーロッパモノアラガイ …………98, 158
ホッキョクイワナ ……………………129
ライティークレイフィッシュ …………203
ラッド ……………………………………150
ラフ ………………………………………144
ラン細菌 …9, 29, 30, 89-91, 94, 173, 174, 181, 198, 207, 214, 231, 234, 262
藍色原核生物 ……………………………91
藍色細菌 …………………………………91
ラン藻類 …9, 29, 30, 90, 91, 173, 198, 207, 214, 231
リュウノヒゲモ …………………………27
両生類 ……………………………………119
緑藻類 ………………………89-91, 230, 231
レイクトラウト …………………………217
レッドイヤーサンフィッシュ …………201
ローチ …25, 117, 144, 147, 150, 179, 193, 198, 220, 223, 261, 268
ワカサギ …………………………………11
ワムシ類 …36, 82, 101, 148, 149, 153, 164, 194, 231, 247, 261

alderfly …………………………………112
amoebae …………………………………83
amphibian ………………………………119
amphipod ………………………………108
bald eagle ………………………………121
beetle ……………………………………115
biting mosquito ………………………116
blue-green algae ………………………91
bryophyte ………………………………31
bug ………………………………………114
caddisfly …………………………………63
calanoid …………………………………105
charophyte ………………………………31
ciliates …………………………………84
cladoceran ………………………………104
copepods ………………………………105
cormorant ………………………………122
crayfish …………………………………109
cyanobacteria …………………………91
cyanoprokaryote ………………………91
cyclopoid ………………………………106
dabbling duck …………………………121
damselfly ………………………………112
desmid …………………………………90
diatoms …………………………………92
dinoflagellates …………………………93
diver ……………………………………121
diving duck ……………………………121
dragonfly …………………………62, 112
duck ……………………………………121
egret ……………………………………121
euglenoids ………………………………93
eukaryote …………………………29, 83
flagellate ………………………………84
flamingo ………………………………121
fly ………………………………………116
freshwater sponge ……………………95
frog ……………………………………119
golden-brown algae …………………91
goose ……………………………………121
great diving beetle ……………………115
grebe ……………………………………121
green algae ……………………………91
gull ……………………………………121
harpacticoid ……………………………106
heron ……………………………………121
isopoda …………………………………108
kingfisher ………………………………121
leech ……………………………………98
mayfly ……………………………62, 111
midge …………………………………116
moorhen ………………………………121
mysid …………………………………107
oligochaetes ……………………………97
opposum shrimp ………………………107
osprey …………………………………121
pelican …………………………………121
phanfom midge ………………………116
prokaryote ………………………………29
pulmonate ………………………………67
salamander ……………………………119
solder fly ………………………………63
swan ……………………………………121
tadpole …………………………………120
tern ……………………………………121
viruses …………………………………80
wader …………………………………121

warbler	*121*
water-boatmen	*71*
water flea	*104*
waterfowl	*121*
water mite	*170*
water scorpion	*63*
water-strider	*71*
whirligig beetle	*115*
zebra mussel	*277*
Zygoptera	*112*
Abramis brama	*193*
Acanthodiaptomus 属	*42*
Aeromonas 属	*178*
Anabaena 属	*30, 57, 88, 174, 181*
Ancylus fluviatilis	*99*
Anisoptera	*112*
Anodonta 属	*100*
Anodonta cygnea	*96*
Anomalagrion hastatum	*162*
Anostraca	*70*
Aphanizomenon 属	*47, 89−91, 173, 174, 214*
Argyroneta aquatica	*64*
Asellus aquaticus	*108*
Asellus sp.	*133, 215*
Asplanchna 属	*102*
Astacus astacus	*109*
Asterionella 属	*90*
Azolla 属	*181*
Azotobacter 属	*48*
Bosmina 属	*105, 190, 253, 261*
Caenis 属	*111*
Caridina nilotica	*281*
Caullerya mesnili	*178*
Ceratium 属	*89, 90, 93*
Ceriodaphnia reticulata	*130, 131*
Cestoda	*97*
Chaoboridae 科	*116*
Chaoborus 属	*168, 191, 261, 262*
Chaoborus flavicans	*10*
Chara hispida	*203*
Chironomus plumosus	*67*
Chlamydomonas 属	*89, 91*
Chlamydomonas nivalis	*23*
Chlorella 属	*23, 181*
Chydorus 属	*105*
Cladophora 属	*143*
Cloëon 属	*111*
Clostridium 属	*48*
Coenagrion 属	*151*
Conochilus 属	*101, 148*
Coregonus artedii	*195*
Corixidae 科	*115*
Cosmarium sp.	*92*
Cottus extensus	*25*
Cristaria 属	*100*
Cryptomonas 属	*82, 88, 89, 163, 173, 231*
Ctenopharyngodon idella	*150, 277*
Cyclotella 属	*90, 173, 214*
Cygnus sp.	*150*
Daphnia 属	*24, 42, 104, 149, 162, 190, 191, 195, 253, 258, 261, 269, 271*
Daphnia galeata	*178, 195*
Daphnia hyalina	*167*
Daphnia magna	*169, 170*
Daphnia pulex	*130, 131*
Daphnia pulicaria	*161, 195*
Daphnia sp.	*200*
Diaptomus sanguineus	*24*
Dinobryon 属	*37, 88, 90, 91, 260*
Diptera	*116*
Dreissena bugensis	*278*
Dreissena polymorpha	*96, 100, 277*
Dytiscus marginalis	*115*
Eichhornia crassipes	*276*
Elodea canadensis	*201, 276*
Eodiaptomus 属	*42*
Ephemera 属	*111*
Ephemerella 属	*111*
Ephemeroptera	*111, 149*
Erpobdella octoculata	*98*
Esox lucius	*172, 267*
Eudiaptomus 属	*42*
Euglena 属	*93*
Filinia 属	*148*
Fulica atra	*150*
Gammarus 属	*108, 132, 261*
Gasterosteus aculeatus	*172*
Gerridae 科	*115*

Glossiphonia complanata	96	*Paramecium* 属	84
Glossiphonidae 科	98	*Paramecium aurelia*	134
Gonyostomum 属	42, 169	*Paramecium caudatum*	133, 134
Gonyostomum semen	170	*Peridinium* 属	42, 88, 93, 169, 260
Gymnodinium 属	10, 88, 90, 93, 174	*Phacus* 属	88, 93
Gyrinidae 科	115	*Phoxinus phoxinus*	172
Haliplus 属	115	*Phragmites australis*	65, 66, 85, 150, 276
Hexagenia 属	111	*Phryganea* 属	113
Hippuris sp.	36	*Phygosteus pungitius*	172
Hirudo medicinalis	98	*Planaria* sp.	96
Holopedium 属	194	*Planktothrix* 属	30
Homo sapiens	235, 272	*Planorbis corneus*	98
Hydra sp.	96	*Plasmodium falciparum*	270
Hyla arborea	164, 165	*Polyarthra* 属	171, 261
Isoetes 属	35	*Potamogeton* 属	87
Keratella 属	261	*Potamogeton pectinatus*	27
Lates 属	279	*Protococcus nivalis*	23
Lemna 属	87	protozoa	83
Lepomis gibbosus	201	*Ranunculus* sp.	36
Lepomis microlophus	201	*Rastrineobola argenta*	281
Lepomis spp.	204	*Rutilus rutilus*	25, 150, 193
Leptocerus 属	113	*Salmo trutta*	129, 130
Leptodra 属	105	*Salvelinus alpinus*	129, 130
Leptophlebia 属	111	*Salvinia*	277
Leucorrhinia 属	151	*Salvinia molesta*	276, 277
Ligula intestionalis	179	*Saprolegnia ferax*	272
Littorella 属	35	*Scardinius erythropthalamus*	150
Lymnaea elodes	142	*Scenedesmus* 属	9, 92, 176, 177
Lymnaea stagnalis	96, 98, 158	*Schistocephalus solidus*	178
Mallomonas 属	88, 90	*Schistozooma mansoni*	180
Megaloptera	112	*Sialis* 属	112
metazoa	95	*Sphaerocystis* 属	89, 91, 174
Microcystis 属	52, 88, 90, 91, 94, 174	*Sphagnum* 属	260
Micropterus salmoides	204	*Spirogyra* 属	91
Mougeotia 属	260	*Spongilla lacustris*	96
Myriophyllum spicatum	276	*Spongilla* sp.	182
Najas 属	201	*Staurastrum* 属	89, 90
Nepidae 科	115	*Stephanodiscus* 属	90
Notonecta 属	114, 128, 161	*Stizostedion vitreum*	278
Notonecta insulata	128, 129	*Synechococcus* 属	52
Notonecta undulata	129	*Tabellaria* 属	90
Nuphar 属	66, 87	*Tilapia* 属	150, 279
Odonata	112	*Tinca tinca*	201
Orconectes rusticus	203	Trematoda	97
Pacifastacus leniusculus	109	Trichoptera	113, 149

Tubifex 属 ·················62	*Typha angustifolia* ················*141*
Turbellaria ·················97	*Typha latifolia* ················*141*
Typha 属 ·················66	*Unio* 属 ················*100*

監訳者略歴

占部 城太郎（うらべ じょうたろう）

1959年生れ．東北大学大学院生命科学研究科教授（進化生態学講座）
東京水産大学卒業後，1987年に東京都立大学生物学教室にてミジンコの生活史戦略に関する研究で博士号取得（理学博士）．千葉県立中央博物館（学芸研究員），東京都立大学理学部（助手），ミネソタ大学（客員研究員），京都大学生態学研究センター（助教授）を経て，2003年より現職．
動物プランクトンを中心とした湖沼の食物網動態と生態化学量論に関する研究に従事．
主要著書 「地球環境と生態系：陸域生態系の科学」（編著）（共立出版，2006）
分担　第1章，第2章，監訳

訳者略歴

石川 俊之（いしかわ としゆき）

1973年生れ．滋賀県琵琶湖環境科学研究センター研究員（琵琶湖研究部門）
京都大学卒業後，2003年に京都大学生態学研究センターにてアナンデールヨコエビの個体群動態と生態系機能に関する研究で博士号取得（理学博士）．北海道大学地球環境科学研究院（COE研究員）を経て，2006年より現職．
琵琶湖や熱帯湖沼の生物生産と長期変化に関する研究に従事．
分担　第3章

吉田 丈人（よしだ たけひと）

1972年生れ．東京大学大学院総合文化研究科講師（広域システム科学系）
北海道大学卒業後，2001年に京都大学生態学研究センターにて博士号取得（理学博士）．米国コーネル大学（学振海外特別研究員・リサーチアソシエイト），総合地球環境学研究所（学振特別研究員）を経て，2006年秋より現職．
湖沼プランクトンの個体群動態やミクロコズムを用いた進化学・生態学の研究に従事．
分担　第4章

鏡味 麻衣子（かがみ まいこ）

1974年生れ．東邦大学理学部講師（生命圏環境科学科）
東京都立大学卒業後，2002年に京都大学生態学研究センターにて琵琶湖の植物プランクトンの個体群動態に関する研究で博士号取得（理学博士）．オランダ生態学研究所（学振海外特別研究員），北海道大学大学院地球環境科学院（学振特別研究員）を経て，2006年より現職．
プランクトンに寄生する生物とその生態系機能に関する研究に従事．
分担　第5章

岩田 智也（いわた ともや）

1974年生れ．山梨大学工学部准教授（流域生態学講座）
北海道大学卒業後，2003年に京都大学生態学研究センターにて森林生物に及ぼす河川の生態系機能に関する研究で博士号取得（理学博士）．2003年より現職．
生物移動と物質流動を介した水域生態系と陸上生態系の相互作用に関する研究に従事．
分担　第6章

湖と池の生物学
―― 生物の適応から群集理論・保全まで
The Biology of Lakes and Ponds second edition

著　者

Christer Brönmark　ルンド大学教授（生態学科陸水学講座）1955 年生れ
ルンド大学卒業後，1985 年に同大学院で淡水の巻貝と二枚貝の個体群動態および生物間相互作用に関する研究で博士号取得（Ph D.）．オハイオ州立大学研究員を経て，1988 年よりルンド大学で教鞭をとり，2000 年より現職．貝類や魚類を中心とした生物間相互作用や湖沼の食物網動態に関する研究に従事．

Lars-Anders Hansson　ルンド大学教授（生態学科陸水学講座）1956 年生れ
ルンド大学卒業後，1989 年に同大学院で付着藻類群集と植物プランクトン群集の相互作用に関する研究で博士号取得（Ph D.）．ウィスコンシン大学研究員を経て，1992 年よりルンド大学で教鞭をとり，2000 年より現職．北極，カナダ，シベリアなどの北方湖沼で藻類を中心とした群集応答に関する研究に従事．

NDC 468, 452.9 519.8　　　　　　　　　　　　　　　　　検印廃止　ⓒ2007

2007 年 6 月 1 日　初版 1 刷発行
2014 年 9 月 5 日　初版 2 刷発行

監訳者　占部城太郎
発行者　南條光章
発行所　共立出版株式会社　[URL]　http://www.kyoritsu-pub.co.jp/
　　　　〒112-8700　東京都文京区小日向 4-6-19　　電　話　03-3947-2511（代表）
　　　　FAX　03-3947-2539（営業）　　　　　　　FAX　03-3944-8182（編集）
　　　　振替口座　00110-2-57035
印刷・製本　藤原印刷　　　　　　　　　　　　　　　　　　Printed in Japan

ISBN 978-4-320-05646-6　　　　　　　　　　　　　一般社団法人
　　　　　　　　　　　　　　　　　　　　　　　　自然科学書協会
　　　　　　　　　　　　　　　　　　　　　　　　　　会員

JCOPY　<(社)出版者著作権管理機構委託出版物>
本書の無断複写は著作権法上での例外を除き禁じられています．複写される場合は，そのつど事前に，(社)出版者著作権管理機構（電話 03-3513-6969，FAX 03-3513-6979，e-mail: info@jcopy.or.jp）の許諾を得てください．

Encyciopedia of Ecology
生態学事典

編集：巌佐　庸・松本忠夫・菊沢喜八郎・日本生態学会

「生態学」は、多様な生物の生き方、関係のネットワークを理解するマクロ生命科学です。特に近年、関連分野を取り込んで大きく変ぼうを遂げました。またその一方で、地球環境の変化や生物多様性の消失によって人類の生存基盤が危ぶまれるなか、「生態学」の重要性は急速に増してきています。
そのような中、本書は日本生態学会が総力を挙げて編纂したものです。生態学会の内外に、命ある自然界のダイナミックな姿をご覧いただきたいと考えています。

『生態学事典』編者一同

7つの大課題

I. 基礎生態学
II. バイオーム・生態系・植生
III. 分類群・生活型
IV. 応用生態学
V. 研究手法
VI. 関連他分野
VII. 人名・教育・国際プロジェクト

のもと、
298名の執筆者による678項目の詳細な解説を五十音順に掲載。生態科学・環境科学・生命科学・生物学教育・保全や修復・生物資源管理をはじめ、生物や環境に関わる広い分野の方々にとって必読必携の事典。

A5判・上製本・708頁
定価（本体13,500円＋税）

※価格は変更される場合がございます※

共立出版

http://www.kyoritsu-pub.co.jp/

公式Facebook
https://www.facebook.com/kyoritsu.pub